Michael Eckert

Die Atomphysiker

Arnold Sommerfeld im Jahre 1919

Michael Eckert

Die Atomphysiker

Eine Geschichte der theoretischen Physik
am Beispiel der Sommerfeldschule

Mit 24 Bildern

Die Deutsche Bibliothek – CIP-Einheitsaufnahme

Eckert, Michael:
Die Atomphysiker: eine Geschichte der theoretischen Physik
am Beispiel der Sommerfeldschule / Michael Eckert. –
Braunschweig; Wiesbaden: Vieweg, 1993

Das Bild des Schutzumschlags zeigt den Münchener Physikerclub im Jahr 1912 beim Kegeln. Sondersammlung, Deutsches Museum, München. Vgl. S. 44 im Buch.

Alle Rechte vorbehalten
© Friedr. Vieweg & Sohn Verlagsgesellschaft mbH, Braunschweig/Wiesbaden, 1993
Softcover reprint of the hardcover 1st edition 1993

Der Verlag Vieweg ist ein Unternehmen der Verlagsgruppe Bertelsmann International.

Das Werk einschließlich aller seiner Teile ist urheberrechtlich geschützt. Jede Verwertung außerhalb der engen Grenzen des Urheberrechtsgesetzes ist ohne Zustimmung des Verlags unzulässig und strafbar. Das gilt insbesondere für Vervielfältigungen, Übersetzungen, Mikroverfilmungen und die Einspeicherung und Verarbeitung in elektronischen Systemen.

ISBN-13:978-3-322-84992-2   e-ISBN-13:978-3-322-84991-5
DOI: 10.1007/978-3-322-84991-5

Inhalt

Einleitung 1

1. Die Entstehung einer neuen Wissenschaft 5

Das höhere Lehramt: Schrittmacher für die Professionalisierung der Physik 6
    Das Königsberger Modellseminar 7
    Die Anfänge der Physik in München 9

Der Forschungsimperativ 9
    Frühe Theoretikerkarrieren 10
    «Wanderdynamik» und Spezialisierung 12

Eine «institutionelle Revolution» 13
    Königsberg anno 1890 14
    Boltzmanns Berufung nach München 15

Patriarchalische Strukturen 16
    Die theoretische Physik als Privatdozentenfach 17
    Das «System Althoff» 19

Felix Klein und seine Bestrebungen 21
    «Annäherung an die Technik» 21
    Reform des mathematisch-naturwissenschaftlichen Unterrichts 23
    Sommerfeld und Klein 25
    Sommerfeld in Aachen 27

Die theoretische Physik der Jahrhundertwende im Spiegel der Enzyklopädie der mathematischen Wissenschaften 28
    Die «Hauptreferenten»: Boltzmann, Lorentz und Wien 29
    Die internationale theoretisch-physikalische Produktivität ... 31
    Themen 33
    Elektronentheorie der Metalle 35

2. Die Anfänge der Sommerfeldschule 37

Eine «Pflanzstätte theoretischer Physik» 38

Röntgenstrahlen 41
    Bremsstrahlung 43
    Die Entdeckung der Röntgeninterferenzen an Kristallen 45
    Propaganda für eine neue Forschungsrichtung 48

Atombau und Spektrallinien 51

Reaktionen auf das Bohrsche Atommodell 52
Der Ausbau der Atomtheorie durch die Sommerfeldschule 54
Die «Bibel» der Atomphysiker.................................. 59

3. Aktivposten Atomtheorie............................ 61
Das Erbe des Ersten Weltkriegs 61
Kriegsaufgaben für Physiker................................ 62
Industriespenden.. 65
Wissenschaft als Machtersatz 70
Notgemeinschaft und Helmhotz-Gesellschaft..................... 72
Internationale Beziehungen.................................. 75
Priorität für die Atomtheorie................................ 78

4. «Aufbruch in das neue Land».................................. 82
München, Göttingen, Kopenhagen: Zentren einer wissenschaftlichen
Revolution 82
In Erwartung einer «neuen» Physik 84
Sommerfeld und die neuen Zentren 84
Eine neue Elite 87
Wolfgang Pauli 88
Werner Heisenberg 89
Die «Bohr-Festspiele» 90
Gruppendynamik im Expeditionskorps............................. 93
Ehrgeiz und Rivalität....................................... 95
«Besetzungsklatsch» 97
Generationenwechsel in der theoretischen Physik.. 100
Ein neues Theoretikerprofil................................. 100
Ein Netzwerk für die «moderne Atomtheorie» 102

5. Die internationale Verbreitung der theoretischen Physik....... 105
«Education on an international scale»............................. 106
Reisestipendien 108
Sommerschulen in USA 109
Die Expansion der amerikanischen Physik 112
Internationalisierung als Mittel nationaler Kulturpolitik............. 116
Deutsch-sowjetische Wissenschaftsbeziehungen 116
Kulturimperialismus 118
Sommerfelds Weltreise 119
Tagebuchnotizen von einer Kulturmission 121

6. Anwendungen der Quantenmechanik 124
Ein Universalinstrument 124
   Sommerfelds Elektronentheorie der Metalle 126
   Die ersten quantenmechanischen Doktorarbeiten 130
Die Entstehung neuer Hybridwissenschaften 134
   Quantenchemie 134
   Molekularbiologie 141
   Astrophysik 144

7. Happy Thirties? Physiker im Exil 147
Die Vertreibung theoretischer Physiker aus München 149
   Exil in der Sowjetunion: Werner Romberg und Herbert Fröhlich 150
   Empfehlungen für Hans Bethe 153
Protektion für eine Elite 156
   Stellensuche für «unsere jungen Physiker» 158
   Zuflucht in Provinzuniversitäten 163
«Hinausgestoßen ... in den leeren Raum» 164
   Die Emigrantengeneration der Fünfzigjährigen 165
   Emigration ins Außenseiter-Dasein 170

8. Die Verlagerung der Schwerpunkte theoretischer Physik in den dreißiger Jahren 173
Neue Zentren der Festkörpertheorie 173
   Massachusetts Institute of Technology (MIT) 174
   Princeton 178
   Bristol 181
Das Aufkommen der Kernphysik 186
   Goldgräbermentalität in der Kernphysik 188
   Die Entstehung der «Bethe-Bibel» 190
   «A multifacetted symbiosis» 192

9. Die Physik im «Dritten Reich» 196
Praxis contra Ideologie: Die Überschätzung der «Deutschen Physik» 198
   Der Kampf der «Deutschen Physik» gegen die Sommerfeldschule 199
   Industriephysiker als Anwälte der modernen Physik 203
Zwischen Grundlagenforschung und Kriegsaufträgen 206
   Die Kernphysik als «Mammut-Physik» 207

Deutsche Traditionen in der Festkörperphysik 212
Die Kriegsforschung eines Festkörpertheoretikers:
Halbleiterdetektoren für «Funkmeß» (Radar) 217
Die neue Allianz theoretischer Physiker mit Militär und
Industrie 220

10. Der Krieg der Physiker 223
Mikrowellenradar 224
   Das Magnetron 225
   Arbeitsstil und Motivation 228
   Radardetektoren – Schrittmacher der Halbleiterelektronik 231
Die Atombombe 232
   Von der «reinen» Theorie zum Kriegsprojekt 233
   Projekt Y 240
   Die Implosionsmethode 244
   Zwischen Stolz und Irritation: Die Erfahrung von Los
   Alamos 247

11. Epilog 250
Im Interesse der nationalen Sicherheit 250
   Eine «strategische Allianz» 251
   Ein neuer Forschungsstil 252
Kontinuität und Wandel 256
   Das Traditionsbewußtsein einer Elite 256
   Die Mystifizierung des «Atomphysikers» 261

Anhang 265
   Quellenverzeichnis 265
   Literaturverzeichnis 265
   Anmerkungen zu den Kapiteln 278
   Personenregister 296
   Abbildungsnachweis 300

Einleitung

Theoretische Physik – das ist die Wissenschaft Newtons und Einsteins, das Nonplusultra an physikalischer Erkenntnis über das, was die Welt im Innersten zusammenhält. So jedenfalls wird diese Disziplin in populären Büchern dargestellt. Ihre Geschichte erscheint als ein fortwährendes «Ringen um ein neues Weltbild», bei dem «eine Entdeckung die andere jagt» und «eine mit Bewunderung für das Genie gepaarte Spannung» erzeugt wird.[1]

Im Unterschied dazu geht es in diesem Buch nicht um die Heroisierung großer Denker, sondern um eine Sozialgeschichte der theoretischen Physik. Wissenschaftliche Disziplinen können ebensowenig wie andere menschliche Aktivitäten unabhängig von ihrem gesellschaftlichen Umfeld betrachtet werden. Das heißt nicht, daß nun das Individuum in der Masse untergeht und nur noch statistisch erfaßt wird. Schließlich geht es nicht darum, den Anteil Einzelner zu schmälern, sondern einen historischen Kontext wiederherzustellen, der den wissenschaftlichen Errungenschaften selbst nicht mehr anzusehen ist. Es gibt ausgezeichnete Beispiele von sozialhistorischen Biographien, die selbst am Beispiel von so herausragenden Physikern wie Einstein oder Heisenberg der Versuchung widerstehen, nichts als «Bewunderung für das Genie» zu erregen und außerwissenschaftliche Ereignisse nur als mehr oder weniger förderliche Faktoren bei der Entwicklung des Helden zu begreifen. Das Leben und Denken von Wissenschaftlern so aus einem gesellschaftlichen Milieu heraus verständlich zu machen, könnte treffend mit dem Begriff «Öko-» oder «Soziobiographie» charakterisiert werden, denn die Einbettung einer Lebensgeschichte in einen gesellschaftlichen Kontext bestimmt dabei wie ein Leitmotiv die Form und den Inhalt der Darstellung.[2]

Ganz in diesem Sinn geht es auch hier darum, das Umfeld Arnold Sommerfelds (1868-1951) auszuleuchten. Darin spiegelt sich die Geschichte der theoretischen Physik in ihrer ganzen Vielfalt wieder. Sommerfelds Karriere fiel mit dem Aufstieg seiner Disziplin vom Privatdozentenfach zur neuen Jahrhundertwissenschaft zusammen. Auch wenn Sommerfelds Name nicht mit dem Attribut ‹Nobelpreisträger› versehen ist, so wurden seine Leistungen wie die seiner Zeitgenossen Einstein oder Planck in zahlreichen Festschriften und auch in einer wissenschaftlichen Biographie gewürdigt.[3] Als Pionier der theoretischen Atomphysik ist Sommerfeld wohlbekannt, doch auch als Leitfigur durch die Sozialgeschichte der theoretischen Physik kann man sich kaum eine geeignetere Gestalt denken, denn Sommerfeld begründete eine der bedeutendsten Theoretikerschulen des zwanzigsten Jahrhunderts. Sommerfeld und sein Kreis lassen wie keine andere Physikerschule vor allem die Sturm- und Drangphase der theoretischen Physik zwischen den beiden Weltkriegen deutlich hervortreten, als diese Disziplin zum Inbegriff moderner Physik schlechthin wurde.

Eine ökobiographische Geschichte der theoretischen Physik kann jedoch nicht den Anspruch erheben, ein repräsentatives Gesamtbild zu zeichnen. Wie die Biographie hebt sie das Spezifische des Einzelfalles über das Schematische eines ganzen Systems; doch mit der sozialhistorischen Perspektive verliert der Einzelfall seine isolierte Position und wird zur Illustration für größere Zusammenhänge. Um größtmögliche Authentizität zu erreichen, werden viele zeitgenössische Quellen herangezogen (siehe dazu die Übersicht am Ende des Buches). Die damit wiedergewonnene Nähe zu den aktuellen historischen Zeitumständen läßt so manche Entwicklung, der aus heutiger Sicht kaum noch Bedeutung beigemessen wird, in einem neuen Licht erscheinen.

Sicherlich war schon die Physik Newtons ‹theoretisch› im Sinn einer konsequenten mathematischen Durchdringung des empirisch erfaßten Materials, doch für die Disziplinbildung war die Existenz von noch so revolutionären physikalischen Theorien bei weitem kein hinreichender Grund. Entsprechend gliedern sich auch die Etappen, die in den verschiedenen Kapiteln dieses Buches beschrieben werden, nicht nach den physikalischen Inhalten, sondern nach zeitspezifischen Erscheinungen, in denen der gesellschaftliche Kontext der theoretischen Physik zum Ausdruck kommt. Sommerfelds zentrale Rolle bei der Entwicklung der theoretischen Physik erinnert in mancher Hinsicht an das Bild eines Patriarchen, der mit väterlich-autoritärem Tatendrang für das Wohl seiner Familie Sorge trägt. Solche Assoziationen verfehlen jedoch das Wesentliche: Die Kinder und Enkel des Patriarchen, die theoretischen Physiker des Kreises um Sommerfeld und ihre Nachfahren, üben ihre Tätigkeit nicht in den archaischen Strukturen einer Großfamilie, sondern als Vertreter einer modernen Berufsgruppe aus, sei es als Universitätsangehörige, als Lehrer im Schuldienst, als Industriephysiker oder als

Angestellte staatlicher oder privater Forschungseinrichtungen. Die Entwicklung ihrer Wissenschaft ist zuallererst die Entstehung eines neuen Berufs, und hier muß auch eine sozialhistorisch angelegte Geschichte der theoretischen Physik ansetzen. Die erste Frage gilt daher den gesellschaftlichen Verhältnissen, in denen die berufsmäßige Ausübung physikalischer Forschung und Lehre – und in der Folge auch die Spezialisierung in theoretischer Physik – möglich wurde. Der Bogen reicht von der «institutionellen Revolution» im deutschen Universitätswesen im ausgehenden 19. Jahrhundert über die rasch wachsende Internationalisierung der theoretischen Physik in den 1920er Jahren bis zu den Radar- und Atombombenprojekten im Zweiten Weltkrieg. Physikalische Themen werden deshalb nicht auf Nebenschauplätze verbannt: Die herausragenden Forschungsgebiete der Sommerfeldschule – Röntgenstrahlen und Atomtheorie – oder die in den 1930er Jahren expandierende Festkörper- und Kernphysik werden als gewichtige Ereignisse in eigenen Kapiteln behandelt; die Quantenmechanik wird ins Zentrum der Zäsur gerückt, welche den Anbruch der Moderne in der theoretischen Physik markierte. Doch dabei geht es weniger um die verschiedenen Theorien an sich als um ihre Rolle für die Entwicklung der theoretischen Physik als beherrschendes Fachgebiet unseres Jahrhunderts.

Als Sommerfeld 1951 im Alter von 83 Jahren starb, stand sein Fach an der Schwelle einer neuen Ära. Die Zäsur des Krieges zog für die theoretische Physik radikalere Auswirkungen nach sich als alle früheren Veränderungen. Dessen ungeachtet blieb die von Sommerfeld und seinem Kreis geprägte Tradition noch lange spürbar. Das Wechselspiel von Kontinuität und radikalem Wandel steht als Ausklang am Ende dieser Geschichte. Eine Nachkriegsgeschichte der theoretischen Physik fände hier geeignete Anknüpfungspunkte, doch der für die früheren Epochen zugrundegelegte Rahmen kann dafür nicht mehr den nötigen Zusammenhalt bieten. Zu groß ist nun der Kreis der Theoretiker und zu umfangreich das Spektrum ihrer Forschungen, als daß selbst ein weitgefaßter Personenkreis wie die Sommerfeldschule noch als roter Faden durch die Geschichte dieser Disziplin dienen könnte.

Auch in der Eingrenzung auf die Lebenszeit und das Umfeld Sommerfelds ist die Geschichte der theoretischen Physik ein Unterfangen von beträchtlichem Aufwand, das ohne die Hilfe vieler Kollegen und Freunde nicht möglich gewesen wäre. Die Namen der Personen und Institutionen, denen ich zu Dank verpflichtet bin, finden sich in den Anmerkungen, Quellen- und Literaturverzeichnissen im Anhang dieses Buches. Besonders danken möchte ich David Cassidy, Mark Walker und Karl von Meyenn für viele Diskussionen und Verbesserungsvorschläge, ferner Willi Pricha, Markus Reitmayr, Helmut Schubert und Gisela Torkar für ihre Hilfe bei der Suche nach Material und für die Zusammenarbeit bei der Organisation einer Sommerfeld-Ausstellung 1984/85 im Deutschen Museum. Der dort aufbewahrte Sommerfeldnachlaß wurde für dieses Buch die wichtigste Quelle. Mein Dank gilt auch der Sommerfeldenkelin Frau Monika Baier sowie den Sommerfeldschülern, die mir in Interviews und Briefen ihre Erinnerungen mitgeteilt haben.

1
Die Entstehung einer neuen Wissenschaft

Die theoretische Physik ist eine sehr junge Disziplin. Auch wenn sich die Geschichte vieler physikalischer Theorien weit in die Vergangenheit zurückverfolgen läßt, so kann von einer berufsmäßigen Beschäftigung mit theoretischer Physik vor dem zwanzigsten Jahrhundert kaum die Rede sein. Erst mit dem Ausbau der Universitäten im 19. Jahrhundert wurde die Physik zu einer eigenständigen Disziplin, unter deren Mantel sich Spezialgebiete wie die theoretische Physik herausbilden konnten.[1] Es gehört zu den Merkwürdigkeiten der Wissenschaftsgeschichte, daß diese Entwicklung nicht etwa von den renommierten Gelehrtenzirkeln Englands wie der Royal Society oder den Eliteschulen des napoleonischen Frankreichs wie der École Polytechnique ausging, wo Pioniere der mathematischen Physik wie Joseph Fourier oder Simeon Poisson lehrten, sondern von Deutschland, einem Land, das zu Beginn des 19. Jahrhunderts nicht gerade als Hort des Fortschritts erschien. Hier kam ein Prozeß in Gang, der das ganze Spektrum der akademischen Disziplinen von Grund auf veränderte. Wie das Aufkommen der neuzeitlichen Wissenschaft in der Renaissance wurde auch dies als eine «wissenschaftliche Revolution» bezeichnet, «eine Revolution weniger des wissenschaflichen Denkens als der Wissenschaft als Tätigkeit, als soziales Phänomen».[2] Doch dieser Umbruch vollzog sich nicht schlagartig. Selbst für einen Enthusiasten der Mathematik und Physik wie Arnold Sommerfeld gab es am Ende seines Studiums an der Universität Königsberg in den 1890er Jahren noch kein klar umrissenes Berufsfeld, das mit der Bezeichnung ‹theoretische Physik› erschöpfend charakterisiert werden könnte. Die Revolutionierung der «Wissenschaft als Tätigkeit» hatte zu Sommerfelds Studienzeit noch nicht ihren Höhepunkt erreicht, auch wenn sie im letzten Drittel des 19. Jahrhunderts schon auf vielfache Weise in Erscheinung trat. Bevor jedoch davon die Rede sein kann, müssen die Wurzeln dieses Phänomens in der ersten Jahrhunderthälfte bloßgelegt werden.

Den Auftakt markierte die von Preußen ausgehende Humboldtsche Bildungsreform. Im Zeichen des Neuhumanismus sollte Bildung zum Ausweis des emanzipierten Bürgers werden. Das Ideal der Reformer war die zweckfrei betriebene Wahrheitssuche. Ihr Augenmerk richtete sich nicht primär auf die Naturwissenschaften, sondern auf die klassische Philologie und die idealistische Philosophie, denn das Reformziel war die Erziehung zum allseitig gebildeten Individuum und nicht die Ausbildung zum wissenschaftlichen Spezialisten. Die neuhumanistische Reform erfaßte vor allem die Gymnasien und philosophischen Fakultäten der Universitäten. Hier wurde vor dem Fachstudium an einer der höheren Fakultäten (Theologie, Medizin, Recht) Allgemeinbildung vermittelt. Erst vor diesem Hintergrund wird verständlich, auf welchem Weg die Reform schließlich auch die Naturwissenschaften erfaßte.

Das höhere Lehramt: Schrittmacher für die Professionalisierung der Physik

Besonders der Beruf des Gymnasiallehrers, der keine weiterführende Fakultät besuchen mußte, erfuhr im Zeichen des bürgerlichen Bildungsideals einen Aufschwung. Schon aus demographischen Gründen kam diesem Beruf eine immer größere Bedeutung zu: Der Ausbau des Schulsystems mußte mit dem allgemeinen Bevölkerungswachstum und dem Aufkommen der neuen Gesellschaftsschicht der Bildungsbürger schritthalten. Allein in Preußen vermehrte sich die Bevölkerung zwischen 1820 und 1848 um ca. 38% von 11,7 Millionen auf 16,2 Millionen, und die Zahl der Gymnasiasten stieg zwischen 1822 und 1846 sogar um ca. 75% von 13767 auf 24968. Damit einher ging eine Verwissenschaftlichung des Lehrerberufs. Staatliche Prüfungsordnungen schraubten die Anforderungen immer höher. Um die Jahrhundertmitte hatte jeder Gymnasiallehrer ein Studium von mindestens sechs Semestern an einer philosophischen Fakultät absolviert, das getreu dem Ideal von der Bildung durch Wissenschaft keinerlei Unterschied zwischen der Ausbildung zum Lehramt und der zum künftigen Wissenschaftler kannte. Wer die Wissenschaft beherrscht, kann auch lehren – nach dieser Maxime identifizierten sich die neuen Oberlehrer immer stärker mit der Universitätswissenschaft.[3]

Im Rahmen der Lehrerausbildung spielte das Seminar eine besondere Rolle. Seinen Ursprüngen gemäß gehörte das Seminar zum Elementarschulwesen; es sollte ‹gelebte Pädagogik› vermitteln und in enger Verbindung mit einer Übungsschule für einen ordnungsgemäßen Ablauf des Lehrerausbildung sorgen. Zwischen diesen, vom Universitätsbetrieb weitgehend isolierten Seminaren für die Elementarlehrer und den ab 1810 in Preußen und dann auch andernorts gegründeten akademischen Seminaren für die Oberlehrer bestand eine wichtige Gemeinsamkeit: Sie dienten den Reformern auch als Instrumente bei der Überleitung der Schulaufsicht von der Obhut des Klerus zu einer staatlich kontrollierten Schul- und Bildungspolitik, die im niederen wie im höheren Schulbereich durch Prüfungsbestimmungen und Lehrpläne reglementiert und in den Seminaren an die Lehrer und damit an die Schulpraxis weitervermittelt wurde.[4]

Entsprechend den Reformzielen der Neuhumanisten wurden die ersten Universitätsseminare im Bereich der klassischen Philologie gegründet. Der Philologe wurde zum Synonym für den Gymnasiallehrer schlechthin, was sich bis heute in der Bezeichnung seiner Standesorganisation (Philologenverband) erhalten hat. Eines der ersten Seminare dieser Art entstand an der reformierten Berliner Universität um den Altphilologen August Boeckh. Für ihn war das Seminar primär ein Hort anspruchsvoller wissenschaftlicher Praxis für Studenten, die sich voll und ganz auf die klassische Altertumsforschung konzentrieren wollten.[5] Auch andere Seminare von klassischen Philologen (z.B. Gottfried Hermann in Leipzig und Friedrich Thiersch in München) verstanden sich in diesem Sinn als Einrichtungen für eine Elite von Studenten, die das praktische Berufsziel des Gymnasiallehrers mit dem Ethos zweckfrei forschender Wissenschafter verbanden. In der Regel rekrutierte sich auch der kleine Kreis von Hochschullehrern aus den Elitezirkeln dieser Seminare.

Das Königsberger Modellseminar

Den ersten Seminargründungen der Altphilologen folgten rasch auch solche für andere Wissenschaften, so zum Beispiel 1824 ein Seminar für Mathematik an der Universität Heidelberg und 1825 ein Seminar für allgemeine Naturlehre (ohne Mathematik) an der Universität Bonn. Sie wurden von den zuständigen Kultusministerien mit eigenen Etats für die Anschaffung von Büchern, Instrumenten und die Vergabe von Stipendien oder Geldpreisen für begabte Studenten ausgestattet. Auch das erste mathematisch-physikalische Seminar an der Universität Königsberg, das zu einer Keimzelle der theoretischen Physik in Deutschland werden sollte,[6] orientierte sich an dem Berliner Modell. Seine Initiatoren, Carl Gustav Jacobi und Franz Ernst Neumann, hatten beide in Berlin studiert. Jacobi hatte zu den eifrigsten Studenten des Boeckhschen Seminars gehört, bevor er von der Philologie zur Mathematik wechselte. Nach seiner Berufung in das abgelegene Königsberg setzte er alles daran, um den Berliner Reformgeist auch hier zu verbreiten. Neumann hatte in Berlin Vorlesungen in Theologie, Philosophie und Mathematik gehört und sich erst unter dem Eindruck der französischen Erfolge in der mathematischen Physik, insbesondere der Fourierschen Wärmeleitungstheorie, zum Physiker gewandelt. 1826 kam er als Privatdozent an die Universität Königsberg, wo er zum Professor für Mineralogie und Physik ernannt wurde. 1828 machten Neumann und Jacobi eine erste Eingabe an das preussische Kultusministerium, mit der sie auch für ihre Universität die Einrichtung eines naturwissenschaftlichen Seminars nach dem Bonner Vorbild forderten. Die Seminarteilnehmer sollten, wie Neumann fand, in die Lage versetzt werden, «physikalische Fragen selbständig einer mathematischen Behandlung zu unterwerfen. Hierbei werden die jungen Männer genöthigt, sich auf das, was sie gelernt haben, zu besinnen, dasselbe anzuwenden und so zum wirklichen Eigenthum sich zu machen – zugleich aber erhalten sie auch die nach meiner Ansicht zweckmäßigste Vorbereitung, um physikalische Phänomene durch messende Beobachtungen zu bestimmen. Die Anstellung solcher Beobachtungen ist der letzte Zweck und das eigentliche Ziel, wohin die Mitglieder des Seminars zu führen ich mir zur Aufgabe gemacht habe.»[7] Dazu bot Neumann einen kompletten Vorlesungszyklus in theoretischer Physik an, da er das physikalische Kabinett an der Königsberger Universität und die Experimentalvorlesungen seines Kollegen für die Lehrerausbildung nicht als ausreichend erachtete. Der Seminarbetrieb kam jedoch nur sehr schleppend in Gang. Erst um die Jahrhundertmitte stabilisierte sich die Situation: 1854 etwa besuchten 8 Studenten das Seminar; in den 1860er Jahren verzeichnete das Seminar im Durchschnitt jährlich 10-12 Studenten. Die Themenauswahl orientierte sich an aktuellen Forschungen wie zum Beispiel am Thema Erdmagnetismus – ein Problembereich, der vor allem durch Carl Friedrich Gauß und Wilhelm Weber in Göttingen in Mode gekommen war. An solchen Themen sollte den Seminarteilnehmern vor allem ein Gefühl für exakte Messungen und die dazugehörige theoretische Durchdringung vermittelt werden, das «Ethos der Exaktheit», wie es treffend bezeichnet wurde.[8]

Die Anfänge der Physik in München

Auch außerhalb Preußens wurde die Bildungsreform zum Schrittmacher für die Modernisierung der Physik. In Bayern wurde zum Beispiel 1829 durch den Neuhumanisten Friedrich Thiersch eine Schulordnung verfaßt, nach der die Lehrer der obersten Klassen des Gymnasiums zwingend eine Universitätsausbildung vorweisen mußten. Für eine grundlegende Neuordnung des Physikstudiums schien jedoch angesichts der geringen Anzahl von Studenten in der ersten Hälfte des 19. Jahrhunderts keine besondere Notwendigkeit zu bestehen. So wurde 1832 die Einrichtung eines mathematisch-physikalischen Seminars mit der Begründung abgelehnt, man benötige in Bayern nur jedes Jahr einen Mathematiker und alle fünf bis sechs Jahre einen Physiker. Erst um die Jahrhundertmitte erhielt der Wunsch nach einem Seminar neue Nahrung, als mit dem Mathematiker Philipp Seidel und dem Physiker Philipp von Jolly zwei reformerprobte Professoren aus Preussen nach München berufen wurden. 1856 wurde ihrem Drängen mit der Gründung eines mathematisch-physikalischen Seminars zur «Heranbildung von Lehrern für Mathematik und Physik an höheren Lehranstalten» nachgegeben. Seidel wurde zum Vorstand der mathematischen, und Jolly zum Vorstand der physikalischen Abteilung ernannt.[9]

Obwohl das Seminar Teil des Lehrbetriebs der philosophischen Fakultät war, unterstand es nicht dem Senat der Universität, sondern direkt dem Ministerium. Für die Vorstände bedeutete dies eine größere Autorität und einen Ansporn für einen fortschrittlichen Lehrbetrieb. Das Vorbild dafür war für Seidel, Jolly und die nachfolgenden Seminarvorstände das Königsberger Modellseminar. Hier wie dort war die Seminargründung der Auftakt für die Verselbständigung der Mathematik und Physik als eigenständige Fachwissenschaften und das Vorspiel für die Gründung eigener Institute.

Der Forschungsimperativ

In den neugegründeten Seminaren wuchs neben einer ersten, fachwissenschaftlich ausgebildeten Generation von Gymnasiallehrern auch die erste Generation von Hochschullehrern heran, für die Lehre und Forschung gleichwertige Anforderungen im Berufsalltag wurden. Doch es blieb zunächst bei einem qualitativen Wandel. Während der entscheidenden Reformphase zwischen den 1830er und 1860er Jahren nahm an den deutschen Universitäten weder die Anzahl der Professoren noch der Studenten besonders drastisch zu: Im Mittel lehrten pro Universität 32 Ordinarien und etwa ebensoviele Extraordinarien und Privatdozenten. Die Studentenfrequenz veränderte sich in diesem Zeitraum von 11300 auf 13100 Studierende pro Jahr, wobei die philosophische Fakultät mit ihrer neuen Funktion der Lehrerbildung den stärksten Zuwachs verzeichnete.[10]

Wie die Karriere der Gymnasiallehrer, so war auch die Karriere der Universitätsprofessoren selbst im Verlauf der Bildungsreformen durch Statuten und Reglementierungen neu bestimmt worden – und wie bei den Lehrern orientierte sich diese Neubestimmung primär an fachwissenschaftlichen Kriterien. Die wichtigste Qualifikation für den Professorenstand bildete die zuerst (1816) an der Berliner Reformuniversität und bald an allen deutschen Universitäten eingeführte Habilitation, ein Verfahren, bei dem neben der Fähigkeit zur Lehre auch die Eignung zum wissenschaftlichen Forscher nachgewiesen werden mußte. Damit hielten neue Standards Einzug in den akademischen Alltag: Berufungen erfolgten auf der Grundlage von wissenschaftlichen Originalarbeiten, und mit dem «Forschungsimperativ» verbreitete sich eine «publish or perish»-Mentalität, die bis heute ein Charakteristikum akademischer Karrieren geblieben ist.[11]

Frühe Theoretikerkarrieren

Die mit jedem Generationenwechsel auftretenden Schwierigkeiten waren für die erste Garde der forschenden Professoren besonders groß. Der Neumannschüler Oskar Emil Meyer zum Beispiel sah sich in Breslau, wo er nach eigenem Bekunden als «Apostel von Neumanns Evangelium» seine Hochschullehrerlaufbahn beginnen wollte, mit sehr unterschiedlichen Erwartungshaltungen konfrontiert: Der Ordinarius für Physik stellte sich unter Theorievorlesungen lediglich eine Veranstaltung vor, mit der einige unerläßliche mathematische Anwendungen wie der Gebrauch von Interpolationsformeln gelehrt werden sollten. Der Mathematiker erwartete von dem theoretischen Physiker stattdessen eine Einführungsvorlesung, auf der er selbst aufbauen konnte. Die Fakultät der Breslauer Universität schätzte Meyers theoretische Orientierung überhaupt nicht und hätte lieber einen Experimentalphysiker eingestellt. Nach einem Zwischenspiel in Berlin erhielt Meyer in Breslau schließlich eine Professur für Mathematik, dann für Experimentalphysik.[12]

Auch die Karriere von Neumanns Musterschüler Gustav Kirchhoff war mit Hindernissen gespickt, obwohl es ihm nicht an der Protektion seines Lehrers mangelte: «Die Arbeiten des Herrn Kirchhoff lassen ein wahres, sich durchbildendes Talent erkennen, auf welches Seine Excellenz den Herrn Staatsminister aufmerksam zu machen, ich für meine Pflicht halte», so lobte Neumann im Rahmen seiner alljährlichen Berichterstattung über den Seminarbetrieb seinen Schüler.[13] Insbesondere in der Anfangszeit des Seminars, als dem Ministerium noch die Arbeiten von jedem einzelnen Seminarteilnehmer vorgelegt werden mußten, konnte so der Weg zu einer Professorenlaufbahn geebnet werden. Im Fall Kirchhoffs führte dieser Weg schließlich zum ersten Ordinariat für theoretische Physik an der Berliner Universität, einer Stelle, die auch unter Kirchhoffs Nachfolgern Max Planck und Erwin Schrödinger eine Art Aushängeschild für die theoretische Physik in Deutschland wurde. Allerdings gelangte Kirchhoff erst nach einem mehr als dreißig Jahre dauernden Umweg über zunächst außerordentliche, dann ordentliche Professuren in Breslau und Heidelberg auf diese Position.[14]

Obwohl so manche Neumannschüler zu den Pionieren der theoretischen Physik zählen, zeigt sich an ihrem Beispiel auch die ganze Unsicherheit, mit der um die Mitte des 19. Jahrhunderts eine Hochschullaufbahn in diesem Fach behaftet war. Nur ein kleiner Teil der Neumannschüler ergriff den Beruf des Universitätsprofessors. In einer Zusammenstellung von mehr als zweihundert Neumannschülern im Zeitraum von 1834 bis 1875 finden wir beinahe die ganze Bandbreite höherer Berufe, vom Bibliothekar bis zum Geologen; lediglich die Gymnasiallehrer sind überrepräsentiert.[15] Von einer typischen Theoretikerkarriere konnte noch keine Rede sein, weder bei den Absolventen des Neumannschen Seminars noch in anderen forschungsorientierten Universitäten wie in Berlin oder Göttingen.

An den verschiedenen Universitäten beherrschten ganz unterschiedliche Traditionen den akademischen Alltag. Mancherorts entwickelte sich vor allem die Mathematik zum dominierenden Forschungsgebiet, wie zum Beispiel bei Julius Plücker in Bonn, aus dessen Schule Felix Klein hervorging. Wie wir noch sehen werden, spielte Klein später für die Entwicklung der theoretischen Physik eine zentrale Rolle. Auch Kleins Karriere war durch eine enge Schüler-Lehrer-Beziehung geprägt. Plücker vertrat in Bonn als Ordinarius sowohl die Physik als auch die Mathematik. Seine Interessen reichten von der experimentellen Erforschung elektrischer Entladungen in Gasen bis hin zu Problemen der reinen Mathematik. Klein fühlte sich zunächst vor allem zur Experimentalphysik hingezogen, doch Plücker dirigierte ihn rasch in eine andere Richtung. Er stellte ihn 1866 als seinen Assistenten an und bezog ihn aktiv in seine eigenen Forschungen auf dem Gebiet der analytischen Geometrie mit ein. Nach Plückers Tod setzte Klein seine Studien bei Alfred Clebsch in Göttingen fort. Bei Clebsch fand Klein, wie er selbst sagte, «neben tiefem wissenschaftlichen Interesse Vertrauen in die eigene Kraft». Clebsch ermutigte ihn auch dazu, in anderen mathematischen Zentren seine wissenschaftliche Ausbildung zu vervollständigen. Nach Studienaufenthalten in Berlin und Paris habilitierte sich Klein 1871 bei Clebsch und wurde dessen Privatdozent. Im darauffolgenden Jahr wurde er auf Clebsch' Empfehlung als ordentlicher Professor der Mathematik nach Erlangen berufen.[16]

«Wanderdynamik» und Spezialisierung

Diese Beispiele lassen erkennen, daß mit dem Forschungsimperativ noch ein weiteres Phänomen verknüpft war: Einem angehenden Professor wurde eine hohe Mobilität abverlangt, bevor er als Ordinarius eine dauerhafte Stelle bekleiden konnte. Diese «Wanderdynamik»[17] unter den Universitätsforschern beschleunigte wiederum die Verbreitung neuer Forschungsergebnisse und die fortschreitende Spezialisierung. Eine Folge davon war die Fragmentierung der Wissenschaften in ein Mosaik von Teilgebieten. Die philosophische Fakultät konnte die Ausbreitung von Spezialfächern schon bald nicht mehr unter einem Dach zusammenhalten. An der Münchner Universität wurde zum Beispiel schon 1865 eine Aufspaltung der philosophischen Fakultät in zwei Sektionen vorgenommen, von denen die eine die philosophischen und historischen, die andere die naturwissenschaftlichen Fächer umfaßte. Und selbst innerhalb des mathematisch-physikalischen Seminars gingen die Mathematiker und die Physiker bald eigene Wege: «Das Band zwischen den beiden Abteilungen wurde aber mit der Zeit immer loser», heißt es in einem Rückblick.[18]

Im letzten Drittel des 19. Jahrhunderts nahm die Umgestaltung der Universitäten zu modernen Forschungszentren immer größere Ausmaße an. «In keinem anderen Land der Welt sind den Naturwissenschaften Paläste und Tempel errichtet worden, wie sie in Deutschland allerwärts auf den Universitäten erstanden sind und noch entstehen», so war anläßlich einer Festrede im Jahr 1880 an der Universität in Berlin zu hören.[19]

Es liegt auf der Hand, daß dies nicht allein auf die Eigendynamik zurückgeführt werden kann, die mit der Universitätsreform einherging. Der rasante Aufstieg deutscher Wissenschaft und Technik hat vielen zu denken gegeben: Ein «rastloses Jagen und Hasten» wurde konstatiert, ausgelöst durch die «Entfesselung des kapitalistischen Geistes»;[20] ein «emporkömmlingshafter Industrialismus» habe sich fast übernacht als neuer Machtfaktor in Deutschland breitgemacht, einer «verspäteten Nation», die in einer Parforce-Jagd in wenigen Jahren aufholen wollte, was in anderen Staaten im Lauf einer langen Entwicklung gewachsen war: «Kein europäisches Land hat sich den führenden Mächten des 19. Jahrhunderts, der Wissenschaft und der Wirtschaft, mit einer so hemmungslosen Energie verschrieben wie Deutschland nach der Reichsgründung».[21]

Eine «institutionelle Revolution»

Die Industrialisierung prägt das Zeitalter des deutschen Kaiserreichs von seinen ersten Tagen bis zu seinem Untergang in der Katastrophe des Ersten Weltkriegs. Nur ein paar Daten mögen verdeutlichen, in welchem Ausmaß die Expansion voranschritt: Zwischen 1870 und 1913 wurde die Produktion von Industrie und Handwerk mehr als verfünffacht; die deutsche Stahlproduktion wurde zwischen 1886 und 1912 um 1435% gesteigert und übertraf damit bei weitem die Steigerungsraten aller anderen Industriestaaten; in der neuen Elektroindustrie, dem stärksten Wachstumssektor, stieg die Zahl der Beschäftigten von 1620 im Jahr 1882 auf 142000 im Jahr 1907; 1913 wurde über die Hälfte des gesamten elektrotechnischen Welthandels mit Lieferungen aus Deutschland abgewickelt. Damit einher ging auch ein tiefgreifender Strukturwandel: 1871 lebte die deutsche Bevölkerung noch zu 64% auf dem Lande, 1910 nur noch zu 40%. Einem wachsenden Industrieproletariat am unteren Ende der gesellschaftlichen Stufenleiter stand in den Städten ein wachsendes und ehrgeiziges Bürgertum gegenüber, das sich durch Besitz oder wenigstens durch Bildung von den unteren Gesellschaftsklassen abgrenzen wollte.[22]

Vor allem diesem zuletzt genannten Aspekt ist es zuzuschreiben, daß das Wilhelminische Zeitalter auch zu einer Epoche kultureller und wissenschaftlicher Expansion wurde. Die Zahl der Studenten, die seit den Reformjahren um 1810 jahrzehntelang um die 12000 betragen hatte, stieg in den 1870er Jahren steil an und kletterte bis zum Ersten Weltkrieg auf etwa 63000. Auch bezogen auf die wachsende Gesamtbevölkerung bleibt ein sprunghafter Anstieg festzustellen: von etwa 40 auf über 90 Studierende pro 100000 Einwohner.[23] Die staatlichen Aufwendungen für Universitäten und Technische Hochschulen kletterten im selben Zeitraum von etwa 5,2 auf 52,4 Millionen Reichsmark. Preußen hatte dabei von allen Ländern die größten Aufwendungen, da es die größte Bevölkerung und die meisten Universitäten aufwies, doch der Trend war überall derselbe.[24] Der Anstieg der Studentenzahlen betraf alle Universitätsfächer, doch den stärksten Zuwachs verzeichneten die zur philosophischen Fakultät zählenden naturwissenschaftlichen Disziplinen; auf sie entfiel auch der Löwenanteil der staatlichen Wissenschaftsausgaben. An erster Stelle ist dabei der Bau von naturwissenschaftlichen Universitätsinstituten zu nennen, der besonders für die Physik als das zentrale Wachstumsmerkmal hervortritt. Dieses Phänomen wurde zurecht als eine «institutionelle Revolution» für die Entwicklung der Physik in Deutschland bezeichnet.[25] In der Zeitspanne von den 1860er Jahren bis zum Ersten Weltkrieg erhielt praktisch jede deutsche Universität ein neues physikalisches Institut, wobei die kostspieligsten Neubauten in Berlin (ca. 1,5 Millionen Reichsmark; verglichen mit etwa 0,4 Millionen für München) errichtet wurden. Die Bevorzugung Berlins als Metropole des neuen Reichs ist nicht erstaunlich, doch der Blick auf die Reichshauptstadt vermittelt nicht unbedingt ein repräsentatives Bild. Wie so oft zeigt sich das Antlitz einer Revolution auch hier in einem anderen Licht, wenn man ihre Auswirkungen an der Peripherie und nicht in ihrem Zentrum betrachtet.

Königsberg anno 1890

Für Arnold Sommerfeld besaß die Königsberger Universität nicht mehr jene Attraktivität wie zu den Glanzzeiten um die Jahrhundertmitte. Erst in den 1880er Jahren, als auf die nicht nur von Physikstudenten frequentierten allgemeinen Experimentalvorlesungen ein immer größerer Andrang von Studenten zukam, wurde mit dem Bau eines physikalischen Instituts begonnen. Neumanns Nachfolger Woldemar Voigt war es nicht gelungen, den Seminarbetrieb seines Vorgängers mit demselben Erfolg fortzuführen, und er vertauschte die für ihn unbefriedigende Königsberger Stelle mit einer ordentlichen Professur in Göttingen. Als das Institut 1886 fertiggestellt war und zur einen Hälfte an den Experimentalphysiker, zur anderen an den Theoretiker übergeben wurde, war von einem

Modellcharakter der Königsberger Physik längst keine Rede mehr. Der Seminarbetrieb kam nach langen Unterbrechungen nur sehr langsam wieder zu neuem Leben. Die Ausstattung der Institutshälfte des Theoretikers ließ zu wünschen übrig und wurde erst verbessert, als sich das Ministerium aufgrund der steigenden Studentenzahlen zu einer Erhöhung des Institutsetats gezwungen sah. Kurz: Die institutionelle Revolution glich an der Königsberger Universität eher einem zähen Kampf gegen fortschreitenden Verfall als einem grandiosen Aufbruch in eine neue Ära.[26] Angesichts solcher Verhältnisse hatte Sommerfeld kaum einen Anlaß, sich für die theoretische Physik zu begeistern. Sein Interesse galt vielmehr der reinen Mathematik, zu der er sich durch Vorlesungen des Privatdozenten David Hilbert über Idealtheorie hingezogen fühlte, und anderen studentischen Attraktionen wie den Burschenschaften. Weder die Neumannsche Tradition noch das neue Physikinstitut hinterließen bei ihm nachhaltige Eindrücke.[27]

Boltzmanns Berufung nach München

Auch in München, wo Sommerfeld viele Jahre später zum herausragenden Repräsentanten der theoretischen Physik werden sollte, sorgte erst der Anstieg der Studentenzahlen dafür, daß der Wunsch der Physiker nach einem eigenen Institut erfüllt wurde.[28] Die starke Frequentierung der physikalischen Veranstaltungen war auch Anlaß für die Forderung nach einer Professur für einen theoretischen Physiker. «Der Vertreter der Experimentalphysik (...) vermag schon aus äußeren Gründen die theoretische Physik in ihrem ganzen Umfange nicht zu lehren, weil ihm namentlich an größeren Universitäten bei den zahlreichen Obliegenheiten seines Faches die Zeit hierzu mangelt,» so argumentierte der Dekan der philosophischen Fakultät in einer Denkschrift, und es seien «deshalb an mehreren deutschen Universitäten z.B. Berlin, Göttingen, Königsberg noch ordentliche Professuren für theoretische Physik vorhanden. Auch für unsere Universität ist aus denselben Gründen eine solche Professur Bedürfnis.» In der Person des österreichischen Theoretikers Ludwig Boltzmann konnte man auch einen geeigneten Kandidaten präsentieren. Boltzmann wollte seine Professur für Experimentalphysik an der Universität Graz mit einem Lehrstuhl für theoretische Physik vertauschen und hatte bereits seine Bereitschaft signalisiert, einem Ruf nach München zu folgen. «Die gegenwärtige günstige Gelegenheit eine so hervorragende

Lehrkraft für unsere Universität zu gewinnen, sollte nach unserer Ansicht nicht versäumt werden», schloß das Memorandum.[29]

Nach Boltzmanns Berufung 1890 auf die neugeschaffene ordentliche Professur für theoretische Physik schien die institutionelle Revolution in München einen ihrer erfolgreichsten Schauplätze gewonnen zu haben: Außer in München war die Aufgabenteilung in der Physik nur an wenigen Universitäten so weit fortgeschritten, daß der theoretischen Physik eine ordentliche Professur zugestanden wurde. Zwar wurde das neue physikalische Institut, das 1894 in Betrieb genommen wurde, anders als in Königsberg ausschließlich von den Experimentalphysikern beansprucht, doch der Theoretiker hatte zusätzlich zu seiner Universitätsprofessur das Konservatorenamt der Bayerischen Akademie der Wissenschaften zu bekleiden, so daß auch er in beschränktem Umfang über eigene Räumlichkeiten, Personal und Experimentiermöglichkeiten verfügte.[30] Sein Status war damit durchaus vergleichbar mit dem eines Institutsdirektors. Doch diese, auf den ersten Blick so erfolgreiche institutionelle Revolution war für die Münchner theoretische Physik nur ein kurzes Strohfeuer: Boltzmann kehrte nach vier Jahren nach Österreich zurück, die freigewordenen Mittel wurden für andere Zwecke benutzt, und es gelang der philosophischen Fakultät auch in jahrelangen Versuchen nicht, die theoretische Physik wiederzubeleben. Das Ministerium verweigerte die notwendigen Mittel für eine Neubesetzung des Boltzmannschen Lehrstuhls, und wie in den Jahren vor 1890 war die theoretische Physik wieder ein lästiges Anhängsel der Experimentalphysik, das Privatdozenten und außerordentlichen Professuren zur Erledigung überantwortet wurde. Erst 1906 gelang es, diesen Zustand mit der Berufung Sommerfelds zu überwinden.

Patriarchalische Strukturen

Auch wenn im Gefolge der Institutsgründungen die theoretische Physik noch nicht zu einer der Experimentalphysik ebenbürtigen Stellung gelangte, war der Trend unübersehbar: Die steigenden Studentenzahlen belasteten die vorhandenen Kapazitäten bis an ihre äußerste Grenze und führten zu Aufgabenteilung und – wenn schon nicht zur Einrichtung eigenständiger Ordinariate für die theoretische Physik – zu einer Vermehrung von Assistenten- und Dozentenstellen. Um die Mitte des 19. Jahrhunderts war die Physik an einer deutschen Universität gewöhnlich durch einen ordentlichen Professor vertreten; etwa jeder zweite konnte auf die Hilfe eines Privatdozenten bauen. So bestand die gesamte akademische Physik in Deutschland im Jahr 1864 aus nur 34 Personen. Bis zum ersten Weltkrieg verdreifachte sich diese Zahl auf 103 Personen, und wenn man die Physiker der Technischen Hochschulen einbezieht, die sich um die Jahrhundertwende die Gleichberechtigung mit den Universitäten erstritten hatten, so kommt man insgesamt auf 171 Personen. Das Gros dieser akademischen Forscher und Lehrer nahm eine untergeordnete Stellung als Privatdozent oder außerordentlicher Professor ein. So waren zu den 22 ordentlichen Professoren an den 21 Universitäten in den fünf Jahrzehnten vor dem ersten Weltkrieg nur 11 weitere hinzugekommen, während die Zahl der außerordentlichen Professoren von 2 auf 25, und die der Privatdozenten von 10 auf 43 anstieg.[31]

Mit anderen Worten: Die akademische Physik des deutschen Kaiserreichs, die vor dem Boom zu etwa zwei Dritteln aus ordentlichen Professoren bestanden hatte, war nachher zu zwei Dritteln aus Nichtordinarien zusammengesetzt. Durch «die großen Institute und die Herrschgewalt ihrer Direktoren» sei «ein monarchisches Prinzip in die Gelehrtenrepublik eingedrungen», so formulierte ein Zeitgenosse diesen Strukturwandel.[32] Max Weber bezeichnete die neuen Universitätsinstitute in seiner berühmten Schrift *Wissenschaft als Beruf* als «staatskapitalistische Unternehmungen», bei denen der wissenschaftliche Arbeiter «vom Institutsdirektor ebenso abhängig wie ein Angestellter in einer Fabrik» sei und «häufig ähnlich prekär wie jede ‹proletaroide› Existenz» dastünde.[33]

Die theoretische Physik als Privatdozentenfach

Das Regiment der Ordinarien, die nun als Institutsdirektoren über einen größeren Verantwortungsbereich verfügten als vor der institutionellen Revolution, gab dem Universitätsbetrieb in den betroffenen Disziplinen fortan ein stark patriarchalisches Gepräge. Nicht nur die Untertanen eines Institutsherrn, die Nichtordinarien, sondern auch die Wertordnung in den Disziplinen selbst wurde davon berührt. Ein physikalisches Institut zeichnete sich von einem einfachen Lehrstuhl vor allem durch eigene, nur dem Institut gehörende Räumlichkeiten mitsamt einer oft sehr aufwendigen Ausstattung mit physikalischen Instrumenten aus. In den meisten Fällen brachte dies eine Präferenz des Institutsdirektors für die Experimentalphysik mit sich, eine Domäne, in der er sich dank der Verfügungsgewalt über Gerät und Personal deutlicher profilieren konnte als in der theoretischen Physik. Da jedoch insbesondere der Lehrbetrieb auch die Betreuung der Theorie notwendig machte, erklärte der Patriarch dieses Fach gewöhnlich – sofern er nicht selbst ausgesprochen theoretische Neigungen besaß – zum Aufgabenbereich seiner Untertanen. Die theoretische Physik wurde so zur Domäne von Assistenten, Privatdozenten und außerordentlichen Professoren, die sich dieser Disziplin als ‹proletaroide Existenzen› wohl oder übel annehmen mußten, bis sie selbst als Ordinarien an der Spitze der akademischen Karriereleiter angekommen waren und über ein eigenes Institut verfügten.

Ein Blick auf die Vorlesungsverzeichnisse jener Jahre belegt dies: An den 21 deutschen Universitäten wurden zum Beispiel im Sommersemester 1892 und im Wintersemester 1892/93 insgesamt 24 Kursvorlesungen in Experimentalphysik abgehalten, die nur in 3 Fällen von Nichtordinarien gelesen wurden; von den im selben Zeitraum abgehaltenen 25 Kursvorlesungen in theoretischer Physik wurden jedoch nur in 7 Fällen die Ordinarien selbst aktiv, den Löwenanteil von 18 Vorlesungen trugen die Privatdozenten und Extraordinarien. Nimmt man dazu noch die nicht als Kursvorlesungen zählenden theoretischen Spezialvorlesungen wie zum Beispiel «kinetische Gastheorie» oder «elektromagnetische Theorie des Lichts», so bleibt vom Anteil der Ordinarien fast nichts mehr übrig.[34]

Der theoretischen Physik den Status eines Privatdozenten- und Extraordinarienfaches beizumessen, hatte auch für die soziale Strukturierung dieser Disziplin weitreichende Folgen. Die Ankopplung der theoretischen Physik an die untersten Stufen der akademischen Karriereleiter sorgte zunächst für ein zahlenmäßiges Anwachsen von Theoretikern auf Zeit: Die einseitige Beschäftigung mit physikalischen Theorien wurde von vielen Theoretikern wider Willen als ein Durchgangsstadium empfunden, bis die Berufung auf ein Ordinariat endlich Zugang zu Experimentiermöglichkeiten und damit die Befreiung vom Joch der Theorie brachte. Dieser Umstand brachte der theoretischen Physik zwar eine wachsende Zuwendung von jungen und karrierebewußten Physikern ein – aber gleichzeitig auch ihre Abwertung als notwendiges Übel, das eben zum Physikbetrieb eines Instituts gehörte wie das Putzen von Instrumenten oder die Betreuung von Anfängerpraktika.

In diesen Zusammenhang gehört auch ein Phänomen, das oft als Besonderheit hervorgehoben wird: der angebliche Hang jüdischer Physiker zur Theorie. Der hohe Anteil jüdischer theoretischer Physiker scheint dies zu bestätigen, doch dafür gibt es eine naheliegendere Erklärung: Als relativ neue Subdisziplin mit geringem Prestige war die theoretische

Physik wie andere, gering geschätzte Fächer (zum Beispiel die medizinischen Spezialgebiete Psychiatrie, Dermatologie und Hygiene) für jüdische Studenten offener als die etablierten Disziplinen. In der Regel versperrte ihnen ein latenter und bisweilen auch offener Antisemitismus den Weg an die Spitze der akademischen Hierarchie, so daß ihnen trotz der formal bestehenden Gleichstellung nur die unteren Ränge der Professorenlaufbahn offenstanden. An der Berliner Universität, die von allen deutschen Universitäten die meisten jüdischen Professoren beschäftigte, betrug zum Beispiel im Zeitraum von 1875 bis 1910 der Anteil jüdischer Universitätslehrer bei der Gruppe der Privatdozenten 41%, bei den Extraordinarien 27%, und bei den ordentlichen Professuren nur noch 6%.[35] Die theoretische Physik, die Domäne der Privatdozenten, blieb so für jüdische Physiker oft eine Dauerbeschäftigung – ganz im Gegensatz zu ihren nichtjüdischen Kollegen, die nach ihrem Aufstieg zum Ordinarius Experimentalphysiker wurden. In Straßburg war auf solche Weise Emil Cohn über 30 Jahre lang auf einem Extraordinariat zum Theoretiker geworden. In München war es Leo Graetz, der diese Kontinuität theoretischer Physik verkörperte: in den 1870er Jahren als Privatdozent und Kollege von Max Planck, im Interregnum zwischen Boltzmanns Weggang 1894 und Sommerfelds Berufung 1906 als Extraordinarius, zusammen mit dem jüdischen Privatdozenten Arthur Korn, und schließlich dem Rang nach als ordentlicher Professor, jedoch ohne die sonst üblichen Insignien eines Ordinarius wie ein eigenes Institut und das dazu gehörige Personal.[36]

Das «System Althoff»

Patriarchalische Strukturen prägten nicht nur auf der Ebene einzelner Institute den akademischen Alltag im deutschen Kaiserreich. Die expandierende, bald als «Großbetrieb» empfundene Universität unterstand als Staatsunternehmen ministerieller Obhut – und auch im Verhältnis von Staat und Universität gaben die Patriarchen beider Sphären den Ton an. Das herausragende Beispiel dafür bietet der Fall des Ministerialdirektors Friedrich Althoff im preußischen Kultusministerium. Althoffs Machtfülle war zwischen seinem Amtsantritt im Jahr 1882 und seiner Entlassung im Jahr 1907 unter 5 verschiedenen Kultusministern auf ein Ausmaß angewachsen, das nach seinem Ausscheiden die Neueinstellung von vier Referenten erforderlich machte. Das «System Althoff» kann als eine fast symbolhafte Verkörperung des patriarchalischen Stils der Wilhelminischen Ära angesehen werden.[37]

Althoffs Regiment stützte sich auf ein ausgedehntes Netz von inoffiziellen Beziehungen zu ausgesuchten Repräsentanten der verschiedenen preußischen Hochschulen: die Liste seiner Vertrauten, Spitzel, Ratgeber, Freunde – die Wahl dieses Attributs wurde von Althoffs Gegnern und Freunden recht unterschiedlich getroffen – umfaßte die wichtigsten Lokalpatriarchen der verschiedenen Universitätsfächer. Dank dieser Beziehungen verfügte Althoff über ein Detailwissen, von dem er bei seiner Berufungspolitik oft genug einen rücksichtslosen Gebrauch machte. Er habe «ein gut Teil seiner Amtsgewalt dazu gebraucht, in den von ihm Abhängigen Persönlichkeiten zu brechen», so urteilte ein Betroffener, und eine anderer erinnerte sich: «Wir verlernten, wie freie Männer zu reden und zu handeln, lebten selbst nach Althoffs Tod weiter in der ‹Furcht des Herrn› und schwenkten schließlich gehorsam um, als der Nationalsozialismus uns ‹auszurichten› begann».[38] Althoff verfügte bedenkenlos über Beförderungen und Versetzungen, wenn dies seinen Zielen diente. Autokratisches Machtgebaren ging dabei Hand in Hand mit dem politischen Kurs der Wilhelminischen Ära: «Althoffs Ziel war das des Kaisers, vieler Freunde und Zeitgenossen: die Weltgeltung deutscher Wissenschaft. Er wollte für Deutschland und besonders Preußen die führende Stellung in der Wissenschaft und im Hochschulwesen erringen und erhalten.»[39] Ein Mittel dazu war für Althoff die Konzentration wissenschaftlicher Kräfte an den Stellen, wo an entsprechende lokale Traditionen angeknüpft werden konnte: Berlin zum Beispiel sollte als Zentrum der Altertumswissenschaften herausragen; Göttingen wurde als Zentrum der mathematischen Wissenschaften auserkoren.

Für die Entwicklung der theoretischen Physik wurde das «System Althoff» vor allem durch die Beziehung der beiden Patriarchen Althoff und Felix Klein bedeutsam. Kleins akademische Wanderschaft hatte von Erlangen über München und Leipzig 1885 an die Universität Göttingen geführt. Hier entfaltete Klein mit Althoffs Hilfe nun Aktivitäten, die sowohl für die Entwicklung der theoretischen Physik als auch für andere mathematische Anwendungsbereiche entscheidende Weichen stellten.

Felix Klein und seine Bestrebungen

Mit dem Wechsel nach Göttingen, zu dem Klein von Althoff persönlich ermuntert worden war, ging auch eine Verschiebung seiner Ambitionen einher. Nun verlagerte er sein Engagement zunehmend auf die gesellschaftlichen Anwendungsbereiche der mathematischen Wissenschaften, die Technik und den mathematisch-naturwissenschaftlichen Lehrerberuf. Die Technischen Hochschulen spielten bis zum letzten Drittel des 19. Jahrhunderts für die Physik nur eine untergeordnete Rolle. Dies begann sich gegen Ende des Jahrhunderts zu ändern, und Klein begegnet uns als eine Schlüsselfigur bei diesem Wandel. Bereits in seiner Antrittsrede an der Erlanger Universität beklagte Klein die «Zweiteilung der Bildung», die sich in der Trennung von Technischen Hochschulen und Universitäten manifestiere. Sein eigenes Fachgebiet, die Geometrie, empfand er aufs engste verknüpft mit technischen Anwendungen. Sein Vorbild war die Pariser École Polytechnique, wo diese Wechselbeziehung durch die Namen vieler hervorragender Mathematiker augenfällig wurde. Der fünfjährige Aufenthalt an der Technischen Hochschule in München, wo er sich mit Fächern wie der Darstellenden Geometrie als Hilfswissenschaft für die Maschinentechnik befaßt hatte, mag Kleins Bewußtsein in dieser Frage noch verstärkt haben. Solche Fächer gehörten seiner Meinung nach auch an die Universität: «Sollen wir dieselben ignorieren, bis wir eines Tages von der Entwicklung der Technik vielleicht auch theoretisch überholt werden?», so warnte er im Jahr 1880. Ganz ähnlich argumentierte er einige Jahre später in einer Denkschrift an Althoff: Angesichts der wachsenden Bedeutung der Technik kam er zu dem Schluß, «daß wir Universitätsprofessoren nur die Wahl haben, entweder die Führung der Bewegung zu übernehmen oder uns vollends zur Seite drängen zu lassen. Daß ich gleich die Sache selbst bezeichne: Ich befürworte generell die Verschmelzung der Technischen Hochschulen mit den Universitäten (...) Man entwickle die Universitäten so, daß an ihnen für volle Vertretung der modernen Fächer gesorgt ist.»[40]

«Annäherung an die Technik»

Kleins Engagement für eine Integration von Wissenschaft und Technik wird noch besser verständlich, wenn wir uns sein Wissenschaftsverständnis vor Augen halten: «Nicht Natur erklären», sei der Zweck der Wissenschaft, «sondern Natur beherrschen», und er betrachtete es als seine Aufgabe, diesem Zweck im Interesse seiner Nation zum Durchbruch zu verhelfen. Als Vorbild diente ihm dabei die deutsche Chemie: Habe nicht diese Disziplin beispielhaft gezeigt, wie man durch eine wissenschaftlich durchtränkte Technik Weltgeltung erreichen könne? Immer wieder erläuterte er an diesem Beispiel seine eigenen Bestrebungen: «Ich will den Kontakt mit der Technik, den die Universitäten auf dem Gebiete der Chemie besitzen, gleicherweise auf dem Gebiete der Physik und Mathematik herstellen», so erklärte er etwa dem Geschäftsführer des Vereins Deutscher Eisenhüttenleute sein Programm, als er bei der Industrie um Unterstützung für sein Anliegen warb.[41]

Dennoch stießen Kleins Bestrebungen bei den Technischen Hochschulen und der Industrie auf wenig Gegenliebe. Sein Plan, in Göttingen für die Industrie «Generalstabsoffiziere der Technik» auszubilden und dafür von Großindustriellen wie Krupp finanzielle Unterstützung zu erbitten, wurde vom Leiter des Kruppschen Versuchslabors und anderen als unnütz abgetan; von den Technischen Hochschulen, wo man darin eine Konkurrenz erkannte und die eigenen Emanzipationsbestrebungen gegenüber den Universitäten gefährdet sah, schlug ihm offener Widerstand entgegen: Ein Wortführer im Kampf um die Gleichstellung der Technischen Hochschule (Alois Riedler) erklärte unmißverständlich, daß er «bei jeder sich bietenden Gelegenheit» Kleins Pläne bekämpfen werde. Um seine ärgsten Widersacher auf seiten der Techniker zu besänftigen, verzichtete Klein 1895 auf einer Tagung des Vereins Deutscher Ingenieure darauf, in Göttingen «höhere Techniker» auszubilden, und gestand den Technischen Hochschulen das Monopol für die Ingenieursausbildung zu. Dennoch bezeichnete er sich als «Bundesgenossen» der Technikerbewegung und diente seinem Mentor Althoff als engagierter Berater, wenn Fragen der Technischen Hochschulen zur Debatte standen. Wann immer es um die Jahrhundertwende um Neugründungen von Technischen Hochschulen oder ihr Verhältnis zu den Universitäten ging, finden wir im Hintergrund des herrischen Althoff den nicht weniger herrischen Klein am Werk, um einer Annäherung von Technik und Wissenschaft näherzukommen. Wie wenig Klein tatsächlich von seinem ursprünglichen Ziel abgerückt war, verriet er etwa 1898 in einem Vortrag vor der Gesellschaft Deutscher Naturforscher und Ärzte, als er die Frage in den Raum stellte, «ob es wirklich auf die Dauer unmöglich sein wird, die technischen Hochschulen doch noch, wenn auch nur organisatorisch, als technische Fakultäten an die Universitäten anzuschließen».[42]

Obwohl das große Anliegen einer Verschmelzung von Universität und Technischer Hochschule ein unerfüllter Wunschtraum blieb, konnte Klein in Göttingen viele seiner Bestrebungen verwirklichen. 1898 erreichte er die Gründung der «Göttinger Vereinigung zur Förderung der angewandten Physik und Mathematik», einer Fördergesellschaft von Industriellen und Akademikern, die sich für die Einrichtung anwendungsorientierter Universitätsinstitute einsetzte und dafür auch finanzielle Mittel beisteuerte. Kleins Mitstreiter waren dabei der Kurator der Göttinger Universität, Ernst Höpfner – auch er ein enger Vertrauter Althoffs – und der Direktor der Farbenwerke Bayer, Henry Theodor Böttinger, Schwiegersohn des Firmengründers, Mitglied des preußischen Abgeordnetenhauses und guter Bekannter Althoffs. Althoffs Unterstützung für dieses Projekt war beinahe selbstverständlich: Es kostete wenig und paßte in den Rahmen seiner universitären Schwerpunktbildung. Schon vor der Gründung der «Göttinger Vereinigung» hatte Böttinger die Errichtung eines Instituts für physikalische Chemie und Elektrochemie an der Göttinger Universität ermöglicht, das unter seinem Direktor Walther Nernst rasch mit anwendungsorientierten Forschungsergebnissen von sich reden machte. Weitere Initiativen wurden mit der Finanzkraft der «Göttinger Vereinigung» durch neue Laboratorien für Elektrotechnik und allgemeine technische Physik ergriffen; beide wurden dem Institut für Physik der Universität angegliedert und von Klein als Modelleinrichtungen betrachtet: «Wir haben erklärt, daß es unser Wunsch sei, durch unser Vorgehen an den deutschen Universitäten eine allgemeine Bewegung im Sinne einer Annäherung an die Technik auszulösen», verkündete Klein nach der Gründung dieser Laboratorien, nun nicht mehr als einsamer Protagonist für eine allseits mißachtete Neuerung sondern als Vertreter einer neuen Lobby, die sich seine Leitsätze weitgehend zueigen gemacht hatte.[43]

Reform des mathematisch-naturwissenschaftlichen Unterrichts

Ähnlich wie für die Universitäten, die im industriellen Zeitalter eine Annäherung an die Technik zu vollziehen hätten, erkannte Klein auch für das Schulwesen und insbesondere für die unter dem neuhumansitischen Bildungsideal großgewordenen Gymnasien eine Notwendigkeit zur Erneuerung. Wie bei der Emanzipation der Techniker war Klein auch in Sachen Unterricht nicht der einzige, der für Reformen plädierte, aber hier wie dort verstand er es dank seiner Beziehung zu Althoff, den überfälligen Neuerungen den Stempel seiner persönlichen «Leitsätze» aufzudrücken. Nachdem er sich seit 1892 bei den Reformkräften durch die Einführung von Ferienkursen für Mathematiklehrer an der Göttinger Universität einen Namen gemacht hatte, trat er 1894 ihrer Lobby, dem «Verein zur Förderung des mathematischen und naturwissenschaftlichen Unterricht» bei. Klein wurde von Althoff zu Schulkonferenzen als Experte hinzugezogen, und er fehlte auf kaum einer Veranstaltung, die im ersten Jahrzehnt des 20. Jahrhunderts dem höheren mathematisch-naturwissenschaftlichen Unterricht zu seiner modernen und in den Grundzügen bis heute bewahrten Form verhalf.[44] Als Quintessenz seiner Reforminitiativen in Sachen Schulunterricht forderte Klein auch hier «eine volle wissenschaftliche Berücksichtigung aller Momente, die in dem hochgesteigerten Leben der Neuzeit als maßgebend hervortreten.»[45]

In dieser Forderung schließt sich der Kreis aller Kleinschen Bestrebungen, ob sie das Ingenieurwesen oder den Unterricht an Gymnasium betrafen. Hieraus leiteten sich auch die weiteren wissenschaftsorganisatorischen Aktivitäten Kleins ab: So kümmerte er sich um die von Althoff initiierte *Kultur der Gegenwart*, ein vielbändiges Sammelwerk, für das er die «mathematische Abteilung» organisierte. «Das ganze naturwissenschaftlich-technische Kulturgut in dem Gesamtbild des geistigen Besitzes unserer Zeit zur Geltung zu bringen und seinen Einfluß auf fast alle Gebiete der menschlichen Betätigung aufzuweisen», so formulierte er selbst sein Ziel bei dieser Unternehmung.[46] Er hatte ferner Anteil am Zusammenschluß verschiedener Akademien zu einem Kartell, das als Dach für großangelegte Wissenschaftsunternehmungen fungieren konnte. Die *Enzyklopädie der mathematischen Wissenschaften* war eines ihrer Projekte; es wurde von der Deutschen Mathematikervereinigung (deren führender Repräsentant Klein war) und dem Akademiekartell gemeinsam gefördert, und Klein sorgte auch hier für die «richtige» Tendenz: Die Enzyklopädie sollte nicht nur ein mathematisches Sammelwerk darstellen, sondern vor allem die mathematischen Anwendungen in Naturwissenschaft und Technik betonen und so «ein Gesamtbild der Stellung geben, die die Mathematik innerhalb der heutigen Kultur einnimmt».[47]

Zu den Kreisen Kleins gehörten auch theoretische Physiker. Teilgebiete der theoretischen Physik wie die theoretische Mechanik oder die Elektrodynamik konnten exemplarisch den Anwendungsbezug der mathematischen Wissenschaften auf technische Probleme demonstrieren und damit Kleins Anliegen einer Annäherung von Wissenschaft und

Technik zum Ausdruck bringen. Dies wird nirgends so deutlich wie am Beispiel Sommerfelds.

Sommerfeld und Klein

Sommerfeld hatte sein Studium an der Universität Königsberg mit einer mathematischen Doktorarbeit und der Prüfung für das höhere Lehramt abgeschlossen, als er sich auf die unsichere akademische Wanderschaft begab. Seine Hochschulkarriere begann wie die anderer «proletaroider Existenzen»: 1893 war er als Assistent an das mineralogische Institut der Göttinger Universität gekommen – «schon mit einem Seitenblick auf die Mathematik und ihre Göttinger Inkarnation», wie er später schrieb: «Klein, dem meine Königsberger Dissertation gefallen hatte, ließ mich zu sich in die Wilhelm-Weber-Straße kommen, jede Woche eine Stunde (...) Jedesmal legte er mir aus seiner Bibliothek Proben vor, die mir den Weg wiesen (...) Ein Jahr später wurde ich Assistent am mathematischen Lesezimmer.» Klein wurde für den jungen Sommerfeld eine wissenschaftliche Vaterfigur. 1895 habilitierte er sich mit einer Abhandlung zur Beugungstheorie elektromagnetischer Wellen, und in den darauffolgenden Semestern bekam er als frischgebackener Privatdozent selbst Gelegenheit, sein Talent als Lehrer unter Beweis zu stellen. Auch dabei orientierte er sich an Klein, dessen Vorlesungsstil er in den höchsten Tönen lobte: «Was waren das für Vorlesungen! Sorgfältigst präpariert, eindringlichst vorgetragen, jede Stunde ein kleines, auch stilistisch abgerundetes Meisterwerk.»[48]

Unter den Fittichen des «großen Felix», wie der Patriarch von seinen Schülern genannt wurde,[49] wandelte sich der Königsberger Lehramtskandidat allmählich zum angewandten Mathematiker: «Seit Ostern hilft er mir bei meinen Bestrebungen, in die Mechanik hineinzukommen», schrieb Klein 1896 einem Kollegen über den Beginn der Zusammenarbeit für die *Theorie des Kreisels*, das Thema seiner Spezialvorlesung in diesem Jahr.[50] Zunächst war diese Vorlesung nur als ein Vorzeige-Beispiel für Lehramtsstudenten gedacht, doch es erwies sich als so ausbaufähig, daß Klein und sein ehrgeiziger Schüler daraus ein mehrjähriges Projekt machten und das Ergebnis in einem vierbändigen Sammelwerk publizierten.[51] Anwendungen der Kreiseltheorie fand Sommerfeld etwa im Kontakt mit einem Marine-Ingenieur, der sich für das Kreiselkompaß-Prinzip zur Steuerung von Torpedos interessierte. Die «den Kreisel betreffenden Briefe an Diegel (Torpedo-Ingenieur)», so berichtete er seinem Mentor, «haben den Umfang von Abhandlungen (...) Auf alle Fälle gibt diese Korrespondenz Anlaß zu einem schönen § über ‹Anwendungen der Theorie in der Technik› ».[52]

Klein hätte sich kaum einen eifrigeren Interpreten seiner Bestrebungen wünschen können, und er sorgte bei Althoff für eine rasche Beförderung seines Privatdozenten. Es ist bezeichnend, daß er seinem Schützling nicht etwa zu einer Stelle an einer Universität sondern an der Bergakademie in Clausthal verhalf, wo es um die technische Berufsbildung ging: «Aus dem Handelsministerium ist angefragt, ob wir nicht in der Lage seien, einige Professoren zu bezeichnen», so gab Althoff die Anfrage für die Besetzung der Clausthaler Professur an Klein weiter, und der versicherte seinerseits, «daß die Herren mit Dr. Sommerfeld gut fahren würden».[53] Doch Sommerfeld konnte dieser Professur, auf der er vor allem Elementarmathematik unterrichten mußte, wenig abgewinnen. Er hielt seine Beziehung zum Kreis Kleins auch von Clausthal aus aufrecht: Klein hatte ihn außer dem Kreisel-Werk auch mit der Redaktion der physikalischen Bände der geplanten *Enzyklopädie der mathematischen Wissenschaften* betraut, so daß er hierüber einen ständigen Anlaß zum weiteren Austausch mit seinem Lehrer hatte. Auch privat verstärkte er seine Beziehung nach Göttingen: Er heiratete die Tochter Höpfners, der als Vertrauter Althoffs und Kurator der Göttinger Universität in Berufungsangelegenheiten nicht weniger einflußreich als Klein war. Als Sommerfeld 1899 von einer Stellenmöglichkeit für das Fach der Technischen Mechanik an der Technischen Hochschule in Aachen erfuhr, setzte er alles daran, um die ungeliebte Clausthaler Professur loszuwerden und einen Ruf nach Aachen zu erhalten. Die Angelegenheit wurde schließlich zwischen Schwiegervater, Klein und Althoff zu Sommerfelds Zufriedenheit geregelt – um so mehr als eine Berufung Sommerfelds nach Aachen ausgezeichnet mit Kleins eigenen Vorstellungen in Einklang war.[54]

Lehrstühle an Technischen Hochschulen boten im ausgehenden 19. Jahrhundert für Mathematiker und Physiker zusätzliche Berufsmöglichkeiten. Kleins Aufenthalt an der Technischen Hochschule in München oder die Professur eines Heinrich Hertz an der Technischen Hochschule Karlsruhe stellen keineswegs Ausnahmen für den Karriereweg von Hochschulwissenschaftlern dar. Doch die Technische Hochschule rangierte weit hinter der Universität, was die Frequentierung durch Studenten und die etatmäßige Ausstattung durch die staatlichen Ministerien anging, und entsprechend gering war das Ansehen ihrer Professorenstellen. Physik und Mathematik galten lediglich als Hilfswissenschaften. Das 1899 erkämpfte Promotionsrecht brachte diesen Disziplinen keine Besserung, da es sich zunächst nur auf die Ingenieurfächer beschränkte.[55] Für forschungsorientierte Hochschullehrer war daher «die Technische Hochschule nur der Wartesaal für die Berufung zur Universität», wie in einem zeitgenössischen Artikel beklagt wurde.[56] Auch für Sommerfeld wurde die Professur in Aachen nicht zu einer Lebensstelle, und doch bedeutete sie für ihn mehr als nur eine Warteposition. Auch nach seiner späteren Hinwendung zur akademischen Physik blieb die Nähe zur technischen Anwendung charakteristisch für viele seiner Arbeiten, und selbst bei seinen Schülern finden wir noch diesen anwendungsbezogenen Stil theoretischer Physik.

Sommerfeld in Aachen

Da es sich bei der Aachener Professur um einen Lehrstuhl für das traditionelle Ingenieurfach der Technischen Mechanik (und nicht für die Hilfswissenschaften Physik oder Mathematik) handelte, repräsentierte Sommerfeld mehr als nur eine Nebenrolle. Um so argwöhnischer betrachteten die Techniker den neuen Lehrer und Kollegen, der keine Ingenieursausbildung an einer Technischen Hochschule absolviert, sondern an Universitäten eine Mathematikerkarriere begonnen hatte. Aus Sommerfelds zeitgenössischem Briefwechsel mit Klein bekommt man einen lebhaften Eindruck von diesem Mißtrauen und von Sommerfelds Anstrengungen, es zu überwinden. Klein war natürlich «begierig zu hören»,[57] wie es seinem Schützling dort erging, und der sparte nicht mit Situationsberichten: «Ich hatte in den letzten Wochen wiederholt den Eindruck, daß unsere Techniker sich mehr und mehr mit meiner Existenz anfreunden (...) Die meisten Techniker haben von physikalischer Forschung ebensowenig eine Idee wie von mathematischer», schrieb er nach seinem ersten Aachener Semester.[58] Auf einer Sitzung habe er «energisch gegen das Mißtrauen gegen Ihre Bestrebungen gesprochen» und bei einer «Probevorlesung vor den technischen Kollegen» habe er «den ja jetzt sehr aktuellen Geradlaufapparat der Hn. Diegel» vorgeführt; der Kreiselkompaß des Torpedo-Ingenieurs leistete so erneut Überzeugungsarbeit und brachte Sommerfeld «großen Beifall» ein; ein Techniker habe ihm bescheinigt, dies sei «ein Schritt zur Verständigung zwischen mir und den Aachenern und zwischen den Universitäten und Technischen Hochschulen gewesen.»[59]

Sommerfeld entwickelte in den fünf Jahren seiner Aachener Lehrtätigkeit vielfältige Beziehungen zur Technik.[60] Er organisierte für seine Studenten Exkursionen in Hüttenwerke, er kam in Kontakt mit der Schiffbautechnik, der Paradeindustrie des Wilhelminischen Zeitalters, und er verfaßte Gutachten für den Verein Deutscher Ingenieure. In seinen Forschungen befaßte er sich mit der Theorie von Eisenbahnbremsen und mit Schwingungsproblemen bei Maschinen und Brücken, sowie mit verschiedenen Anwendungen der Elastizitäts- und Festigkeitstheorie. Als seinen wichtigsten Beitrag bezeichnete er seine «Hydrodynamische Theorie der Schmiermittelreibung»; sie brachte ihm zwar den Spott «reiner» Mathematiker ein,[61] aber auch «die Freude, auch auf diesem, der exakten Behandlung scheinbar unzugänglichem Gebiete der Macht des mathematisch-physikalischen Gedankens zum Siege zu verhelfen».[62]

Dies war ganz die Kleinsche Diktion, und so ist es nicht verwunderlich, daß Klein den ehrgeizigen Sommerfeld gerne auf Dauer als Interpreten seiner Bestrebungen in den Reihen der Techniker gesehen hätte. Ironischerweise hatte jedoch Klein selbst einen Anstoß für Sommerfelds Wechsel zur akademischen Physik gegeben, als er ihn zum Redakteur der physikalischen Bände seiner *Enzyklopädie der mathematischen Wissenschaften* machte. Mit der Enzyklopädie gelangte Sommerfeld zu einer Schlüsselstellung für die theoretische Physik der Jahrhundertwende, auch wenn es sich dabei noch nicht um eine besonders weitverbreitete Disziplin handelte.

Die theoretische Physik der Jahrhundertwende im Spiegel der *Enzyklopädie der mathematischen Wissenschaften*

Eine Statistik über die Physik der Jahrhundertwende ergibt für das Stichjahr 1900 für Deutschland eine Gesamtzahl von 103 akademischen Physikern, von denen 16 als Theoretiker klassifiziert werden. Die Zahlen anderer Länder liegen weit darunter: Von den 99 Physikern der USA werden 3, und von den 76 Physikern Großbritanniens 2 als Theoretiker eingestuft.[63] Daraus gewinnt man schon einen ersten Eindruck von der Größe – oder besser – Kleinheit der Welt der Physik um 1900. Die von Sommerfeld redigierten Physikbände der *Enzyklopädie der mathematischen Wissenschaften* bieten uns die Gelegenheit, die theoretische Physik zu Beginn des zwanzigsten Jahrhunderts auch in qualitativer Hinsicht einer Gesamtschau zu unterziehen.

Die «Hauptreferenten»: Boltzmann, Lorentz und Wien

Sommerfeld war zunächst vor der neuen Aufgabe als Enzyklopädieredakteur zurückgeschreckt, da er sich schon durch die Herausgabe der *Theorie des Kreisels* ausgelastet fühlte. So versuchte er, Willy Wien, einem alten Bekannten aus der Königsberger Schulzeit, der sich am Anfang seiner Physikerkarriere als Theoretiker profiliert hatte, diese Tätigkeit schmackhaft zu machen: «Das Schöne an der Sache ist, daß Sie Gelegenheit haben würden, der mathematischen Physik in einer für Jahrzehnte vielleicht maßgebenden Darstellung den Stempel Ihrer persönlichen Überzeugungen bis zu einem gewissen Grade aufzudrücken.»[64] Wien lehnte jedoch ab, da er in der theoretischen Physik keine Karrieremöglichkeit erkannte und wie das Gros der Physiker seiner Zeit in der Experimentalphysik bessere Chancen sah: «Die theoretische Physik findet gegenwärtig keine Abnehmer», antwortete er Sommerfeld, «ich muß der Zeitströmung etwas Rechnung tragen und mich eingehend mit rein experimentellen Arbeiten beschäftigen».[65]

So blieb es Sommerfeld selbst belassen, der neuen Disziplin den Stempel seiner persönlichen Überzeugungen aufzudrücken. Als erstes überredete er Wien wenigstens dazu, als Autor mit einem Übersichtsartikel über sein Spezialgebiet beizutragen, die «Theorie der Strahlung»; außerdem motivierte er ihn zu einer Zusammenarbeit mit dem Nestor der theoretischen Physik in Holland, Hendrik Antoon Lorentz, für einen zweiten Enzyklopädieartikel über die «Elektromagnetische Lichttheorie». Besonders im Fall Lorentz', den Sommerfeld und Klein bei einer Reise nach Holland im Jahr 1898 zur Mitwirkung an der Enzyklopädie überredet hatten, wird deutlich, daß Sommerfeld sein Amt auch als eine willkommene Gelegenheit begriff, sich bei den Autoritäten der zeitgenössischen Physik einen Namen zu machen. Lorentz verfaßte drei umfangreiche Artikel, die Sommerfeld «die schönsten Zierden der Enzyklopädie» nannte.[66] Sommerfeld schickte Lorentz Sonderdrucke seiner eigenen Veröffentlichungen, und Lorentz erwiderte die Aufmerksamkeiten des Enzyklopädieredakteurs, indem er ihn in Aachen besuchte, wo er mit großer Herzlichkeit in der Familie Sommerfelds aufgenommen wurde. Man tauschte «von Haus zu Haus» Freundlichkeiten aus und blieb auch privat in vertrautem Kontakt. Lorentz nannte den jüngsten Sohn Sommerfelds, der offenbar nach seinem Vater geriet, liebevoll den kleinen «Naturforscher».[67]

Die «Hauptreferenten»: Hendrik Antoon Lorentz (links) und Ludwig Boltzmann

So wurde Sommerfelds Name den Theoretikern der Jahrhundertwende bald zum Begriff. Er sorgte für die nötige Abstimmung unter den Autoren und für die Einheitlichkeit bei der Festlegung physikalischer Bezeichnungsweisen. Dabei orientierte er sich vor allem an Lorentz, Wien und Boltzmann, mit dem er anläßlich regelmäßiger Enzyklopädiebesprechungen ebenfalls persönlich bekannt war. Mit der Autorität dieser «Hauptreferenten» teilte er den übrigen Mitarbeitern dann die «Grundsätze» mit, die sie bei der Abfassung ihrer Artikel zu beachten hätten: «Diese werden dann», wie er einmal an Wien schrieb, «nicht mehr dagegen mucksen».[68]

Beim Leipziger Teubner-Verlag, wo sowohl die *Enzyklopädie der mathematischen Wissenschaften* als auch die *Theorie des Kreisels* herausgebracht wurden, schätzte man Sommerfeld aufgrund seiner Kontakte und Beziehungen zu den einschlägigen Wissenschaftlerkreisen und hoffte, über ihn neue Autoren zu gewinnen. Man bot ihm, wie Sommerfeld an Klein schrieb, «als Entgelt 10 M pro Bogen bei jedem durch mich zustandegekommenen Buche. Natürlich muß meine Stellung und Tätigkeit dabei vollständig geheim bleiben.»[69] Wenn er anfangs vor der neuen Aufgabe zurückgeschreckt war, so bereitete es ihm nun sichtlich Freude, mit den führenden Physikern seiner Zeit zu verhandeln: Die Korrespondenz zwischen Sommerfeld und seinen Autoren mündete nicht selten in eine Diskussion über offene Forschungsfragen und gab zu seitenlangen brieflichen Abhandlungen Anlaß.[70] So wurde Sommerfeld allmählich selbst zur Autorität, was die Formierung der theoretischen Physik betraf.

Im Jahr 1905, sieben Jahre nach der Aufnahme seiner Redaktionsarbeit für die Enzyklopädie, war es deshalb nicht mehr verwunderlich, daß den Aachener Professor für Technische Mechanik ein Ruf auf einen ordentlichen Lehrstuhl für theoretische Physik erreichte. In diesem Jahr hatte Röntgen, der 1900 Direktor des physikalischen Instituts der Münchner Universität geworden war, mit dem ganzen Gewicht seines Ansehens die Wiederbesetzung des ehemaligen Boltzmannschen Lehrstuhls durchgesetzt. Sein Wunschkandidat wäre eigentlich Lorentz gewesen, doch der blieb seinem Lehrstuhl in Leiden treu und empfahl stattdessen Sommerfeld. Dieselbe Empfehlung gab Boltzmann, und angesichts solcher Unterstützung war es klar, daß dem Enzyklopädieredakteur ein guter Platz auf der Berufungsliste sicher war. Nicht zu Unrecht vermutete Sommerfeld, daß auch Wien als «Urheber, Förderer und Beschützer der Idee» aktiv geworden war, ihn «nach München zu verpflanzen».[71]

Mit der Enzyklopädie hatte sich Sommerfeld also die Reputation erworben, die ihm den Ruf nach München als Boltzmanns späten Nachfolger einbrachte, und diese Stelle wurde nun auch für das Enzyklopädie-Unternehmen zur Autorenschmiede. Als Assistenten nahm Sommerfeld den Holländer Peter Debye mit nach München; Debye hatte an der Technischen Hochschule in Aachen ein Ingenieurstudium begonnen und gelegentlich Arbeiten Sommerfelds ins Holländische übersetzt, die Sommerfeld dann an Lorentz zur Vorlage bei der Amsterdamer Akademie der Wissenschaften sandte. In München wurde Debye mit einem Artikel über «Stationäre und quasistationäre Felder» auch der erste Enzyklopädieautor unter den Sommerfeldschülern.[72] Insgesamt vergab Sommerfeld sieben Enzyklopädieartikel an seine Schüler, was bei einer Gesamtzahl von 30 Artikeln und 35 Autoren kein geringer Anteil ist.[73]

Die internationale theoretisch-physikalische Produktivität

Debye war Holländer, ebenso wie Lorentz und die beiden Enzyklopädieautoren Heike Kamerlingh Onnes und Willem Hendrik Keesom, die sich vor allem bei der Erforschung tiefster Temperaturen einen Namen gemacht hatten. Einige Autoren stammten aus Österreich (Boltzmann, Nabl, Herzfeld), der Verfasser des Artikels über Sommerfelds Lieblingsthema «Spezielle Beugungsprobleme», Paul Epstein, war ein gebürtiger Russe, und auch ein Engländer (Bryan) gehörte zum Kreis der Autoren. War die theoretische Physik also von Anfang an jenes internationale Fach, als das es später so oft beschrieben wurde?

Bei der geringen Zahl von Enzyklopädieautoren ist es nicht sinnvoll, deren Nationalität selbst zum Kriterium zu machen. Aufschlußreicher ist es, die in den verschiedenen Enzyklopädiebeiträgen zitierten vielen hundert Publikationen nach ihrer Nationalität zu untersuchen. Daraus geht zunächst hervor, daß Deutsch die führende Wissenschaftssprache in der theoretischen Physik war. Dies zeigt sich auch aus einer Analyse von Beiträgen nichtdeutscher Autoren: Lorentz etwa zitierte 1903 in seinem Übersichtsartikel «Weiterbildung der Maxwellschen Theorie; Elektronentheorie» in 47% von allen Fällen deutschsprachige Arbeiten, gefolgt von 27% in englischer, 17% in französischer, 9% in niederländischer und 1% in italienischer Sprache. Dabei waren von den englischsprachigen Arbeiten nur 12% in amerikanischen, die übrigen in britischen Wissenschaftszeitschriften publiziert worden.[74] Ein ganz ähnliches Zitationsmuster ergibt sich aus einer Analyse des Übersichtsartikels der beiden Wiener Physiker Boltzmann und Nabl über «Kinetische Theorie der Materie»[75] aus dem Jahr 1905: 52% in deutscher, 30% in englischer (davon 5% amerikanisch und 95% britisch) und 18% in sonstiger (d. h. in niederländischer, französischer bzw. italienischer) Sprache. Vergleicht man diese Zahlen mit der über alle Wissenschaften gemittelten Verteilung auf die wichtigsten Wissenschaftssprachen zu Beginn des zwanzigsten Jahrhunderts, bei der deutsch, englisch und französisch etwa gleichgewichtig mit jeweils 30–35% auftreten,[76] so wird klar, daß die theoretische Physik stärker als andere Wissenschaften eine in Deutschland großgewordene Disziplin darstellte.

Das Hauptaugenmerk bei der Entwicklung der theoretischen Physik auf die deutschen Verhältnisse zu legen, entspricht somit durchaus der Gewichtung, mit der diese Disziplin um die Jahrhundertwende im internationalen Maßstab hervortrat. Obwohl die Organisatoren des Enzyklopädieprojekts darum bemüht waren, die theoretische Physik durch die Mitarbeit nichtdeutscher Autoren als «internationales Gut» zu präsentieren,[77] kann von einer internationalen Wissenschaft, an der die verschiedenen Nationen auch nur annähährend gleichgewichtig beteiligt waren, noch keine Rede sein. Darin offenbart sich freilich nicht eine besondere deutsche Vorliebe für das Theoretisieren. Vielmehr äußert sich darin einmal mehr die Eigenart des deutschen Universitätssystems, in dem die theoretische Physik als Privatdozentenfach für eine größere Zahl von akademischen Physikern zum Berufsalltag gehörte als in Nationen mit andersartigen universitären Traditionen.

Themen

Die zwischen 1903 und 1926 erschienenen Artikel in den drei Physikbänden der *Enzyklopädie der mathematischen Wissenschaften* waren nach folgendem Schema gegliedert:

A) Einleitende Artikel: Maße und Messen, Gravitation;
B) Thermodynamik: Grundlagen, Wärmeleitung, technische Thermodynamik;
C) Molekularphysik: Chemische Atomistik, Kristallographie, Kinetische Theorie der Materie, Kapillarität, Zustandsgleichung, Physikalische und Elektrochemie;
D) Elektrizität und Optik: Elementargesetze, Maxwells elektromagnetische Theorie, Elektronentheorie, Elektrostatik und Magnetostatik, Beziehungen zu mechanischen Zustandsänderungen, Stationäre und quasistationäre Felder, Elektromagnetische Wellen, Relativitätstheorie, Elektronentheorie der Metalle, Optik – ältere Theorie, Elektromagnetische Lichttheorie, Theorie der magneto-optischen Phänomene, Theorie der Strahlung, Wellenoptik, Spezielle Beugungsprobleme;
E) Nachträge: Atomtheorie des festen Zustands, Seriengesetze in den Spektren der Elemente, Bandenspektren, Quantenstatistik und Quantentheorie.

Was die Teile A) bis D) betrifft, so handelt es sich also um eine durchaus «klassische» Themenliste. Nimmt man die nicht minder klassischen Themen der Mechanik, Astronomie und Geophysik in den Enzyklopädiebänden IV und VI hinzu, so kann die Auswahl an Themen den Anspruch einer Gesamtschau auf das theoretisch-physikalische Wissen seiner Zeit erheben, «wie sie in solcher Tiefe und Breite bisher kaum versucht worden ist».[78] Gemessen daran fallen die wenigen, als «Nachträge» zusammengestellten «nichtklassischen» Artikel (allesamt aus den

Jahren 1921–1925) kaum ins Gewicht. Es wäre daher verfehlt, die theoretische Physik zu Beginn unseres Jahrhunderts mit den revolutionären Theorien um Quanten und Relativität gleichzusetzen. Damit soll nicht die große Rolle verkannt werden, die diesen Theorien bei der weiteren Entwicklung der Physik zukam, doch im Gesamtbild der zeitgenössischen Physik war ihr Platz weniger herausragend als dies im Rückblick erscheint. Und noch eine andere, häufig verbreitete Fehleinschätzung der theoretischen Physik um die Jahrhundertwende bedarf in diesem Zusammenhang der Korrektur: Das Weltbild der «klassischen» Physik sei mit den Theorien der klassischen (d.h. Newtonschen) Mechanik, der daraus abgeleiteten kinetischen Wärmetheorie und dem von Maxwell erreichten Verständnis des Elektromagnetismus so gut wie abgeschlossen gewesen, und es habe die weitverbreitete Ansicht geherrscht, daß den Theoretikern nur noch die Aufgabe bliebe, daraus die eine oder andere Folgerung abzuleiten und diesen und jenen Effekt in das Gesamtbild einzufügen.

Vertraut man der Enzyklopädie als Wegweiser durch die theoretische Physik dieser Zeit, so erhält man ein völlig anderes Bild. Bei allem Bedürfnis nach einer abgeschlossenen Gesamtdarstellung war den Enzyklopädie-Mitarbeitern sehr bewußt, daß ihre jeweiligen Forschungsgebiete dauernder Veränderung und Anpassung an neue Fragestellungen und Probleme unterworfen waren. Weder in der Art und Weise der Themenbearbeitung noch in der Korrespondenz der zeitgenössischen Physiker offenbart sich jene Dichotomie zwischen «Klassikern», die sich im Besitz sicherer Fundamente wähnten und daraus «nur» noch einzelne Folgerungen abzuleiten trachteten, und «Revolutionären», die im Bewußtsein um die Brüchigkeit der alten Theorien den radikalen Umsturz in Szene setzten. Der Weg von der «klassischen» zur «neuen» Physik verlief weitgehend innerhalb der traditionellen Forschungsbereiche, und diese wurden von den meisten Beteiligten durchaus als offen und veränderungsbedüftig wahrgenommen.

Am Beispiel einer der «Zierden» der Enzyklopädie, dem von Lorentz behandelten Thema des Elektromagnetismus, wird dies deutlich: Dieses Gebiet war geradezu ein Paradefall der klassischen Physik. Dennoch erlebte es in Gestalt der Lorentzschen Elektronentheorie eine neue Blüte; es gehörte bis zu den 1920er Jahren zu den meistdiskutierten Themen der theoretischen Forschung.[79] Durch alle Jahrzehnte hindurch, in denen die Elektrodynamik das Interesse der Theoretiker in Anspruch nahm, konnte von einem abgeschlossenen Theoriegebäude keine Rede sein: Die Generation Maxwells und Kirchhoffs hatte dieses Thema ebensowenig «erledigt» wie die nachfolgende Generation eines Lorentz, Wien oder Sommerfeld. Im Schoß dieser Theorie reiften wesentliche Fragestellungen der Relativitätstheorie und der Atomtheorie. Einsteins Relativitätstheorie von 1905 ließ dieses Erbe bereits im Titel anklingen («Zur Elektrodynamik bewegter Körper»). In der Enzyklopädie sprach Sommerfeld diese Herkunft direkt an: «Was die Relativitätstheorie betrifft, so sind ihre ersten Anfänge mit der Bearbeitung des Enzyklopädieartikels über Elektronentheorie aufs innigste verknüpft: in den Schlußparagraphen dieses Artikels (abgeschlossen Dezember 1903) wird nämlich bereits das deformierbare Elektron von Lorentz angekündigt und erscheint somit dort zum ersten Male in der Literatur.»[80]

Elektronentheorie der Metalle

Wie offen die «klassische» Elektronentheorie für immer neue Fragestellungen war, und wie darin in einem langen Prozeß schließlich auch nicht-klassische Konzepte Eingang fanden, zeigt sich besonders deutlich bei ihrer Anwendung auf Metalle.[81] Dieses Problemfeld galt den Zeitgenossen als das fruchtbarste Anwendungsgebiet der Elektronentheorie. Danach berechnete man die metallischen Eigenschaften unter der Voraussetzung, daß sich in den Metallen ein Teil der Elektronen völlig von den Atomrümpfen gelöst habe und frei dazwischen hin- und herschwirre, allein den Stößen untereinander und den Stößen mit den Atomrümpfen unterworfen. Für ein solches «Elektronengas» waren um 1900 von verschiedenen Physikern Theorien erarbeitet worden; der «springende Punkt» dabei lag, wie Sommerfeld 1912 in einer Vorlesung erläuterte, «in der Übertragung der Zahlenwerte, die die Gastheorie liefert». Die Elektronentheorie der Metalle gab damit den Versuchen einer mikroskopischen Beschreibung der Materie neuen Auftrieb und wurde dementsprechend auch in einem Atemzug genannt mit der «Theorie der Brownschen Bewegung durch Smoluchowski und Einstein, die Hand in Hand mit den Betrachtungen von Perrin bei größeren molekularen Komplexen die gastheoretischen Annahmen ad oculos demonstrierten» und «auch Ostwald überzeugten» – wie Sommerfeld in einem Seitenhieb auf den hartnäckigen Gegner des Atomismus hinzusetzte.[82]

Gemessen an der Vielfalt metallischer Eigenschaften war der Erfolg der Elektronengastheorie eher bescheiden; lediglich das Phänomen der hohen Wärmeleitfähigkeit von Metallen und deren Beziehung zur elektrischen Leitfähigkeit (Wiedemann-Franz-Gesetz) konnte dadurch überzeugend erklärt werden. «Wir dürfen uns nicht verhehlen, daß manche Erfahrungen gegen das einfache Bild der freien Elektronen in Metallen sprechen», so präsentierte Sommerfeld die Theorie seinen Studenten, doch es ging weniger um eine korrekte Beschreibung der Metalle als um einen Zugang zu einer mikroskopischen Theorie, d.h. um den Stellenwert der Theorie bei der Eröffnung neuer Forschungsfronten, und da gab es für Sommerfeld keinen Zweifel, «daß in manchen Zweigen dieses Bildes außerordentlich viel Wahrheit liegt».[83] So blieb die Elektronentheorie der Metalle über Jahrzehnte hinweg ein aktuelles Forschungsfeld, auf dem immer neue Ansätze ausprobiert und mit älteren Vorstellungen verglichen werden konnten. Kaum ein Theoretiker, der später als Quantenrevolutionär in die Physikgeschichte einging, kam an diesem Thema vorbei: Niels Bohr fertigte darüber im Jahr 1911 seine Doktorarbeit an, Schrödinger, Planck und Einstein sahen in den Metallelektronen einen Testfall für ihre Bemühungen um eine Quantenstatistik, und auch die Brüsseler Solvay-Kommission fand das Thema attraktiv genug, um darüber im Jahr 1924 eine eigene Konferenz einzuberufen.[84] Natürlich hatte Sommerfeld das Thema, dessen verschiedene Aspekte in seinem Institut wiederholt zum Gegenstand von Doktor- und Habilitationsarbeiten wurden, auch in der Enzyklopädie bearbeiten lassen.[85]

Dieses Beispiel wie auch die übrigen Enzyklopädiebeiträge zeigen, welche Fülle verschiedenster Themengebiete die heranwachsende Disziplin der theoretischen Physik als ihr Terrain beanspruchte. Obwohl der Inhalt der Enzyklopädieartikel in ihrer Summe als durchaus typisch für die theoretische Physik um 1900 bezeichnet werden kann, können die Autoren selbst in vielen Fällen nicht als theoretische Physiker bezeichnet werden. Einige von ihnen repräsentieren in ihren sonstigen Arbeiten eher die Experimentalphysik (z.B. Wien und Kamerlingh Onnes), andere müssen benachbarten Disziplinen wie der Aerodynamik (Prandtl), der Kristallographie (Schoenflies) oder der Elektrotechnik (Zenneck) zugeordnet werden. Ganz offenkundig bedeutete die lebhafte theoretischphysikalische Produktivität nur den Auftakt bei der Herausbildung eines eigenständigen disziplinären Charakters der theoretischen Physik. Im folgenden Kapitel soll deshalb die Entstehung eines neuen Disziplinbewußtseins und «Wir-Gefühls» unter den Theoretikern untersucht werden. Sommerfeld hat, wie es Einstein einmal ausdrückte, «eine so große Zahl junger Talente wie aus dem Boden gestampft»,[86] daß seine Rolle für diese Identitätsfindung besonderes Interesse verdient.

2
Die Anfänge der Sommerfeldschule

Um die Jahrhundertwende konnte man an fast allen deutschen Universitäten Vorlesungen in theoretischer Physik hören und ein theoretisches Spezialthema in einer Doktor- oder Habilitationsschrift bearbeiten, man konnte auch in Zentren wie Göttingen oder Berlin die Nähe zu einzelnen Koryphäen suchen – doch es gab noch keine «Schule» theoretischer Physik, die diese Bezeichnung auch im Wortsinn verdiente. Sommerfelds Münchner Lehrstuhl bietet uns den ersten Fall für eine solche Schule theoretischer Physik. Häufig wird das Attribut der Wissenschaftsschule nur gebraucht, um damit metaphorisch die Anhänger bestimmter Denkrichtungen zusammenzufassen. Im Fall der Sommerfeldschule bezeichnet dieser Begriff wesentlich mehr: Als charismatische Lehrerpersönlichkeit zog Sommerfeld zahllose Studenten in seinen Bann, und wer mit einer Doktorarbeit oder oft auch nur als Teilnehmer der Sommerfeldschen Lehrveranstaltungen seine Laufbahn begonnen hatte, bezeichnete sich später gerne als Sommerfeldschüler, um damit die besondere Qualität seiner Theoretikerausbildung herauszustellen. Daß dies durchaus Anerkennung fand, zeigte sich schon bald in der Berufungspraxis: Max Born, selbst kein Sommerfeldschüler, stellte gegen Ende der 1920er Jahre fest, daß nicht weniger als zehn Professuren für theoretische Physik im deutschsprachigen Hochschulbereich mit Sommerfeldschülern besetzt waren, ganz zu schweigen von den vielen Assistenten, Lehrern, Industriephysikern und ausländischen Gästen, die in München studiert hatten und nun den «Sommerfeldschen Geist» in der ganzen Welt verbreiteten, und «viel größer noch ist die Zahl derer, die aus seinen Schriften lernen».[1]

Die Wissenschaftsgeschichte kennt viele Beispiele von erfolgreichen Schulen. Häufig stehen solche Zirkel am Anfang neuer Fachrichtungen und bilden die Keimzellen von «scientific communities», deren Mitglieder sich in besonderer Weise durch die gemeinsame Beziehung zu den Forschungsthemen ihres Kreises zusammengehörig fühlen.[2] Auch über die theoretische Physik hinaus bietet das Beispiel der Sommerfeldschule deshalb aufschlußreiche Einsichten über die Entstehung neuer Disziplinen.

Eine «Pflanzstätte theoretischer Physik»

Schon in Göttingen, Clausthal und Aachen hatte Sommerfeld die Lehrtätigkeit als eine besondere Herausforderung des Professorenberufs empfunden. Bei Felix Klein hatte er bereits einen «modern gesteigerten Lehrbetrieb» kennengelernt, den er sich als frischgebackener Professor in Clausthal sogleich zum Vorbild nahm, doch damit erregte er nur den Unwillen der Studenten: «Quod licet Jovi non licet bovi», mußte er sich eingestehen, ohne sich dadurch entmutigen zu lassen.[3] Während seiner Aachener Jahre fand er zu seinem eigenen Unterrichtsstil, der sich von der kühl-distanzierten, auf Perfektion angelegten Methode des «großen Felix» vor allem durch ein weniger formelles professorales Auftreten unterschied. Sommerfeld unternahm mit seinen Studenten Fahrradtouren und Exkursionen zu Industriebetrieben, und er scheute sich nicht, theoretische Vorlesungen durch praktische Vorführungen aufzulockern. Insbesondere im Umgang mit fortgeschrittenen Studenten wurde das spontane Gespräch zum Charakteristikum seines Lehrstils. In solchen Unterhaltungen fand Sommerfeld auch die nötigen Anregungen für die eigene Forschung. Bevor eine neue Theorie zu Papier gebracht wurde, mußte sie im Kreis seiner engsten Schüler auch den ausgefallendsten Einwänden gerecht werden – und bei solchen Gelegenheiten ging es bisweilen recht zwanglos her, wie sich sein erster Assistent, Peter Debye, erinnerte.[4]

In Aachen waren Sommerfelds Schüler Ingenieurstudenten; mit dem Wechsel nach München erhielt er erstmals die Möglichkeit, seinen persönlichen Stil auf dem Gebiet der theoretischen Physik zum Ausdruck zu bringen: «Ich habe von Anfang an dahin gestrebt und habe es mich keine Mühe verdrießen lassen, in München durch Seminar- und Colloquiumbetrieb eine Pflanzstätte der theoretischen Physik zu gründen», schrieb er in seinen Erinnerungen.[5] Auch hier setzte er den direkten Dialog mit seinen Studenten außerhalb der universitären Veranstaltungen fort: «Wie manchen schönen Sonntagsausflug nach Schliersee oder Tegernsee verdanken wir damaligen Schüler Sommerfeld», so erinnerte sich Paul Ewald, der diese ersten Münchner Jahre seines Lehrers erlebt hatte und zu einem engen Freund der Sommerfeld-Familie wurde: «Später kamen

Skiausflüge gehörten zum Wochenendprogramm der Sommerfeldschule

zu den Sonntagsausflügen die längeren Skipartien um Ostern (...) Des morgens zog eine lange Kette von etwa 20 Skiern den Berg hinan, oftmals in Paaren hitzig diskutierend, soweit Atem dafür verfügbar war, oder selbst stehen bleibend; abgerissene Brocken der Unterhaltung flogen über die Berglehne – Sechservektor, Photoeffekt, Einstein, Verschiebungssatz, hv – und ließen den Hinhorchenden ahnen, was die Gemüter erregte. Abends sammelte man sich zum Abendessen unter den rötlichen Schein der Petroleumlampen und danach kam die Zeit, wo man mit Sommerfeld ernstlichere Probleme besprechen konnte, die Papier und Bleistift erforderten (...) Ich weiß von keinem anderen Ordinarius an der damaligen Ludwig-Maximilian-Universität, der seinen Seminarmitgliedern und Doktoranden ein solch intimes Zusammensein geboten hätte.»[6]

Daß am Sommerfeldschen Lehrstuhl tatsächlich eine bemerkenswerte Schule theoretischer Physik im Entstehen war, nahmen auch Außenstehende war. Einstein etwa schrieb im Januar 1908 – um diese Zeit war er noch am Berner Patentamt beschäftigt – nach München: «so offen und wohlwollend zugleich ist mir wohl noch kein Physiker entgegengekommen (...) ich versichere Ihnen, daß ich, wenn ich in München wäre und Zeit hätte, mich in Ihr Kolleg setzen würde, um meine mathematisch-physikalischen Kenntnisse zu vervollständigen.»[7] In dem kleinen Kreis der Physiker zu Beginn des zwanzigsten Jahrhunderts verbreitete sich der Ruf der Münchner «Pflanzstätte für theoretische Physik» sehr rasch. Neben Berlin, wo Max Planck als Nachfolger Kirchhoffs die renommierteste Stelle theoretischer Physik in Deutschland repräsentierte, wurde nun München zu einem begehrten Studienort für dieses Fach. Max von Laue, ein Schüler Plancks, kam 1908 zu Sommerfeld, um hier seine Habilitation fertigzustellen. Sommerfeld war sich seiner anziehenden Wirkung als Lehrer durchaus bewußt, und er beherrschte auch die Finessen im Umgang mit Instanzen, die bei der Vergabe von Stipendien und der Beschaffung von Stellen für seine Schüler eine Rolle spielten. Nicht selten finden wir dann Empfehlungsschreiben, mit denen Sommerfeld die Qualitäten seiner Schützlinge ins rechte Licht rückte. Gewöhnlich sandte er seine Empfehlung direkt an die Berufungskommission, die für die Besetzung einer Stelle zuständig war und ihn um sein Votum gebeten hatte. Manchmal richtete er ein solches Schreiben auch an höhere Instanzen, wie etwa im Fall des Griechen Demetrios Hondros, der von 1907 bis 1909 in München studiert hatte. Sommerfeld empfahl Hondros als seinen «Schüler und Freund» dem griechischen Ministerpräsidenten persönlich für eine Professur in Athen in der Überzeugung, «daß es in Griechenland keinen zweiten Physiker geben wird, der so sehr auf der Höhe der Wissenschaft stehen dürfte wie er (...) Auch ist mein berühmter College Röntgen, der Herrn Dr. Hondros im Doktorexamen geprüft hat, bereit, auf Wunsch des Ministeriums ein Gutachten über ihn auszustellen.» Sommerfeld schloß die Empfehlung für seinen «hoffnungsvollen Schüler» mit dem «Wunsch, unsere gemeinsame Wissenschaft an derjenigen Stätte würdig vertreten zu sehen, die einst die Mutter aller Wissenschaften war.»[8]

Neben dem pädagogischen Geschick und der gesprächsintensiven, die Studenten herausfordernden Forschungsmethode war dieses Engagement für die Karriere seiner Schüler der dritte Wesenszug Sommerfelds als Begründer einer Schule. Sommerfelds Empfehlungsschreiben und Gutachten kommt um so größere Bedeutung zu, als für das neue Fach der theoretischen Physik noch kaum feste Richtlinien und Bewertungsmaßstäbe existierten. Das Beispiel der Münchner «Pflanzstätte» wurde vielmehr selbst zum Maßstab, wenn es andernorts um die Einrichtung theoretischer Lehrstühle und die Frage ihrer Ausstattung und Besetzung mit geeigneten Kandidaten ging. Warum fand dieses Beispiel soviel Anklang? Dazu muß der Blick vor allem auf die physikalischen Forschungsgebiete gerichtet werden, mit denen sich die Sommerfeldschule beschäftigte; denn auch ein noch so talentierter Lehrer und ein noch so rühriger Organisator kann das Interesse seiner Fachkollegen nicht auf sich ziehen, ohne sich auch bei der Erforschung aktueller Wissenschaftsprobleme durch Erfolg auszuweisen.

Röntgenstrahlen

Das erste Forschungsgebiet, mit dem Sommerfeld die Aufmerksamkeit vieler Kollegen auf sich und seine Schule lenkte, betraf die Röntgenstrahlen. Die geheimnisvollen Strahlen hatten seit ihrer Entdeckung im Jahr 1895 nichts an Aktualität eingebüßt. Kaum eine Illustrierte verzichtete auf die Sensationswirkung, die von den «Gespensterbildern» röntgendurchstrahlter Hände, Füße, Gewehrrohre und sonstiger Gegenstände ausging.[9] Allen Anstrengungen zum Trotz blieb die Natur dieser Strahlen jedoch ein Rätsel. Mehr als andernorts wurde dies im Kreis der Münchner Physiker an Röntgens Institut als eine besondere Herausforderung empfunden, und entsprechend groß waren die Erwartungen an den neuberufenen Theoretiker, der experimentellen Entdeckung endlich eine theoretisch fundierte Erklärung zu geben.

Für Sommerfeld war das Thema der Röntgenstrahlen nicht völlig neu. Um 1900 hatte er versucht, die Resultate seiner Habilitationsarbeit («Mathematische Theorie der Diffraktion») so zu verallgemeinern, daß damit auch die Beugung von Röntgenimpulsen («Aetherstössen») beschrieben werden konnte.[10] Bei der Redaktion der Enzyklopädieartikel von Lorentz und Wien über die Theorie der elektromagnetischen Phänomene gehörte die Röntgenstrahlung zu den akuten Problemen, über die Sommerfeld mit seinen Autoren diskutierte: «Es ist eigentlich eine Schmach, daß man 10 Jahre nach der Röntgenschen Entdeckung immer noch nicht weiß, was in den Röntgenstrahlen eigentlich los ist», schrieb er zum Beispiel 1905 in einen Brief an Wien nach einer langen

Diskussion der jüngsten Forschungen zu diesem Thema.[11] Den Schlüssel für ein Verständnis der Röntgenstrahlen sahen Lorentz, Wien und Sommerfeld in der Elektronentheorie, einem Gebiet, dem Sommerfeld nicht nur als Redakteur der Lorentzschen Enzyklopädieartikel sondern auch mit eigenen, allerdings wenig erfolgreichen Forschungsarbeiten näherzukommen suchte.[12] Auch wenn dies nur einen Teil seiner Aktivitäten vor 1906 ausmachte – das Gros seiner Aachener Arbeiten war der Technik gewidmet – erleichterten ihm diese Erfahrungen den Einstieg in die Themenkreise, um die sich im Münchner Physikermilieu das tägliche Gespräch drehte.

Was in Aachen nur eine Nebenbeschäftigung war, galt nun als die Hauptsache. Sommerfeld erfüllte die Erwartungen seiner Münchner Kollegen nur allzu gerne. Den Röntgenschen Experimentierkünsten eigene theoretische Erfolge an die Seite zu stellen, einen stärkeren Ansporn konnte es für einen ehrgeizigen Theoretiker kaum geben – in einer Zeit, in der die theoretische Physik noch immer weit hinter der Experimentalphysik rangierte, was Status und Ausstattung mit Stellen anging. Entsprechend zuversichtlich trat er die Münchner Stelle an. Er sei «über Röntgen sehr glücklich», schrieb er an Wien kurz nach seiner Berufung. «Er kommt mir wissenschaftlich und amtlich äußerst freundlich entgegen.»[13] Röntgens Privatdozent Abram Joffe schilderte in seinen Erinnerungen, wie ehrgeizig Sommerfeld um eine gute Aufnahme im Kreis der Experimentalphysiker um Röntgen bemüht war: «Um Erfahrungen zu sammeln, wollte er sich für zwei Stunden am Tag in meinem Labor umsehen. Stattdessen schlug ich ihm vor, nach dem Frühstück in das Cafe zu kommen, wo wir täglich physikalische Fragen diskutierten. Mit der ihm eigenen Gewissenhaftigkeit erschien Sommerfeld täglich ungefähr eine Stunde im Cafe Hofgarten, wo sich eine Art Physikerklub gebildet hatte, an dem auch Chemiker und Kristallographen teilnahmen und wo täglich über Fragen, die bei der Arbeit entstanden, diskutiert wurde.»[14]

Die ersten Publikationen Sommerfelds nach dem Umzug nach München zeigen, daß sich die Anpassung an das neue Milieu nicht in der bloßen Teilnahme an den Debatten des Physikerklubs im Hofgartencafe erschöpften. Er frischte seine in Aachen begonnenen elektronentheoretischen Überlegungen auf und referierte darüber vor der Bayerischen Akademie der Wissenschaften.[15] «An Sommerfeld glaube ich einen guten Kollegen und Mitarbeiter gefunden zu haben», schrieb Röntgen einem Freund. «Ich kann auch wieder in anregender Weise über physikalische Dinge reden, und die Zuhörer interessieren sich sehr für seinen Vortrag, über die Maxwellsche und über die Elektronentheorie.»[16] Zu den neuesten Forschungen auf diesem Gebiet zählte insbesondere die Einsteinsche Arbeit «Zur Elektrodynamik bewegter Körper». Im November 1906 schrieb Sommerfeld an Wien: «Ich habe jetzt Einstein studiert, der mir sehr imponiert.»[17] Kurz darauf gab er seiner Begeisterung für Einsteins «Relativtheorie der Elektrodynamik» auch vor der Deutschen Physikalischen Gesellschaft und vor der Gesellschaft Deutscher Naturforscher und Ärzte Ausdruck.[18] Gleichzeitig begann er eine rege Korrespondenz mit Einstein über diese Themen.

Bremsstrahlung

Sommerfelds Beschäftigung mit der Elektronentheorie brachte ihn zu der Überzeugung, daß es sich bei den Röntgenstrahlen um elektromagnetische Wellen handelt, die durch die Abbremsung schneller Elektronen in Materie hervorgerufen werden. Er baute diese Vorstellung 1908 zu einer Theorie aus, mit der er die anisotrope Verteilung der Röntgenstrahlung erklären konnte.[19] Einstein reagierte darauf mit Begeisterung: «Seit langem hat mir nichts Physikalisches solchen Eindruck gemacht wie jene Arbeit von Ihnen über die Verteilung der Energie der Röntgenstrahlung über die verschiedenen Richtungen.» Einstein knüpfte daran in der für ihn typischen Art sogleich weitergehende Betrachtungen, die zeigen, wie aktuell das Thema auch für die beginnende Quantendiskussion war: Wenn Röntgenstrahlen also klassische elektromagnetische Wellen sind, so drehte er die Fragestellung um, wie gelingt es dann beim Photoeffekt einer röntgenbestrahlten Metallplatte, «Scherben von Röntgenkugelwellen sparsam aufzuspeichern, bis sie in der Lage ist, eines von ihren Elektronenkindern derart würdig mit Energie auszustatten, daß es seine Reise durch den Raum mit der seiner Röntgengeburt zukommenden Vehemenz ausführen kann?»[20]

Das Thema wurde so für Sommerfeld auch der Anlaß, sich eingehend mit Rolle der Röntgenstrahlen beim Photoeffekt und der Frage der Quanten zu beschäftigen. Zwar hatte er mit seiner Theorie der Bremsstrahlung gezeigt, daß hierzu keinerlei Quantenhypothesen benötigt wurden, doch Röntgenstrahlen bestehen nicht nur aus Bremsstrahlung; sie enthalten auch noch einen zweiten Anteil, der nur von der Atomsorte des Anodenmaterials abhängt, die Fluoreszenz- oder charakteristische Strahlung. In seiner Bremsstrahlentheorie hatte Sommerfeld den

Der Münchner Physikerklub im Jahr 1912 beim Kegeln. Im Vordergrund die Initiatoren des «wichtigsten wissenschaftlichen Ereignisses» in der Geschichte des Sommerfeldinstituts: Max von Laue (links) und Paul Ewald (rechts)

Fluoreszenzanteil ausgeklammert und die Annahme geäußert, «daß hierbei das Plancksche Wirkungsquantum eine Rolle spielt».[21] In weiteren Arbeiten rückte er nun das Wirkungsquantum in den Mittelpunkt – und sorgte so im Jahr 1911 auf der ersten Solvay-Konferenz und bei der Tagung der Gesellschaft deutscher Naturforscher und Ärzte für lebhafte Diskussionen.[22] Wenngleich dieser Versuch «bald zusammen mit anderen verfrühten Quantenansätzen ad acta gelegt» wurde, wie er später einräumte,[23] so zeigt er doch einmal mehr die Rolle der Röntgenstrahlen als ein Art Leitthema für Sommerfeld während seiner ersten Münchner Jahre. «So lebte man dort in einer Atmosphäre, die mit Fragen nach der besonderen Art der Röntgenstrahlen gesättigt war», erinnerte sich Max von Laue, der um diese Zeit Sommerfelds Privatdozent geworden war.[24]

Im Jahr 1912 verfaßte Sommerfeld eine weitere röntgentheoretische Abhandlung, diesmal angeregt durch Experimente, mit denen die Beugung von Röntgenstrahlen an einem Spalt registriert wurde. Sommerfeld drängte einen Assistenten Röntgens, die nicht ganz eindeutigen Photoplatten einer Präzisionsmessung zu unterziehen, da er sich davon eine Möglichkeit zur Bestimmung der «Impulsbreite» erhoffte. (Er schätzte die Größenordnung der Wellenlängen ab, aus denen das Wellenpaket der Bremsstrahlen zusammengesetzt war). Da nur eine diffuse Schwärzung und nicht die für monochromatische Wellen typischen Beugungsmaxima und -minima beobachtet wurden, sah Sommerfeld darin ein Indiz dafür, daß die charakteristische Strahlung keine Rolle für den beobachteten Beugungseffekt spielte.[25]

Die Entdeckung der Röntgeninterferenzen an Kristallen

Dies war der Hintergrund für das «wichtigste wissenschaftliche Ereignis»[26] in der Geschichte des Sommerfeldschen Instituts: die Entdeckung der Interferenz von Röntgenstrahlen bei der Beugung an Kristallen. Sommerfelds Rechnung zeigte, daß die Wellenlängen der Röntgenstrahlen von derselben Größenordnung sind wie die kürzesten Atomabstände in Kristallen – was seinen Privatdozenten Laue auf die Idee brachte, Kristalle wie ein dreidimensionales Beugungsgitter für Röntgenstrahlen zu benutzen. Ironischerweise hatte Sommerfeld gerade aufgrund seiner jüngsten Forschungsergebnisse allen Grund, Laue diese Idee auszureden, denn von der monochromatischen charakteristischen Strahlung waren, wie das Spaltexperiment gezeigt hatte, keine Interferenzeffekte zu erwarten. Wie sollte dann erst der Bremsanteil des einfallenden Strahls mit seinen vielen Wellenlängen zu einem Interferenzmuster führen? Laue ließ sich jedoch nicht von seiner Idee abbringen. In der falschen Annahme, die vom Primärstrahl angeregte charakteristische Strahlung des Kristalls selbst würde die Interferenzerscheinung hervorrufen, überredete er gegen Sommerfelds Willen dessen Assistenten, das Beugungsexperiment im Keller des Sommerfeldschen Instituts aufzubauen und nach den Interferenzen zu suchen. Als sich das gewünschte Ergebnis nicht einstellte, zog man noch einen Assistenten Röntgens hinzu, doch auch dann zeigte die aufgrund der Laueschen Annahme konzipierte Versuchsanordnung keine Interferenzerscheinungen. Bevor man die Sache aufgab, änderte einer der Experimentatoren die Versuchsanordnung, um «wenigstens irgend etwas auf der photographischen Platte zu sehen ... – und die große Entdeckung war da.»[27]

Es scheint paradox, daß eine «Pflanzstätte der theoretischen Physik» zum Schauplatz einer experimentellen Entdeckung wurde. Warum fand dieses Experiment in Sommerfelds Institut statt? Die Antwort darauf liegt in der Tradition des Sommerfeldschen Lehrstuhls begründet: Im 19. Jahrhundert war es für viele Professoren der Münchner Universität zur Regel geworden, in Personalunion auch ein Amt an der Bayerischen Akademie der Wissenschaften zu übernehmen. So war Sommerfelds Vorgänger Boltzmann mit der Leitung der von der Akademie verwalteten Staatssammlung mathematisch-physikalischer Instrumente beauftragt worden, ein Amt, das mit zusätzlichen Stellen und Räumlichkeiten verbunden war. Auch Sommerfeld übernahm mit seiner Berufung 1906 dieses zusätzliche Amt, vereinbarte jedoch für die Zeit nach der Fertigstellung seines Instituts, daß er dann alle Aktivitäten unter einem Dach ausüben konnte. So verfügte er 1909, als der Institutsneubau bezugsfertig war, in den Kellerräumen über eigene Experimentiermöglichkeiten, eine zweite Assistentenstelle und einen Mechanikerposten. Sommerfeld betrachtete dies auch nicht als eine Nebensache: Er ließ sich schon im Planungsstadium, als Röntgen einmal verreist war, von Willy Wien über die optimale Anlage der künftigen Experimentierräume beraten.[28] Auch besetzte er die zusätzliche Assistentenstelle nicht etwa mit einem Theoretiker, sondern mit dem Experimentalphysiker Walter Friedrich, der bei Röntgen promoviert hatte. Selbst ein so entschlossener Vorkämpfer der theoretischen Physik wie Sommerfeld baute also nicht ausschließlich auf die Durchsetzungskraft reiner Theorie: Noch wurde das Experiment im Bewußtsein der Physiker höher bewertet als die Theorie, was auch das «Laue-Experiment» zeigte; das damit erreichte Prestige wog stärker als die theoretischen Erfolge, die in Sommerfelds Institut bis dahin erreicht worden waren.

Nicht weniger paradox ist die Tatsache, daß ein mit falschen Annahmen motiviertes Experiment nun als Triumph einer erfolgreichen Tradition in Sachen Röntgenstrahlen gefeiert wurde. Laues Theorie wurde zwar dem Charakter des Kristalls als dreidimensionales Beugungsgitter gerecht, ging aber noch fast ein Jahr danach von der falschen Annahme aus, es handle sich um Interferenzen der monochromatischen Komponenten der Röntgenstrahlung; tatsächlich aber ist die polychrome Bremsstrahlung, aus der durch den Kristall bestimmte Wellenlängen ausgesondert werden, Ursache für die Interferenzen.[29] «Zwar soll man bei solchen

Sachen im allgemeinen Verdienst und Zufall nicht gegeneinander abwägen», so kommentierte Debye die Entdeckung in einem Brief an Sommerfeld, «aber eines muß ich sagen: Hättest Du Dich nicht schon lange für Röntgenstrahlen interessiert, hättest Du nicht die Mittel Deines Instituts in liberalster Weise zur Verfügung gestellt und nicht jedem immer freien Einblick in Deine Gedanken gewährt, es wäre Laue nicht eingefallen und er hätte vor allem nicht die praktisch geschulten Mitarbeiter gefunden, welche unerläßlich zum Gelingen waren.»[30]

Im In- und Ausland wurden die «Laue-Diagramme» sofort mit großem Interesse in Augenschein genommen, denn es war offensichtlich, daß damit eine völlig neue Methode für die Untersuchung von Kristallstrukturen gegeben war: Je nach Art des Kristalls ergaben sich andere Interferenzmuster; das «Laue-Diagramm» wurde zum Ausweis für die jeweilige Kristallstruktur. In aller Welt wurden sofort Versuche unternommen, um die Münchner Entdeckung zu verifizieren. Es begann ein internationaler Wettlauf um ein richtiges Verständnis des neuen Phänomens, denn Laues Erklärung erschien vielen zweifelhaft. Henry Moseley, ein Assistent Ernest Rutherfords an der Universität in Manchester, berichtete zum Beispiel schon ein halbes Jahr nach der Entdeckung in einer Vorlesung über die Münchner Experimente und stellte bei dieser Gelegenheit auch die falsche Erklärung Laues richtig. «I was talking chiefly about the new German experiments of passing the rays through crystals. The men who did the work entirely failed to understand what it meant, and gave an explanation which was obviously wrong. After much hard work Darwin and I found out the real meaning», schrieb er am 4. November 1912 an seine Mutter.[31] Um dieselbe Zeit veröffentlichten zwei Physiker von der Universität Cambridge (William Lawrence Bragg und William Henry Bragg – Vater und Sohn) eine Erklärung der Röntgeninterferenzen, in der sie das Beugungsphänomen als Folge der Reflexion des primären Röntgenstrahls an den verschiedenen Gitterebenen des Kristalls deuteten. Damit wurde erstmals die selektive Wirkung des Kristalls für die verschiedenen Wellenlängen des Primärstrahls beschrieben, die je nach Beugungswinkel für andere Wellenlängen Interferenz ergab («Bragg-Bedingung»).[32] Kristalle sonderten aus einem «weißen» Röntgenlicht monochromatische Strahlen von beinahe jeder gewünschten Wellenlänge heraus – und erfüllten somit für Röntgenstrahlen dieselbe Rolle wie Prismen für sichtbares Licht. Moseley erkannte als einer der ersten, daß damit auch ganz neue Möglichkeiten für die Atomphysik eröffnet wurden: «The whole subject of the x rays is opening out wonderfully», schrieb er im Mai 1913 an seine Mutter. «There is here a whole new branch of spectroscopy, which is sure to tell one much about the nature of an atom.»[33]

Die Röntgenstrahlen waren so durch die Entdeckung in Sommerfelds Institut zu neuer Aktualität gelangt. Sommerfeld, der zuerst selbst dem Experiment skeptisch gegenüberstand, setzte nun alles daran, um daraus eine neue Forschungsrichtung zu machen. «Dank des großen Interesses Sommerfelds war es uns nun möglich, mit den reichlichen Mitteln des Instituts die Untersuchungen weiter fortzusetzen», erinnerte sich sein Assistent.[34] Bei aller Verschiedenheit in den Arbeitsrichtungen der einzelnen Sommerfeldschüler wurde nun das Thema der Röntgenstrahlen zu einem bevorzugten Forschungsgebiet, mit dem die Schule ein eigenes Profil gewann: Debye analysierte den Einfluß der Wärmebewegung der Kristallatome auf die Röntgeninterferenzen und entdeckte zusammen mit dem Schweizer Physiker Paul Scherrer ein Verfahren, um auch Interferenzerscheinungen bei unregelmäßig angeordneten Kristallen zu analysieren; später untersuchte er vor allem die Röntgenbeugung an Molekülen in Flüssigkeiten und Gasen.[35] Ewald habilitierte sich mit einer «dynamischen Theorie» der Röntgenstrahl-Interferenzen und wurde zur internationalen wissenschaftlichen Autorität für das neue Gebiet der Kristallstrukturanalyse.[36] Laue wurde 1914 zusammen mit den Braggs mit dem Nobelpreis ausgezeichnet. Auch für ihn blieben die Röntgenstrahlen ein langfristiges Forschungsthema.[37]

Propaganda für eine neue Forschungsrichtung

Sommerfeld selbst nutzte die Gunst der Stunde, um mit der propagandaträchtigen Wirkung der Röntgenstrahlen die Erfolge seiner Schule herauszustellen, wo immer sich dazu eine Gelegenheit bot. Natürlich war von den «wundervollen Interferenz-Aufnahmen ..., die uns alle in Atem halten», die Rede, als Sommerfeld wenige Wochen nach der Entdeckung Laue für eine Professur an die Universität Zürich empfahl.[38] Doch nicht nur bei Berufungsfragen fand Sommerfeld zu solch lobenden Worten. Nichts ließ mehr auf seine zuerst ablehnende Haltung schließen, wenn er etwa im Juli 1913 bei einem Vortrag vor Lehrern «die glänzende Idee von Laue» pries, für die «noch manche Röntgenröhre ihr Leben lassen» werde.[39] Hatte Sommerfeld bislang nur gelegentlich in populären Zeitschriften publiziert, so machte er sich dies nun zu einer regelmäßigen Aufgabe. Neben den *Naturwissenschaften*, einem neugegründeten Organ für die breite wissenschaftlich interessierte Öffentlichkeit, ließ er seine Artikel zum Thema Röntgenstrahlen in so verschiedenen Zeitschriften drucken wie der *Münchner Medizinischen Wochenschrift*, der *Zeitschrift des Vereins Deutscher Ingenieure* oder den *Unterrichtsblättern für Mathematik und Naturwissenschaften*; auch gegenüber der Tagespresse kannte Sommerfeld keine Berührungsängste, wie seine Aufsätze für die *Allgemeine Zeitung* und die *Deutsche Revue* zeigen.[40] All diese Veröffentlichungen hatten nur das Ziel, Publizität herzustellen – denn selbstverständlich waren solche Aufsätze kein Ersatz für die Erstmitteilung von neuen Forschungsergebnissen, die den physikalischen Fachorganen vorbehalten blieb. So wurde auch über den Kreis der Fachkollegen hinaus der Name Sommerfelds und seiner Schule assoziiert mit den rasanten Fortschritten, die auf dem populären Gebiet der Röntgenstrahlen erzielt worden waren.

Es ist aufschlußreich zu beobachten, wie Sommerfeld dabei den Zeitströmungen Rechnung trug, um den spröden wissenschaftlichen Gehalt der neuen Entdeckungen auch Laien nahezubringen. «Die Kathode einer Entladungsröhre können wir vergleichen einem Maschinengewehr, welches statt der Geschosse ‹Elektronen› mit enormer Geschwindigkeit auswirft», so erklärte er im Ersten Weltkrieg bei einem Vortrag im Deutschen Frauenverein des Roten Kreuzes die Vorgänge in einer Röntgenröhre, deren Wirkung nun «in unseren Lazaretten ungezählten Verstümmelten zugute kommt». Damit war er beim Thema: «Der letzte Schleier von dem unbekannten X der Röntgenstrahlen wurde erst im Jahre 1912 gehoben durch einen glänzenden Gedanken von Laues, der unter Mitwirkung der Herren Friedrich und Knipping in meinem Laboratorium zur Ausführung kam.» Er stellte diese Entdeckung in eine Reihe mit denen anderer deutscher Physiker: Heinrich Hertz etwa habe mit den elektromagnetischen Wellen den Grund gelegt «zu einem weltumspannenden Verkehrsmittel und zugleich zu einer wichtigen Waffe der nationalen Verteidigung»; auch was im Bereich der Relativitätstheorie der «Herold Einstein prophetisch vorausgesehen hat» und Planck als «Schöpfer der Quantentheorie» geleistet habe, «dürfen wir als einen Ausfluß des deutschen philosophischen Geistes ansprechen, jenes unveräußerlichen Erbes, das sich im Volk der Dichter und Denker fortpflanzt und das uns keine Nation streitig machen kann.»[41]

War es hier das nationale Pathos, mit dem Sommerfeld sich und seine Wissenschaft den Zeitgenossen präsentierte, so betonte er in der Zeitschrift des Vereins Deutscher Ingenieure vor allem die technische

Bedeutung der Röntgenstrahlen: «Wohl jedes größere Lazarett in Deutschland ist mit einer leistungsfähigen Röntgenstation ausgestattet, und die Verwundetenfürsorge kann ohne die Voruntersuchung mit Röntgenstrahlen nicht mehr ihres Amtes walten». Röntgen selbst als «Schöpfer einer blühenden Technik» habe in seiner Bescheidenheit dem Fortschritt auch dadurch große Dienste erwiesen, «daß er keine Patentbeschränkungen auf diesem Gebiet zuließ und auf jeden unmittelbaren Vorteil aus seiner Entdeckung verzichtete». Auch in diesem Aufsatz, der 1915 aus Anlaß von Röntgens siebzigsten Geburtstag verfaßt worden war, begegnet uns der «glänzende Gedanke von Prof. Laue»; doch Sommerfeld beließ es nicht beim Lob für seinen ehemaligen Privatdozenten, sondern er ließ sein Ingenieur-Publikum sogleich wissen, daß diese Entdeckung auch den Auftakt zu völlig neuen Anwendungen darstelle: «Man kann jetzt die Struktur der Röntgenstrahlen durch die Kristallgitter und umgekehrt, indem man die kühnsten Hoffnungen der Kristallographen übertrifft, die Kristallgitter durch die Wellenlänge der Röntgenstrahlung ausmessen.»[42]

Gerade im Ersten Weltkriegs hätte sich kaum ein anderes Gebiet als die Röntgenstrahlen so propagandawirksam nutzen lassen, um dem Sommerfeldschen Institut zu allgemeiner Bekanntheit zu verhelfen. Neben der Technik war es vor allem die Medizin, die den Neuerungen auf dem Gebiet der Röntgenstrahlen eine große Aufmerksamkeit entgegenbrachte. «Die Redaktion dieser Zeitschrift», so beginnt etwa ein Aufsatz Sommerfelds für das medizinische Fachorgan *Strahlentherapie*, «wünscht von mir einen Aufsatz zu haben über die große wissenschaftliche Bewegung, die angeregt wurde durch Laues glänzenden Gedanken...» – die Initiative lag also durchaus bei den an Röntgenstrahlen interessierten Adressaten selbst. Zu diesem Interesse trat dann Sommerfelds Fähigkeit, sein Thema so zu präsentieren, daß es seinem jeweiligen Publikum auch tatsächlich als Gegenstand von höchster Aktualität für die eigenen Belange erschien; im Fall der *Strahlentherapie* gab Sommerfeld seinem Aufsatz die Überschrift «Die medizinischen Röntgenbilder im Lichte der Methode der Krystallinterferenzen», und einem medizinisch interessierten Leser werden in diesen Kriegszeiten Sommerfelds Ausführungen vor allem deshalb seine Aufmerksamkeit abgelockt haben, weil er die neuen wissenschaftlichen Erkenntnisse über Röntgenstrahlen auf den Fall von Röntgenaufnahmen des menschlichen Körpers anwandte und am Beispiel einer Bleikugel in Knochensubstanz vorführte.[43]

Doch die Röntgenstrahlen taugten nicht nur zur Propaganda. Sie eröffneten, wie Moseley 1913 prophezeit hatte, einen völlig neuen Zweig der Spektroskopie, mit dem der Aufbau der Atome untersucht werden konnte. Sie wurden zum «eigentlichen Erforschungsmittel des Atom-Innern».[44] Um diese Zeit reifte im Sommerfeldschen Institut die Theorie des Atombaus zum neuen Paradethema heran. Hatte Sommerfeld bei den Röntgenstrahlen «nur» einer bestehenden Tradition Tribut gezollt, so wurde er mit dem Thema «Atombau und Spektrallinien» nun selbst zum Begründer einer neuen Tradition in der theoretischen Physik. Über die Röntgenstrahlen war seinem Institut zur Zeit des Ersten Weltkriegs nach außen Bekanntheit und Anerkennung zugekommen; die Atomtheorie führte die Sommerfeldschule auch zu einer inneren Konsolidierung als Theoretikergruppe mit einem eigenen Stil und einer eigenen Identität, die dem kleinen Kreis um Sommerfeld das Selbstbewußtsein einer neuen Physikerelite vermittelte.

Atombau und Spektrallinien

Auch die Atomtheorie stellte sich aus der Perspektive Sommerfelds und seiner Zeitgenossen zunächst nicht als ein völlig neuer Themenbereich dar. Die Theorie der Bremsstrahlen hatte gezeigt, daß selbst ein so geheimnisvolles Phänomen wie die Röntgenstrahlen auf natürliche Weise durch die Maxwellsche Elektrodynamik eine Erklärung fand, warum also sollte das Leuchten der Atome nicht auch durch die Bewegung der Elektronen nach den Gesetzen der Maxwell-Lorentzschen Elektronentheorie verständlich werden? Seit langem galt den Spektrallinien die Aufmerksamkeit von Physikern, Astronomen und Technikern, die sich davon Aufschlüsse über den Aufbau der Sterne oder auch nur die Qualität von Lampen erhofften. Die Messung von Spektren war eine wohletablierte Experimentalwissenschaft, und auch ihre theoretische Erforschung war jahrzehntelang ohne Quantenvorstellungen vorangeschritten. Hatte nicht Lorentz selbst schon vor der Jahrhundertwende die von Zeeman beobachtete Aufspaltung der Spektrallinien im Magnetfeld im Grundsatz erklärt? Für einen Virtuosen der Elektronentheorie wie Sommerfeld war es also nicht ungewöhnlich, sich auch mit dem Atom als Anwendungsfall seines klassischen Lieblingsgebietes zu befassen.

Den Anstoß zu einer intensiven Auseinandersetzung mit der Theorie der Spektrallinien gaben neue Meßergebnisse zum Zeeman-Effekt, die der Tübinger Experimentalphysiker Friedrich Paschen mit seinem Doktoranden Ernst Back 1912 erhalten hatte. Wie oft bei der Beschäftigung mit neuen Forschungsergebnissen erörterte Sommerfeld auch dieses Thema zunächst im kleinen Kreis seiner Schüler und Kollegen. Im Januar und im Juni 1913 referierte er darüber im «Mittwochskolloquium», wo sich die Münchner Physiker regelmäßig trafen, um neueste Forschungsergebnisse zu diskutieren.[45] Wie er in seiner ersten Veröffentlichung dazu ausführte, wollte er zeigen, «daß die wesentlichsten Ergebnisse von Paschen und Back – ganz im Sinne der ursprünglichen Lorentzschen Theorie – durch die einfachsten Annahmen verständlich werden».[46] Nach dieser Maxime vereinfachte er auch eine Theorie Woldemar Voigts über den Zeeman-Effekt.[47] «Aber von dem Planckschen h oder von Quanten war dabei nicht die Rede, weder bei Voigt noch bei mir», schrieb er im Rückblick.[48]

In dieser Situation erregte das Bohrsche Atommodell, das zur Grundlage für alle künftigen Theorien über Spektrallinien werden sollte, Sommerfelds besondere Aufmerksamkeit. «Ich danke Ihnen vielmals für die Übersendung Ihrer hochinteressanten Arbeit, die ich schon im Phil(osophical) Mag(azine) studiert hatte», schrieb Sommerfeld am 4. September 1913 an Bohr. Nach dem Bohrschen Modell konnte auf einfache Weise die sogenannte Rydberg-Konstante berechnet werden, eine fundamentale Größe, die in allen Atomspektren als maßgebliche Einheit auftauchte. «Wenn ich auch vorläufig noch etwas skeptisch bin gegenüber den Atommodellen überhaupt, so liegt in der Berechnung jener Konstanten fraglos eine große Leistung vor», so bekundete er nicht gerade überschwenglich Bohr seinen Respekt. Doch schon der nächste Satz verriet sein weitergehendes Interesse: «Werden Sie Ihr Atommodell auch auf den Zeeman-Effekt anwenden? Ich wollte mich damit beschäftigen.»[49]

Reaktionen auf das Bohrsche Atommodell

Nun setzte Sommerfeld die Bohrsche Theorie auf die Tagesordnung seiner Schule. Am 19. November 1913 berichtete Ewald im Kolloquium von einer Tagung der British Association for the Advancement of Science, bei der Bohrs Theorie lebhaft diskutiert worden war. Am 26. Januar 1914 ließ Sommerfeld seinen Doktoranden Paul Epstein, der 1910 aus Moskau an sein Institut gekommen war und seither zum festen Mitglied seines Kreises geworden war, über die Bohrsche Theorie im

Kolloquium vortragen. Im Mai 1914 wurde von Wilhelm Lenz, einem anderen Doktoranden, der Zeeman-Effekt, und von Sommerfeld und Lenz gemeinsam der kurz vorher entdeckte Stark-Effekt (Aufspaltung der Spektrallinien im elektrischen Feld) «nach Bohr und Voigt» – also in vergleichender Weise mit und ohne Quantentheorie – im Kolloquium behandelt. Am 15. Juli 1914 schließlich kam Bohr persönlich nach München, um seine Theorie zu präsentieren. Dadurch wurde Walther Kossel, ein weiterer regelmäßiger Kolloquiumsgast und Mitarbeiter Sommerfelds jener Jahre, zur Bohrschen Theorie geführt. Kossel hielt am selben Tag wie Bohr einen Kolloquiumsvortrag über die neuesten Versuchsergebnisse von James Franck und Gustav Hertz, in denen das Bohrsche Atommodell eine weitere Bestätigung fand.[50]

Mit diesen Kolloquiumsvorträgen im Sommer 1914 begann für die Sommerfeldschule eine der produktivsten Phasen ihrer ganzen Geschichte. In den folgenden vier Jahren mischten sich bei den Teilnehmern des Münchner Physikerklubs Kriegsbegeisterung und wissenschaftliche Erfolgsmeldungen zu einer eigenartigen Euphorie, die den Kreis zusammenschweißte, auch wenn viele seiner Mitglieder den aktuellen Stand der Forschung nicht mehr im Hörsaal, sondern aus Briefen an einem der zahllosen Kriegsschauplätze zur Kenntnis nahmen.

«Ich lese im nächsten Semester Zeeman-Effekt und Spektrallinien», ließ Sommerfeld im Oktober 1914 seinen Göttinger Kollegen Karl Schwarzschild wissen; zwar habe er sich «beim Generalkommando gemeldet», doch «wenn man mich zu Hause läßt, ist es mir auch recht, da ich mich militärisch nie stark gefühlt habe».[51] Sommerfeld wurde nicht eingezogen, und so wurde im Wintersemester 1914/15 seine Spezialvorlesung «Zeeman-Effekt und Spektrallinien» – in passender Ergänzung zu seiner Hauptvorlesung, die in diesem Semester turnusgemäß über «Elektrodynamik: Maxwellsche und Elektronentheorie» ging – zur nächsten Etappe bei der Ausarbeitung der Atomtheorie.[52] In dieser Vorlesung machte Sommerfeld sich selbst und den wenigen Studenten, die nicht zum Krieg eingezogen worden waren, erstmals klar, wie das Bohrsche Atommodell zu einer umfassenden Theorie der Spektrallinien ausgebaut werden konnte. Bohr hatte nur Kreisbahnen um den Atomkern berücksichtigt, obwohl er die Möglichkeit von Ellipsenbahnen ebenfalls erwähnt hatte; Sommerfeld nahm nun diese Möglichkeit ernst und berechnete die entsprechenden Elektronenumläufe auf den elliptischen «Keplerbahnen», wobei er sogar die nach der Relativitätstheorie zu erwartende Massenänderung des Elektrons berücksichtigte, «teils aus mathematischer Neugier, teils deshalb, weil die Geschwindigkeit v in Perihelnähe keineswegs gegen c zu vernachlässigen war.»[53] Auf diese Weise konnten Elektronenbahnen, die im Bohrschen Modell nur als eine einzige Bahn erschienen, als verschiedene Bahnen unterschieden werden, was für die Spektrallinien, die den Energiedifferenzen verschiedener Bahnen entsprachen, zu Dubletts, Tripletts usw. führte. Im Unterschied zum Bohrschen Modell konnte Sommerfelds Theorie daher auch die Feinstruktur erklären, die sich bei genauerer Messung der Spektrallinien ergab.[54]

Offensichtlich war das Gerüst der neuen Theorie bereits Anfang 1915 fertig, denn Sommerfeld teilte noch vor einer Veröffentlichung seinen zum Krieg einberufenen Schülern erste Ergebnisse mit. «Zu Ihrem schönen Erfolg bei der Erklärung der Duplets (sic) meinen herzlichen Glückwunsch. Ich habe die Sache noch nicht recht begriffen, hoffe aber bald auf einen Sonderdruck», antwortete Lenz von der Westfront, wo er bei einer Funkstation eingesetzt war. Einige Monate später beglückwünschte er seinen Lehrer nocheinmal zu seiner «Entdeckung zum Bohrmodell und Starkeffekt» und war auf den «weiteren Fortgang sehr gespannt».[55] In einem Brief an Willy Wien schrieb Sommerfeld um diese Zeit: «Ich habe in diesem Semester über Bohr gelesen und bin äußerst dafür interessiert, soweit der Krieg es zuläßt. Die heutigen 100 000 Russen sind freilich noch schöner wie die Erklärung der Balmerschen Serie bei Bohr. Ich habe schöne neue Resultate dazu.»[56]

Der Ausbau der Atomtheorie durch die Sommerfeldschule
Die Entwicklung der Sommerfeldschen Atomtheorie – von der ersten Reaktion auf die Bohrsche Publikation im Sommer 1913 über die Vorlesung Sommerfelds im Wintersemester 1914/15 bis zu seiner umfassenden Veröffentlichung im Jahr 1916 in den *Annalen der Physik*[57] – zeigt, in welchem Ausmaß das Endprodukt Resultat einer Gemeinschaftsproduktion war. Der engste und erste Mitgestalter des Sommerfeldschen Atommodells war Epstein. «Er stand als russischer Staatsangehöriger während des Krieges unter Polizei-Aufsicht, konnte aber trotzdem frei in meinem Institut und in der Staatsbibliothek verkehren», so begründete Sommerfeld die Anwesenheit seines Mitarbeiters trotz der Kriegsereignisse.[58] Epstein selbst nannte als Grund, warum ihm Sommerfeld soviel Bewegungsfreiheit verschafft hatte: «Sommerfeld was interested in my having access to literature because I wrote an encyclopedia article.»[59]

Eigentlich hätte Epstein Sommerfelds Privatdozent werden sollen, doch dies scheiterte an seinem Status als «feindlicher Ausländer».

Dennoch gab ihm Sommerfeld ein Thema zur Habilitation (die formal über die Universität Zürich abgewickelt wurde), das zu seinem aktuellen Forschungsinteresse paßte: die Theorie des Stark-Effekts. Johannes Stark, ein früher Verfechter der Quantentheorie und egozentrischer Experimentalphysiker, war kurz vorher persönlich von Institut zu Institut gereist, um die Fachkollegen auf seine Entdeckung aufmerksam zu machen: «Auch nach München fuhr ich, um den dortigen Physikern meine Spektrogramme vorzuführen. Meinem Vortrage wohnte Röntgen bei. Er sagte nur wenig, offenbar aus Mangel an Kenntnis über die behandelten Erscheinungen. Da die Münchner Herren sich Röntgen vollkommen unterordneten, schwiegen auch sie.»[60] Die Herausforderung muß sehr stark gewirkt haben, denn schon wenig später, am 10. Dezember 1913, wurde der Versuch von einem Assistenten Röntgens nachgebaut und im Mittwochskolloquium vorgeführt. Einen Monat später referierte Epstein über das Bohrsche Atommodell. Im Rahmen der klassischen Elektronentheorie war Starks Entdeckung unverständlich, und so war mit diesem Effekt eine neue Herausforderung an den Münchner Physikerkreis herangetragen worden. Epstein hatte nach eigenem Bekunden für seinen Lehrer schon eine Theorie des Zeeman-Effekts nach dem Bohrschen Atommodell ausgearbeitet (die vermutlich die Grundlage für Sommerfelds Vorlesung im Wintersemester 1914/15 bot) – eine quantentheoretische Erklärung des Stark-Effekts mit dem Bohrschen Atommodell lag für Epstein also nahe.[61]

Das Thema fand reges Interesse: Zusammen mit Lenz trug Sommerfeld selbst im Mai 1914 «Theoretisches über den Stark-Effekt» im Kolloquium vor.[62] Zu diesem Zeitpunkt war der Ausbau der theoretischen Grundlagen jedoch noch nicht soweit fortgeschritten, daß man einer Lösung nähergekommen wäre. Erst Sommerfelds eigene theoretischen Anstrengungen zur Erklärung der Feinstruktur der Spektrallinien wiesen einen gangbaren Weg für die Theorie des Stark-Effekts, denn, wie Epstein später an Stark schrieb, «ein genügendes Vertrauen zu der neuen Theorie, um selbst eine Anwendung derselben zu versuchen, gewann ich aber erst, nachdem Sommerfeld in seiner Theorie der Feinzerlegung der Wasserstofflinien eine so glänzende Übereinstimmung mit der Erfahrung erzielt hatte».[63] Diese Bestätigung kam im November 1915 von Präzisionsmessungen einer Liniengruppe im Heliumspektrum aus dem Tübinger Institut Paschens, mit dem Sommerfeld in regelmäßiger Verbindung stand; kurz darauf stellte Sommerfeld seine Theorie der Bayerischen Akademie in einer vorläufigen Version vor: ein oft praktiziertes Verfahren, um die Priorität einer Entdeckung sicherzustellen, bevor die ausführliche Publikation niedergeschrieben wurde.[64]

Nun sorgte Sommerfeld für eine rasche Ausarbeitung der Theorie. Konkurrenz belebt das Geschäft, mag er sich gesagt haben, als er seinen Göttinger Kollegen Schwarzschild auf das Problem des Stark-Effekts aufmerksam machte, obwohl er dieses Thema schon lange vorher Epstein gestellt hatte. Entsprechend groß war Epsteins Irritation: «Now I was a little crestfallen, because I regarded this as a stab in the back (...) And Schwarzschild was a mathematician of unbelievable energy; he could do everything in a twinkling. I of course could not reproach him, but I decided, ‹Now I have no prospects unless Schwarzschild should go to heaven›. And the next day when I was going to bed, I had the idea (...) I got up at 5 o'clock the next morning and by 10 I had the formula.»[65] Doch auch Schwarzschild konnte mit einem Ergebnis aufwarten: Am 21. März 1916 schickte er seine Formel für die Linienaufspaltung beim Stark-Effekt an Sommerfeld.[66] Zu Epsteins Freude hatte sich bei Schwarzschilds Resultat zuerst ein Fehler eingeschlichen, den der jedoch postwendend beheben konnte. So kam es, daß Epstein seine Theorie etwas früher publizierte als sein Rivale. «Ihre Schule bringt Früchte. Ich gratuliere Herrn Epstein», schrieb Schwarzschild danach an Sommerfeld.[67]

Das Epstein-Schwarzschild-Rennen um die Theorie des Stark-Effekts vermittelt einen Eindruck von der Dynamik, mit der Sommerfeld den Kreis seiner Kollegen und Schüler mitten im Weltkrieg zum weiteren Ausbau der Theorie anstachelte. Als er zum Beispiel bei einer Rechnung zum Stark-Effekt im Dezember 1915 selbst zu keiner richtigen Lösung gekommen war, hatte er sich, wie er Schwarzschild schrieb, an Einstein gewandt mit der Frage, «ob die allgemeine Relativität daran Schuld sei». Zwar glaubte er nicht, daß die Gravitation neben der elektrischen Kraft im Atom eine Rolle spielen könne, doch er spielte mit dem Gedanken, ob nicht «die Coulomb'sche Kraft selbst nach der allgemeinen Relativität abzuändern ist? Einstein leugnet es.»[68] Einstein hatte um diese Zeit gerade die allgemeine Relativitätstheorie ausgearbeitet und damit gleichsam die Feinstruktur der Planetenbewegung um die Sonne berechnet, was am Beispiel der Periheldrehung der Bahn des Merkurs sogleich eine spektakuläre Bestätigung fand. Für Einstein war dies «eine der aufregendsten, anstrengendsten Zeiten meines Lebens, allerdings auch der erfolgreichsten».[69] Auf Sommerfelds Gedanken, damit auch die Fragen der Elektronenbewegung im Atom zu berechnen, antwortete er: «Die allgemeine Relativität kann Ihnen kaum Hilfe bringen, da sie für diese Probleme praktisch mit der Relativitätstheorie im engeren Sinne zusammenfällt.»[70] Sommerfeld kommentierte dies Schwarzschild gegenüber als Ausrede: «Er (Einstein) war aber zu faul sich hineinzudenken. Es handelt sich auch für mich genau um die Perihelbewegung». Doch die bisherigen Erfolge seiner Theorie trösteten ihn über die noch ungeklärten Fragen hinweg und gaben ihm «die Überzeugung, daß meine Theorie der gequantelten Ellipsen den physikalischen Sachverhalt sicher wiedergibt, und das Rätsel der Spektrallinien definitiv entschleiert.» Im selben Atemzug setzte er hinzu: «Wann wird sich aber das politische Rätsel lösen? Wissen Sie, daß Hasenöhrl gefallen ist? Im Kampf gegen die Analphabeten-Schufte von Italienern.»[71]

Nachdem Sommerfeld Sonderdrucke seiner Akademie-Abhandlung erhalten hatte, schickte er sie sogleich an seine Schüler und Kollegen mit der Bitte um Kommentar. Schwarzschild gegenüber räumte er ein: «Nichts von allgemeiner Relativität (...) Schön wird die Sache eigentlich erst von II § 5 ab, wo die empirischen Beweise Schlag auf Schlag kommen». Seine Art der theoretischen Forschung nannte er dabei «etwas draufgängerisch», ganz im Gegensatz zu Planck, dessen Stil er als «vorsichtig und abstrakt» kennzeichnete.[72] Auch seinem ehemaligen Assistenten Lenz schickte er einen Sonderdruck an die Westfront. Der ging sofort daran, mit einem anderen Physiker seines Funkerkommandos den Inhalt der «wunderschönen Arbeit» zu studieren und Verbesserungen vorzuschlagen: Eine Formel, die nicht explizit in Sommerfelds Ausarbeitung vorkam, leitete er bei dieser Gelegenheit ebenfalls ab: «In dieser Form hat uns Ihr schönes Ergebnis besonders imponiert (...) Ich bin gespannt auf die Neuerungen, die Ihre demnächst erscheinende Annalen-Arbeit bringen wird.»[73] Unter den Neuerungen fand Lenz schließlich sowohl die Epstein-Schwarzschildsche Erklärung des Stark-Effektes wie auch seine eigenen Verbesserungsvorschläge wieder, herausgehoben durch den Zusatz: «Auf die vorstehende geschlossene Form der Spektralgleichung bin ich durch einen Feldpostbrief von W. Lenz aufmerksam gemacht worden.»[74]

Sich auf diese Weise in die aktuelle Forschung miteinbezogen zu sehen, muß für die Sommerfeldschüler ein großes Erfolgserlebnis bedeutet und sie in dem Gefühl gestärkt haben, einem erlesenen Zirkel anzugehören. «Soweit ich mich erinnern kann, waren wir alle, die sich mit dem Ausbau der Quantentheorie damals beschäftigt hatten, davon überzeugt, daß etwas grundsätzlich Neues geschaffen wird», faßte Adalbert Rubinowicz, der 1916 zu dem Münchner Kreis gestoßen war, dieses neue Wir-Gefühl zusammen. Er war aus Polen, wo er an der Universität Czernowitz eine Assistentenstelle bekleidete, nach München gekommen und hatte sich zunächst auf eigene Kosten dem Sommerfeldkreis angeschlossen. 1917 bot ihm Sommerfeld eine Assistentenstelle an, die er bis 1918 innehatte. Rubinowicz hatte für Sommerfeld das Problem der Auswahlregeln gelöst, wonach von allen Quantenübergängen im Atom nur solche möglich waren, für die in der Gesamtbilanz die Erhaltungssätze für Energie, Impuls und Drehimpuls erfüllt wurden. Sein besonderes Erfolgserlebnis war es, als Sommerfeld seine Arbeit anläßlich der Feier zu Plancks sechzigsten Geburtstag in Berlin präsentierte und ihm nach der Rückkehr erzählte, «daß Einstein den Gedanken, die Erhaltungssätze zur Ableitung der Auswahl- und Polarisationsregeln zu benutzen, als ‹fein› bewertet habe».[75]

Den nachhaltigsten Einfluß auf die Ausgestaltung des Bohr-Sommerfeldschen Atommodells zu einer umfassenden Theorie des Atombaus übte Kossel aus. Kossel hatte schon 1911 den Kontakt zum Sommerfeld-Kreis gesucht; 1913 übernahm er eine Assistentenstelle an der Technischen Hochschule in München, blieb jedoch auch weiter den Physikern von der Universität eng verbunden. Er wurde Sommerfelds langjähriger Mitarbeiter, was die Deutung der Röntgenspektren betraf.[76] Mithilfe der neuen, durch Laues Entdeckung möglich gewordenen Röntgenspektroskopie wurde binnen kurzer Zeit eine Flut von neuen Spektrallinien produziert, was für eine auf dieses Gebiet eingeschworene Gruppe wie die Sommerfeldschule zu einer beständigen Herausforderung wurde. Kossel war der erste, der Ordnung in das Gewirr der neuen Daten brachte. Bereits im Herbst 1914 zog er daraus den Schluß, daß die inneren Elektronenbahnen der Ursprungsort für die Aussendung von Röntgenstrahlen seien. Als Sommerfeld seine Theorie der Feinstruktur in den Grundzügen erarbeitet hatte und nach einer Bestätigung für seine Ergebnisse Ausschau hielt, erregten Kossels Vorstellungen über die Röntgenstrahlen, seinem Paradethema früherer Jahre, naturgemäß seine Aufmerksamkeit: «Ich drang in Kossel wegen näherer Details», erinnerte er sich an seine Reaktion nach einem Seminarvortrag seines Schülers. Er integrierte Kossels Vorstellung sofort in seine Theorie der Feinstruktur, die er nun «von Wasserstoff bis Uran» bestätigt fand.[77]

Die «Bibel» der Atomphysiker

Dies gab der Sommerfeldschen Atomtheorie eine neue Dimension: «Vergleichen wir das geheimnisvolle Atominnere mit einem Tempelbau, so können wir etwa sagen: Die Chemie und die Mehrzahl der physikalischen Erscheinungen, insbesondere die optischen Spektren, spielen sich in den Vorhöfen dieses Baues, in den peripheren Teilen des Atomes, ab. Die charakteristischen Röntgenstrahlen dagegen kommen aus den innersten Teilen des Heiligtums», erläuterte Sommerfeld in einem seiner zahlreichen populären Aufsätze die Tragweite seiner Theorie für den Aufbau der Elemente.[78] In dem Maß, wie die Theorie den «innersten Teilen des Heiligtums» gerecht wurde, nahm Sommerfeld nun für sich – um bei der Metapher vom atomaren Tempel zu bleiben – den Rang als Hoher Priester der neuen Wissenschaft vom Aufbau der Atome in Anspruch. Nachdem er mit Kossels Hilfe die Theorie der Röntgenspektren als letzten Teil seiner Annalen-Arbeit «Zur Quantentheorie der Spektrallinien» fertiggestellt hatte, ging er daran, seiner selbsterteilten Berufung gerecht zu werden und ein erstes Lehrbuch über *Atombau und Spektrallinien* zu schreiben. Den unmittelbaren Anstoß dazu gab eine Vorlesung im Wintersemester 1916/17, «bei der ich die Freude hatte, mehrere chemische und medizinische Kollegen als Zuhörer vor mir zu sehen. Sie drangen auf eine Veröffentlichung, die auch dem Nichtfachmanne das Eindringen in die neue Welt des Atominneren ermöglichen sollte. Seitdem sind immer erneute Anfragen nach einem eingehenden, aber nicht zu schwierigen Lehrbuche an mich gestellt worden, von Studierenden und Kollegen, von Physikern, Chemikern und Biologen, bei Hochschulkursen an der Front und von seiten der Technik. Dem in diesen Fragen liegenden Imperativ glaubte ich mich auf die Dauer nicht entziehen zu sollen».[79] Für ihn selbst war dieses Thema «wichtiger als alles andere» geworden, wie er im Sommer 1918 einem Kollegen schrieb.[80] *Atombau und Spektrallinien* wurde zum Manifest seiner Schule. Die Atomphysiker in aller Welt erkannten darin die «Bibel» ihrer Wissenschaft.

Die Atomtheorie brachte Sommerfeld die höchsten wissenschaftlichen Ehrungen ein: Er wurde zum Mitglied zahlreicher Akademien ernannt und mit Geldpreisen bedacht.[81] Mehr noch als diese Auszeichnungen dürfte Sommerfeld die Anerkennung von seiten seiner Fachkollegen Genugtuung bereitet haben, besonders wenn sie von so verehrten Physik-Autoritäten wie von Lorentz und Röntgen kam: «Ich benutze die Gelegenheit», so schrieb Lorentz nach seiner Gratulation zur Verleihung der

Helmholtz-Prämie, «um Ihnen zu sagen, wie sehr ich Ihre Arbeiten über die Theorie der Spektrallinien und der Röntgenstrahlen bewundere. Ihre Resultate gehören zu dem Schönsten, das je in der theoretischen Physik erreicht worden ist».[82] Aus Röntgens Gratulation klang zudem eine Portion Lokalstolz heraus: «Die Münchner mathematisch-physikalische Schule ist doch eine der ersten und besten der Welt geworden».[83]

Für die Mitglieder des Sommerfeldkreises war das Bewußtsein, an einem so erfolgreichen wissenschaftlichen Gemeinschaftsunternehmen beteiligt zu sein und den eigenen Anteil in den Werken ihres publikationsfreudigen Lehrers gewürdigt zu finden, ein außerordentlicher Ansporn für den weiteren Ausbau der Theorie. Die Atomphysik wurde zum Modethema einer ganzen Generation von theoretischen Physikern. «Everybody at that time», so erinnerte sich zum Beispiel Alfred Landé, ein weiterer Atomtheoretiker aus der Sommerfeldschule, an die Zeit nach dem Ersten Weltkrieg, «practically every theoretical physicist, had studied Sommerfeld's book (*Atombau und Spektrallinien*) ... it was one of the great standard works. And so he (Sommerfeld), and some of his pupils, even if they were not in Munich anymore, were very much interested in working on one problem after the other. That's the way I came to it.»[84] Viele, die selbst keine Sommerfeldschüler waren, wie zum Beispiel Erwin Schrödinger, kamen so zur Atomtheorie. Sommerfeld hatte 1919 den etwas isolierten Privatdozenten und Theoretiker aus Wien «im Interesse des engen wissenschaftlichen und persönlichen Zusammenwirkens der Universitäten Wien und München» zu einem Kolloquiumsvortrag eingeladen.[85] In den folgenden Jahren sollte Schrödinger neben den Sommerfeldschülern Werner Heisenberg und Wolfgang Pauli zum wichtigsten Repräsentanten der quantenmechanischen Neugestaltung der Atomtheorie werden. Daß sich dieser Umbruch inmitten von Kriegs- und Nachkriegswirren, Inflation und allgemeiner Not ereignete, bringt einmal mehr die Frage nach dem gesellschaftlichen Standort der theoretischen Physik jener Jahre aufs Tapet. Davon soll im folgenden Kapitel die Rede sein.

3
Aktivposten Atomtheorie

Der Aufstieg der Atomtheorie zur beherrschenden Forschungsrichtung der theoretischen Physik nach dem Ersten Weltkrieg erklärt sich nicht allein aus der großen Anziehungskraft Sommerfelds und der Ausgestaltung des Bohrschen Atommodells durch seine Schule. Der gesellschaftliche Stellenwert der Physik erfuhr in den Nachkriegsjahren eine Neubewertung – und die theoretische Physik, insbesondere die Atomtheorie, entstieg diesem Prozeß wie ein Phönix aus der von Krieg und Inflation zurückgebliebenen Asche.

Das Erbe des Ersten Weltkriegs

Das Verhältnis von Wissenschaftlern zur Gesellschaft außerhalb des akademischen Milieus wird oft als weltfremd dargestellt. Insbesondere für die Theoretiker wird gerne das Bild vom zerstreuten Professor im Elfenbeinturm der Wissenschaft herangezogen, um ihren mangelnden Sinn für die gesellschaftliche Wirklichkeit zu unterstreichen. Wie irreführend dieses Klischee ist, zeigt sich zum Beispiel im Verhalten der deutschen Gelehrtenschaft während des Ersten Weltkrieg. Nichts lag den deutschen Professoren ferner als die Abstinenz in gesellschaftlichen Dingen; vielmehr begriffen sie ihren Stand als den eigentlichen Anwalt nationaler Interessen. Geistes- und Naturwissenschaftler präsentierten sich der heimischen Bevölkerung und dem Ausland als Wahrer der Kultur und als Interpreten von Kriegszielen.[1] Theoretische Physiker wie Planck und Sommerfeld (Einstein war auch in dieser Hinsicht eine Ausnahmeerscheinung) teilten mit den meisten führenden Akademikern des Wilhelminischen Kaiserreichs die Rolle als Verkünder nationaler Kriegspropaganda. Sommerfeld unterzeichnete zum Beispiel nach Kriegsbeginn die «Erklärung der Hochschullehrer des deutschen Reiches», in der die deutsche Gelehrtenschaft der Tugend des preußischen Militarismus huldigte. Er verteidigte die Invasion Belgiens und gab nach der Umwandlung der Universität Gent in eine flämische Hochschule öffentlich seinem «Hochgefühl» Ausdruck, «auf altgermanischem Boden eine Stelle zu wissen, an der sonst nur die französische Sprache erklungen und die nun der deutschen Wissenschaft wiedergewonnen war».[2] Doch die Physiker hatten noch mehr zu bieten als Ideologie und Propaganda.

Kriegsaufgaben für Physiker

Auch wenn Sommerfeld die Arbeit an der Atomtheorie im letzten Kriegsjahr «wichtiger als alles andere» nahm, so gab es unter all dem anderen doch so manches, dem er sich mit ganzer Kraft widmete. Er sei «für's Erste mit Kriegsproblemen voll beschäftigt», schrieb er im Sommer 1918 an Willy Wien. «Wo sich neuerdings der militärische Horizont wieder zu bewölken scheint, ist diese Beschäftigung auch befriedigender wie die rein-wissenschaftliche.»[3] Vermutlich handelte es sich dabei um «theoretische Untersuchungen auf dem Gebiete der Funkentelegrafie» für die Kaiser-Wilhelm-Stiftung für kriegstechnische Wissenschaft, in deren Fachausschuß für Physik er 1917 eingetreten war.[4]

Die Funktechnik war nur ein Bereich, auf dem theoretische Physiker ihre Kenntnisse in den Dienst des Krieges stellen konnten, wenngleich ein sehr wesentlicher. Die technische Nutzung elektromagnetischer Wellen war noch so neu, daß dieses Gebiet mit seinen verwickelten Problemen (wie zum Beispiel den Fragen nach der zweckmäßigsten Antennenkonstruktion) noch nicht zur ausschließlichen Domäne von Ingenieuren geworden war. Nicht umsonst schätzte Sommerfeld 1918 die Entdeckung der Hertzschen Wellen neben den Röntgenstrahlen als «Waffe der nationalen Verteidigung» ein.[5] Auch die Anwendung der Röntgentechnik war über ein rudimentäres Stadium noch nicht hinausgewachsen, so daß man einschlägig versierte Physiker wie den Sommerfeldschüler Ewald als «Feldröntgenmechaniker» in den Krieg schickte.[6] Ein weiteres Gebiet mit «sehr verwickelten Fragen, die eine eingehende Kenntnis der mathematischen Physik voraussetzen», war die Ballistik.[7] Auch darüber kam es im Briefwechsel zwischen Sommerfeld und seinen Schülern an der Front gelegentlich zu einem Austausch: Lenz nahm zum Beispiel die Beschießung von Lille zum Anlaß, um mit seinem Lehrer die Zusammenhänge zwischen Geschwindigkeit, Durchmesser, Luftreibung und Tonhöhe beim Flug eines Artilleriegeschosses zu erörtern.[8]

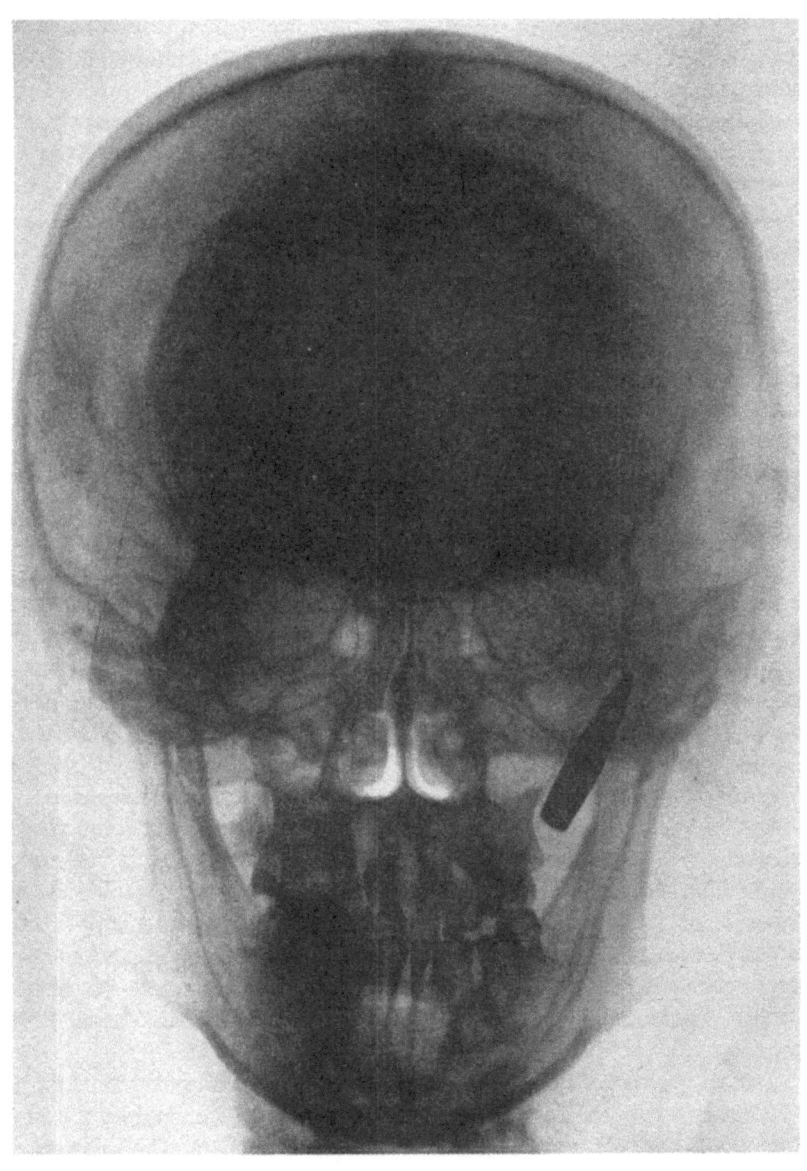

Die Röntgentechnik im Ersten Weltkrieg: Schädel mit Kugeleinschuß

Um solche Fragen gezielt zu untersuchen, war in Berlin eine Sondereinheit zusammengerufen worden, die einer technischen Behörde des preußischen Heeres unterstellt war, der «Artillerie-Prüfungskommission». Diese Behörde war bereits vor dem Krieg eingerichtet worden, um Erfindungen auf ihre Anwendbarkeit für die Artillerie zu untersuchen. Zunächst bestand ihr Personal aus technischen Offizieren. «Viele Experten waren jedoch gefallen, und so mußte man Außenseiter beiziehen», so erinnerte sich Max Born an seine eigene Berufung in diese Kommission.[9] Außer ihm wurden auch der Sommerfeldschüler Alfred Landé und mehrere Mathematik- und Physikstudenten dazugeholt. Die wissenschaftliche Organisation der Einheit hatte der Röntgenschüler Rudolf Ladenburg übernommen. Ewald, der nach seiner Einberufung ebenfalls mit einigen Mitgliedern der Artillerie-Prüfungskommission in Kontakt kam, berichtete an Sommerfeld, daß darin «eine kleine Armee von Physikern zu arbeiten scheint».[10]

Andere Physiker wie zum Beispiel Gustav Hertz und James Franck, deren Elektronenstoßversuche gerade auf so lebhaftes Interesse bei den Atomtheoretikern des Sommerfeldkreises stießen, beteiligten sich an der Vorbereitung des Gaskriegs unter der Leitung des Physikochemikers Fritz Haber. Born hatte nach eigenem Bekunden «eine starke Abneigung gegen die chemische Kriegführung» und es «nach Rücksprache mit Planck» vorgezogen, sich – bevor er zur Artillerie-Prüfungskommission beordert wurde – einer technisch-wissenschaftlichen Einheit zur Entwicklung von Funkgeräten für Flugzeuge anzuschließen, die unter der Leitung des technischen Physikers Max Wien (ein Vetter von Willy Wien und wie dieser ein sehr guter Bekannter Sommerfelds) stand.[11] Auch Max von Laue wollte sich militärisch engagieren: «Ich gab sogar eine mir winkende gute akademische Stellung in der Schweiz auf, um das Schicksal des deutschen Volkes zu teilen, so schwer es meiner Voraussicht nach auch werden würde. Man nahm mich aber nicht.»[12] Um dennoch seine Kompetenz zeitgemäß einzusetzen, wandte er sich in seiner wissenschaftlichen Tätigkeit während der Kriegszeit den vor allem für die Funktechnik akuten Problemen von elektronischen Verstärkerröhren zu.[13]

Aufschlußreich für das Engagement theoretischer Physiker im Ersten Weltkrieg war auch eine «Sache von sehr geheimen Charakter», von der Lenz 1916 an Sommerfeld schrieb: «Es dreht sich um die eventuelle Heranziehung von Kräften, die für besondere Arbeiten im militärischen Dienst geeignet erscheinen. Ich kann Ihnen die erforderlichen Vorbedingungen leider nicht mitteilen, so nützlich mir gerade in dieser Sache Ihr Rat und Ihre Kenntnis der Persönlichkeiten wäre.» Lenz bat ausdrücklich darum, daß «nur die Beteiligten davon erführen und diese selbst unbedingtes Stillschweigen bewahrten», doch er veriet immerhin, daß nur «die besten ihres Faches» in Betracht kämen und er «für Namhaftmachung dankbar» wäre.[14] Leider gab Lenz nicht preis, um welche Stelle es sich dabei handelte, und auch aus Sommerfelds Reaktion läßt sich anhand der an den Briefrand gekritzelten Namen («Weyl, Perron, Hellinger, Born, Courant») nur entnehmen, daß es sich um eine Angelegenheit für Mathematiker oder theoretische Physiker gehandelt haben muß.[15]

Diese Beispiele zeigen, daß es von seiten der Wissenschaftler nicht an Bereitschaft fehlte, ihr spezielles Können für den Krieg dienstbar zu machen. Dennoch kam den theoretischen Physikern im Ersten Weltkrieg noch eine eher marginale Rolle zu. Born und seine Kollegen fanden bei der Artillerie-Prüfungskommission soviel Zeit und Muße, um neben dem militärischen Dienst auch ihren eigenen wissenschaftlichen Forschungen nachzugehen: «Jeder von uns nahm aus einer Schublade alle militärischen Unterlagen heraus und füllte sie mit wissenschaftlichen Büchern und Notizen», so beschreibt Born den Auftakt seiner Zusammenarbeit mit Madelung und Landé über die Theorie der Atombindung in Kristallen, die außer dem Ort ihrer Entstehung nicht das geringste mit Kriegsforschung zu tun hatte.[16] Der Feldröntgenmechaniker Ewald schrieb beinahe übermütig an Sommerfeld, daß durch Zufall an seinem Stationierungsort «4 Schüler von Ihnen» zusammengewürfelt worden seien und daß man soeben «das Wintersemester eröffnet» habe.[17] Er mußte zwar ständig «in der Nähe der Röntgenbaracke auf Lauer sitzen», konnte aber bei «3-4 Röntgenaufnahmen täglich» soviel Zeit erübrigen, um an seiner Habilitation zu arbeiten.[18]

Industriespenden

Sommerfeld war inmitten seiner Schüler und Kollegen die zentrale Instanz, an die man sich von der Rekrutierung von Physikern für Kriegsaufgaben bis zur Erörterung von aktuellen Themen der Kriegsforschung wenden konnte. Auch zu Wirtschaftskreisen unterhielt der rührige Münchner Ordinarius für theoretische Physik im Ersten Weltkrieg zahlreiche Beziehungen. Vor dem Krieg waren solche Kontakte, was die Physik betrifft, noch eher die Ausnahme. Die von Felix Klein angeregte Göttinger Vereinigung war ein frühes Beispiel für eine Förderung der

Physik durch die Wirtschaft. Kurz vor dem Ersten Weltkrieg war mit der Gründung der Kaiser-Wilhelm-Gesellschaft 1911 ein weiterer Schritt in diese Richtung unternommen worden, der jedoch vor allem der Chemie zugute kam.[19]

Durch die kriegsbedingte Knappheit staatlicher Förderung wurde der Trend, die Wirtschaft als Wissenschaftsfinancier heranzuziehen, beträchtlich verstärkt. Mit welchen Argumenten ließen sich Industrielle zu Spenden für die Wissenschaft überreden, wenn sie – wie im Fall der theoretischen Physik – darin keinen unmittelbaren Nutzen für den eigenen Wirtschaftszweig erkennen konnten? Spenden seien nötig, so argumentierte Sommerfeld in einem Bittbrief im letzten Kriegsjahr, damit «die deutsche experimentelle Physik, insbesondere auch Amerika gegenüber, konkurrenzfähig bleibe und daß hierdurch auch meinem Sonderfach, der theoretischen Physik, der Boden nicht entzogen werde, auf dem sie allein gedeihen kann».[20] Nicht immer war die Höhe einer Spende so geringfügig wie anläßlich einer Aktion zu Röntgens siebzigsten Geburtstag, als Sommerfeld sich an verschiedene Industrielle mit der Bitte wandte, ein noch offenes Honorar in Höhe von 1500 Mark für die Anfertigung einer Röntgenbüste zu begleichen. Doch auch dieser Fall ist bezeichnend, was Adressaten und Argumentationsweise angeht: Sommerfeld wandte sich an solche Firmen, «die mit der Herstellung von Röntgeninstrumentarien beschäftigt sind», und er sprach ihre Spendenmoral an mit der Bemerkung, «daß diese bei gesteigertem Kriegsumsatz vielleicht gerade während des Krieges geneigt wären, zu der Ehrengabe für den Entdecker der Röntgenstrahlen beizutragen».[21]

Ein «gesteigerter Kriegsumsatz» war für so manchen Industriellen ein Anlaß zum Spenden: Den Makel des Kriegsgewinnlers mit dem Prestige als Gönner gemeinnütziger Anliegen zu vertauschen, muß ein starkes Spendenmotiv gebildet haben. Über den Erfinder des Kreiselkompasses, Hermann Anschütz-Kaempfe, dessen Kieler Firma durch Aufträge der Kriegsmarine zu einem florierendem Unternehmen geworden war, wußten die Münchner Physiker in einem Nachruf zu berichten: «Gegen Ende des Krieges schenkte er die reichen Mittel, die der gesteigerte Kriegsabsatz seinem Werke gebracht hatte, den naturwissenschaftlichen Instituten der Münchener philosophischen Fakultät, in der Absicht, dadurch den Wiederaufbau auf dem Wege über Wissenschaft und Technik zu erleichtern».[22] Anschütz-Kaempfe spendete für die Münchner Physik die Summe von 400 000 Mark; die Hälfte davon sollte für eine aus dem Universitätsetat nicht zu finanzierende Professur eines Physikochemikers

(Kasimir Fajans) aufgewendet werden, die andere Hälfte teilten sich die Institute Sommerfelds und Röntgens. Sommerfeld benutzte diese Spende, um Willy Wien, seinem Vorzugskandidaten für die anstehende Röntgen-Nachfolge, «die Münchner Stelle begehrenswerter zu machen» und ihn davon abzuhalten, eine Berufung in das Ausland anzunehmen. Das Geld könne «zur freien Verfügung des (Instituts-)Vorstandes für Forschungs- Unterrichts- und Assistentenzwecke etc.» verwendet werden;[23] er selbst machte von der Spende des Kreiselkompaß-Industriellen sogleich in dem zuletzgenannten Sinn Gebrauch, um den München-Aufenthalt von seinem Schüler Rubinowicz zu verlängern: «Ich habe dabei keinen Gehalt von der Universität, sondern ein Stipendium aus der Anschütz-Kaempfe-Stiftung bezogen», erinnerte sich Rubinowicz, «Sommerfeld stellte mich immer als Anschütz-Kaempfe Assistenten vor.»[24]

Wo sich schon ein Industrieller zu einer Spende bereitgefunden hatte, sollten sich auch weitere finden lassen: «Wenn nun auch für die ersten Bedürfnisse durch die großartige Spende von Dr. Anschütz gesorgt ist, so glauben wir doch versuchen zu sollen, ob sich nicht andere Gönner der Münchner Universität dem Beispiele von Dr. Anschütz anschließen möchten. Ich habe mich daher an einige Münchner und Nürnberger Industrielle in diesem Sinne gewandt, und nehme mir die Freiheit, auch Ihnen, sehr geehrter Herr Geheimrat, dessen tatkräftiges Eintreten für die wissenschaftliche Forschung mir von Göttingen her bekannt ist, mit der gleichen Anregung nahe zu treten». Dies schrieb Sommerfeld an den Chemie-Industriellen Alexander von Wacker, nicht ohne bescheiden hinzuzufügen, daß man «bei weiteren Spenden nicht mit so hohen Summen, wie sie uns Dr. Anschütz gewährt hat», rechne. Als Abrundung legte er einen seiner populären Artikel bei, «der an unsere im Felde stehenden Soldaten versandt worden ist und denselben die Erfolge der physikalischen Forschung vor Augen stellen soll, um sie für einige Stunden über die Mühsal des Feldes zu erheben». Die Antwort auf dieses Schreiben war wohl hinhaltend, denn in einem weiteren Brief räumte Sommerfeld ein, «daß unser Anliegen natürlich in keiner Weise eilig ist. Wenn Sie grundsätzlich geneigt sind, die Münchner Universität zu fördern, andererseits aber durch vielerlei Kriegsspenden in diesem Jahre zu beansprucht sind, so wäre eine Vertagung Ihrer freundlichen Absichten auf eines der nächsten Jahre natürlich mit unseren Wünschen vollauf verträglich». Von einiger Dringlichkeit, so setzte er hinzu, sei jedoch für die physikalische Chemie die Anschaffung eines Radium-Präparats, und er schmeichelte der Eitelkeit des Industriellen mit der Versicherung, «das

Radium-Präparat würde dann als ‹Dr. Wacker-Spende› in der Physikalisch-chemischen Abteilung des Chemischen Instituts dauernd und dankbar aufgehoben werden».[25]

Wacker spendete daraufhin 10 000 Mark für das gewünschte Präparat, was Sommerfeld sogleich in einem Bittbrief an einen anderen Chemieindustriellen, den Generaldirektor der Sunlicht Gesellschaft in Rheinau-Mannheim, erwähnte, um den Spendenfluß weiter zu stimulieren. Der Sunlicht-Direktor hatte Sommerfeld wissen lassen, daß er sich in Bayern zur Ruhe setzen wolle und «deshalb eine engere innerliche und äußerliche Verbindung mit den bayerischen Verhältnissen lebhaft begrüßen» würde.[26] Sommerfeld stellte daraufhin in Aussicht, daß er im Fall einer Spende, die «in allen möglichen Abstufungen möglich ist und mit vielem Dank entgegengenommen werden würde», seine Beziehungen spielen lassen könne: «Ich würde dann nicht verfehlen, Ihr Schreiben an Herrn Ministerialdirektor Dr. von Winterstein, den wohlwollenden Vertreter der bayerischen Universitätsinteressen und Förderer auch unserer besonderen Wünsche, weiterzuleiten und bei ihm, soweit ich es vermag, zu vertreten. Vielleicht ist es der Sache förderlich, wenn ich eine in unserem Ministerium festgehaltene Maxime gleich hier erwähne, daß nämlich der Titel ‹Commerzienrat› nur an Leiter bayerischer Werke von hier aus verliehen werden kann.»[27]

Sommerfeld war soeben selbst dank der Ablehnung eines Rufs an die Universität Wien «Titel und Rang eines K. Geheimen Hofrates» verliehen worden.[28] Seine Beziehungen zu Wirtschaft und Regierung waren die eines etablierten Mitglieds bayerischer Prominenz, wie sie in Lion Feuchtwangers Roman *Erfolg* so trefflich beschrieben wurden. Mit dem «wohlwollenden Vertreter der bayerischen Universitätsinteressen» im Kultusministerium erörterte Sommerfeld nicht nur die Verleihung von Titeln für nichtbayerische Industrielle, sondern zum Beispiel auch das Vorgehen, wie er Willy Wien zum Nachfolger Röntgens machen konnte.[29] Im traditionsreichen bayerischen Ingenieursklub, dem Polytechnischen Verein, in dem auch die führenden technischen Wirtschaftsbranchen vertreten waren, präsentierte er 1917 «in Gegenwart des Königs» seine Atomtheorie.[30] Das Deutsche Museum, eine weitere Institution der Repräsentanten wirtschaftlich-technischer Interessen in der bayerischen Isar-Metropole, zählte ihn seit 1912 zum «lebenslänglichen Mitgliede unseres Ausschusses».[31] Es bedarf keiner besonderen Phantasie, um sich den «Geheimrat» Sommerfeld inmitten von Honoratioren aus Regierung und Wirtschaft vorzustellen, wie er in diesen Kreisen den Bedürfnissen seines Faches Ausdruck verlieh. Daß man sich dabei «in vaterländisch gehobener Stimmung» befand, wie es anläßlich einer Ausschuß-Sitzung des Deutschen Museums 1917 hieß,[32] mag die Annäherung der verschiedenen Interessensphären erleichtert haben. Nationalgefühl, Lokalpatriotismus und das durch Titel, Orden und Ehrenmitgliedschaften unterstrichene Zugehörigkeitsgefühl zu einer Elite waren in dieser Zeit mächtigere Fördermotive als unmittelbare Profiterwartungen, die ein Spender zum Beispiel durch eine detaillierte Zweckbestimmung der gespendeten Mittel zum Ausdruck hätte bringen können.

Das Beispiel der Anschütz-Kaempfe-Stiftung, die alle anderen Spenden bei weitem übertraf, macht dies deutlich. «Hermann Anschütz-Kaempfe war der ganzen Fakultät ein großer Freund», erinnerte sich zum Beispiel der Chemiker Richard Willstätter.[33] Die Physiker Gerlach und Sommerfeld schilderten ihn als etwas kauzigen Erfinder, der für Geld «im Grunde eine tiefe Verachtung» empfunden habe, «ein Lebenskünstler und Kunstfreund großen Stiles», dem «Titulaturen» gleichgültig gewesen seien – bis auf diejenigen, die ihm seine Spende einbrachte: «Nur den Ehrendoktor und Ehrenbürger der Münchner Universität hat er gern angenommen».[34] Diese rückblickende Einschätzung der Spender-Mentalität wird durch den zeitgenössischen Briefwechsel zwischen dem Mäzen und den dankbaren Empfängern seiner Spende durchaus bestätigt. Anschütz-Kaempfe sonnte sich in dem Münchner akademischen Milieu unter Berühmtheiten wie Willstätter und Sauerbruch, sein Schwabinger Haus nahe der Universität wurde zum geschätzten Akademiker-Treffpunkt, und sein Allgäuer Barockschlößchen zu einer oft besuchten Sommerresidenz für seine Münchner Universitätsfreunde.[35]

Wenn die Anschütz-Kaempfe-Stiftung auch nicht zweckgebunden war und die Empfänger der Spende in keiner Weise an die Firmeninteressen des Kreiselkompaß-Industriellen band, so war die Annäherung an das akademische Milieu für den Spender doch nicht ohne Nutzen. Sommerfeld vermittelte 1919 dem Mäzen der Münchner Physik seinen Assistenten Karl Glitscher, der bis 1925 bei der Kieler Firma «als wissenschaftlicher Mitarbeiter» die Kreiselkompaß-Entwicklung «theoretisch und praktisch» förderte und «durch theoretische Untersuchungen Klarheit in das Verhalten des Kreiselkompasses gegenüber den verschiedenen dynamischen Beeinflussungen» brachte.[36] Sommerfeld selbst blieb an der Theorie des Kreisels lebhaft interessiert, nicht nur weil mit diesem Thema der Beginn seiner eigenen Karriere verknüpft war. Der Kreisel gehörte zu den anspruchsvollsten Gegenständen der klassischen Physik und wurde 1919 auch in der Atomtheorie akut, als sich herausstellte, daß bei einer kreiselnden elektrischen Ladung im Atom das Verhältnis des mechanischen Drehimpulses zum magnetischen Moment nur die Hälfte des theoretisch erwarteten Wertes betrug. Einstein und Sommerfeld zeigten daher beide ein reges Interesse am Kreisel. Als der Kreiselkompaß-Fabrikant in Patentstreitigkeiten verwickelt wurde, ergriffen sie mit Gutachten für ihn Partei.[37] Einstein fand sich auch – trotz seiner pazifistischen Gesinnung – dazu bereit, als langjähriger Berater der Kieler Firma gegen Honorar mit vielen Ideen bei der Kreiselkompaß-Entwicklung weiterzuhelfen, obwohl er wissen mußte, daß das Gros der Aufträge von der Marine kam.[38]

Die Einstellung des Sommerfeldschülers Glitscher bei der Kieler Kreiselkompaß-Firma zeigt ein weiteres Phänomen auf, das mit der Annäherung von Wissenschaft und Industrie einherging: die zunehmende Beschäftigung von Physikern in der Industrie. Industriephysiker waren vor dem Ersten Weltkrieg noch eine wenig beachtete Minderheit. Nun war, wie es in einem Aufruf zur Gründung einer «Deutschen Gesellschaft für technische Physik» 1919 hieß, «die Zeit vorüber, wo sie von den reinen Wissenschaftlern über die Schulter angesehen und ihre Wirksamkeit als bezahlte Arbeit und als nicht gleichwertig geschätzt» wurden. Die «vielseitigen Leistungen im Kriege» dienten der neuen Lobby der Industriephysiker dabei als Argument, und «die technische Anwendung der Kreiseldynamik» wurde als «neuester Entwicklungszweig» angeführt, auf dem «das wirksame Schaffen von Ingenieur und Physiker» besonders deutlich in Erscheinung trat.[39]

Wissenschaft als Machtersatz

Durch die verstärkten Beziehungen zur Welt außerhalb der Universität geriet die Physik nach dem Krieg nun mehr als je zuvor in den Sog gesellschaftlicher Entwicklungen. Nicht nur gegenüber der Industrie, sondern auch im Verhältnis zum Staat fand sich die Wissenschaft in einer neuen Rolle wieder: «Die Zeit der Ohnmacht Deutschlands nach dem Dreißigjährigen Krieg hat so lange gedauert, weil es damals keine Möglichkeit gab, um die Mittel zur kulturellen und wissenschaftlichen Erhebung des Vaterlandes zusammenzubringen. Das darf sich nicht wiederholen», so wurde in einem Antrag an die Weimarer Nationalversammlung Anfang 1920 argumentiert. Der Staat müsse sich «die Erhaltung der wenigen großen Aktivposten, die er noch besitzt», zur vordringlichen Aufgabe machen. «Unter diesen Aktivposten kommt der deutschen Wissenschaft eine hervorragende Stelle zu. Sie ist die wichtigste Voraussetzung nicht nur für die Erhaltung der Bildung im Lande sowie für die Technik und Industrie Deutschlands, sondern auch für sein Ansehen und seine Weltstellung, von der wiederum Geltung und Kredit abhängen (...) Die Naturwissenschaften anlangend, ergibt sich schon aus deren engeren Beziehungen zu den materiellen Bedürfnissen des Lebens, daß das Reich hier gewichtige Interessen zu wahren hat (...) Ein Stillstand der hier im Gang befindlichen Unternehmungen, auf deren Aufzählung hier verzichtet werden kann, würde nicht nur für die Weltgeltung der deutschen Wissenschaft, sondern auch für die realen Lebensbedürfnisse des deutschen Volkes verhängnisvoll werden.»[40]

Den letzten Aktivposten deutscher Weltgeltung nach Kräften zu fördern wurde so zu einer Angelegenheit von nationalem Interesse. Den Geheimräten des untergegangenen Kaiserreichs wurde als Repräsentanten dieses Aktivpostens daher auch im republikanischen Deutschland eine besondere Wertschätzung zuteil – eine reichlich einseitige Wertschätzung übrigens, denn die Gelehrtenschaft empfand in ihrer überwiegenden Mehrheit keinerlei Sympathie für das neue System.[41] Gleichzeitig identifizierte sich die Akademikerschaft mehr als je zuvor mit dem Interesse der Nation (oder was von den einzelnen Hochschullehrern dafür gehalten wurde). «Wir wissen sehr genau, daß wir den Krieg verloren haben und politisch ebenso wie wirtschaftlich nicht mehr im Vorstande der Welt sitzen. Aber wissenschaftlich glauben wir noch zu den Völkern zu zählen, die einen Anspruch haben, unter die führenden Nationen gerechnet zu werden.»[42] Diese Worte Fritz Habers, der gleichermaßen als Kriegsheld und Nobelpreisträger gefeiert wurde, dürften dem Gros der deutschen Professoren wie aus der Seele gesprochen haben. Für Max Planck als Vorsitzenden der Preußischen Akademie der Wissenschaften war selbst in den Tagen der Novemberrevolution 1918 «die Erwägung, daß es in dieser stürmischen Zeit auf etwas mehr oder weniger Wissenschaft schließlich nicht viel ankommt», völlig abwegig, und die ins Auge gefaßte Schließung der Akademie das «Verkehrteste», das diese «vornehmste wissenschaftliche Behörde des Staates» tun könne. «Wenn die Feinde unserem Vaterland Wehr und Macht genommen haben, wenn im Innern schwere Krisen hereingebrochen sind und vielleicht noch schwerere bevorstehen, eins hat uns noch kein äußerer und innerer Feind genommen: das ist die Stellung, welche die deutsche Wissenschaft in der

Welt einnimmt.» Und um diese Stellung zu halten und «gegebenenfalls mit allen Mitteln zu verteidigen», müsse man «durchhalten und weiterarbeiten».[43]

Notgemeinschaft und Helmhotz-Gesellschaft

Damit war die Parole der Wissenschaftsrepräsentanten für die 20er Jahre formuliert. Doch um durchzuhalten und weiterzuarbeiten bedurfte es zuallererst praktischer Initiativen, um in der allgemeinen Unsicherheit und Not überhaupt eine Basis für künftiges wissenschaftliches Arbeiten zu schaffen. Die Inflation hatte schon Anfang 1919 die Mark auf etwa die Hälfte ihres Vorkriegswertes entwertet, und in den folgenden Monaten und Jahren nahm der Verfall der Kaufkraft immer drastischer Ausmaße an. Das durchschnittliche Realeinkommen höherer Beamter, und damit auch der beamteten Hochschullehrer, sank bis zum Jahr 1920 auf 20% des Vorkriegswertes; Institutionen wie die Kaiser-Wilhelm-Gesellschaft oder die 1914 und 1919 als Stiftungen gegründeten Universitäten in Frankfurt und Köln sahen sich mit der fortschreitenden Entwertung ihres Stiftungskapitals plötzlich ihrer Existenzgrundlage beraubt. Auch die Etats von den staatlichen Universitäten und Instituten reichten bei dem fortschreitenden Wertverfall nicht mehr aus, um die nötigsten Anschaffungen zu erledigen. Hinzu kamen die internationale Ächtung durch die Entente und die Verunsicherung durch revolutionäre Umtriebe. Kurz: das gesamte ökonomische und politische Umfeld erforderte von allen Beteiligten in Wissenschaft, Staat und Wirtschaft ein rasches Handeln, um wenigstens fürs Erste die materielle Grundlage für das Durchhalten und Weiterarbeiten zu schaffen.[44]

Im Bewußtsein ihrer Kriegsdienste für das Vaterland und ihrer neuen Rolle als nationale Ehrenretter entfalteten vor allem die führenden Physiker Deutschlands zum Erhalt ihres Aktivpostens eine Offensive, die vermögende Industrielle ebenso wie den neuen Staat in die Pflicht nahm. Haber regte in den Tagen des Kapp-Putsches (März 1920) in einem Gespräch mit Friedrich Schmidt-Ott, dem unter Althoff gedienten und zuletzt noch zum preußischen Kultusminister avancierten höchsten deutschen Wissenschaftsbeamten, die Gründung einer «Notgemeinschaft der Deutschen Wissenschaft» an, die als eine Art Kartell die von privaten Spendern und Staat eingetriebenen Mittel verwalten sollte.[45] Einen Monat später wandte sich der Rektor der Berliner Technischen Hochschule an den «vormaligen Studierenden dieser Hochschule Carl Friedrich von Siemens» und entwickelte zusammen mit dem Industriellen «den Gedanken, eine gemeinsame Kasse zu schaffen, in die alle Spenden der Industrie eingezahlt und aus der alle Zahlungen auf Grund geprüfter und genehmigter Anträge geleistet würden»; daraus ging schließlich der «Stifterverband» hervor, der mit Siemens als Vorsitzendem zur wichtigsten privatwirtschaftlichen Geldquelle der «Notgemeinschaft» wurde.[46]

Eine andere Bemühung um eine konzertierte Aktion zur Beschaffung von Spenden wurde von der Deutschen Physikalischen Gesellschaft im Dezember 1918 unternommen, die in diesen kritischen Tagen unter dem Vorsitz Sommerfelds stand. «Wir haben beschlossen, trotz der schwierigen Zeitverhältnisse doch zu versuchen, noch einen Fond zur Unterstützung des Physik-Hochschul-Unterrichts (Laboratorien) bei der einschlägigen Industrie zusammenzubetteln», so schrieb Einstein, an den man die Sache weiterdelegiert hatte, an Haber.[47] Eineinhalb Jahre später hieß es jedoch in einem abschließenden Bericht, daß die Großindustrie nicht bereit gewesen sei, Geld für rein wissenschaftliche Zwecke auszugeben.[48]

Auch wenn dieser Versuch der Deutschen Physikalischen Gesellschaft fehlgeschlagen war, so blieb das häufige Drängen der Wissenschaftler doch nicht ohne Wirkung. Während Haber und seine Berliner Kollegen die Gründung der Notgemeinschaft forcierten, wurde von anderen eine zweite, industriellen Interessen näherstehende Förderorganisation gegründet, die Helmholtz-Gesellschaft. Ihr Initiator war der Chemie-Industrielle Carl Duisberg, der bereits für die Gründung von Fördergesellschaften für die chemische Forschung große Aktivitäten entfaltet hatte und als Mitglied der Göttinger Vereinigung auch mit Felix Klein und dessen Kreisen in Verbindung stand.[49] Wie er im November 1920 an den inzwischen nach München berufenen Willy Wien schrieb, wollte er «auch, soweit ich kann, neben der Chemie, die natürlich für mich die Hauptsache ist, für die Physik und die damit verbundenen technischen Gebiete sorgen».[50] Die Organisation übernahm der Stahlindustrielle Albert Vögler, nach Duisbergs Auskunft für diese Aufgabe «wirklich der einzig richtige Mann ... Mitglied des Reichstags, Mitglied des Reichswirtschaftsrats, Generaldirektor einer der größten Hütten- und Hüttenzechengemeinschaft».[51] Vögler war schon früher von Sommerfeld durch Vermittlung eines Bekannten über die Nöte der Physik unterrichtet worden,[52] nun wurde er auf Wiens Drängen zum wichtigsten Spendeneintreiber der Helmholtz-Gesellschaft.[53]

Bei aller Gemeinsamkeit, was das nationale Interesse an der Weltgeltung deutscher Wissenschaft angeht, herrschten zwischen den neuen Fördergesellschaften scharfe Gegensätze. Habers Versuche, die Helmholtz-Gesellschaft in die Notgemeinschaft zu integrieren, wurden von Duisberg und Vögler mit dem Argument zurückgewiesen, es sei «viel leichter, für ein Spezialgebiet, das im Brennpunkt des Interesses steht, Gelder zusammen zu bekommen, als für eine der Allgemeinwissenschaft dienende Nothilfe».[54] Insgesamt käme bei zwei Organisationen mehr an Spendengeldern zusammen als bei nur einer: «Wir, die wir doch den Puls der Industrie in der Hand haben und die gebefreudigen Kreise besser kennen, wissen genau, daß für Notgemeinschaft und Helmholtz-Gesellschaft zusammen, mehr zustande kommt».[55]

Doch der Konflikt war nicht lediglich ein Streit um das bessere Vorgehen beim Eintreiben von Spenden. Die Lobbyisten der Helmholtz-Gesellschaft und die dort engagierten Physiker repräsentierten in ihrer Mehrheit das ultrarechte Spektrum der Industrie- und Wissenschaftskreise der Weimarer Republik – mißtrauisch gegen den «Berliner Geist», antisemitisch und antimodernistisch – auch und besonders was die neuesten Entwicklungen auf dem Gebiet der Atomtheorie anging, die durch «die jüdische mathematisch gerichtete Gruppe, deren Mittelpunkt Sommerfeld ist», verbreitet würden, wie es einmal vom radikalsten ihrer Mitglieder, Sommerfelds Intimfeind Johannes Stark, zum Ausdruck gebracht wurde.[56] Selbst Willy Wien, der zum engsten Kollegenkreis Sommerfelds zählte und Starks Polemik zumindest in dieser Form nicht geteilt haben dürfte, war in seiner antisemitischen, antiberlinischen und in seiner allgemeinen wissenschaftspolitischen Auffassung ein entschiedener Parteigänger der in der Helmholtz-Gesellschaft vorherrschenden Bestrebungen.[57] Sommerfeld selbst fand sich nicht selten zwischen beiden Fronten: Als Vorsitzender der Physikalischen Gesellschaft in Berlin vertrat er offiziell die entgegengesetzte Position wie die reaktionären Ultras, mit deren Anti-Berlin-Haltung er selbst bisweilen sympathisierte: «Ich rede naturgemäß zu den Berlinern anders wie zu Ihnen», schrieb er zum Beispiel einmal an Wien.[58] Auch Wiens Antisemitismus stieß bei Sommerfeld nicht auf Ablehnung: Als im Frühjahr 1919 in München für kurze Zeit Arbeiter- und Soldatenräte regierten (was in bürgerlich-reaktionären Kreisen mit jüdischer Politik gleichgesetzt wurde), teilte er Wien sogar mit, daß er «überhaupt, angesichts des jüdisch-politischen Unfugs, mehr und mehr Antisemit» werde; aus demselben Grund ließ er sein Buch *Atombau und Spektrallinien* bei Vieweg anstatt bei dem jüdischen

Springer-Verlag erscheinen.[59] Gleichzeitig ergriff er jedoch vehement Partei gegen die antisemitische Hetze, die um diese Zeit gegen Einstein und die Relativitätstheorie entfacht wurde.[60]

Das Aufbrechen solcher Gegensätze innerhalb der deutschen Physikerschaft war ebenso wie die Polarisierung bei den Fördergesellschaften symptomatisch für die neue gesellschaftliche Rolle der Wissenschaft nach dem Ersten Weltkrieg. Das größere nationale Gewicht und die zur Verteilung anstehenden neuen Geldtöpfe verstärkten den wissenschaftsinternen Konkurrenzkampf und offenbarten auch die ideologisch-politischen Positionen und Allianzen der rivalisierenden Kräfte. Nicht weniger signifikant für die Rolle der Wissenschaft als nationales Prestigeunternehmen war das Auftreten der deutschen Wissenschaftsrepräsentanten gegenüber dem Ausland. Dort befanden sich die eigentlichen Adressaten, denen die deutsche Wissenschaft als Machtersatz präsentiert werden sollte.

Internationale Beziehungen

Auch in dieser Hinsicht bedurfte es keiner besonderen Aufforderung, um die Professorenschaft zu einem entsprechenden internationalen Auftreten zu veranlassen. Abgesehen von den Boykott-Maßnahmen des Internationalen Forschungsrates, einer 1919 unter Ausschluß der «Zentralmächte» gegründeten Organisation,[61] fühlten sich die deutschen Wissenschaftler auch unmittelbar in ihrer eigenen Wirkungssphäre durch die «Entente» bedroht. Sommerfeld befürchtete zum Beispiel die Schließung seines Instituts und wandte sich deshalb an Haber, der wegen ähnlicher Fälle mit der zuständigen Interalliierten Untersuchungskommission in Verhandlung stand. Man habe ihm berichtet, so schrieb Haber nach München, daß Sommerfelds Institut «ohne jede Bedeutung für die Abrüstungsfrage» sei und deshalb «die Beschlagnahme unterbleiben werde».[62] Als Einstein um dieselbe Zeit wegen der antisemitischen Hetze gegen seine Person und seine Theorien Deutschland den Rücken kehren wollte, schrieb ihm Sommerfeld «als Mensch und als Vorsitzender der Phys(ikalischen) Ges(ellschaft)», er sei davon überzeugt, daß auch «die Entente und ihr Lügensystem» Einsteins Mißfallen erregen würde. «Deutschland jetzt, wo es so namenlos von allen Seiten mißhandelt wird, zu verlassen, sähe Ihnen nicht gleich.»[63]

Nicht zufällig waren es gerade die herausragenden deutschen theoretischen Physiker, Planck und Sommerfeld, die sich nun die Wiederherstellung der Weltgeltung ihrer «mißhandelten» Nation durch eine rege internationale Reise- und Vortragstätigkeit zur Pflicht machten. Die dabei an den Tag gelegten Appelle an den internationalen Geist der Wissenschaft können nicht darüber hinwegtäuschen, daß ihre Mission in erster Linie einem nationalen Zweck galt.[64] Was konnte sich für eine solche Demonstration besser eignen als die jüngsten Erfolge auf dem Gebiet der Atomtheorie, einem durch keine Kriegsanwendung diskreditierten Zweig der Physik, dem im Gegensatz zur Chemie, dem anderen Paradebeispiel deutscher Weltgeltung, trotz und nicht wegen des Krieges die volle Aufmerksamkeit deutscher Forscher zuteil geworden war?! Schließlich konnten die Boykott-Maßnahmen des Internationalen Forschungsrates gerade auf diesem Gebiet in eine Blamage für die Entente umgekehrt werden, denn es galt nicht nur unter deutschen Atomtheoretikern als ausgemacht, daß hier die Zentralmächte der Entente mehr zu geben hatten als umgekehrt. Tatsächlich konnte hier nur auf offizieller Ebene von einer Isolation der deutschen Wissenschaft die Rede sein. Die zahlreichen Einladungen Sommerfelds ins Ausland zeigten deutlich, daß an informellen internationalen Beziehungen kein Mangel herrschte – und Sommerfeld nutzte diese Gelegenheit mit aller Entschlossenheit zur Propaganda für sein Fach und zur Ehrenrettung seiner Nation.

Die erste Auslandsreise unternahm Sommerfeld bereits im Sommer 1919 in das neutrale Schweden, wo er auf Einladung des Röntgenspektroskopikers Manne Siegbahn eine Vortragstour absolvierte. Die Reise brachte ihm ein Zusammentreffen mit Bohr und führte ihn vom südschwedischen Lund, dem Wirkungsort Siegbahns, bis nach Uppsala, dem Sitz der schwedischen Akademie der Wissenschaften.[65] «Schweden war schön, eine wahre Erquickung; die Aufnahme äußerst herzlich», konnte er nach seiner Rückkehr berichten.[66] Als ihn kurz darauf die Akademie in Uppsala zu ihrem Mitglied ernannte, ließ er diese Nachricht in der Physikalischen Zeitschrift abdrucken in der erklärten «Absicht, die Entente damit zu ärgern».[67] Zwei Jahre später konnte er nach einer Spanienreise eine weitere auswärtige Anerkennung verbuchen, diesmal in Gestalt seiner Ernennung zum Mitglied der Madrider Wissenschaftsakademie.[68] Auch im näher benachbarten neutralen Ausland wie der Schweiz durfte er sich der Sympathie für seine Mission sicher sein: «In Basel habe ich Gelegenheit gehabt, Ihrem Vortrag über Struktur der Atome beizuwohnen», so schrieb ihm ein Zuhörer. «Als Deutscher habe ich empfunden, daß Sie durch denselben glänzende Propaganda für die Deutsche Wissenschaft gemacht haben».[69]

Sommerfeld zu Besuch bei Niels Bohr im Jahr 1919

Die im Ersten Weltkrieg neutralen Staaten spielten auch im Internationalen Forschungsrat eine wichtige Rolle für die allmähliche Lockerung der Boykottmaßnahmen gegen die ehemaligen Achsenmächte[70] – doch nicht nur bei den «Neutralen» warb Sommerfeld um Anerkennung und Sympathie. Seinen größten Triumph erlebte er beim früheren Kriegsgegner USA. Den Anlaß dazu bot eine Gastprofessur, die von deutschstämmigen Amerikanern 1911 gestiftete «Karl Schurz Memorial Professur» an der Universität von Wisconsin in Madison. Bereits 1921 entschloß man sich dort trotz einiger Ressentiments, «eine neue Einladung nach Deutschland ergehen zu lassen».[71] Die Wahl fiel auf Sommerfeld, der um diese Zeit neben Einstein als wichtigster Repräsentant deutscher theoretischer Physik angesehen wurde. Als der Ruf nach Madison für das Winterhalbjahr 1922/23 und in seinem Gefolge eine Reihe von Einladungen zu Gastvorträgen an anderen amerikanischen Universitäten in München ankamen, reagierte Sommerfeld postwendend: «Da ich es für meine Pflicht halte, diesen Einladungen zu folgen, bitte ich das Staatsministerium um Urlaub für das kommende Wintersemester», so wandte er sich an den Bayerischen Kultusminister.[72] Kurz darauf erbat er vom Auswärtigen Amt in Berlin einen Vorschuß für die Reisekosten.[73] Der Ton seiner Schreiben verriet, daß er sich der Zustimmung dieser Ministerien für seine Mission gewiß war, und auch in seiner Annahme des Rufs aus Madison ließ er keinen Zweifel daran, daß er mit seinem Aufenthalt in USA auch eine Botschaftermission verband: Er wolle «dazu beitragen, daß sich zwischen meinem und Ihrem Lande wieder vertrauensvolle Beziehungen anbahnen mögen, als notwendige Vorbedingung für die Gesundung Deutschlands und für die Cultur der Menschheit».[74]

Sommerfeld konnte sich während seines USA-Aufenthalts nicht über mangelnde Resonanz beklagen. Dies zeigt zum Beispiel sein Besuch im National Bureau of Standards in Washington, wo man ihn zu einer Vortragsreihe eingeladen hatte. Mehr als hundert Physiker reisten an, um aus erster Hand das Neueste über Atomspektren und Quantentheorie zu hören, und sogar in der Washington Times fand dieses Ereignis Beachtung. Wissenschaftlich brachte Sommerfeld der neue Kontakt zu dieser Behörde in eine enge Beziehung mit dem Spektroskopiker William Meggers, der ihn in der Folge mit den aktuellsten Spektralaufnahmen seines dafür renommierten Laboratoriums versorgte. Auch für Meggers war der Kontakt zur Atomtheorie nützlich: «You know we depend mainly on Europeans for this,» schrieb er bei einer Gelegenheit, als er von Sommerfeld wissen wollte, «if there are any new developments in the theory (of atomic spectra)».[75] Das Interesse an einer theoretischen Durchdringung der Spektroskopie am National Bureau of Standards war so groß, daß Sommerfeld schließlich seinen Schüler Otto Laporte, ausgestattet mit einem der ersten Stipendien des International Education Board, nach Washington schickte. Meggers war über diesen Zuwachs mehr als begeistert: «We have depended upon him so much ... we nicknamed him our Herr Geheimrat», bedankte er sich bei Sommerfeld.[76]

Priorität für die Atomtheorie

Nicht alle Disziplinen profitierten von der nationalen und internationalen Aufwertung der Wissenschaft als letztem deutschen Aktivposten in gleicher Weise. Wenn man in den USA der Atomtheorie eine besondere Aufmerksamkeit schenkte, so vor allem deshalb, weil im Zug der Expansion der amerikanischen Physik die theoretische Physik vernachlässigt worden war und nirgends dieses Manko so deutlich wurde wie bei der Atomtheorie. Obwohl amerikanische Forscher mit Nobelpreis-würdigen atomphysikalischen Experimenten wie zum Beispiel dem Comptoneffekt aufwarten konnten,[77] war die theoretische Durchdringung der atomaren Vorgänge im wesentlichen eine europäische Angelegenheit. Die amerikanischen Physiker waren angesichts der Atomtheorie hin- und hergerissen zwischen Enthusiasmus für die jenseits des Atlantiks gemachten Fortschritte und einem wachsenden Gefühl des eigenen Zurückbleibens: «Oh Quanta!», mit diesem vielsagenden Seufzer wurde 1921 ein Bericht über die Verleihung des Nobelpreises für 1918 an Max Planck überschrieben, und andere sahen angesichts der rasanten theoretischen Entwicklung schon die «Balkanisierung der ganzen Physik» auf sich zukommen. Wie auch immer die persönlichen Gefühle gegenüber der Atomtheorie waren, so herrschte in der amerikanischen Physikerschaft doch weitgehend Einigkeit darüber, daß diesem Gebiet künftig besondere Aufmerksamkeit gewidmet werden mußte.[78]

War es dort die Gefahr des Zurückbleibens, so wollte man in Deutschland um jeden Preis die Spitzenstellung auf diesem Gebiet bewahren. Angesichts der Konkurrenz um die dringend benötigten Fördermittel war es jedoch nicht von vorneherein klar, daß die Atomforschung unter der Vielzahl notleidender Disziplinen eine Priorität beanspruchen konnte. Wenn es der Lobby der Atomphysiker gelang, ihrem Fach eine bevorzugte Förderung angedeihen zu lassen, so war dafür vor allem das neue Prinzip der Selbstverwaltung verantwortlich, dem mit der Gründung der Notgemeinschaft zum Durchbruch verholfen worden war. Fachausschüsse mit den wichtigsten Vertretern einer jeden Disziplin sollten in weitgehender Unabhängigkeit von den staatlichen und industriellen Geldgebern über die Verteilung der Fördermittel bestimmen.[79] Damit wurde die Entscheidung in die Hände derer gelegt, die auch innerhalb der jeweiligen Disziplinen ihr Fach repräsentierten. Für die Physik war dies vor allem Planck, der in den wichtigsten Ausschüssen das Sagen hatte und dafür sorgte, daß seine Theoretiker-Kollegen nicht zu kurz kamen. Sommerfeld etwa brauchte Planck gegenüber «nur eine Summe nennen», und der wollte dann das seine tun, «daß Sie dieselbe voll bewilligt bekommen.»[80]

Die Notgemeinschaft wurde so zum wichtigsten Instrument für die bevorzugte Förderung der Atomtheorie.[81] Über die Fachausschüsse, die dabei als eigentliche Entscheidungszentren fungierten, kam die Autorität Sommerfelds und seiner Kollegen anders zum Zug als bei der traditionellen Förderung durch die Kultusministerien der Länder, die den Hochschulen in ihrem Zuständigkeitsbereich unabhängig von der Aktualität eines Forschungsbereichs ihre Etats zuwiesen. Die Förderung der

Notgemeinschaft wurde überdies nicht pauschal an ein Institut, sondern auf Antrag an individuelle Forscher vergeben. Ein solcher Forschungsantrag wurde dann dem Fachausschuß Physik vorgelegt, in dem Max von Laue den Vorsitz führte. 1922 kamen zwei weitere Ausschüsse hinzu, die über die Vergabe von Industriespenden befanden und besonders für die Atomphysik wichtig wurden: der «Elektrophysik-Ausschuß», der die Stiftungsgelder der Elektrofirmen Generel Electric Company, Siemens & Halske und AEG verteilte, und der sogenannte «Japan-Ausschuß», der eine Stiftung des japanischen Industriellen und Deutschland-Bewunderers Hajime Hoshi verwaltete. Die japanische Stiftung war zunächst der Chemie zugedacht worden, doch auf Veranlassung Habers und Plancks wurden diese Mittel auch «dem physikalischen Gebiet der Atomforschung» gewidmet.[82] Auch der Elektrophysik-Ausschuß blieb nicht buchstabengetreu seinem ersten Spendenzweck verhaftet, der Elektrizitätsforschung. Unter dem Vorsitz Plancks wurde gerade dieser Fond zum bevorzugten Förderinstrument der Atomtheorie. Die Pionierarbeiten zur Quantenmechanik wären «ohne diese Unterstützung höchstwahrscheinlich nicht in Deutschland, sondern anderwärts» entstanden, argumentierte der Jahresbericht von 1926.[83]

Der Einfluß dieser Förderungen läßt sich nur schwer in Zahlen ausdrücken. Angesichts des größeren Spendenaufkommens bei der Helmholtz-Gesellschaft schien dieser Organisation im Vergleich mit der Notgemeinschaft das größere Gewicht zuzukommen, doch mit der Inflation wurden etwa 80% des gespendeten Kapitals der Helmholtz-Gesellschaft entwertet. Bei der Notgemeinschaft hingegen war auch der Staat als Geldgeber beteiligt; er sorgte mit seinen Zuschüssen weitgehend für einen Ausgleich des Wertverfalls der Industriespenden und fungierte nach der Inflation beinahe als alleiniger Träger der Notgemeinschaft.[84] Hinzu kam, daß die in der Helmholtz-Gesellschaft tonangebenden Physiker der modernen Atomtheorie eher reserviert gegenüberstanden. Was jedoch die Förderung experimenteller Atomforschung sowie angrenzender Gebiete betraf, so waren insbesondere in der ersten Hälfte der 20er Jahre auch die Beiträge von dieser Seite durchaus beachtlich: 1924 etwa wurden 42% der Fördermittel in «atomare» Forschungsbereiche investiert – wobei dieser Begriff freilich weit gefaßt ist und auch den ganzen Bereich der Röntgenstrahlen und der Radioaktivität umfaßt.[85] So wurden etwa in Sommerfelds Experimentierkeller und in Ewalds neuem Institut an der Technischen Hochschule Stuttgart Kristallstrukturuntersuchungen mittels Röntgenstrahlen gefördert; an Ewalds Nachbarinstitut wurde von der Helmholtz-Gesellschaft sogar der Aufbau eines völlig neuen Röntgenlaboratoriums finanziert.[86] Darin wird deutlich, daß die von der Notgemeinschaft an den Tag gelegte Bevorzugung der theoretischen Physik in der Gesamtbilanz nicht zu Lasten der Experimentalforschung ging. Faßt man die Beiträge der Notgemeinschaft und der Helmholtz-Gesellschaft zusammen, so führten sie nach der Inflation verglichen mit dem Stand vor dem Ersten Weltkrieg mindestens zu einer Verdopplung der realen (d.h. inflationsbereinigten) Aufwendungen aller physikalischen Forschungen.[87]

Nicht minder bemerkenswert ist die ideologische Deutung für den Aufschwung der Atomtheorie. Wenn die äußere Not keine kostspieligen Anschaffungen an Experimentiergeräten ermöglicht, dann wendet sich der findige Physiker verstärkt der Theorie zu – so lautete die selbstgefertigte, griffige Erklärung. Das Ausmaß der Förderung durch Staat und Industrie spricht solcher Rhetorik Hohn. Tatsächlich wurde durch die Not des Krieges und der Inflation kein Experimentalphysiker zum Theoretiker bekehrt (umgekehrt war dies dagegen vereinzelt der Fall, wie das Beispiel von Debye zeigt, der im Krieg in Göttingen zum Experimentator wurde). Eine andere Seite dieser «masochistischen Ideologie»[88] von Wissenschaftlern und Wissenschaftsorganisatoren war das Zur-Schau-Stellen einer anti-utilitaristischen, anti-materialistischen und sogar anti-rationalistischen Mentalität. Hier traf sich die Ideologie mit dem Zeitgeist der Weimarer Republik, der in einem Satz des preußischen Kultusministers Carl Heinrich Becker den extremsten Ausdruck fand: «Wir müssen wieder Ehrfurcht bekommen vor dem Irrationalen».[89] Es sei dahingestellt, welchen Einfluß diese Ideologie für den gleichzeitigen Ausbau der Atomtheorie zu einer akausalen und indeterministischen Weltsicht spielte.[90] Das Hervorkehren solcher Aspekte hob die Physik jedenfalls über ein bloßes Hilfsfach für künftige industrielle Anwendungen hinaus und befreite insbesondere die theoretische Atomforschung vom Nachweis potentieller praktischer Zwecke.

In diesem Freiraum begann die nächste Etappe beim Ausbau der Atomtheorie Gestalt anzunehmen, die quantenmechanische Revolution. Das folgende Kapitel wird zeigen, daß in diesem Fall der vielstrapazierte Vergleich mit einem revolutionären Umsturz durchaus angebracht ist, auch wenn es sich dabei – zunächst jedenfalls – nur um eine innerwissenschaftliche Angelegenheit handelte.

4

«Aufbruch in das neue Land»

Unter diese Überschrift stellte Werner Heisenberg in seinen Erinnerungen die Entdeckung der Quantenmechanik.[1] Der Vergleich mit einem Expeditionsunternehmen ist nicht ganz abwegig. Das quantenmechanische Abenteuer war in mehrfacher Hinsicht verschieden von den Errungenschaften früherer Physikepochen. Was die physikalischen Aspekte angeht, so wurden Physikhistoriker wie auch die beteiligten Physiker selbst nicht müde, die Etappen dieses «außergewöhnlichen intellektuellen Abenteuers»[2] sowohl für ein Laienpublikum wie für die Fachwelt in vielen Details nachzuzeichnen. Aber auch in sozialer Hinsicht paßt der Vergleich mit einer Expedition: Die Entdeckung der Quantenmechanik war das erste kollektive Unternehmen theoretischer Physiker, bei dem sie sich als disziplinär zusammengehörige Gruppe zeigten. Die Theoretikergeneration der nach-quantenmechanischen Ära verfügte über ein neues professionelles Selbstverständnis, das von dem Minderwertigkeitskomplex des früheren Privatdozentenfaches nichts mehr ahnen ließ.

München, Göttingen, Kopenhagen: Zentren einer wissenschaftlichen Revolution

Nach den vier Kriegsjahren wurden die Universitäten frequentiert wie nie zuvor. «Von den Heeren strömten die Studenten arbeitshungrig zur Hochschule, die Hörsäle überflutend», so hieß es von der Münchner Universität.[3] Auch das zum Krieg abberufene akademische Personal kehrte in die Universitätsinstitute zurück, verstärkt um die Vorkriegs-Hochschulabsolventen, die jetzt ihre Universitätskarriere fortsetzen wollten: «Hier wimmelt es von (hungrigen) Theoretikern», schrieb Einstein an Sommerfeld über die Verhältnisse in Berlin.[4] Auch wenn die vom Krieg unterbrochene Expansion der Universitäten nicht mehr dieselbe Dynamik besaß wie während der Gründerjahre, so war sie doch nicht zum Stillstand gekommen: In den zwei Jahrzehnten nach 1910 wuchs die akademische Physikerschaft an den deutschen Hochschulen auf 298 Personen, verglichen mit einem Anstieg von 69 auf 171 Personen zwischen 1890 und 1910.[5] Ein großer Teil der neugeschaffenen Stellen kam der theoretischen Physik zugute, die nun an praktisch jeder Hochschule vertreten war und am Ende der 1920er Jahre sogar an 10 von den 21 Universitäten und an 3 von den 12 Technischen Hochschulen mit je einem eigenen Institut aufwarten konnte.[6]

In dieser Expansionsphase gingen die Absolventen aus der Münchner Sommerfeldschule weg «wie warme Semmeln», erinnerte sich Ewald, der mit der Empfehlung seines Lehrers 1921 auf einen neugeschaffenen Lehrstuhl für theoretische Physik an der Technischen Hochschule Stuttgart berufen wurde.[7] Kossel wurde im selben Jahr zum ordentlichen Professor der theoretischen Physik nach Kiel berufen.[8] Lenz erhielt 1920 auf Empfehlung Sommerfelds zunächst einen Ruf als außerordentlicher Professor nach Rostock; 1921 wurde er Ordinarius und Direktor des neugeschaffenen Instituts für theoretische Physik an der Universität Hamburg.[9]

Trotz der wachsenden Nachfrage blieben Ressentiments gegen die Theoretiker an der Tagesordnung, besonders dann, wenn der Kandidat für eine Professur als «Jude» stigmatisiert war. Epsteins Berufung an die Frankfurter Universität scheiterte zum Beispiel am Antisemitismus der dortigen Fakultät. Es gelang ihm auch nicht, anderswo in Deutschland eine feste Stelle zu finden. Nach einem kurzen Aufenthalt bei Lorentz in Holland emigrierte er 1921 nach USA, wo ihm von Millikan, dem Präsidenten des California Institute of Technology, eine Professur angeboten wurde – «even though a Jew», wie Millikan kommentierte. Zu Epsteins Glück war vor ihm noch kein jüdischer Professor angestellt worden, denn nach seiner Berufung wurde einem weiteren jüdischen Bewerber die Einstellung mit dem Argument verweigert, man könne nicht «more than about one Jew» verkraften.[10] Auch an der Technischen Hochschule Aachen war man sehr darauf bedacht, «daß das jüdische Element hier nicht die Oberhand gewinnt», so daß sich Debye bei einer Empfehlung für einen Theoretiker dorthin zu der Bemerkung veranlaßt sah, sein Schützling habe «keinen Tropfen jüdischen Blutes in den Adern».[11] Besonders schwierig wurde eine Berufung, wenn zum Antisemitismus auch noch der Argwohn hinzukam, der Kandidat sei pazifistischen oder gar sozialistischen Bestrebungen zugetan: Dies war bei Landé der Fall, dessen Berufung auf eine Professur in Tübingen erst nach einem langen Streit innerhalb der Fakultät zustande kam. Landé hatte die Angelegenheit schon für verloren angesehen und an Epstein geschrieben, ob er nicht wie dieser eine Stelle in USA bekommen könne, als ihm die Tübinger Professur zu guter Letzt doch noch zugesprochen wurde. Epstein sah darin einen Hoffnungsschimmer, wenn selbst in einer «Hochburg des Antisemitismus wie Tübingen» schließlich doch die wissenschaftlichen Verdienste über die fachfremden Gesichtspunkte gestellt wurden.[12]

In Erwartung einer «neuen» Physik

So kam den Stellen, an denen die Begeisterung für die Atomtheorie alles andere in den Hintergrund drängte, eine besondere Rolle zu. Außer der Sommerfeldschen «Pflanzstätte» in München waren es vor allem die Institute Borns in Göttingen und Bohrs in Kopenhagen. Mehr als sonstwo waren hier die Theoretiker begierig darauf, «daß die klassische Zeit der ‹neuen› Physik, der Quantentheorie oder was daraus werden mag, in kurzem ausbricht». Mit dieser Erwartung jedenfalls verband der 1920 zum Nachfolger Debyes nach Göttingen berufene Born seine neue Stelle.[13] Auch Bohr, der 1916 zum Professor für theoretische Physik an der Universität Kopenhagen berufen worden war, widmete seine ganze Energie der «neuen» Physik. Bei der Einweihungsrede seines Instituts im März 1921 verkündete er seine Überzeugung, daß «einschneidende Änderungen» im gesamten Gebäude der Physik zu erwarten seien.[14] In seinem ehrgeizigen atomtheoretischen Forschungsprogramm, das auch begleitende Experimente miteinbezog, war von einer Unterordnung der Theorie unter den Primat des Experiments nichts mehr zu spüren. Bei der Atomforschung müsse es die Theorie sein, der sich die Experimentalforschung zu unterwerfen habe, und deshalb sei das Institut des Theoretikers und nicht das traditionelle Physikinstitut des Experimentators der richtige Platz für diese Art von Experimenten: «In the elaboration of the theories (...) it is as mentioned necessary that the practitioners of the subject have the opportunity to carry out and guide scientific experiments in direct connection with the theoretical investigations.»[15]

Sommerfeld und die neuen Zentren

Sommerfeld unterhielt sowohl nach Kopenhagen wie auch nach Göttingen von Anfang an besondere Beziehungen, die über die zu anderen Instituten gepflegten Kontakte weit hinausgingen. Seit seiner eigenen Assistentenzeit bei Klein war Göttingen für Sommerfeld eine Art zweiter Heimat geworden, mit der ihn außer Klein und der familiären Beziehung zu seinem Schwiegervater (Höpfner) auch wissenschaftlich viel verband: Mit Hilbert war er seit seiner Studienzeit in Königsberg bekannt, und mit dem angewandten Mathematiker Carl Runge teilte er das besondere Interesse an der Spektroskopie; bei Runge hatte Sommerfeld zweimal einen Enzyklopädieartikel in Auftrag gegeben, einmal über «Maß und Messen» (1902), das andere Mal über «Die Seriengesetze in den Spektren der Elemente» (1925). Hilbert ließ sich von Sommerfeld alle paar Jahre einen Assistenten als «physikalischen Hauslehrer» schicken, mit dessen Hilfe er die aktuellen Entwicklungen in der theoretischen Physik verfolgen wollte. Ewald, Landé und Kratzer hatten damit den Anfang gemacht. Ewald erinnerte sich später an den Anfang dieser Tradition: «Hilbert and Sommerfeld were very good friends. They were both East Prussians, and the people from Königsberg stuck together and formed a small community. Besides Frau Sommerfeld and Frau Hilbert, and he, Sommerfeld, and Frau Hilbert, were very good friends ... Hilbert was in a period where he said, ‹well, now I have reformed mathematics. Now I will reform physics, and then after that chemistry›. By reforming he meant that he had axiomatized mathematics (...) When I came to Göttingen (1912) Hilbert was in a stage where he was trying to understand Planck's theory».[16] Anfang der 20er Jahre war der Transfer von Sommerfeldschülern zwischen München und Göttingen schon beinahe zur Routine geworden.

Als Born nach Göttingen berufen wurde, intensivierte sich die Beziehung zu Sommerfelds Münchner Institut noch weiter: Born hatte bereits im Weltkrieg mit dem Sommerfeldschüler Landé bei der Artillerie-Prüfungskommission zusammengearbeitet und dabei auch mit der Bohr-Sommerfeldschen Theorie Bekanntschaft geschlossen; noch vor seiner Übersiedlung nach Göttingen vertraute ihm Sommerfeld einen Enzyklopädieartikel über «Atomtheorie des festen Zustandes» an. Borns Verhältnis zu Sommerfeld war dabei durchaus selbstbewußt, wie zum Beispiel aus seinen kritischen Anmerkungen zu *Atombau und Spektrallinien* hervorgeht: «1) Sie stellen manche Sachen so dar, daß der Laie glauben muß, alles wäre in Ordnung; aber das ist doch oft nicht so (...) Landé wenigstens hat mir neulich sehr deutlich auseinandergesetzt, daß da eigentlich alles in Unordnung ist. Sollte es nicht gut sein, die Zweifel etwas mehr zu betonen? 2) Manchmal sind Sie etwas lokalpatriotisch (wie es übrigens jeder ist); so kommt, scheint mir, Bohr neben Rubinowicz beim Auswahlprinzip zu schlecht weg. Bohrs Formulierung ist doch auch sehr schön.»[17] Gleichwohl hegte er eine grenzenlose Bewunderung für den Münchner Geheimrat und bezeichnete Sommerfelds Buch zwei Jahre später, als es schon in dritter Auflage erschien, als «die Bibel des modernen Physikers».[18]

Das Verhältnis Sommerfelds zu dem dänischen Atomtheoretiker Bohr gründete zwar nicht auf einer so langjährigen Tradition wie zu den Göttinger Mathematikern und Physikern, doch es gestaltete sich nicht weniger intensiv. Als Bohr 1916 auf den Kopenhagener Lehrstuhl für Theoretische Physik berufen worden war, hatte der Name Bohrs als neuer Stern am Physikerhimmel zwar in Fachkreisen schon die Runde gemacht, doch was die Ausstattung seiner Professur betraf, so kam darin keine Vorzugsstellung zum Ausdruck. Er verfügte lediglich über ein 15 Quadratmeter großes Zimmer, das er sich mit seinem Assistenten teilen mußte. Bohrs Drängen auf Errichtung eines eigenen Instituts war nicht zuletzt durch diese dürftige Ausstattung motiviert, doch angesichts der auch in Dänemark spürbaren Inflation erschien eine Verwirklichung dieses Plans nicht sehr wahrscheinlich.[19] Da war es nicht unerheblich, daß ein international angesehener Physiker wie Sommerfeld dem jungen Bohr seine Wertschätzung bekundete. Besonderen Eindruck machte Sommerfelds Skandinavienreise im Jahr 1919, die Bohr die Gelegenheit gab, den deutschen Gast als ersten ausländischen Wissenschaftler nach dem Krieg zu begrüßen. Bohrs Institutsvorhaben wäre allein aus Staatsmitteln nicht zu finanzieren gewesen, und Sommerfeld war auch beim Eintreiben von Spenden behilflich; er empfahl der Stiftung des dänischen Brauerei-Unternehmens Carlsberg die Förderung der Bohrschen Pläne und bekundete seine Hoffnung, daß mit dem neuen Institut Kopenhagen zum Treffpunkt für die Wissenschaftler aller Länder werde, zum Nutzen der «gemeinsamen kulturellen Ideale».[20] Damit traf er genau den richtigen Ton, denn die dänischen Wissenschaftsförderer erkannten in dem neutralen Status ihres kleinen Landes in der Nachkriegssituation die Gelegenheit, nun als Vermittler zwischen den verfeindeten Großmächten einen Beitrag zu erneuter internationaler Kooperation und damit auch «zur Ehre der dänischen Wissenschaft» zu leisten.[21]

In Kopenhagen wie auch in Göttingen und München bildete die Atomforschung die erste Priorität für die kommenden Jahre. Nicht zufällig wählte Sommerfeld in seinem Empfehlungsschreiben für die Carlsberg-Stiftung die Bezeichnung «Bohr Institut für Atomphysik». Obwohl in München, Göttingen und Kopenhagen neben den Instituten Sommerfelds, Borns und Bohrs auch Physikinstitute existierten, die von namhaften Experimentatoren geleitet wurden (Wien, Pohl, Knudsen), sorgten die Atomtheoretiker dafür, daß in ihren eigenen Instituten eine, die Theorie begleitende experimentelle Atomforschung in Gang kam. Born hatte die Annahme seiner Göttinger Stelle sogar mit der Bedingung verknüpft, daß eine außerordentliche Professur, die irrtümlich seinem Institut zugesprochen worden war, mit dem Experimentalphysiker James Franck besetzt wurde.[22]

So war in München, Göttingen und Kopenhagen der «Aufbruch in das neue Land» in den ersten Nachkriegsjahren nicht nur als bloßes theoretisches Forschungsziel sondern als umfassendes, selbst die Experimentalforschung miteinbeziehendes Expeditionsunternehmen der theoretischen Physik organisiert worden. Für die Vorbereitung dieses Projekts spielten die Institutsdirektoren Sommerfeld, Bohr und Born die zentrale Rolle; was die Durchführung betrifft, so muß nun das Augenmerk auch auf die einzelnen Expeditionsteilnehmer gelenkt werden.

Eine neue Elite

Solange die Institute in Göttingen und Kopenhagen noch im Aufbau begriffen waren, kam der Münchner Sommerfeldschule für die Rekrutierung der Expeditionsmannschaft eine herausragende Bedeutung zu. Als Born und Franck in Göttingen ihre Professuren antraten und in Kopenhagen das Bohrsche Institut gerade bezugsfertig wurde, herrschte in Sommerfelds «Pflanzstätte» bereits Hochbetrieb. «Habe in diesem Semester 4 Doktoren (unter ihnen Pauli) und 1 Privatdozenten (Kratzer) gemacht», schrieb Sommerfeld im August 1921 nach einem anstrengenden Sommersemester an Einstein.[23] Sein Lehrbetrieb umfaßte nach einem gekürzten Notprogramm in den ersten beiden Nachkriegsjahren wieder den vollen, sechssemestrigen Zyklus der Grundvorlesungen theoretischer Physik (Mechanik, Hydrodynamik, Elektrodynamik, Optik, Thermodynamik, Partielle Differentialgleichungen), die Spezialvorlesung für Fortgeschrittene, das Seminar sowie die Vorlesungen seiner Privatdozenten zu besonderen Forschungsthemen. Im Wintersemester 1921/22 hielt zum Beispiel Karl Herzfeld, der nach dem Krieg aus Österreich gekommen war und sich 1920 bei Sommerfeld habilitiert hatte, eine Vorlesung über «Quantenmechanik der Atommodelle». Zu den weiteren, als Lehrpersonal aufgeführten Institutsmitgliedern jener Jahre zählten (bis zu ihren Berufungen 1921 auf eigene Lehrstühle) Lenz, Ewald und Kratzer.[24] Unter den vier Doktoranden dieses Jahres muß außer Wolfgang Pauli vor allem Gregor Wentzel erwähnt werden, der kurz darauf Sommerfelds Assistent wurde.

Wolfgang Pauli

Sommerfeld war für die neue Studentengeneration nach dem Ersten Weltkrieg nicht mehr der jugendliche Professor, den man wie zwanzig Jahren früher zu Debyes Studienzeit am Abend mit einer Flasche Wein besuchte, um über dies und jenes in eine intensivere Diskussion zu geraten. Für die Mehrzahl der Studenten war der Geheimrat in seinen fünfziger Jahren eher eine respekteinflößende, unnahbare Autorität. Dennoch war die lange eingeübte Unterrichtspraxis Sommerfelds in den Grundzügen dieselbe geblieben, und wem es gelang, die Aufmerksamkeit des Professors zu erringen und zum Kreis der Doktoranden und Assistenten zu stoßen, dem wurde Sommerfeld oft zu einer Art wissenschaftlicher Vaterfigur. Die Gewohnheit, talentierte Studenten an der eigenen Forschung zu beteiligen und ihnen noch vor einem Universitätsabschluß eine wissenschaftliche Herausforderung anzutragen, war der Schlüssel zu Sommerfelds Rekrutierungsmethode. Sie bot ehrgeizigen Studenten die Chance, mit einer originellen Idee aufzufallen, und Sommerfeld die Gelegenheit, außergewöhnliche Talente aus der großen Schar seiner Schüler herauszufiltern und mit besonderer Sorgfalt zu fördern.

Auf Pauli war Sommerfeld nach eigenem Bekunden dadurch aufmerksam geworden, daß er «schon im vollen Besitz der mathematischen und mathematisch-physikalischen Methoden» sein Studium begonnen und «eine fertige Arbeit zur Allgemeinen Relativitätstheorie» mitgebracht habe, «die sofort Einsteins Aufmerksamkeit und Bewunderung erregte».[25] So vertraute er ihm bereits als Student einen Enzyklopädieartikel über die Relativitätstheorie an und dirigierte ihn auch zielstrebig in sein aktuelles atomtheoretisches Forschungsprogramm, indem er ihm einen Sonderdruck einer soeben publizierten Arbeit Landés zur Begutachtung überließ. Pauli nutzte die Gelegenheit sofort zur eigenen Profilierung. Er habe «gefunden, daß man viel einfacher zum Ziel kommt», schrieb er an Landé, dem der Eifer des ehrgeizigen Studenten auch noch die kritische Bemerkung Sommerfelds einbrachte, «ob Sie nicht doch ein wenig zu schnell publizieren, bevor Sie den vollen Überblick über Ihre Resultate haben». Pauli hatte sich auch erlaubt, Born auf einige Verbesserungsmöglichkeiten aufmerksam zu machen, als er sich nach einer Vorlesung Ewalds im Wintersemester 1919/20 über die Dynamik der

Kristallgitter mit Borns Buch zu diesem Themenkomplex auseinandersetzte. Born schrieb daraufhin dem Studenten mit «den besten Grüßen an Sommerfeld, Ewald und alle anderen Kollegen», er würde sich freuen, «wenn Sie uns einmal hier besuchen oder gar mit uns arbeiten würden».[26]

In einem Atemzug neben seinem Professor als «Kollege» tituliert zu werden, war für das Selbstbewußtsein des Studenten sicher sehr förderlich (sofern dies bei Pauli noch nötig war). Auf Vorschlag Sommerfelds wurde er im November 1919 Mitglied der Deutschen Physikalischen Gesellschaft. Im Jahr darauf referierte er in Bad Nauheim auf der Versammlung Deutscher Naturforscher und Ärzte, der ersten großen Physikerkonferenz Deutschlands nach dem Krieg, über die atomaren Ursachen des Magnetismus, sein künftiges Doktorthema. Als er 1921 nach der vorgeschriebenen Mindeststudiendauer von sechs Semestern mit dem Doktorgrad seinen akademischen Studienabschluß erhielt, war Pauli unter den Atomtheoretikern bereits ein anerkannter Diskussionspartner. Im Oktober 1921 ging er mit der Empfehlung seines Lehrers nach Göttingen, um Borns erster Assistent zu werden.

Werner Heisenberg

Wie Pauli kam auch Heisenberg bereits mit einem ungewöhnlichen mathematischen Vorwissen an die Universität. Bereits als Abiturient hatte er Hermann Weyls Buch *Raum, Zeit, Materie* durchgearbeitet und sich daher zugetraut, ohne langwierige Vorstudien sogleich im Seminar eines Mathematikers sein Talent unter Beweis zu stellen. Der Zahlentheoretiker Ferdinand von Lindemann, bei dem er sich zuerst um die Aufnahme in das Seminar bewarb, war von dieser Art Vorwissen jedoch wenig beeindruckt und erteilte ihm eine Abfuhr. Ganz anders war die Reaktion Sommerfelds, bei dem Heisenberg es als nächstes versuchte: Er «versprach, mir vielleicht schon sehr bald ein kleines Problem vorzulegen, das mit Fragen der neuesten Atomtheorie zu tun hätte und an dem ich meine Kräfte erproben könnte», so erinnerte sich Heisenberg an diese erste Begegnung mit seinem künftigen Lehrer.[27] Sommerfeld nahm den ehrgeizigen Studenten in sein Seminar auf und konfrontierte ihn schon nach wenigen Wochen mit einer aktuellen Forschungsarbeit, die soeben von Bohrs Assistenten Hendrik Anthony Kramers publiziert worden war, und wie Pauli so sorgte auch Heisenberg mit seiner Analyse gleich für lebhafte Debatten unter den Atomtheoretikern. Seine Aufnahme in den erlesenen Zirkel war damit besiegelt, und seinem Tatendrang wurde in diesem Kreis reichlich Raum gewährt für weitere Talentproben. «In seinem zweiten Semester autorisierte ich Heisenberg, eine Note über Hydrodynamik zu publizieren», so kommentierte Sommerfeld den Fortschritt seines neuen Schülers. «Als Doktorarbeit schlug ich Heisenberg kein Thema aus der Spektroskopie, sondern das schwierige Problem der Turbulenz vor, in der Hoffnung, daß, wenn irgend einer, Heisenberg dies Problem lösen würde. Aber es ist bis heute ungelöst».[28] In den drei Studienjahren bis zu seiner Doktorprüfung konnte Heisenberg bereits sechs wissenschaftliche Publikationen auf seiner Veröffentlichungsliste verbuchen, davon zwei als Koautor Sommerfelds und zwei gemeinsam mit Born. Nur eine Publikation war der Turbulenz gewidmet, die übrigen fünf fielen allesamt in das Gebiet der Atomtheorie.[29]

Auch in Göttingen und Kopenhagen machte Heisenberg rasch von sich reden. Vermutlich sorgte Pauli, mit dem er sich im Seminar angefreundet hatte und der im Herbst 1921 auf Empfehlung Sommerfelds Assistent in Borns Institut geworden war, schon vor den ersten Publikationen Heisenbergs für eine rege Mundpropaganda. Die Briefe, in denen sich Heisenberg und Pauli ihre atomtheoretischen Vorstellungen vor der eigentlichen Publikation mitteilten, besaßen oft den Charakter von vorläufigen Abhandlungen und gingen wie wissenschaftliche Vorabdrucke in den Institutsseminaren von Hand zu Hand, so daß ihr Inhalt bei Erscheinen der abschließenden Veröffentlichung meist schon lebhafte Diskussionen ausgelöst hatte. Im Wintersemester 1921/22 müssen Heisenbergs Briefe an Pauli jedenfalls in Göttingen für einige wissenschaftliche Aufregungen gesorgt haben. Auch bei Bohr fanden Heisenbergs Ansichten ein reges Interesse, noch ehe er ihn persönlich kennengelernt hatte. «Heisenberg ist Student im dritten Semester und ungeheuer begabt», so hatte Sommerfeld seinen Kopenhagener Kollegen im März 1922 auf seinen Schüler neugierig gemacht, und Bohr erkundigte sich seinerseits bei Landé, was es denn mit diesem Münchner Studenten und seinen neuen Theorien für eine Bewandnis habe.[30]

Die «Bohr-Festspiele»

Die Gelegenheit für Sommerfelds neuen Wunderschüler, sich bei der Kopenhagener und Göttinger Theoretikerelite persönlich bekannt zu machen, kam im Juni 1922. Eine Göttinger Stiftung, die für Vortragsveranstaltungen an der Göttinger Universität sorgte, hatte in diesem Jahr die Atomtheorie auf das Programm gesetzt und Bohr zu einer Serie von Vorlesungen über dieses Thema eingeladen. In Anlehnung an die Händel-Festspiele, die um diese Zeit in Göttingen stattfanden, nannten die Atomphysiker ihre Vortragswoche kurzerhand «Bohr-Festspiele». Für viele Teilnehmer war dies ein Schlüsselerlebnis für ihre spätere Laufbahn. Deutlicher als in den Originalpublikationen kam in den Vorträgen Bohrs und in den Diskussionen dazu der unfertige Charakter des ganzen atomtheoretischen Gebäudes zum Ausdruck – was den anwesenden Studenten das Gefühl vermittelte, daß sich unmittelbar vor ihren Augen ein hochaktueller Forschungsprozess vollzog. «We sat spellbound», erinnerte sich ein Student, «as Professor Bohr, with inspired face, absent-mindednessly walked to and fro before the blackboard in the biggest lecture room, hitting the ceiling lamp with his pointer on every pass. The lamp began swaying in resonance with increasing amplitude, threatening to come down with a resounding crash. Finally Hilbert arose and – gently exclaiming ‹Great Master› – pryed the pointer from Bohr's hand. We had just begun to breath again, when a voice broke in from the back, ‹I have a student who does not believe this› and Sommerfeld strode forward like a colonel of hussars with young Heisenberg in tow. A five-minute discussion arose».[31]

Erinnerungen wie diese wußten viele von den damals anwesenden Studenten zu berichten. Auch für Friedrich Hund, einen der ersten Göttinger Schüler Borns, waren die «Bohr-Festspiele» ein Schlüsselerlebnis. «Uns, die wir die Quantentheorie im wesentlichen aus Sommerfelds Buch kannten, erschien Bohr's Auffassung als tiefergehend, offener, weniger festgelegt».[32] Gerade in den Diskussionen zwischen Bohr, Heisenberg und Pauli sei diese Offenheit besonders deutlich geworden. Für das ganze Bornsche Institut markierte Bohrs Besuch den eigentlichen Einstieg in das atomtheoretische Expeditionsunternehmen. Vor den «Bohr-Festspielen» war Born noch vollauf mit seinem Enzyklopädieartikel und einer Neubearbeitung seines Buches zur Kristallgitterdynamik beschäftigt, «und Mitarbeiter von ihm seufzten noch unter den Korrekturarbeiten für die zweite Auflage des Buches», wie sich Hund erinnerte. «Aber das Gebiet trat jetzt zurück ... (Born) fand vielmehr jetzt zu seinem großen Forschungsprogramm».[33]

Die erste Maßnahme, die Born dazu ergriff, war die Rekrutierung Heisenbergs. Sommerfeld hatte nichts dagegen einzuwenden, im Gegenteil: Da er im kommenden Wintersemester seine amerikanische Gastprofessur antreten wollte, erschien ihm Borns Institut als der geeignete Ort, wo Heisenberg in der Zeit seiner Abwesenheit sein Studium in der einmal eingeschlagenen Richtung vervollkommnen konnte. So wechselte Heisenberg im nächsten Semester in das Göttinger Expeditionskorps, wo er sogleich Borns Musterschüler wurde. «Heisenberg habe ich sehr liebgewonnen», berichtete Born im Januar 1923 an Sommerfeld nach USA, und er ließ den Münchner Geheimrat auch gleich wissen, daß er «alles daransetzen» wolle, um Heisenberg in Göttingen zu halten und ihn zu seinem Privatdozenten zu machen: «Sie haben Wentzel, und ich nehme an, daß Pauli nach 1 Jahr zu Ihnen zurückkehren wird. Könnten Sie unter diesen Umständen auf Heisenberg verzichten und ihm zureden, sich in Göttingen zu habilitieren?»[34] Zunächst jedoch kehrte Heisenberg zu seinem «selbsterkorenen Vormund», wie Born neidvoll kommentierte, nach München zurück, um sein Studium ordnungsgemäß abzuschließen. Aufgrund seiner einseitigen Fixierung auf die Theorie wäre Heisenberg in seinem Doktorexamen beinahe durchgefallen, doch dank Sommerfelds Fürsprache beim Experimentalphysikprüfer Willy Wien blieb Heisenberg diese Blamage erspart. Unmittebar darauf nahm er Borns Angebot an und habilitierte sich nach nur einem weiteren Jahr in Göttingen, wo er neben Friedrich Hund als zweiter Assistent am Institut fungierte.[35]

Auch Bohr profitierte von seinem Göttinger «Festspiel»-Aufenthalt. Nach seinen Diskussionen mit Heisenberg und Pauli lud er die beiden Sommerfeldschüler nach Kopenhagen ein. Für Heisenberg kam das Angebot noch zu früh, aber Pauli akzeptierte die Einladung mit großer Bereitwilligkeit. Sein Aufenthalt wurde von der Rask-Örsted-Stiftung finanziert, die wenige Jahre vorher mit dem erklärten Ziel gegründet worden war, mit Stipendien an ausländische Wissenschaftler, der Finanzierung internationaler Tagungen oder der Übersetzung dänischer Werke in fremde Sprachen das internationale Ansehen Dänemarks zu fördern.[36] Ein Jahr später zog Heisenberg in Paulis Fußstapfen nach Kopenhagen und sorgte dafür, daß sein Lehrer über die dortigen Entwicklungen im Bild blieb: «Zwar habe ich in den ersten zwei Monaten zwei Sprachen lernen müssen, Englisch und Dänisch,» so schrieb er im November 1924 an Sommerfeld, doch was die Atomtheorie anging, so zeigte der «Kopenhagener Geist», wie der Forschungsstil Bohrs und seiner Anhänger bald charakterisiert wurde, bereits eine erste Wirkung: «Meine Arbeit bewegt sich in den Bahnen des Korrespondenzprinzips (...) Alle Effekte in der Quantentheorie müssen ja ihr Analogon in der klassischen Theorie haben, denn die klassische Theorie ist doch fast richtig; also haben alle Effekte immer zwei Namen: einen klassischen und einen quantentheoretischen, und welchen man vorzieht, ist eine Art Geschmacksache.»[37] Das war in aller Kürze die Quintessenz Bohrschen Denkens, die Heisenberg bei Sommerfeld kaum erfahren hätte. «Mit Bohr», so hatte Heisenberg kurz zuvor an Pauli geschrieben, habe er sich klargemacht, daß gewisse atomtheoretische Gesetzmäßigkeiten «nicht etwa – wie Sommerfeld sagt – durchs Korrespondenzprinzip nicht verstanden werden können, sondern daß sie eine *zwangsläufige Folge* des Korrespondenzprinzips sind».[38]

Die Erfahrung verschiedener Forschungsstile führte Heisenberg, Pauli und andere Pioniere des quantenmechanischen Abenteuers dazu, den aktuellen Erkenntnisstand in einem der drei Zentren immer auch im Licht der jeweils anderen atomtheoretischen Denkrichtungen zu überprüfen. Gleichzeitig sorgten sie durch ihren intensiven Meinungsaustausch und ihren häufigen Ortswechsel dafür, daß die neuen Erkenntnisse in jedem Expeditionskorps rasch assimiliert wurden und keines eine Monopolstellung erlangte. Das heißt nicht, daß der «Aufbruch in das neue Land» ein harmonisches, von keinerlei Widersprüchen geplagtes Unternehmen war. Wie bei jeder Expedition handelt es sich auch bei der quantenmechanischen Entdeckungsreise um eine Geschichte von sehr unterschiedlichen Charakteren und Temperamenten. Dabei begegnet uns nicht nur ein ausgeprägter Korpsgeist, verbunden mit dem starken Bewußtsein um die Zugehörigkeit zu einer neuen Elite; nicht weniger bemerkenswert sind die Rivalitäten der jungen Forscher untereinander und ihre Konkurrenz um die Ehre, als erster das Neuland zu betreten, und um die daran geknüpften Chancen für die eigenen Karrieren als theoretische Physiker.

Gruppendynamik im Expeditionskorps

Die Göttinger und Kopenhagener Forschungsprogramme brachten schon nach wenigen Semestern erste Erfolge und lagen gegenüber dem Münchner Vorbild, auch was die Intensität des Lehrbetriebs anging, kaum mehr im Rückstand. Born klagte zum Beispiel im Januar 1923, daß er «schon recht ausgepumpt» sei, was die Vergabe von Themen für Doktorarbeiten anging. Er hatte in diesem Semester 9 Doktoranden, zu denen sich noch «4 Abkömmlinge» aus der Münchner Sommerfeldschule gesellten, die wegen der USA-Reise ihres Professors wie Heisenberg vorübergehend nach Göttingen gekommen waren. «Da ist Herr

Fischer; dieser kann nichts für sein Pech», so schrieb Born an Sommerfeld über einen von ihnen, dem durch die Publikation eines anderen Atomtheoretikers seine Dissertation zunichte gemacht worden war. «Damit ist wohl Fischers Arbeit erledigt. Nun will er ein Thema von mir (...) Dann Herr Ludloff; um dessen Arbeit (ich glaube, es ist etwas hydrodynamisches) habe ich mich gar nicht gekümmert. Er wollte aber etwas über Atomphysik rechnen; da habe ich ihm eine Rechnung über Banden gegeben, die ich mit ihm publizieren will. Jetzt scheint er Neigung zu haben, in dieser Richtung weiterzuarbeiten, um damit zu einer Doktorarbeit zu gelangen. Herr Wessel wollte auch ein Thema».[39]

Die Attraktivität atomphysikalischer Themen für Doktorarbeiten war die logische Folge des hochgesteckten Ziels, mit dem die Expedition in München, Göttingen und Kopenhagen gestartet war. Sommerfelds Buch *Atombau und Spektrallinien* spielte eine Hauptrolle für die erste Motivation vieler Physikstudenten, sich an einem Thema dieser Forschungsrichtung unter den Fittichen eines ihrer Meister zu versuchen. Darin wurde der Fortschritt der Atomphysik auf so elementare Weise präsentiert, daß ein Student ohne besondere Vorkenntnisse der Darstellung folgen konnte – und dieser Fortschritt ging so rasch vor sich, daß Sommerfeld beinahe jährlich den aktuellen Entwicklungen in einer Neuauflage Rechnung tragen mußte. Im Januar 1924 teilte Sommerfeld seinen Göttinger Kollegen Born und Franck mit, er schreibe «wieder einmal an einer neuen Auflage».[40]

Vermutlich war Sommerfelds Buch zu dieser Zeit nirgends so stark gefragt wie in Göttingen, wo Born zusammen mit seinem Assistenten Friedrich Hund daran arbeitete, das eigene atomtheoretische Programm mit Vorlesungen über «Atommechanik» zu ergänzen. Parallel zu dieser Vorlesung konnten die Göttinger Studenten in Borns Seminar über «Struktur der Materie» Bekanntschaft mit der Atomtheorie schließen. Ganz ähnlich wie in München bot das Seminar einem Studenten gewöhnlich die erste Gelegenheit, die eigenen Fähigkeiten an einem Spezialthema auszuprobieren, und wie in München erwuchs aus diesem forschungsintensiven Lehrbetrieb bei seinen Initiatoren der Wunsch, die Ergebnisse in Buchform zu präsentieren. Born und Franck entwickelten den Plan einer «Sammlung physikalischer Monographien», bei der sie als Herausgeber fungieren würden, ganz ähnlich wie dies der Göttinger Mathematiker Richard Courant seit einigen Jahren mit seiner, bei Springer herausgegebenen Monographienreihe *Die Grundlehren der mathematischen Wissenschaften in Einzeldarstellungen* vorexerziert hatte. So machte Born dem Verleger Ferdinand Springer das Angebot, eine solche Reihe «unter dem Titel *Struktur der Materie in Einzeldarstellungen* in Ihrem Verlag erscheinen zu lassen» und damit «einen vollständigen Überblick über die moderne Atomphysik» zu geben. Gleichzeitig warben Born und Franck bei ihren Physikerkollegen um Unterstützung, insbesondere bei Sommerfeld, von dem sie sich eine Monographie über «Multiplettstrukturen» erhofften. «Sie wenden sich wohl besonders an mich, weil Sie bei mir das Gefühl einer Konkurrenz mit meinem Buch voraussetzen», antwortete Sommerfeld, der dem Göttinger Konkurrenzprojekt reichlich reserviert begegnete: «Es ist Springers Sache, ob er dieses Unternehmen riskiert», warnte er, denn Monographien der vorgeschlagenen Art würden «die Spezialforschungen in ihrer feineren Verästelung» präsentieren, «was vielleicht mehr den Autor als den Leser interessiert».[41]

Ehrgeiz und Rivalität

Es ist bezeichnend, daß Sommerfeld das Ansinnen seiner Göttinger Kollegen sogleich damit beantwortete, daß er das «Gefühl einer Konkurrenz» ansprach. Umgekehrt hatte auch Born, als er im Jahr zuvor von seinen Schwierigkeiten bei der Themenvergabe an Sommerfelds Studenten berichtete, versichert: «Ich möchte nicht, daß Sie denken, ich zöge Ihre Leute von den Themen ab, die sie aus München mitbrachten. Keinesfalls nehme ich einen als Doktoranden an ohne Ihre Einwilligung.»[42] Dieser behutsame Umgang mit Konkurrenzgefühlen läßt darauf schließen, wie eifersüchtig die Institutsherren über die Respektierung der jeweils eigenen Domäne wachten. Bei aller Kooperation war man auf jeder Seite sehr empfindlich, wenn es darum ging, eigene Verdienste herauszustellen.

Anlässe für Rivalität gab es reichlich. Hinter der Fassade freundlicher Wertschätzung herrschte vor allem zwischen Bohr und Sommerfeld eine gespannte Atmossphäre. Sommerfeld fühlte sich brüskiert, weil ihm der Nobelpreis nicht verliehen wurde, während Bohr diese höchste wissenschaftliche Auszeichnung 1922 zuteil wurde. Sommerfeld fand, «daß es sich allmählich zum öffentlichen Skandal auswächst, daß ich den Preis immer noch nicht bekommen habe», wie er einmal in einem Brief schrieb; über die Hintergründe könne man nur Vermutungen anstellen, es werde gemunkelt, «Bohr sei daran schuld, aus Rivalität (...) Jedenfalls wäre es das einzig Richtige und Anständige gewesen, nachdem Bohr den

Preis 1922 erhalten hatte, mir ihn 1923 zu geben. Die R(oyal) Society z.B. hat Bohr und mich gleichzeitig zu fellows gemacht, wie es sich gehört.»[43]

Die Rivalität zwischen den Institutsdirektoren teilte sich auch ihren Schülern mit. Selbst im Umgang zwischen Schüler und Lehrer spielten die ungeschriebenen Regeln der Anerkennung persönlicher Verdienste eine zentrale Rolle, auch wenn dies selten so deutlich ausgesprochen wurde wie bei einer Gelegenheit, als Pauli seinen Lehrer dabei ertappte, daß dieser eine Idee von ihm publiziert hatte, ohne die eigene geistige Urheberschaft zu erwähnen: «Sollte ich einmal zu faul sein, eine Sache selbst zu publizieren oder dies aus irgendwelchen Bedenken nicht gerne tun wollen, sollte ich es aber dennoch ganz gerne sehen, wenn diese Sache allgemein bekannt wird, so werde ich es Ihnen brieflich mitteilen. Sie werden sie dann bestimmt in irgendeiner Form früher oder später publizieren (...) Es ist dies überhaupt eine sehr angenehme Methode der Veröffentlichung von irgendwelchen Überlegungen, die mir schon einmal Herr Landé so gut besorgt hat.»[44]

Nur wenige Schüler Sommerfelds erlaubten sich wie Pauli, ihren Lehrer in diesem Ton zu kritisieren – und selbst für Pauli, dessen Sarkasmus unter seinen Kollegen gefürchtet war, war dies gegenüber Sommerfeld eine eher seltene Reaktion. Wenn in den Briefen zwischen den Atomtheoretikern bisweilen harschere Töne angeschlagen wurden, so hatte dies fast immer mit Rivalität und verletzter Eitelkeit zu tun. «Wenn Sie Epstein in Pasadena sprechen», so schrieb zum Beispiel Born an Sommerfeld während dessen USA-Aufenthalt, «und er etwa auf mich schimpft, so sagen Sie ihm, er solle Ihnen den recht unfreundlichen Brief zeigen, den er mir geschrieben hat, weil er sich durch Paulis und meine Störungsarbeit in seinem Erstgeburtsrecht benachteiligt glaubte. Sagen Sie ihm ferner, daß ich solche Briefe nicht beantworte».[45] Bei anderer Gelegenheit schrieb Sommerfeld an Born: «Ich bin ernstlich böse auf Landé (...) Es schickt sich nicht, dem Experimentator die Schlußfolgerungen aus seinen Versuchen vorweg zu publizieren (...) Alle unsere Weisheit (meine und Landés) gründet sich auf Backs unpublizierte Messungen ... Außerdem ist die natürliche Folge, daß Paschen uns aus seinem Institut überhaupt nichts mehr wissen läßt, wenn wir seine oder Backs Liberalität mißbrauchen.» Landé seinerseits begründete seinen Publikationseifer damit, «weil Bohr offenbar über diese Dinge nachdenkt; und warum soll das Ausland uns darin zuvorkommen» – worauf Sommerfeld antwortete: «B(ohr) hat jetzt andere Dinge zu publizieren

(...) Ich sehe ihn nicht als Ausländer an (...) und ich werde es Ihnen direkt übelnehmen.»[46]

Rivalität und Konkurrenz beim «Aufbruch in das neue Land» gab es nicht nur in München, Göttingen und Kopenhagen. Der rege Briefverkehr und die «Wanderdynamik» ließen auch Theoretiker wie Erwin Schrödinger, der seine «Wellenmechanik» abseits der atomtheoretischen Zentren entwickelt hatte,[47] zu Teilnehmern an der quantenmechanischen Expedition und damit zu Konkurrenten werden. Schrödinger geriet vor allem mit Heisenberg in eine erbitterte Auseinandersetzung. Heisenberg beharrte vehement auf der Überlegenheit seiner «Matrizenmechanik», mit deren Dominanz er auch seine Profilierung für aussichtsreiche Professorenstellen sicherstellen wollte. Selbst unter den nach außen einhellig auftretenden Vertretern des «Kopenhagener Geistes», insbesondere zwischen Heisenberg und Bohr, sorgten «Ehrgeiz und unbändiges Konkurrenzstreben» für Konflikte, die die Beteiligten bis an die Grenze ihrer psychischen und physischen Kräfte belastete.[48]

Besonders im Bohrschen Institut wurde der Umschlag konkurrierender Theorien eine dauernde Herausforderung. Bereits in den ersten fünf Jahren nach seiner Gründung war es die Durchgangsstation für 35 Stipendiaten aus der ganzen Welt; viele von ihnen zählten auch zum Kreis der Briefpartner Paulis und Heisenbergs, und 16 von ihnen wurden in der folgenden, fünften Auflage von Sommerfelds *Atombau und Spektrallinien* auch namentlich aufgrund ihrer bahnbrechenden Arbeiten aufgeführt.[49] So fand gewöhnlich die Initiation in den Kreis der Atomphysiker statt; man lernte die anderen Expeditionsteilnehmer in einem der Zentren persönlich kennen oder erfuhr von ihnen aus den dort herumgereichten Briefen zwischen Bohr, Pauli, Heisenberg oder Sommerfeld, man knüpfte weitere Kontakte für künftige Studienaufenthalte, und sofern die eigenen Forschungsergebnisse der Konkurrenz der Rivalen standhielten, eröffnete sich am Ende die Aussicht auf eine Professur an einer Universität oder Technischen Hochschule, denn die Besetzung eines Lehrstuhls wurde in der Regel aufgrund der jüngsten Forschungsleistungen entschieden.

«Besetzungsklatsch»

In dieser Verbindung von Karriere und Konkurrenz entstand die soziale Dynamik innerhalb der neuen «community» der Atomtheoretiker. Das Beispiel der Professuren für theoretische Physik an der Universität Leipzig zeigt dies besonders deutlich. Im Januar 1926 erhielt Sommerfeld eine Anfrage vom Dekan der zuständigen Leipziger Fakultät, daß ein Extraordinariat für theoretische Physik zu besetzen sei und man in erster Linie «eine Vertretung der neuen Physik» wünsche.[50] Sommerfeld sortierte daraufhin «die ganze Reihe der in Frage kommenden Kanditaten» aufgrund ihrer jüngsten Verdienste im Expeditionskorps: «Heisenberg ist sicher der genialste von allen meinen Schülern», leitete er seine Empfehlung ein, aber Heisenberg sei als «Nachfolger von Kramers und Vertreter von Bohr» wohl noch nicht aus Kopenhagen fortzulocken. «Pauli kommt gleich hinter Heisenberg. Sein Relativitätsbericht in der Enzyklopädie ist großartig und seine letzten Arbeiten über Atomphysik sind ebenfalls glänzend. Er ist in Hamburg gut bezahlter Assistent und würde sicher kommen». Als weitere Kandidaten erwähnte er unter anderen den Wiener Theoretiker Adolf Smekal, der ihm «für die Enzyklopädie einen nach Inhalt und Umfang riesenhaften Artikel über Quantentheorie geschrieben» habe, den Born-Assistenten Friedrich Hund, der «kürzlich einige sehr schöne Arbeiten im Anschluß an Heisenberg gemacht» habe, sowie seine früheren Schüler Landé und Rubinowicz («den ich persönlich und wissenschaftlich besonders schätze, er ist Pole, übrigens nicht Jude»). Zum Schluß erwähnte er noch seine beiden Privatdozenten Karl Herzfeld und Gregor Wentzel. Herzfeld sei gerade nach Amerika zu Gastvorlesungen berufen worden, und Wentzel sei «für dieses Wintersemester als Vertreter von Lenz nach Hamburg berufen, kommt aber Frühjahr wieder. Mathematisch hochbegabt, hat wunderschöne Sachen zur Theorie der Röntgenstrahlen, Kathodenstrahlen und Spektrallinien gearbeitet, die allgemein geschätzt und zitiert werden».[51]

Die Namen, Orte und Leistungen, die zwischen Leipzig und München die Runde machten, wurden auch unter den Kandidaten selbst und im Briefwechsel mit Bohr wie Börsenartikel gehandelt und so in ihrem Kurswert höher oder niedriger taxiert. «Herr Wentzel hat übrigens eine sehr schöne mathematische Untersuchung zur neuen Quantenmechanik gemacht», schrieb Pauli etwa um diese Zeit von Hamburg nach Kopenhagen.[52] Wenige Tage darauf reiste Wentzel zu einer Stippvisite nach Kopenhagen und hinterließ bei Bohr offenbar eine sehr gute Meinung.[53] Als Wentzel im folgenden Semester wieder zurück in München war, teilte ihm Pauli mit, daß er selbst auf der Leipziger Berufungsliste an zweiter Stelle hinter Heisenberg stehe und Wentzel «der dritte im Bunde» sei. Heisenberg hatte wunschgemäß die Nachfolge Kramers im Bohrschen Institut angetreten und die Leipziger Favoritenrolle an Pauli abgetreten. «Falls mich das Schicksal jetzt ereilen sollte», schrieb Pauli an Wentzel, «wäre es nicht ganz ausgeschlossen, daß man mir in Hamburg soviel bieten wird, daß ich auch ablehnen kann. Also sehen Sie sich vor!»[54]

Es kam, wie Pauli vermutet hatte, und Wentzel wurde auf das Leipziger Extraordinariat für theoretische Physik berufen, nachdem er selbst den Ruf zugunsten seiner verbesserten Hamburger Stelle abgesagt hatte.[55] Kaum war diese Berufungsangelegenheit entschieden, da wurde Leipzig erneut zum Anlaß von Spekulationen zwischen den Atomtheoretikern. «Haben Sie schon gehört, daß Des Coudres gestorben ist», informierte Pauli den Bohr-Assistenten Heisenberg in Kopenhagen.[56] Diesmal handelte es sich um die ordentliche Professur für theoretische Physik. Des Coudres, der diese Stelle seit 1902 bekleidet hatte, hatte noch den Physiker alten Stils verkörpert und sich in der klassischen theoretischen Physik ebenso zuhause gefühlt wie in der Experimentalphysik. Anders als zu Beginn des Jahrhunderts legte man nun, wie der Leipziger Ordinarius für Experimentalphysik Otto Wiener an Sommerfeld schrieb, «keinen ausschlaggebenden Wert darauf, daß der Betreffende gleich Des Coudres auch Experimentator sei; wir wünschen vielmehr einen hervorragenden Theoretiker».[57] Sommerfeld nannte in seiner Antwort wiederum eine Reihe von Namen, darunter zum Beispiel seine Schüler Kratzer und Herzfeld; auch seine Musterschüler Pauli und Heisenberg brachte er nochmals ins Gespräch, obwohl beide das Angebot der außerordentlichen Professur ausgeschlagen hatten und deshalb von Wiener nicht mehr in Betracht gezogen worden waren.[58] Doch der Posten eines Ordinarius und Institutsdirektors war mit dem vorangegangenen Angebot nicht zu vergleichen und bedeutete für Heisenberg trotz seiner privilegierten Stellung in Kopenhagen eine große Herausforderung.

Kurz darauf starb Wiener, so daß auch noch das Ordinariat für Experimentalphysik in Leipzig zur Neubesetzung anstand. Beide Professuren wurden schließlich mit Sommerfeldschülern besetzt – die Theorieprofessur mit Heisenberg und die experimentelle Professur mit Debye, dessen Lehrstuhl in Zürich dadurch frei wurde. Um dieselbe Zeit wurde auch in Berlin ein Nachfolger für den emeritierten Planck gesucht. Dabei dachte man zuerst an Sommerfeld, der den Ruf jedoch zum Anlaß nahm, um für sein eigenes Institut eine zusätzliche außerordentliche Professur zu fordern. Daraufhin wurde Schrödinger als Planck-Nachfolger von Zürich nach Berlin berufen, was eine weitere Vakanz in Zürich schuf. Schließlich stand auch noch in Halle eine Stelle zur Neubesetzung an.

«Überhaupt interessiert mich der ganze Besetzungsklatsch: Berlin – Leipzig – Halle – (evtl. München) – Zürich usw.», schrieb Heisenberg in diesen Tagen an Pauli.[59]

Generationenwechsel in der theoretischen Physik

Der «Besetzungsklatsch» um die Leipziger Professuren und das Berufungskarussell, das durch Plancks Emeritierung in Berlin und Debyes und Schrödingers Weggang aus Zürich in Gang gekommen war, markierten einen Wandel für die Disziplin der theoretischen Physik insgesamt. Am Ende der quantenmechanischen Expedition waren die wichtigsten Expeditionsteilnehmer zu ordentlichen Professoren und Direktoren theoretisch-physikalischer Institute geworden: Pauli hatte nun das Ordinariat für theoretische Physik an der ETH Zürich inne; Wentzel hatte das Leipziger Extraordinariat an den Born-Assistenten Hund weitergereicht und war selbst an der Universität Zürich zum ordentlichen Professor der theoretischen Physik aufgerückt. In Berlin bestimmte nun mit Schrödinger der Entdecker der «Wellenmechanik» die Lehre und Forschung in der theoretischen Physik. Gegen Ende der 1920er Jahre war so neben München, Göttingen und Kopenhagen eine Reihe weiterer Zentren entstanden, wo eine neue Generation theoretischer Physiker den Ton angab. Zwar hatten nicht alle Vertreter der «neuen Richtung» ihre eigene Karriere mit einem ähnlich kometenhaften Aufstieg wie Heisenberg oder Pauli begonnen, doch ihnen allen war eine wissenschaftliche Herkunft gemeinsam, die sich inmitten einer Aufbruchstimmung vollzogen hatte, und ein neues Selbstverständnis, das sie nach der Ankunft im «neuen Land» der Quantenmechanik mit großem Sendungsbewußtsein an ihre Studenten weitergaben.

Ein neues Theoretikerprofil

Der Umschwung von der «alten» zur «neuen» Physik erscheint nicht nur im Rückblick als abrupt und revolutionär. Am deutlichsten wurde der Wunsch nach einem Repräsentanten der neuen Richtung in den Berufungsakten für die Theorieprofessur an der ETH Zürich ausgesprochen. Darin ist von der «gewaltigen Entwicklung der modernen theoretischen Physik» die Rede. Deshalb wolle man «einen ausgesprochenen Theoretiker» und verzichtete auf die früher noch mehr oder weniger ausdrücklich vorausgesetzte Eignung eines Kandidaten auch zu experimenteller

Wolfgang Pauli als Schüler und Lehrer: links mit Sommerfeld, rechts mit George Gamow

Physik. Nur Vertreter der neuen Atomtheorie fanden sich auf der Liste möglicher Kandidaten, die ebenso wie die Leipziger Berufungsliste von Heisenberg und Pauli angeführt wurde. «Die zunächst mit Heisenberg geführten Unterhandlungen wurden durch Debye durchkreuzt, der Heisenberg für Leipzig zu gewinnen suchte», so vermerkt das Protokoll. Als nächster Kandidat rückte Pauli in die engere Wahl: «Pauli gilt als sehr tüchtiger Physiker, der der Schule Broglie-Heisenberg-Schrödinger (Quanten- und Atomphysik) angehört». Das Votum für einen Repräsentanten dieser Forschungsrichtung als «ausgesprochener Theoretiker» ist umso bemerkenswerter, als von ihm ausdrücklich erwartet wurde, daß er mit seinem Lehrangebot «die Bedürfnisse der Abteilung für Maschinen- und Elektrotechnik, sowie der Abteilung für Mathematik und Physik» befriedige.[60]

Dieses Beispiel zeigt, wie die theoretische Physik insgesamt mit der Entwicklung der Quantenmechanik ein neues Profil erhielt. Selbst von denen, die nicht ein primäres Interesse an Atomphysik besaßen sondern wie an der ETH Zürich vorrangig um die Qualität der Ingenieurausbildung besorgt waren, wurde die Kompetenz als «ausgesprochener» Theoretiker mit der Fähigkeit zu quantenmechanischen Forschungen gleichgesetzt. Die Hintergründe der Züricher und Leipziger Berufungen machen freilich auch deutlich, daß die Attraktivität der Quantenmechanik kein automatisches Resultat ihres Erfolges beim Lösen von atomtheoretischen Problemen war. Zunächst hätte man an der ETH Zürich nach Debyes Abberufung nach Leipzig am liebsten aus Sparsamkeitsgründen ganz auf die Professur verzichtet und stattdessen dem theoretischen Physiker an der Universität (Schrödinger) mit einem Lehrauftrag auch die Theoriekurse an der ETH anvertraut.[61] Erst nachdem klar geworden war, daß «bei den finanziellen Forderungen Schrödingers diese Lösung für die ETH nicht vorteilhafter gewesen (wäre) als die Anstellung eines eigenen Theoretikers», rang man sich dazu durch, die Stelle neu zu besetzen. Die Berufungsliste mit den Namen der jungen Stars der Atomtheorie war zustandegekommen, nachdem «Erkundigungen» bei den internationalen Koryphäen der theoretischen Physik eingeholt worden waren[62] – und diese feierten eben zu dieser Zeit den erfolgreichen Abschluß ihrer quantenmechanischen Expedition bei großen internationalen Kongressen in Como (anläßlich des 100. Todestages von Alessandro Volta) und Brüssel (Solvay-Konferenz). Es ist kein Wunder, daß das Resultat dieser Erkundigungen zu einer Berufungsliste führte, deren Namen auch auf den Teilnehmerlisten dieser Konferenzen oder in Sommerfelds Empfehlung für Leipzig enthalten waren, und daß die Reihenfolge annähernd die Rangfolge widerspiegelte, mit der die Expeditionsleiter in Göttingen, Kopenhagen und München ihre Mannschaft taxierten.

Besonders kraß war der Wandel dort, wo zuvor keinerlei Versuche unternommen worden waren, die Fortschritte der Atomtheorie in das eigene Lehr- und Forschungsprogramm miteinzubeziehen. Für Wentzel zum Beispiel war «der alte Schlendrian», mit dem er sich nach Antritt seiner Professur in Leipzig im Sommersemester 1927 konfrontiert sah, «unbeschreiblich», wie er nach München berichtete. «An der älteren Studentengeneration wird sich nicht mehr viel gutmachen lassen (...) Glücklicherweise sind die 3.-4. Semester sehr zahlreich vertreten; da kann einmal ein Anfang gemacht werden».[63]

Ein Netzwerk für die «moderne Atomtheorie»

Auch Pauli hegte bei seiner Berufung an die ETH Zürich die Befürchtung, daß er nun nicht mehr wie in München, Göttingen, Hamburg und

Kopenhagen den Puls der neuen Physik so unmittelbar verspüren würde. Zur Vorbedingung für die Annahme seines Züricher Rufs machte er deshalb die Bewilligung einer Assistentenstelle, für die er «einen vernünftigen Quantenmann» suchte; die Übernahme eines theoretisch versierten Assistenten vom benachbarten Lehrstuhl für Experimentalphysik (die man ihm vorgeschlagen hatte, weil man nur ungern einen ausländischen Assistenten einstellen wollte) lehnte er ab, wie er dem Präsidenten der ETH gegenüber ausführte, «weil ich einen Assistenten benötige, der sich mit moderner Atomtheorie beschäftigt».[64] Er sorgte sich auch um die Theorieprofessur an der benachbarten Züricher Universität und äußerte die «Hoffnung, daß Wentzel herberufen und auch herkommen wird; das wäre sehr nett für mich».[65] An Sommerfeld richtete er den Wunsch «auf einen engeren Kontakt zwischen der Züricher und der Münchner Physik»,[66] und in einem Brief an Heisenberg schrieb er: «Ich fände sehr schön, wenn wir so eine Art Physikeraustausch zwischen Zürich und L(eipzig) einrichten könnten».[67]

Die alten Kontakte aufrechtzuerhalten und den eigenen Lehrstuhl an das Netz der quantenmechanischen Zentren anzuschließen, in diesem Ziel waren sich die ehemaligen Expeditionsteilnehmer während der ersten Jahre an ihren neuen Wirkungsstätten alle einig. Mit jedem Vertreter der Quantenmechanik, der nun zum Lehrstuhlinhaber an einer, bislang vom Umschwung kaum berührten Universität wurde, gewann die Quantenrevolution weitere Stützpunkte, in denen die «moderne» Physik weiter ausgebaut werden konnte – dies wird anhand der weiteren Entwicklung der Leipziger und Züricher Zentren noch deutlich werden. Binnen weniger Jahre folgten hier auch die nötigen praktischen Maßnahmen zum weiteren Ausbau der «neuen» Richtung: Pauli und Heisenberg tauschten ihre eigenen Studenten und Assistenten aus, regten Gaststipendiaten zu gegenseitigen Aufenthalten an und sorgten auch bei der Vergabe von Doktorarbeiten für eine Kontinuität des gemeinsamen quantenmechanischen Forschungsprogramms.[68]

Gegen Ende der 20er Jahre war so in vielen Universitäten eine neue Professorengeneration eingezogen. Eine Sichtung deutschsprachiger Hochschulen anhand von Vorlesungsverzeichnissen ergibt, daß zum Beispiel im Wintersemester 1929/30 an 12 Universitäten die neue Richtung durch Sommerfeldschüler repräsentiert wurde.[69] Vertraut man den Vorlesungs- oder Seminarbezeichnungen, dann zollten mindestens 9 weitere Universitäten der modernen Atomtheorie ihren Tribut, auch wenn die

Theoretiker dort nicht aus einem der quantenmechanischen Zentren stammten oder nur lose Kontakte dorthin besaßen.[70]

Doch eine Beschränkung auf den deutschsprachigen Hochschulbereich unterschätzt das tatsächliche Ausmaß des Umschwungs. Zum Beispiel verzeichnete die Gästeliste des Kopenhagener Instituts bis 1930 die Namen von 63 aus der ganzen Welt angereisten Physikern, von denen viele nach der Rückkehr in ihr Heimatland die Berufung auf einen Lehrstuhl erwartete.[71] Der mit der Quantenmechanik einhergehende Generationenwechsel in der theoretischen Physik wurde auch von einer raschen Internationalisierung begleitet. Diesem Phänomen muß nach der Zäsur, die mit der «Ankunft im neuen Land» für die theoretische Physik eingetreten ist, ein besonderes Kapitel gewidmet werden, denn nirgends wurde der internationale Charakter so zum Markenzeichen einer Wissenschaft erhoben wie in dieser Disziplin, und kaum sonstwo ist die gesellschaftliche Wahrnehmung einer Wissenschaft durch ihren zur Schau getragenen Internationalismus so stark geprägt.

Wissenschaftlicher Internationalismus unter Physikern:
Sommerfeld und Auguste Piccard während des 6. Solvay-Kongresses 1930 in Brüssel

5

Die internationale Verbreitung der theoretischen Physik

Wenn bislang hauptsächlich von Deutschland die Rede war, bedeutet das nicht, daß in anderen Ländern keine theoretische Physik betrieben wurde. Theoretiker aus Frankreich, Italien, Amerika und England (vor allem Louis de Broglie, Enrico Fermi, John Slater und Paul Dirac) hatten einen bedeutenden Anteil an der Entwicklung der Quantenmechanik. Wenn allein die herausragenden Beiträge einzelner in Rechnung gestellt werden, dann erscheint die theoretische Physik nicht erst seit den 1920er Jahren als eine Wissenschaft von wahrhaft internationalem Charakter. Dennoch konnte in den meisten Ländern außerhalb des deutschsprachigen Kulturkreises von der theoretischen Physik noch nicht im Sinn einer eigenständigen Disziplin die Rede sein. Als zum Beispiel Dirac seine quantenmechanischen Pionierarbeiten an der englischen Eliteuniversität Cambridge begann, galt dort die theoretische Physik eher als eine Marotte von Einzelgängern. Wie sich Nevill Mott, ein anderer Cambridgetheoretiker, an seine Studienzeit in den 1920er Jahren erinnerte, «we theorists were left very much to ourselves to sink or swim».[1] In USA mußte sich ein Theoretiker in noch viel stärkerem Maße isoliert vorkommen. Die in Europa entwickelten atomtheoretischen Vorstellungen wurden dort zunächst als «quite distasteful» bezeichnet.[2] Und über die theoretische Physik in Frankreich stellte Louis de Broglie fest, daß man «très sensiblement en retard» gewesen sei.[3]

Welchen Stellenwert die theoretische Physik in den verschiedenen Ländern einnahm, war von sehr unterschiedlichen nationalen Traditionen abhängig. In England beispielsweise waren die Barrieren zwischen Mathematik und Physik so hoch, «that no mathematician was allowed to attend any lectures on physics (...) and even the phrase ‹theoretical physics› was never used, it being considered a minor part of ‹applied mathematics›.»[4] In Frankreich wurde der Wissenschaftsbetrieb von einem «système gérontocratique» beherrscht, dessen Vertreter die Tradition des kartesischen Rationalismus hochhielten und jungen Quantenabenteurern keine Karrierechancen boten. Im Zentrum stand das Experiment. Physiker mit theoretischen Ambitionen wurden an die Mathematik verwiesen.[5] Wieder andere Voraussetzungen verhinderten in USA eine frühzeitige Herausbildung der theoretischen Physik. Der sprichwörtliche amerikanische Pragmatismus wies den Physiker als Mann der Tat aus. Ein Pragmatiker, so lautete das Motto, «turns toward concreteness and adequacy, towards facts, toward action and toward power».[6]

Angesichts solch verschiedener, in Jahrhunderten gewachsenen Traditionen ist es um so bemerkenswerter, daß die theoretische Physik nach dem Ersten Weltkrieg binnen weniger Jahre im internationalen Maßstab zu einem angesehenen Fach wurde. Nirgends geschah dies so rasch und so umfassend wie in USA,[7] aber auch in Ländern wie Frankreich, wo die Aufwertung der theoretischen Physik in quantitativer Hinsicht nicht so stark ins Auge fiel, fand die Umorientierung statt: Man habe gegenüber dem «spectacle» der Atomtheorie nicht tatenlos bleiben können, so wurde in den *Actualités Scientifiques et Industrielles* argumentiert, einem neugegründeten Wissenschaftsorgan, das in den folgenden Jahren der Emanzipation der theoretischen Physik in Frankreich Ausdruck verlieh.[8] Dieser Initiative war die Verleihung des Nobelpreises an den Begründer der «nouvelles mécaniques», Louis de Broglie, vorausgegangen.

Wie in diesem Fall so bildete fast überall die neue Quantenmechanik das Zugpferd für die Emanzipation der theoretischen Physik. Wo immer eine Initiative für die Aufwertung dieses Faches ergriffen wurde, richtete sich das Interesse zuerst auf die Zentren, in denen die «neue Physik» entwickelt wurde.

«Education on an international scale»

Die erste Maßnahme bestand gewöhnlich darin, Studenten mit Stipendien auszustatten, um ihnen Studienaufenthalte in den atomtheoretischen Zentren zu ermöglichen. Als erste Adresse galt vor allem das Bohrsche Institut in Kopenhagen. Die Liste der Stipendiaten, die zwischen 1920 und 1930 hier einen Studienaufenthalt verbrachten, umfaßt 63 Physiker aus 17 Nationen, angeführt von den USA, die mit 14 «fellows» am häufigsten zu Gast waren.[9] Woher kam der Anstoß für diese rege internationale Aktivität? Wer finanzierte die Studienaufenthalte im Bohrschen

Institut und den anderen Zentren, und was bewog die Stipendiengeber, ihr Geld in eine Forschung wie die Atomtheorie zu investieren, die von den zukünftigen industriellen oder militärischen Anwendungen noch wenig ahnen ließ?

In der Rubrik «Förderung» tritt bei den Gästen des Bohrschen Instituts auffallend oft das Kürzel «IEB» auf, eine in Wissenschaftskreisen damals geläufige Abkürzung für «International Education Board», eine Tochterorganisation der amerikanischen Rockefeller Foundation. «Education on an international scale» lautete das Motto ihres Initiators Wickliff Rose, der im Auftrag dieser Stiftung schon mehrere internationale Aktivitäten organisiert hatte.[10] Nach dem Ersten Weltkrieg wurde Rose Leiter der «Rockefeller War Relief Commission». Aus amerikanischer Sicht waren die Hilfsprogramme für das vom Krieg verwüstete Europa durchaus mehr als eine bloße humanitäre Maßnahme: «American philanthropy abroad» diente auch als Instrument amerikanischer Außenpolitik; das «European Relief»-Programm war nicht zuletzt von der Absicht diktiert, «that charity was the best way of checking Bolshevism».[11] Für den ambitionierten Rose war dabei klar, daß charitative Hilfe sich nicht nur auf Kindernahrung und Medikamente beschränken konnte: «This is an age of science (...) The nations that do not cultivate the sciences cannot hope to hold their own», so argumentierte er in einem Memorandum für die Bildung des International Education Board.[12] Ganz ähnlich klang es in Denkschriften zum Ausbau der amerikanischen Wissenschaft, wie sie zum Beispiel von Millikan nach dem Ersten Weltkrieg formuliert wurden: Wenn jetzt energische Anstrengungen unternommen würden, «then in a few years we shall (...) see men coming from the ends of the earth to catch the inspiration of our leaders and to share in the results which have come from our developments in science. If we fail to seize these opportunities then the scepter will pass from us and go to those who are better qualified to wield it.»[13] Rose waren solche Visionen, die ja primär an die Adresse der Rockefeller Foundation und anderer großer Stiftungen gerichtet waren, wohl vertraut. Ein internationales Wissenschafts-Förderprogramm der Rockefeller-Stiftung erschien auch mit Blick auf eine Expansion der amerikanischen Wissenschaft als geeignetes Mittel, um europäisches Know-how ins Land zu holen.

Reisestipendien

Als erstes unternahm Rose 1923 eine fünfmonatige Reise durch 19 europäische Länder, um sich in persönlichen Gesprächen mit den führenden Vertretern der Mathematik, Physik, Chemie und Biologie einen Überblick zu verschaffen. «Locate the inspiring, productive men in each of these fields», so hielt er in einem Memorandum fest. «Ascertain of each whether he would be willing to train students from other countries.»[14] Noch bevor er seine Reise abgeschlossen hatte, wurden die ersten Stipendien an amerikanische Studenten vergeben, um die neuen internationalen Kontakte in der Praxis zu erproben. Kurz darauf wurde in Paris ein Büro eröffnet, um das europäische Stipendienprogramm in den Naturwissenschaften vor Ort zu koordinieren. Direktor dieser Einrichtung wurde Augustus Trowbridge, ein Physiker von der Princeton University. Die Vergabe von Stipendien war nicht an die Nationalität der Studenten gebunden, so daß auch Nichtamerikaner in den Genuß des Rockefeller-Geldes kamen, doch es sollte sich ausdrücklich nur um Spitzenförderung handeln, getreu der von Trowbridge verbreiteten Direktive «to make the high places higher rather than to fill in the valleys with the peaks».[15]

In den Genuß dieser Spitzenförderung kam gewöhnlich nur, wer die Empfehlung einer anerkannten Wissenschaftsautorität vorweisen konnte. So kam Physikern wie Sommerfeld einmal mehr die Rolle der grauen Eminenz zu. Auf diesem Weg gewährte Sommerfeld vielen seiner Schüler die nötige Protektion, damit sie anderswo ihre Ausbildung der neuen Quantenmechanik vervollständigen konnten. Zum Beispiel reisten Fritz London und Walter Heitler mit IEB-Stipendien nach Zürich zu Schrödinger, wo sie mithilfe der Wellenmechanik die Natur der homöopolaren chemischen Bindung (d. h. die Wechselwirkung zwischen neutralen Atomen) aufklären konnten.[16] Dank der Stipendien kamen vor allem die amerikanischen Physiker in regelmäßigen Kontakt mit den europäischen Instituten. Als zum Beispiel Linus Pauling 1926 als IEB-Stipendiat zu Sommerfeld kam, war dies ein wichtiger Auftakt für viele weitergehende Beziehungen.[17] Charles Mendenhall von der University of Wisconsin erkundigte sich zum Beispiel bei Sommerfeld, ob er Pauling für eine Professur für theoretische Physik an seiner Universität empfehlen könne.[18] Mit Paulings Heimatuniversität, dem California Institute of Technology (CalTech) in Pasadena, entwickelten sich besonders intensive Beziehungen. Millikan, der diese Universität zu einem amerikanischen Wissenschaftstempel machen wollte,[19] hatte bereits mit der Einstellung des Sommerfeldschülers Epstein einen ersten Kontakt zu der Münchner Theoretikerschule hergestellt. 1927 kamen wiederum zwei Gaststipendiaten aus Pasadena in Sommerfelds Institut, für die Millikan bei der ihm nahestehenden Guggenheim-Stiftung Stipendien besorgt hatte, und Sommerfeld zeigte sich wie zuvor bei Pauling sehr beeindruckt: «Mit Ihren beiden Schülern Dr. Eckart und Dr. Houston bin ich sehr glücklich», bedankte er sich bei Millikan.[20]

Meistens verbrachten die amerikanischen «travelling fellows» ihre Zeit in Europa nicht in einem einzigen Institut, sondern statteten mehreren Zentren einen Besuch ab. Eckart und Houston benutzten zum Beispiel die Gelegenheit, um auch in Berlin bei Schrödinger bzw. in Leipzig bei Heisenberg zu studieren, und Pauling verbrachte zwei Monate seines Europaaufenthalts am Bohrschen Institut in Kopenhagen. Auf diese Weise wurde ihnen ein Gefühl für die unterschiedlichen Forschungsstile vermittelt, die in den jeweiligen Schulen bestimmend waren. «People of my generation», so erinnerte sich Isidore Rabi, ein anderer amerikanischer Gast in den Instituten Bohrs, Schrödingers und Sommerfelds, «went abroad, mostly to Germany, and learned not the subject, but the taste for it, the style, the quality, the tradition. We knew the libretto, but we had to learn the music.»[21]

Wer so den richtigen Geschmack an der theoretischen Physik gefunden hatte, für den wurde die unmittelbare Teilnahme an der quantenmechanischen Revolution an ihren wichtigsten Schauplätzen zum Schlüsselerlebnis der eigenen Berufslaufbahn. «Seldom in the history of science has there been a more exciting decade than that from 1923 to 1932», so beginnen zum Beispiel die Lebenserinnerungen von John Slater. Während seiner Europaaufenthalte in den 20er Jahren hatte er praktisch alle Atomtheoretiker kennengelernt, die an der quantenmechanischen Revolution beteiligt waren. «The group of scientists working on the quantum theory in those days was a small one – maybe 50 to 100 wellknown names – and practically all of us knew each other personally».[22]

Sommerschulen in USA

Es waren jedoch nicht die Reisestipendien allein, die der Internationalisierung der theoretischen Physik den Weg ebneten. Vor allem in Amerika gab es viele Bemühungen, den Anschluß an die europäischen Entwicklungen nicht zu verpassen. Man lud die prominenten Atomtheoretiker aus Übersee zu Gastvorträgen ein oder lockte den einen oder anderen europäischen Theoretiker mit einem vielversprechenden Stellenangebot auf Dauer an die eigene Universität. Besonders wichtig für die Begegnung amerikanischer Studenten mit den internationalen Koryphäen waren Sommerschulen, eine in USA schon sehr früh aufgekommene Form informeller Zusammenkunft. Zum Beispiel hatte schon 1905 die University of California in Berkeley von sich reden gemacht, indem sie Boltzmann zu einer Sommerschule einlud: «Professor Boltzmann ranks very high among the physicists of the world and stands in the same class with Arrhenius, the Swedish physicist, and De Vries, the celebrated Dutch botanist, both of whom were members of the faculty in the last summer session», stand im «Daily Californian» zu lesen. Die «Reise eines deutschen Professors in das Eldorado», wie Boltzmann seine amerikanischen Eindrücke betitelte, war freilich für beide Seiten wenig fruchtbar und bestätigte den Amerikanern eher die Arroganz der Alten Welt, als daß sie zur Überwindung der Isolation beigetragen hätte. «There is reason to believe that in visiting Berkeley Boltzmann felt that he was coming to the very edges of civilization», erzürnte sich ein Berkeley-Professor noch im Jahr 1960.[23]

Boltzmanns Gastvorlesungen sind nur ein Beispiel für die rund zwanzig Besuche europäischer Physiker in USA zwischen 1872 und 1917. Dennoch waren solche Veranstaltungen im amerikanischen Universitätsalltag in der Vorkriegsära eher die Ausnahme. Kam vor dem Ersten Weltkrieg im (groben) Durchschnitt ein Gast pro Jahr aus Übersee nach Amerika, so nahm die Häufigkeit solcher Besuche in den zwanziger Jahren rasch zu: 1921 kamen Einstein und Madame Curie, 1922 Francis Aston und Lorentz. In den darauffolgenden Jahren häuften sich die Besuche zusehends: Von Sommerfelds USA-Aufenthalt 1922/23 war bereits die Rede; 1929 bereiste er Amerika ein zweites Mal. In diesem Jahr hielten auch Weyl, Heisenberg, Hund, Ornstein, Brillouin, Dirac und Landé an fast allen amerikanischen Eliteuniversitäten Gastvorträge, von Pasadena und Berkeley im Westen bis Princeton und Cambridge (Massachusetts) im Osten.[24]

Das auffallendste Beispiel für die neue Wertschätzung der internationalen Kontakte in den zwanziger Jahren bietet das «Summer Symposium in Theoretical Physics» an der University of Michigan in Ann Arbor. Die Beziehungen nach Europa waren schon vor dem Ersten Weltkrieg angebahnt worden, als Walter Colby, die treibende Kraft unter den Physikern der University of Michigan, bei Sommerfeld studiert hatte. Colby gehörte

Werner Heisenberg (vorne links) und Friedrich Hund (vorne rechts) 1929 bei einem Gastaufenthalt in Chicago

zu den ersten amerikanischen Physikern, die nach dem Krieg die alten Kontakte wieder erneuerten: «I want very much to return to Munich next fall», schrieb er im Januar 1922 an Sommerfeld, der sich sogleich im Gegenzug versichern ließ, «daß Ihre Universität Studenten deutscher Nationalität ohne Schwierigkeiten immatrikuliert». Sommerfelds Ansinnen war weniger von der Attraktivität der University of Wisconsin diktiert, die um diese Zeit einem Physikstudenten kaum denselben Standard wie eine deutsche Universität hätte bieten können, als von dem Wunsch, damit wieder internationale Anerkennung zu gewinnen. «Sie verstehen, daß wir mit dem Ausland nur auf dem Fuße völliger Gegenseitigkeit verkehren können», setzte er erklärend hinzu. Colby schickte prompt die gewünschte Bestätigung und versicherte: «German Nationals have always been welcome in this University both in the student body and in the professorial staff».[25]

Daß dies kein bloßes Lippenbekenntnis war, zeigte sich schon wenige Jahre später, als man dem Sommerfeldschüler Otto Laporte eine Professorenstelle anbot. Laporte hatte 1924 mit einem IEB-Stipendium zunächst in Washington am National Bureau of Standards als Haustheoretiker die dortige Spektroskopieabteilung unterstützt, bevor er 1926 die Stelle in Ann Arbor antrat. Nach Epstein war er der zweite Sommerfeldschüler, der an einer amerikanischen Universität die theoretische Physik der Münchner «Pflanzstätte» auf Dauer repräsentierte. 1927 setzte die University of Michigan die Erweiterung ihres Physikdepartments fort, indem sie die beiden holländischen Theoretiker Samuel Goudsmit und George Uhlenbeck sowie den gerade aus Europa zurückgekehrten David M. Dennison einstellten, der als IEB-Stipendiat mit Unterbrechungen fast drei Jahre am Bohrschen Institut zugebracht hatte.[26] Mit vier Theoretikern war das Physikdepartment der University of Michigan damit zur führender Institution der amerikanischen theoretischen Physik geworden. Auch das Sommerschulprogramm, mit dem 1928 begonnen wurde, war Teil dieser Aufbauarbeit. In den ersten drei Jahren wurde es mit 5000 Dollar pro Jahr gefördert, die der Präsident der University of Michigan dem Physikdepartment zunächst außerplanmäßig zur Verfügung stellte. Ab 1931 wurde diese Summe auf 7000 Dollar aufgestockt und in den regulären Physiketat der Universität einbezogen. Setzt man diese Zahlen in Beziehung zu den Budgets der großen Physikdepartments am Massachusetts Institute of Technology (MIT) oder an der Harvard University, die gegen Ende der 1920er Jahre bei circa 25000 bzw. 40000 Dollar lagen, so erkennt man die Bedeutung, die dem Sommerschulprogramm in Ann Arbor beigemessen wurde. Gleichzeitig wird daran deutlich, daß dieses Programm vor dem Hintergrund einer allgemeinen Expansion stand, die die Aufwendungen der meisten amerikanischen Physikdepartments um 1930 in die Höhe schnellen ließ. Bis zum Jahr 1935 waren die Budgets der Physiker am MIT bei 50000 Dollar und an der Harvard University bei 100000 Dollar angelangt – der Großen Depression zum Trotz.[27] Darin sind noch nicht die Stiftungszuwendungen enthalten, die den Trend zur Expansion getreu dem Motto «making the peaks higher» kräftig förderten: 19 Millionen Dollar hatte allein die Rockefeller Foundation zwischen 1925 und 1932 aufgewendet, «strategically placed in a small number of carefully chosen institutions», wie der Präsident dieser Stiftung verkündete.[28]

Die Expansion der amerikanischen Physik

Die Liste europäischer Theoretiker, die solchen «strategischen» Zentren in USA Besuche abstatteten, könnte einem «Who is who» der theoretischen Physik entnommen sein. Auf der Gästeliste der University of Michigan standen außer Sommerfeld und Pauli auch Oskar Klein (1923-25), Herzfeld (1926), Kramers (1928 und 1931), Brillouin (1929), Dirac (1929), Fermi (1930, 1933 und 1935), Ehrenfest (1930), Heisenberg (1932), Bohr (1933) und George Gamow (1934); nach Harvard kamen Einstein (1921), Lorentz (1922), Bohr (1923), Siegbahn (1925), Born (1926), Schrödinger (1927), W. L. Bragg (1928), Brillouin (1928), Franck (1928), Weyl (1929), Hund (1929), Ehrenfest (1930) und Jakov Frenkel (1931); ähnliche Besucherlisten könnte man von den Physikdepartments der Universitäten in Chicago, Princeton, dem MIT oder dem CalTech in Pasadena zusammenstellen. Wie bei den Reisezielen der «travelling fellows» in Europa fällt auch daran auf, daß den Repräsentanten der neuen Quantenmechanik offenbar ein besonderes Interesse galt. Auch für einige von den ersten quantenmechanischen Lehrbüchern boten amerikanische Gastvorlesungen den Anlaß: Borns *Probleme der Atomdynamik* waren das Resultat seiner Vorlesungen am MIT und in Harvard; Heisenbergs *Prinzipien der Quantentheorie* sind die Schriftfassung einer Vortragsreihe an der Universität von Chicago; ähnliches gilt von Landés *Vorlesungen über Wellenmechanik*, die er an der Universität von Columbus in Ohio gehalten hatte.[29]

Wie erklärt sich der Drang zur Expansion an den amerikanischen Physikdepartments im allgemeinen und das Interesse an den europäischen Pionieren der quantenmechanischen Revolution im besonderen? Wie das Beispiel der University of Michigan mit ihrem Sommerschulprogramm zeigt, besteht zwischen der allgemeinen Expansion und dem Import quantenmechanischer Neuerungen ein enger Zusammenhang. Zunächst brachte die Expansion der amerikanischen Physik einen enormen Qualifizierungsschub mit sich: In den beiden Jahrzehnten vor 1920 schwankte die Anzahl physikalischer Doktorabschlüsse um etwa 20 «Ph.Ds» pro Jahr; in den beiden folgenden Jahrzehnten stieg diese Rate auf fast das Zehnfache an, wobei man der Wachstumskurve die Depression zu Beginn der dreißiger Jahre nicht einmal als leichten Knick ansieht. 90% der neuen Doktoren wurden an den Physikdepartments der etwa zwanzig führenden Universitäten des Landes ausgebildet. «The story of American Physics is thus largely the story of the growth of these leading academic physics departments», heißt es in einer statistischen Analyse dazu.[30]

Als zweites fällt auf, daß von diesem Wachstum am meisten die angewandte Physik betroffen war. Sowohl bei staatlichen Institutionen wie dem Bureau of Standards als auch bei der Industrie und selbst in den

Universitäten war ein «fever of commercialized science» festzustellen. In der Industrie beispielsweise wußte man Wissenschaft schon zu schätzen, wenn sie nur indirekt einen Nutzen als Prestigeträger einbrachte: «The use of real or imaginary research laboratories to back up merchandise (...) has an importance to company prestige that cannot be exaggerated», so fand man, und nicht nur unter Industriellen und Wissenschaftlern sondern auch in einer breiten Öffentlichkeit wurden die 1920er Jahre in Amerika zu einem «golden age of scientific faith». Diese Stimmung fand auch in einem immer größeren Angebot offener Stellen für Physiker Ausdruck, was wiederum eine Steigerung der akademischen Ausbildungs- und Forschungskapazitäten mit sich brachte. Die meisten Physikstudenten strebten eine Karriere in der Industrie an, und Industrielle bemühten sich im Gegenzug um enge Kontakte zu den Hochschulen. Keine führende Universität konnte es sich angesichts der hochgeschraubten Erwartungen noch erlauben, ihren Studenten eine Physikausbildung zu bieten, die nicht auf der Höhe der Zeit war und nicht auch den aktuellen Entwicklungen der theoretischen Physik Rechnung trug.

Daß dabei die neue Quantenmechanik in den Vordergrund rückte, war nur ein Ausdruck für die große Bedeutung, die diesem jüngsten Trumpf theoretischer Physik in den europäischen Zentren beigemessen wurde. Wie begierig dieser europäische Exportartikel in USA aufgenommen wurde, zeigen zum Beispiel die Gastvorlesungen Borns am MIT im Wintersemester 1925/26. Die Einladung an den Göttinger Theoretiker war ein Programmpunkt des dortigen Physikdepartments, wonach in jedem akademischen Jahr wenigstens ein Gast aus Übersee das eigene Vorlesungsprogramm bereichern sollte. Im Anschluß an seinen Aufenthalt in Cambridge folgte Born Einladungen an die Columbia University, an das CalTech, die University of California in Berkeley, die University of Wisconsin und an die University of Chicago. Überall weckte er Interesse an der neuen Atomtheorie und motivierte fortgeschrittene Studenten, Reisestipendien nach Europa zu beantragen, um dort mehr über diese Entwicklung zu erfahren. Als «Verkünder der neuen Quantenlehre», so kommentierte Born seine USA-Erlebnisse, habe er dafür gesorgt, «daß in den nächsten Jahren Scharen von Amerikanern, bald auch von anderen Ausländern, nach Göttingen kamen».[31] Carl Eckart zum Beispiel, der wenig später auch als Gast im Sommerfeldschen Institut seine Aufwartung machte, war durch Borns Vorlesungen in Pasadena zu seiner Studienreise nach Europa motiviert worden. Borns Institut in Göttingen wurde innerhalb der nächsten drei Jahre für rund ein Dutzend amerikanischer Gaststudenten zum vorübergehenden Studienort, so zum Beispiel für Edward Condon, Robert Oppenheimer und Norbert Wiener.[32]

Die einmal entfachte Begeisterung unter den jungen amerikanischen Theoretikern verbreitete sich wie ein Lauffeuer. Viele trafen sich in kleinen Gruppen, um sich autodidaktisch die neue Physik beizubringen. «We met in the building of the physics department, I would say about once a week, often on Saturday or Sunday afternoons», so beschrieb Ralph Kronig den von ihm 1926 an der Columbia University gegründeten «Club» gleichgesinnter Enthusiasten. «Our club met quite informally. One of us gave an introduction on some recent paper of theoretical interest. A great deal of attention naturally was given to the publications of Schrödinger on wave mechanics».[33] Solche Gruppen versammelten sich zum Beispiel auch um Otto Laporte und Gregory Breit am National Bureau of Standards in Washington oder um William Allis und Nathaniel Frank am MIT. Beide verbrachten kurz darauf Studienaufenthalte bei Sommerfeld in München. Gleichzeitig wurden an mehreren Universitäten erste quantenmechanische Kurse veranstaltet, oft von den aus Europa zurückgekehrten «fellows» oder den nach USA eingewanderten europäischen Theoretikern. Auch das erste amerikanische Quantenmechaniklehrbuch entstand in einem solchen Kontext: Die Verfasser waren Condon, der 1928 nach seiner Rückkehr aus Europa an der Princeton University den ersten Kurs in Quantenmechanik abhielt, und Philip Morse, der seine Begeisterung für die Quantenmechanik 1928 bei der Sommerschule in Ann Arbor gefunden hatte und später ebenfalls in München einen Studienaufenthalt verbrachte.[34] Umworben von Stellenangeboten der besten Universitäten ihres Landes, stand diesen ersten «modernen» amerikanischen Theoretikern eine glänzende berufliche Zukunft bevor: Condon zum Beispiel konnte zwischen sechs Stellen wählen. Die American Physical Society, die Standesorganisation der amerikanischen Physikerschaft, erlebte einen steten Mitgliederzuwachs, und die von ihr veranstalteten Treffen fanden immer stärkere internationale Beachtung. Wie Slater über ein 1933 abgehaltenes Treffen zum Thema «Application of Quantum Mechanics in Chemistry» stolz berichtete, erfüllte es die amerikanischen Theoretiker mit besonderer Genugtuung, «that for the first time the European physicists present were here to learn as much as to instruct (...) I felt that the tide was turning».[35]

Internationalisierung als Mittel nationaler Kulturpolitik

Auch andere Länder wurden vom Sog der Internationalisierung der theoretischen Physik erfaßt. In der UdSSR beispielsweise wurde die bereits in vorrevolutionärer Zeit begonnene Modernisierung physikalischer Institute in den 1920er Jahren unter kommunistischen Vorzeichen vehement forciert, wie etwa der Fall des Physikalisch-Technischen Instituts in Leningrad unter seinem Direktor Abram Fedorovic Ioffe zeigt. Ioffe hatte vor dem Ersten Weltkrieg bei Röntgen in München promoviert; 1913 wurde er Physikprofessor am Polytechnikum in Petersburg, das vor dem Ersten Weltkrieg noch nicht über ein eigenes physikalisches Institut verfügte. Nach der Revolution setzte Ioffe seinen ganzen Ehrgeiz ein, um «die Physik zur wissenschaftlichen Basis der künftigen sozialistischen Technik» zu machen, wie er in einer autobiographischen Skizze schrieb. 1918 wurde am Polytechnikum ein staatliches Röntgeninstitut gegründet, dessen physikalisch-technische Abteilung Ioffe anvertraut wurde; 1921 verselbständigte sich Ioffes Abteilung zum eigenen Institut, dem Staatlichen Leningrader Physikalisch-Technischen Institut, das in den folgenden Jahren eine beispiellose Expansion erlebte: Bis 1930 wuchs der Mitarbeiterstab auf 800 Personen an, und das Institut erlebte eine Umgestaltungsphase nach der anderen. «Das große Institut, das fast meine ganze Zeit und Energie in Anspruch nahm, habe ich in fünf kleinere umgewandelt», schrieb Ioffe 1934 an Sommerfeld.[36]

Deutsch-sowjetische Wissenschaftsbeziehungen

Während dieser Expansion gehörten Auslandsreisen und internationale Konferenzen zur selbstverständlichen Routine des rührigen Institutsdirektors. Nachdem 1920 die Blockade aufgehoben worden war, die die Entente zunächst gegen Sowjetrußland verhängt hatte, reiste Ioffe 1921 nach Deutschland und England, um Geräte und Literatur einzukaufen und mit seinen Bekannten aus der Vorkriegszeit, insbesondere mit von Laue, Nernst und Planck, wieder in Kontakt zu treten. 1922 war er erneut in Deutschland, wo er unter anderem auch Einstein und Sommerfeld einen Besuch abstattete und in Göttingen den «Bohr-Festspielen» beiwohnte. 1924 sorgten eine Solvay-Konferenz in Brüssel und eine große internationale Tagung in Leningrad für die Ausweitung der internationalen Beziehungen, 1925/26 eine Vortragsreise nach Deutschland, Holland, Frankreich, USA und einige weitere Länder, 1927 eine Einladung an das MIT und an die University of California in Berkeley – und die Liste ließe sich auch für die folgenden Jahre fortsetzen.

Solche Auslandsaktivitäten fanden die erkärte Unterstützung der Sowjetregierung, die 1921 ein Büro für ausländische Wissenschaft und Technik bei ihrer Wirtschaftsvertretung in Berlin eröffnet hatte und 1922 im Rapallo-Vertrag mit dem ehemaligen Kriegsgegner Deutschland eine enge bilaterale Beziehung aufnahm – zu einer Zeit, als Deutschlands Beziehung zu den westlichen Kriegsgegnern noch durch Boykott- und Gegenboykottmaßnahmen gekennzeichnet waren. Ungeachtet der Tatsache, daß die deutschen Gelehrten mit den kommunistischen Vertragspartnern von Rapallo weltanschaulich nichts gemein hatten, erachtete man ihrerseits die russischen Kollegen als Leidensgenossen, jedenfalls was ihre internationale Isolation betraf. Solches Mitgefühl fiel um so leichter, als damit die eigene Wissenschaft einmal mehr als Machtersatz zum Instrument nationaler Kulturpolitik wurde. So ist es nicht verwunderlich, daß auch umgekehrt nun die Sowjetunion zu einem begehrten Reiseziel gerade für deutsche Wissenschaftler wurde.[37] Auch Sommerfeld nahm an der Entwicklung der Physik in der Sowjetunion lebhaften Anteil. 1924 war er zum Ehrenmitglied der Leningrader Akademie ernannt worden. 1926 erschien *Atombau und Spektrallinien* in russischer Übersetzung. 1930 nutzte Sommerfeld die Gelegenheit einer Konferenz in Odessa, um auch persönlich die Verhältnisse in der Sowjetunion kennenzulernen.

Unter den jungen Theoretikern in der Sowjetunion war der Lerneifer in Sachen Atomtheorie schier unstillbar. Ein russischer Student, dem Sommerfeld über die Berliner Kontaktstelle einmal eine Büchersendung zukommen ließ, berichtete von einem «unbeschreiblichen Bücherhunger» unter seinen Kommilitonen und war überglücklich, mit Hilfe von Sommerfelds Buch endlich «näher mit dem Bau der Atome bekannt zu werden».[38] Und Igor Tamm, einer der ersten «modernen» Theorieprofessoren an der Universität von Moskau, schrieb 1930 an Dirac, «I never thought it possible for a large body of students to work as hard as our students do now».[39] Auch für Tamm und seine Kollegen waren Reisen in die europäischen Zentren der Atomtheorie das bevorzugte Mittel, um den Anschluß an die aktuelle Entwicklung der Physik zu gewinnen. In demselben Brief kündigte Tamm seinem englischen Kollegen an, daß er für die nächsten Monate eine Auslandsreise plane, bei der er auch in Cambridge einen etwa sechswöchigen Aufenthalt zubringen wolle. Umgekehrt führten auch die Reisen Diracs und anderer Pioniere der Atom

Sommerfeld 1928 bei einem Indienaufenthalt

theorie gelegentlich in die Sowjetunion, wenn auch nicht ganz so häufig wie in westliche Länder. «I expect to leave America in the middle of August, which is about the same time as when Heisenberg will leave, so we shall go together to Japan. After that Heisenberg will return through India and I through Siberia», so lauteten zum Beispiel Diracs und Heisenbergs Reisepläne für 1929.[40]

Kulturimperialismus

Am Beispiel solcher Reisen treten noch andere Aspekte beim Internationalisierungsprozeß der theoretischen Physik in Erscheinung. Von einer kosmopolitischen Gesinnung war bei den reisenden Gelehrten – besonders gegenüber den Ländern des fernen Ostens – kaum etwas zu spüren, viel mehr hingegen von kolonialer Vergangenheit und nationalem Sendungsbewußtsein.[41] Gegenüber den Kolonialmächten England und Frankreich mag der deutsche Imperialismus eher unbedeutend erscheinen, was die machtpolitische Durchsetzung kolonialer Interessen angeht; der deutsche Kulturimperialismus jedoch stand dem seiner europäischen Rivalen kaum nach, und den Naturwissenschaften als einer Domäne

Heisenberg 1929 in Sommerfelds Fußstapfen bei einem Indienaufenthalt

deutscher Kultur kam dabei keine unbedeutende Rolle zu.[42] Mit dem Ausgang des Ersten Weltkriegs schienen die deutschen kolonialen Träume ausgeträumt, doch das bedeutete keineswegs das Ende einer Mentalität, die die Internationalisierung der Wissenschaft im Zusammenhang mit dem «kulturellen Wettbewerb der Nationen» erkannten – eine Redewendung, die nicht etwa der Propagandarede eines Politikers sondern einem Aufsatz Sommerfelds entstammt, in dem er seine Eindrücke von einem Aufenthalt in Indien verarbeitete.[43]

Sommerfelds Weltreise

Indien war dabei nur eine Station einer Reise, die Sommerfeld 1928/29 über China, Japan und die USA um die ganze Welt führte. Den Plan dazu faßte er, als ihm Millikan eine Einladung zu Gastvorlesungen am CalTech in Pasadena unterbreitete. Anders als bei seiner ersten USA-Reise 1922/23 entschloß er sich nun, «nicht den ordinären westlichen Weg dorthin zu nehmen, sondern den extraordinären Weg über den fernen Osten, über Indien und Japan».[44] Bei einer internationalen Tagung in Como im Herbst 1927 (anläßlich der Hundertjahrfeier von Voltas

Geburtstag) traf er bereits erste Vorbereitungen: «I made, at Como, a provisional arrangement with Prof. Saha to come for some days to Alahabad», schrieb er dem indischen Physiker Chandrasekhara Raman.[45] Sommerfelds Pläne fanden bei den indischen Physikern sofort die größte Aufmerksamkeit: «Every one in the Indian Universities is of course eager to see and hear you», schrieb ihm Raman, der zusammen mit Saha für Sommerfeld eine Reiseroute zusammenstellte, die von Benares im Norden Indiens bis Colombo auf Ceylon führte.[46]

Nicht in allen Ländern konnte Sommerfeld seine Einladungen auf der Basis persönlicher Beziehungen zu Physikerkollegen organisieren. In China war es zum Beispiel das Deutsche Generalkonsulat, das für Sommerfeld Gastvorträge vermittelte. In diesem Fall wurde die kulturpolitische Mission, die man von der bevorstehenden Reise des deutschen Geheimrats erwartete, besonders deutlich: «In hiesigen deutschen Kreisen wird Ihrem Besuch in Shanghai mit großem Interesse entgegengesehen», schrieb der Generalkonsul, der sich «umso lieber» der Organisation einer Gastvorlesung an der deutschsprachigen Tung-Chi-Universität in Woosung bei Shanghai annahm, «als ich mir von dem Auftreten eines hervorragenden deutschen Gelehrten einen besonders nachhaltigen Eindruck auf die chinesischen Studenten verspreche und hoffen darf, daß dadurch der deutsche kulturelle Einfluß auf die Tung-Chi-Universität eine neue wertvolle Kräftigung erfährt».[47] Nach Indien und China sollte die Reise nach Japan gehen. Hier hatte der Sommerfeldschüler Otto Laporte, der Anfang 1928 selbst eine Japanreise unternahm, die Werbetrommel für seinen Lehrer gerührt. Insbesondere die Universität in Tokio hatte schon seit Anfang der 1920er Jahre Studenten mit Reisestipendien ausgestattet, damit sie in Europa die neue Atomtheorie erlernen konnten. Gerade hier zeigte man sich daher höchst erfreut, Sommerfeld «als Ehrengast zu empfangen», wie Hantaro Nagaoka, der Direktor des Instituts für physikalische und chemische Forschung an der Universität Tokio, in sehr gutem Deutsch schrieb.[48]

Als Sommerfeld am 20. August 1928 in Genua an Bord des Schiffes ging, sah man also bereits in zahllosen Universitäten rund um den Globus seinem Besuch mit großen Erwartungen entgegen. Dies war nicht das Privatvergnügen eines Touristen, sondern die Reise eines Gelehrten, der sich als Kulturbringer fühlte und seine Mission auch als einen offiziellen Auftrag begriff: «Nachdem ich durch die Kulturabteilung des Auswärtigen Amtes dazu ermutigt worden war», so begann sein Gesuch um Erstattung seiner Reisekosten an die Notgemeinschaft der Deutschen

Wissenschaft, «erlaube ich mir zu beantragen, mir für eine Reise um die Welt eine Beihilfe von M 4000,- bewilligen zu wollen».[49] Diese kulturpolitische Mission bestand nach dem Geschäftsbericht der Notgemeinschaft von 1927 zuallererst darin, «die Erfolge deutscher Wissenschaft zur Kenntnis des Auslands zu bringen». Dazu sollten «alle persönlichen Verbindungen deutscher und ausländischer Gelehrter gestärkt werden», denn eine «kostspielige Propaganda» könne man sich nicht leisten.[50]

Tagebuchnotizen von einer Kulturmission

In einem eigens für diese Weltreise geführten Tagebuch registrierte Sommerfeld mit buchhalterischer Genauigkeit seine Erlebnisse, Strapazen und Freuden ebenso wie seine Empfindungen bei den zahllosen Besuchen und Einladungen sowie die politisch-weltanschaulichen Eindrücke, die ihm die verschiedenen Länder bereiteten. «Überall viel Sympathie mit Deutschland. Bewunderung für den schnellen Wiederaufbau. Alle wollen in Deutschland studieren, aber sie bekommen nur Stellen, wenn sie in Cambridge waren», bemerkte er etwa in Indien, wo er immer wieder anti-englische Ressentiments antraf. «Alle Inder einmütig in der Verurteilung des jetzigen Systems und der Forderung nach einer würdigen Stellung innerhalb des englischen empires (...) Die Inder müssen alles aus England kaufen, von den Streichhölzern bis zu den Lokomotiven (...) Die meisten Inder vertreten nicht ‹Los von England› sondern den Status der Dominions, den England früher oder später bewilligen muß und wird, wenn es klug ist».[51]

Sommerfelds Sensibilität für die Fragen kolonialer Abhängigkeit ist ein Indiz dafür, daß er seine kulturpolitische Mission nicht nur unbewußt und naiv wahrnahm. Dies wird besonders bei seinem Auftritt an der deutsch-chinesischen Tung-Chi-Universität deutlich, einem Relikt der deutschen Kolonialvergangenheit in China. Der verlorene Weltkrieg hatte Deutschland zwar um den Status einer Kolonialmacht gebracht und die vormals deutsche Lehranstalt in chinesischen Besitz übergehen lassen, doch der deutsche Kolonialgeist und die damit verbundenen kulturellen Ambitionen waren damit noch lange nicht zu Ende: «Wenn die damaligen Feinde Deutschlands gedacht hatten, den deutschen Einfluß in China mit der Wurzel ausgerottet zu haben, so muß ihre Enttäuschung groß gewesen sein, als sie zusehen mußten, wie die Schule, getragen von der Sympathie des chinesischen Volkes, in Woosung neu entstand», heißt es im Jahresbericht der Tung-Chi Universität von 1930, wobei «die bisherigen deutschen Leiter die lehrtechnische Leitung des Unterrichts behielten und zu Dekanen ernannt wurden».[52] An diesem «vorgeschobensten Posten deutscher Wissenschaft und Kultur» achtete Sommerfeld besonders auf ein gutes Gelingen seiner Mission. Als Vortragsthema hatte er die «Entwicklung der Atomphysik in den letzten 20 Jahren» gewählt, das gleichermaßen für Aktualität bürgte und ausreichend Gelegenheit bot, die Größe deutschen Forschergeistes herauszustreichen. Am Ende gratulierte er den Studenten zu ihrem Glück, von deutschen Lehrern unterrichtet zu werden.[53] In seinem Reisetagebuch wiederholte er nochmals knapp die im Sinn seiner Mission wesentlichen Punkte: «Vortrag deutsch: Atome. Gut. Besonders das Schlußwort an die Studenten: bevorzugt vor Millionen anderen dadurch, daß sie von deutschen Lehrern beste Wissenschaft lernen. Pflicht zum Idealismus». Am darauffolgenden Tag fand noch ein «Essen im Banker-House für Gesandten und mich» statt, «hoch-diplomatisch», wie er hinzusetzte.[54]

Man würde Sommerfeld jedoch nicht gerecht, wenn man ihn nur als Kulturbotschafter im Dienst deutscher Kolonialinteressen porträtieren würde. Seine Tagebuchnotizen zeugen auch von einem lebhaften Interesse an der aktuellen Forschung, die er an den verschiedenen Stationen seiner Weltreise antraf. «Im Institut scattering, blau-grün, in einem Eisblock gesehen», so hielt er zum Beispiel nach seinem Besuch im Laboratorium Ramans jene Erscheinung fest, die von seinem Gastgeber erst wenige Monate zuvor entdeckt worden war und heute als «Raman-Effekt» in den Physikbüchern steht. «Alles im Institut sehr gut, aber Lokus schlimm. Verspreche indirekt, Raman zum Nobelpreis vorzuschlagen», fuhr er fort.[55] Einige Wochen später zollte er während seinem Aufenthalt in Tokio japanischen Physikern für ihre atomphysikalischen Experimentierkünste seinen ganzen Respekt, insbesondere einem «Speci von Laporte» namens Fugioka, der den Raman-Effekt wiederholt hatte. Wenig später mußte er erfahren, daß seine eigenen wissenschaftlichen Leistungen auch in diesem Jahr wieder nicht mit dem Nobelpreis gewürdigt wurden. «Briefe und Gedichte von (zu) Haus gelesen, leider auch Notiz über Nobel-Preis», schloß er deprimiert seinen Tagebucheintrag vom 5. Dezember 1928, am Vorabend seines sechzigsten Geburtstages.[56]

Um so mehr genoß Sommerfeld das respektvolle Entgegenkommen, mit dem er überall begrüßt wurde. Jede Geste wurde bemerkt und stolz im Tagebuch registriert: «Sekretär des Japanisch-deutschen Kulturinstituts bringt mir Chrysanthemen». Auch das gepflegte Ambiente, mit dem seine Besuche umgeben wurden, ließ er sich gerne gefallen. Er logierte bei Konsuln, speiste mit Gesandten und Vertretern der lokalen Crème de la crème, und wurde mit musikalischen Darbietungen verwöhnt – «alles sehr angenehm».[57] Darüberhinaus zeigte er sich von den Naturschönheiten und kulturellen Sehenswürdigkeiten sehr beeindruckt, die ihm seine Gastgeber in den verschiedenen Ländern mit viel Aufwand vorführten. Besonders das «Wunderland Indien» hatte es ihm angetan, denn er verarbeitete seine Reiseeindrücke von «diesem uralten Kulturboden» noch während der Schiffspassage von Japan nach Amerika zu einem blumigen Artikel, den er zuhause in einer Zeitschrift veröffentlichen ließ.[58]

Die mit soviel Bedacht organisierte und von den Gastgebern allerorts mit größtem Zuvorkommen umsorgte Reise des deutschen Professors erregte auch die Aufmerksamkeit der Weltpresse: «German Scientist Lectures in Tokyo» oder «German Physicist Talks About Wave Mechanics», so lauteten die Schlagzeilen verschiedener Zeitungsartikel, die Sommerfeld ausschnitt und sorgsam aufbewahrte, auch wenn darin der Inhalt seiner Vorträge in einem konfusen Kauderwelsch von physikalischen Begriffen kolportiert wurde. Was für Sommerfeld und die Zeitungsredakteure zählte, war ganz offensichtlich mehr die Nachricht von der internationalen Begegnung selbst und weniger die Wiedergabe seiner physikalischen Vorträge; davon brauchte die internationale Leserschaft nur das Schlagwort «Atomphysik» mitbekommen, um zu wissen, daß die Botschaft des deutschen Professors mit dem Paradethema der Zeit zu tun hatte.

Wie in einem Brennglas vereinigt also das Beispiel von der Weltreise Sommerfelds nochmals viele Aspekte, die für die Internationalisierung der theoretischen Physik nach dem Ersten Weltkrieg charakteristisch waren: das eher nationaler als internationalistischer Gesinnung verpflichtete Motiv des Kulturimperialismus auf seiten der deutschen «Kulturbringer»; das von Japan bis Amerika feststellbare Bedürfnis nach einer Modernisierung ihrer physikalischen Lehr- und Forschungsstätten, ohne das die europäischen Institute eines Sommerfeld oder Bohr kaum das weltweite Interesse auf sich gezogen hätten; das «Atom» als Erfolgsthema, mit dem der theoretischen Physik weltweit zum Status einer Schlüsselwissenschaft für tiefergehende Naturerkenntnis verholfen wurde. Wo immer Sommerfeld seine Aufwartung machte, war es vor allem dieses Thema, auf das sich die Interessen seiner Gastgeber richteten.

6
Anwendungen der Quantenmechanik

Das weltweite Interesse an der Quantenmechanik, wie man die in der Matrizen- und Wellenmechanik formulierte Atomtheorie meist übergreifend nannte, war mehr als nur eine flüchtige Begeisterung für eine wissenschaftliche Modeerscheinung. Die Quantenmechanik markierte einen Wendepunkt in der Geschichte der Physik. Die in der «Kopenhagener Deutung» propagierte Interpretation der atomaren Vorgänge rührte an den Grundfesten des Denkens. Das Naturgeschehen erschien in letzter Konsequenz akausal und von einer grundsätzlichen Unbestimmtheit geprägt, die dem Betrachter immer nur Teilaspekte der Wahrheit offenbarte. Die Atomphysik rückte ins Zentrum naturphilosophischer Debatten: Einsteins «Gott würfelt nicht» und die Bohrsche «Komplementaritätsphilosophie» markierten die beiden Extreme eines neuen Grundlagenstreits unter den Physikern, der gegen Ende der 1920er Jahre begann und bis heute keine befriedigende Lösung gefunden hat.[1] Seit diesen Auseinandersetzungen um die Interpretation der Quantenmechanik gehört zum Flair der modernen Physiker auch der Hauch des Philosophischen.

Ein Universalinstrument

Dessen ungeachtet wurde die Quantenmechanik für den modernen Theoretiker jedoch weniger zum Gegenstand weltentrückten Philosophierens als vielmehr zu einer Basiswissenschaft für praktische Anwendungen aller Art. «A theoretical physicist», so bekannte Slater, «does not ordinarily argue about philosophical implications of his theory. Almost his only recent contribution to philosophy has been the operational idea, (...) that the one and only thing to be done with a theory is to predict the outcome of an experiment. As a physicist I find myself very well satisfied with this attitude»[2]

Auf welche Operationsgebiete sich die Quantenmechanik erstrecken würde, ging schon aus den ersten um 1930 veröffentlichten Übersichtsartikeln hervor. Zum Beispiel widmete das *Handbuch der Physik* 1933 der neuen Atomtheorie zwei Teilbände mit den Themen «Quantentheorie» und «Aufbau der zusammenhängenden Materie»; der erste enthielt neben Einführungen in die allgemeinen Grundlagen zum Beispiel Artikel über molekül- und kernphysikalische Anwendungen, der zweite behandelte vorwiegend Themen aus dem weiten Bereich der Festkörperphysik und der Chemie.[3] Das Interesse an einer wissenschaftlichen Grundlage für die Erforschung von chemischen Prozessen, von elektrischen, magnetischen, optischen, mechanischen und thermischen Materialeigenschaften war nach dem Ersten Weltkrieg stärker als je zuvor. «Dies ist die Zeit des wirtschaftlichen Wandels», so leitete Fritz Haber 1923 einen Aufsatz über das Verhältnis von «Wissenschaft und Wirtschaft nach dem Kriege» ein. Darin stellte er gerade jene Gebiete, die einige Jahre später zu den Hauptanwendungen der neuen Atomtheorie werden sollten, in das Zentrum. Von den «Grenzen gegebener Materialeigenschaften» ist die Rede, und von der im Krieg zu Tage getretenen Bedeutung neuer Werkstoffe. Für die Nachkriegszeit gab er das Motto an, «schöpferisch sein und aus dem Bestande unserer naturwissenschaftlichen Erkenntnis neue Arbeitsweisen herausholen».[4]

Der Trend zur stärkeren Anwendung naturwissenschaftlicher Kenntnisse fand nicht nur in Appellen und Propagandaartikeln Ausdruck. 1919 wurde zum Beispiel die Deutsche Gesellschaft für technische Physik gegründet, die sofort regen Zuspruch fand und binnen zehn Jahren 1450 Mitglieder verzeichnete.[5] Erst die Weltwirtschaftskrise beendete dieses Wachstum. Der Präsident dieser Gesellschaft sah sich 1930 sogar zu einem vertraulichen Schreiben an Sommerfeld veranlaßt, in dem er die Prognose aufstellte, «daß für die nächsten Jahre nicht mit der Aufnahmefähigkeit der Industrie für junge Physiker zu rechnen ist wie bisher, und daß man daher die Zahl der auszubildenden Physiker vorerst etwas verlangsamen sollte».[6] Doch das «wie bisher» und die Person Sommerfelds als Adressat eines solchen Schreibens verraten, wie stark das Interesse an «modernen» Physikern aus der Schule dieses Atomtheoretikers bei potentiellen Anwendern inzwischen war.

Die Atomphysik fand ihren Weg in die Forschungslaboratorien der Industrie jedoch nicht ganz von selbst. Sogar in den USA, wo das «golden age of applied physics research» auch über die Wirtschaftskrise hinweg andauerte, zeigten anfangs nur besonders forschungsintensive Industriefirmen wie die Bell Telephone Laboratories Interesse an der Atomtheorie. Karl Darrow, der 1917 bei den «Bell Labs» als Physiker eingestellt worden war, beschrieb zum Beispiel in der Firmenzeitschrift *Bell Systems Technical Journal* seit 1923 in einer Rubrik «Some Contemporary Advances in Physics» die aktuellen Entwicklungen in der Atomphysik, doch geschah dies eher im Sinn einer Weiterbildungsmaßnahme als aus unmittelbaren Verwertungsinteressen. Zu demselben Zweck war 1919 auch ein firmeninternes Kolloquium begründet worden, zu dem auch renommierte Gäste eingeladen wurden: Im April 1923 etwa nutzte man die Gelegenheit, um Sommerfeld im Anschluß an seine Gastprofessur an der Universität von Wisconsin zu einem Vortrag über den Bau der Atome einzuladen.[7] Darrow hielt danach den Kontakt mit dem Geheimrat in München aufrecht und sandte ihm Abdrucke eigener Aufsätze, um sich dafür Sommerfelds «Gutheissung» zu versichern.[8] Ohne die Initiative von Enthusiasten wie Darrow hätte die Atomtheorie um diese Zeit kaum das besondere Interesse von Industriephysikern gefunden.

Erst mit der Quantenmechanik zeichnete sich die kommende Bedeutung der Atomtheorie für die Praxis in klareren Umrissen ab. «The time has come when physics (...) is in the position to explain all the properties of matter», schrieb Slater 1929 in einer Denkschrift zur Errichtung eines neuen Physikinstituts an der Harvard Universität. «We must take the newly found fundamentals and use them».[9]

Sommerfelds Elektronentheorie der Metalle

Von der Entdeckung der «fundamentals» zu den ersten Anwendungen war es nur ein kurzer Weg. Die Anwendung der Quantenmechanik auf Metalle zeigt dies besonders deutlich. Nach dem «Paulischen Ausschliessungsprinzip» und der darauf beruhenden «Fermi-Dirac-Statistik» müssen sich die Elektronen so auf die verfügbaren Energiezustände aufteilen, daß kein Platz von mehr als einem Elektron besetzt wird. Im Kreis der Sommerfeldschüler sprach man in diesem Zusammenhang gerne vom «Wohnungsamt» der Elektronen.[10] Bereits die Entdeckung dieser Gesetzmäßigkeit war untrennbar mit dem Gedanken an Anwendungen verknüpft. «Es ist schon oft darauf hingewiesen worden, daß die Anwendung einer richtigen Theorie der Gasentartung auf die freien Elektronen vielleicht über die bekannten Schwierigkeiten in der Theorie der Metalle hinweghelfen könnte», hatte zum Beispiel Schrödinger 1924 festgestellt, als er nach fundamentalen quantenstatistischen Gesetzen suchte; auch Einstein hatte bei der Entdeckung der «Bose-Einstein-Statistik» an Metalle gedacht, denn frei bewegliche Metallelektronen erschienen als naheliegender Testfall für quantenstatistische Gesetze.[11] Als von Fermi und Dirac eine neue Quantenstatistik formuliert wurde, galt der erste Blick nach einem Testfall wieder den Metallelektronen. Pauli behandelte damit sofort das Phänomen des metallischen Paramagnetismus, das sich bislang jeder Erklärung entzogen hatte. Nach der «Wohnungsamt»-Statistik war es nur einem geringen Prozentsatz aller Elektronen erlaubt, durch Ausrichten ihrer magnetischen Momente unbesetzte Zustände einzunehmen. So wurde eine metallische Eigenschaft zum Beleg dafür, «daß nicht Einstein-Bose, sondern Fermi (...) die richtige Statistik ist».[12] (Der Zusammenhang von Spin und Statistik wurde erst später erkannt.)

Pauli kehrte danach sehr schnell wieder zu fundamentaleren Fragen der Quantenmechanik zurück, aber Sommerfeld sah darin noch eine Fülle weiterer Anwendungsmöglichkeiten und erklärte die Theorie der Metallelektronen zum aktuellen Forschungsprogramm seiner Schule. Getreu der alten Gewohnheit, ein neues Thema zunächst im Gespräch sich selbst und seinem Kreis von Doktoranden, Forschungsstipendiaten und fortgeschrittenen Studenten klarzumachen, stellte er bei nächster Gelegenheit (im Sommersemester 1927) die Metallelektronen in den Mittelpunkt einer Spezialvorlesung. Er modifizierte kurzerhand den Formalismus der klassischen Elektronengastheorie, indem er die Fermi-Diracsche Formel für die statistische Verteilung der Energiezustände anstelle der klassischen Maxwell-Boltzmannschen Verteilungsfunktion benutzte, und konnte damit sofort die Ergebnisse der klassischen Theorie mit den neuen Werten vergleichen. Schon in der dritten Vorlesungsstunde löste er damit das Hauptdilemma der klassischen Theorie, die keine Erklärung für die geringe Teilnahme der Metallelektronen an der Wärmebewegung der Metallatome angeben konnte. Wie beim Paulischen Paramagnetismus besaß nämlich nach der neuen «Wohnungsamt»-Statistik nur ein winziger Bruchteil der freien Elektronen, bei Zimmertemperatur etwa 1 Prozent, genügend Freiheit, um Wärmeenergie aufzunehmen und neue Zustände zu besetzen.[13]

Kaum war das neue Gebiet soweit aufbereitet, daß die Tragweite der neuen Quantenstatistik für die Metalltheorie in Umrissen erkennbar wurde, präsentierte Sommerfeld sein neues Forschungsfeld auch schon der Öffentlichkeit in Gestalt eines halb populär, halb wissenschaftlich gehaltenen Aufsatzes für die Zeitschrift *Die Naturwissenschaften*. Wie er dem Redakteur erläuternd dazu schrieb, habe er diesen Artikel bewußt «als möglichst gemeinverständliche Darstellung» abgefaßt, da «der Gegenstand ein allgemeines Interesse hat» und es ihm nun gelungen sei, «mit den neuen statistischen Methoden von Fermi das uralte Problem des galvanischen Stromes, der Voltadifferenz, der Thermokraft etc. in Ordnung zu bringen».[14] Sommerfeld machte in seinem Aufsatz gar keinen Hehl daraus, daß ihm die eigentliche physikalische Natur der Elektronenbewegung in Metallen noch rätselhaft war. «Wie das zugeht, bleibt völlig undurchsichtig. Aber die Konsequenzen dieses Postulats müssen durchdacht werden». In einem Folgeartikel 1928 griff er auch zum Vokabular politischer Schlagworte und präsentierte die Metallelektronen als ein «Volk ohne Raum», um eine entsprechende populäre Wirkung zu erzielen. Der Schlüssel für die Metalltheorie liege in der neuen Atomtheorie, denn die Fermi-Diracsche Statistik sei «gewachsen auf dem Boden der Wellenmechanik, die von de Broglie kühn entworfen, von Schrödinger fest begründet und als identisch mit der (noch fester begründeten) Heisenbergschen Quantenmechanik erkannt, in allen Fragen der Atomphysik herrschend geworden ist».[15] Der Charakter der Quantenmechanik als Schlüsselwissenschaft für eine Fülle neuer Anwendungen hätte kaum propagandawirksamer zum Ausdruck gebracht werden können.

In ähnlicher Weise präsentierte Sommerfeld die Metalltheorie im September 1927 auf der «Volta-Konferenz» in Como vor der internationalen Physikerprominenz. Nun war das Thema reif für eine gründliche Bearbeitung. Im Dezember 1927 reichte er den ersten Teil einer umfangreichen Abhandlung über die «Strömungs- und Austrittsvorgänge» von Metallelektronen bei der *Zeitschrift für Physik* ein, dem wichtigsten Publikationsorgan der theoretischen Physik in den 1920er Jahren. Das war der Auftakt für eine Flut von weiteren Artikeln zur Elektronentheorie der Metalle. Binnen eines Jahres erschienen allein in der *Zeitschrift für Physik* nicht weniger als 14 Publikationen zu diesem Thema. Im Sommerfeldschen Institut war die Elektronentheorie der Metalle das zentrale Thema des Wintersemesters 1927/28: Über seine beiden Stipendiaten aus USA schrieb er zum Beispiel an Millikan: «Mit Eckart führe ich die interessantesten Gespräche über prinzipielle Fragen der Elektronentheorie (...) Aber auch Houston bewährt sich vorzüglich. Er hat mit großer Energie und bestem Erfolg spezielle Fragen aufgenommen, die sich an meine Note über die Metallelektronen anschließen».[16]

Daß die Anwendung der neuen Atomtheorie auf Metalle nicht nur in München auf großes Interesse stieß, zeigen schon die ersten Reaktionen, die Sommerfeld nach seinem Vortrag in Como und nach der Publikation seines populärwissenschaftlichen Aufsatzes in den Naturwissenschaften erhielt. «Ich habe Ihre Theorie mit großem Interesse gelesen und den

Eindruck gewonnen, daß dies in der Tat die im Prinzip zutreffende Rettung desjenigen sei, was an der ursprünglichen Elektronentheorie der Metalle wahr ist», gratulierte Einstein.[17] Ein anderer Bewunderer war Karl Compton aus Princeton: «I was extremely interested in your recent papers on metallic conduction etc», ließ er Sommerfeld wissen;[18] auch sein Bruder, der Nobelpreisträger Arthur Holly Compton von der University of Chicago, versicherte, «I have been following with interest the success of your new theory of electric conduction.»[19] Freilich bedarf der Gebrauch des Wortes «Anwendung» dabei der Interpretation. Sommerfelds Metalltheorie bot zwar eine Anwendung grundlegender Gesetze der neuen Quantenphysik, doch dies war noch keine angewandte Physik, mit der etwa ein Metallurge nach neuen Materialien hätte Ausschau halten können. Wer den Wert einer Metalltheorie nüchtern nach ihrer Übereinstimmung mit dem reichen Bestand empirisch festgestellter Metalleigenschaften beurteilte, für den war die bloße Anwendung der Fermi-Dirac-Statistik auf die Metallelektronen noch kein ausreichender Grund, darin mehr als nur ein interessantes Gedankenspiel zu sehen. Der britische Chemiker und Metallurge William Hume-Rothery, der gerade an einem Buch über den metallischen Zustand arbeite, schrieb zum Beispiel einem Kollegen: «I am now wrestling with the new Sommerfeld theory, which is very difficult. I think it is wrong in spite of its success in some quaters».[20] Dennoch war der «Erfolg in einigen Bereichen» groß genug, daß man auch unter Praktikern aufmerksam wurde. Bei den Bell Laboratories zum Beispiel lud man Sommerfeld im April 1929, als er am Ende seiner Weltreise die USA durchquerte, erneut zu einem Kolloquiumsvortrag ein, um sich über den Elektronenaustritt aus Metallen auf der Grundlage seiner neuen Theorie informieren zu lassen.[21] Auch der Verein Deutscher Ingenieure zeigte sich interessiert und druckte in seinem Publikationsorgan einen populärwissenschaftlichen Aufsatz Sommerfelds, in dem die Theorie zwar als «noch recht grob» charakterisiert wurde, aber dennoch die optimistische Botschaft verkündet wurde, «daß uns die Wellenmechanik auch in der Theorie der Metalle einen gewaltigen Schritt voran geführt hat und daß Probleme, die vor wenigen Jahren noch hoffnungslos schienen, ihrer Lösung nahegebracht sind. Es braucht kaum betont zu werden, daß die physikalische Klärung des metallischen Zustandes eines Tages auch für die praktisch-metallurgische Arbeit wertvolle Gesichtspunkte liefern wird».[22]

Die ersten quantenmechanischen Doktorarbeiten

Eine Anwendung ganz anderer Art eröffnete sich innerhalb des universitären Lehr- und Forschungsbetriebs theoretischer Physik selbst. Jenseits aller ungeklärten «letzten» Fragen der Mikrophysik boten Anwendungen der Quantenmechanik eine Fülle von Themen für Doktor- und Habilitationsarbeiten. Auch bei den arrivierten Theoretikern waren Anwendungen der Quantenmechanik beliebt, wenn sie sich vom Streß an der vordersten Forschungsfront um die Grundlagenprobleme eine Pause gönnen und dennoch originelle Arbeiten publizieren wollten. «In general I have realized, that the fundamental problems of the quantum theory are too difficult to be tackled by me and I am occupied with the easier applications of the theory. In the last time I am specially interested in the theory of metals», schrieb zum Beispiel Igor Tamm einmal an Dirac.[23] Die Sommerfeldsche Elektronentheorie stellte in dieser Hinsicht eine besondere Herausforderung dar, denn darin war ja nur ein Aspekt der neuen Quantenmechanik, die Fermi-Dirac-Statistik, berücksichtigt und ansonsten der klassische Formalismus unverändert übernommen worden. Weder die Heisenbergschen Matrizen noch die Schrödingersche Wellengleichung wurden benutzt. So blieb das physikalische Verständnis des freien Elektronengases in Metallen völlig unklar. Sommerfeld war sich dessen sehr wohl bewußt; am Ende seiner ersten ausführlichen Publikation gab er auch schon die Richtung an, in der eine «physikalische Verfeinerung» der Theorie zu suchen sei: man «müßte sich wohl auf die Wellenmechanik stützen und die Streuung der de Brogliewellen an den Metallatomen (im Gitter des festen Metalls oder in der Schmelze) verfolgen».[24]

Anwendungen der Wellenmechanik auf Probleme dieser Art lagen in der Luft, nachdem die Schrödingersche Theorie an den ersten atomphysikalischen Testfällen gerade erfolgreich ausprobiert worden war. Während ihres Forschungsaufenthaltes als IEB-Stipendiaten im Schrödingerschen Institut in Zürich hatten zum Beispiel im Sommer 1927 Heitler und London auf diese Weise die Elektronenbewegung im Wasserstoff-Molekül behandelt und damit das Wesen der homöopolaren chemischen Bindung physikalisch erklärt (siehe unten). Dieselbe Methode wandte Heisenberg an, um die Ausrichtung der Elektronenspins in ferromagnetischen Materialien quantenmechanisch zu erklären. Felix Bloch, der nach seinem Studium in Zürich im Herbst 1927 nach Leipzig gekommen war, um bei Heisenberg eine Doktorarbeit anzufertigen, erinnerte sich,

Heisenbergs Seminar im Jahr 1931 in Leipzig: von Heisenberg halb verdeckt Felix Bloch und Viktor Weisskopf (mit Brille); vorne neben Heisenberg Rudolf Peierls

daß Heisenberg solche Phänomene fester Körper «as a field to which quantum mechanics could fruitfully applied» betrachtete.[25] Da er sich (noch) nicht getraute, mit Heisenberg auf dem Gebiet des Ferromagnetismus zu konkurrieren, wählte er als Doktorthema eben jenes Problem, das in der Sommerfeldschen Elektronentheorie offengeblieben war, nämlich die Frage nach den Zuständen einer Elektronenwelle im Kraftfeld regelmäßig angeordneter Kristallatome. Das verblüffende Resultat seiner Rechnung war, daß die Wellenfunktion eines Elektrons sich als Produkt einer räumlich periodischen Funktion und einer freien Welle darstellen ließ: Das Elektron wurde durch die Periodizität des Kristallgitters sozusagen zum gleichgern gesehenen Gast eines jeden Atoms und verlor dadurch seinen angestammten Platz am Ort seines Mutteratoms. Jetzt erst war verständlich, woher die Annahme eines «freien» Elektronengases in Metallen überhaupt ihre Berechtigung bezog. Blochs Doktorarbeit wurde damit zum Auftakt für eine Metalltheorie, die keine Anleihen bei der klassischen Elektronentheorie mehr nötig hatte und von Anfang an auf der Grundlage der Quantenmechanik operierte.[26]

Ein anderer Doktorand, der mit einer Anwendung der Quantenmechanik seine Theoretikerkarriere begann, war Hans Bethe. Er war nach zweijährigem Physikstudium in Frankfurt im Frühjahr 1926 nach München an das Sommerfeldsche Institut gekommen, gerade rechtzeitig, um die Euphorie über die Schrödingersche Wellenmechanik im Seminar des Sommersemesters 1926 mitzuerleben. Als er Sommerfeld um ein Thema für eine Doktorarbeit bat, war die Ausarbeitung der Elektronentheorie der Metalle gerade das Hauptthema im Institut. Zusätzlichen Ansporn für eine «wellenmechanische» Behandlung der Elektronen in Festkörpern lieferten Experimente aus USA, in denen der Wellencharakter von Elektronen bei der Beugung an Kristallen nachgewiesen worden war. «Sommerfeld schlug mir dann vor, als Doktorarbeit eine Theorie der Streuung von Elektronen an Kristallen zu machen», erinnerte sich Bethe.[27] Dabei gelangte er praktisch zu denselben Resultaten wie Bloch: Elektronen können sich ähnlich wie Röntgenstrahlen ungehindert durch einen Kristall ausbreiten, sofern bestimmte Bedingungen erfüllt sind, was die Wellenlänge und die Gitterkonstante angeht. Außerdem trat eine Parallele zu den Arbeiten Ewalds aus der Glanzzeit des Instituts in Sachen Röntgenstrahlen zutage, die Sommerfeld mit großer Befriedigung erfüllte: «Seine Resultate waren so bemerkenswert, daß wir darüber in den Naturwissenschaften zwei vorläufige Mitteilungen erscheinen ließen», schrieb er in seinem Dissertationsgutachten. «Das wesentliche Verdienst der Betheschen Arbeit liegt (...) in der Übertragung der vertieften Ewaldschen Theorie der Röntgen-Interferenzen auf die Elektronen-Wellen (...) Die Arbeit gipfelt in der Berechnung der Austrittsarbeit der Elektronen, d. h. in der theoretischen Bestimmung des Brechungsindex aus der Anordnung der Ionen des Metall-Gitters. Es ist dies ein Problem, das sich auch Herr Fermi gestellt hat, das er aber bisher nicht lösen konnte. Die Arbeit von Bethe bedeutet daher auch einen fundamentalen Fortschritt in der Theorie der Metallelektronen».[28]

Die Anwendung der Quantenmechanik auf elektronische Festkörpereigenschaften kam in einer immer größeren Zahl von Doktor- und Habilitationsarbeiten zum Ausdruck. Im Sommerfeldschen Institut, in den «Filialen» der Sommerfeldschule in Leipzig und Zürich wie auch in den anderen Zentren der modernen Physik verband sich die Rekrutierung des Forschernachwuchses fast automatisch mit quantenmechanischen Anwendungen. Die beiden Sommerfeldschüler Albrecht Unsöld und Hermann Brück, die später die Quantenmechanik vor allem auf astrophysikalische Probleme anwandten (siehe unten), hatten in ihren Doktorarbeiten 1927 bzw. 1928 die Kräfte zwischen den Atomen in Festkörpern quantenmechanisch berechnet.[29] Rudolf Peierls, der sein Studium bei Sommerfeld in München begonnen und bei Heisenberg in Leipzig mit einer Dissertation über die Wärmeleitfähigkeit fester Körper abgeschlossen hatte, fand sich schließlich als Assistent Paulis in Zürich ein, wo er sich mit einer weiteren Anwendung der Quantenmechanik auf die Elektronentheorie der Metalle habilitierte.[30] Peierls trat damit in die Fußstapfen Blochs, der nach seiner Dissertation bei Heisenberg wieder nach Zürich gegangen war, um Paulis Assistent zu werden; Bloch verbrachte danach einen Studienaufenthalt in Utrecht, wo Bohrs früherer Assistent Kramers nun Institutsdirektor war, und bei Bohr selbst in Kopenhagen. 1932 ging er zurück nach Leipzig und wurde Heisenbergs Privatdozent; in seiner Habilitationsschrift sowie in einer Reihe weiterer Publikationen behandelte er den Ferromagnetismus und andere Probleme aus der Elektronentheorie der Metalle. Inzwischen war daraus das wohl umfangreichste Anwendungsgebiet der Quantenmechanik geworden. Zwischen 1931 und 1934 wurde es in mindestens einem halben Dutzend Übersichtsartikeln von Bloch, Peierls und anderen bereits zu lehrbuchartigen Gesamtdarstellungen zusammengefaßt. Sie bildeten das Fundament der modernen Festkörpertheorie.[31]

Was in dieser Flut quantenmechanischer Anwendungen binnen weniger Jahre nach dem Sommerfeldschen Auftakt von 1927 zum Ausdruck kam, war weit mehr als nur eine «Verfeinerung» der alten Elektronengastheorie. Das wird offenkundig, wenn man zum Beispiel den Artikel «Elektronentheorie der Metalle» im *Handbuch der Physik* betrachtet. Für den «Festkörperband», wie man intern den Band mit den Anwendungen der Quantenmechanik auf die «zusammenhängende Materie» nannte, hatte 1931 Adolf Smekal die Herausgeberrolle übernommen. Smekal war für Sommerfeld kein Unbekannter; er hatte wenige Jahre zuvor für Sommerfeld einen Enzyklopädieartikel über «Allgemeine Grundlagen der Quantenstatistik und Quantentheorie» verfaßt.[32] Nun traten sie mit vertauschten Rollen erneut in Kontakt. Smekal bat Sommerfeld, «die Probleme der von Ihnen geschaffenen Elektronentheorie der Metalle, sowie jene der Theorie des Ferromagnetismus zu einer möglichst einheitlichen ‹Quantentheorie des metallischen Zustandes› zusammenzufassen».[33] Sommerfeld reichte die Anfrage an seinen Schüler Bethe weiter und schrieb auf die Rückseite: «Ich würde auf das umstehende Angebot nur eingehen, wenn Sie 90% der Arbeit und des Honorars übernehmen wollen. Überschrift: von A. Sommerfeld und H. Bethe».[34] Bethe antwortete, ihn würde «die Sache, bei der ich bestimmt noch viel lernen würde, zusammen mit dem sehr anständigen Honorar genügend reizen, um ja zu sagen», sofern man ihm mit der Abfassung ein Jahr Zeit ließe.[35] Beim *Handbuch* akzeptierte man Bethes Zeitvorstellungen. Im Dezember 1932 war der Artikel beendet. Wie angekündigt lautete die Reihenfolge der Autoren «A. Sommerfeld und H. Bethe», obwohl Bethes Teil auf 254 von 289 Druckseiten den gesamten quantenmechanischen Formalismus der Elektronentheorie der Metalle umfaßte und Sommerfeld sich nur auf eine knappe Wiederholung seiner quasiklassischen Gastheorie als Einführungskapitel beschränkte.[36] Der Artikel blieb für viele Jahre das Standardwerk der quantenmechanischen Theorie fester Körper.

Die Entstehung neuer Hybridwissenschaften

Die quantenmechanische Festkörpertheorie wuchs sich während der 1930er Jahre zu einer eigenen Subdisziplin der theoretischen Physik aus. Das Entstehen der Festkörpertheorie zeigt, wie die Quantenmechanik im Kanon der physikalischen Fächer selbst eine Wende herbeiführte. Teilgebiete, die bislang nicht unter einem gemeinsamen Dach behandelt wurden, erfuhren durch die Quantenmechanik nun ein neues Interesse und mauserten sich zu eigenständigen Fachgebieten. Dies galt nicht nur für bislang unzusammenhängende Bereiche innerhalb der Physik, sondern auch für Teilbereiche anderer Disziplinen wie der Chemie oder der Astronomie. Zwischen der Physik und ihren Nachbardisziplinen entstanden neue Hybridwissenschaften, denen bei aller Verschiedenheit in den Forschungsgegenständen doch eines gemeinsam war: Sie waren Operationsgebiete für theoretische Physiker, die hier ein neues Anwendungsfeld für ihr Universalwerkzeug Quantenmechanik erkannten.

Quantenchemie

An erster Stelle ist dabei die Anwendung der Quantenmechanik auf die Chemie zu nennen. «Für unser Spezialgebiet der physikalischen Chemie besteht ja dauernd die Aufgabe, die Fortschritte der Schwester- oder richtiger vielleicht der Mutterwissenschaft Physik der Chemie dienstbar zu machen, also das Gold neuer grundlegender Ideen und Ergebnisse auf dem Gebiete der Physik in Gebrauchsmünze für die chemische Wissenschaft und die chemische Technik umzuwechseln.» So eröffnete 1928 der Vorsitzende der Deutschen Bunsen-Gesellschaft die Jahrestagung seiner Organisation, und entsprechend dieser Devise hatte man auch den Tagungsgegenstand den aktuellen Entwicklungen in der «Mutterwissenschaft» angepaßt: «Heute sind es Quantentheorie und Atomphysik, Röntgenspektroskopie und Kristallstrukturforschung, Einsteins photochemisches Äquivalenzgesetz und Elektronenstoß, die die physikalische Chemie im Innersten erregen und beschäftigen, Ideen, Theorien und Methoden, die an die Kernfrage der Chemie, das Wesen der chemischen Bindung und der chemischen Verwandtschaft rühren, so daß es angezeigt erschien, als Hauptgegenstand unserer heutigen Tagung das Thema ‹Die Arten chemischer Bindung und der Bau der Atome› zu wählen». Daß man mit München als Tagungsort sozusagen das wissenschaftliche Mekka für dieses Thema gewählt hatte, bedurfte keiner besonderen Erwähnung. Dennoch fühlten sich nicht nur die akademischen Wissenschaftler unter den Chemikern angesprochen; Kasimir Fajans, der Münchner Ordinarius für physikalische Chemie, teilte den Tagungsteilnehmern in seiner Eröffnungsrede erfreut mit, «daß, obwohl das Programm, im Gegensatz zu den beiden letzten Jahren, diesmal rein wissenschaftlich ist, die Industrie so stark vertreten ist. Ich darf erwähnen, daß allein von der I. G. Farbenindustrie mehr als 60 ihrer Angehörigen zugegen sind.»[37]

Bei soviel Interesse war man auf seiten der Atomtheoretiker sehr darum bemüht, den Chemikern gegenüber den richtigen Ton anzuschlagen. Sommerfeld fühlte sich als Repräsentant seines Faches und als ein Hauptreferent der Tagung besonders herausgefordert, seine Kollegen entsprechend einzustimmen. Dem Bornschüler Friedrich Hund etwa gab er «mit Rücksicht auf die Zusammensetzung der Bunsengesellschaft (viel Industrielle)» den Rat, «etwas populäres Wasser in Ihren wissenschaftlichen Wein zu gießen und sich vielleicht auf die Frage zu konzentrieren, wie weit der Gebrauch von Valenzstrichen quantenmechanisch zu rechtfertigen ist».[38] Er selbst beschränkte sich in seinem Referat auf den anschaulichen Teil der Atomtheorie und erwähnte von den neuesten quantenmechanischen Erkenntnissen nur das «Pauli-Prinzip», das ja «nicht nur die Zustände im einzelnen Atom» sondern auch «das Verhalten der Moleküle» beherrsche.[39]

Wie bei der Theorie der Metallelektronen ging es also auch hier zunächst mehr darum, das Interesse an den neuen Entwicklungen wachzuhalten, als die Theorie bereits für den konkreten Einsatz in der Praxis zu empfehlen. Noch waren die Anwendungen der Quantenmechanik auf qualitative Fragen beschränkt, was jedoch ihrer Tragweite für die

Chemie keinen Abbruch tat. So hatte zum Beispiel die Erklärung der homöopolaren Bindung durch Heitler und London gezeigt, warum sich zwei neutrale Wasserstoffatome zu einem Molekül verbinden können. Der Schlüssel zum Verständnis dieser Bindungskraft, die im Rahmen der klassischen Physik völlig rätselhaft war, lag in der «Austauschwechselwirkung» der beiden Elektronen des Wasserstoffmoleküls: Nach der Quantenstatistik waren Elektronen ununterscheidbare Teilchen, d.h. man konnte sie nicht wie winzige Lottokugeln numerieren und so dem einen oder anderen Atom zuordnen; dadurch traten beim Aufsummieren der einzelnen Elektronenbeiträge zur Gesamtenergie des Zwei-Atome-Systems sogenannte «Austauschintegrale» auf, die dem Gesamtsystem eine geringere Energie bescherten als den voneinander isolierten Einzelsystemen. Die «Austauschkraft» war ein rein quantenmechanischer Effekt und keine «echte» Kraft wie die Coulombsche Anziehung oder Abstoßung zwischen geladenen Körpern. Heitler und London hatten für die Bindung im Wasserstoffmolekül also keine prinzipiell neue Kraftwirkung angenommen sondern «nur» die altbekannten elektrischen Kräfte zwischen Protonen und Elektronen auf die richtige, d. h. quantenmechanische Art miteinander kombiniert. Die homöopolare Bindung wurde damit gleichsam zum Lehrbeispiel für die Rolle der Quantenmechanik in der Chemie, und entsprechend wurde auch das «Heitler-London-Verfahren» gewürdigt als «the greatest single contribution to the chemist's conception of valence made since G. N. Lewis' suggestion in 1916 that the chemical bond between two atoms consists of a pair of electrons held jointly by the two atoms».[40]

Der besondere Reiz der Heitler-Londonschen Anwendung der Quantenmechanik auf ein Grundsatzproblem der Chemie offenbarte sich freilich zunächst nur dem kleinen Zirkel theoretischer Physiker, die nach immer neuen Anwendungsfällen der Quantenmechanik Ausschau hielten. Einem Chemiker des Jahres 1927 oder 1928 dürfte die Publikation von Heitler und London sowie die dadurch angeregten Folgearbeiten von Hund, Eugen Wigner, Heisenberg und anderen völlig unverständlich geblieben sein, zumal ein Großteil davon auch noch in der Sprache der Gruppentheorie formuliert war, mit der selbst gestandene Quantentheoretiker ihre Schwierigkeit hatten. Pauli zum Beispiel schrieb um diese Zeit an Bohr, er habe von dem Mathematiker Hermann Weyl in Zürich jetzt «soviel gelehrte Gruppentheorie gelernt», daß er diese Arbeiten nun «wirklich verstehen» könne.[41] Die Gruppentheorie schien das unverzichtbare Rüstzeug für den richtigen Umgang mit den Symmetriebeziehungen in der Quantenmechanik von Vielteilchensystemen, unter denen das Heitler-Londonsche Problem des Wasserstoffmoleküls noch einen der einfachsten Fälle abgab. Eine wahre «Gruppenpest» nannten es diejenigen, die sich mit dieser mathematischen Technik nicht anfreunden wollten.[42] Slater befreite seine Kollegen schließlich von dieser Plage, indem er eine «proper way to handle the symmetry question» erfand: die Methode der «Slater-Determinanten», wie sie heute geannt wird. «I had what I can only describe as a feeling of outrage at the turn which the subject had taken», so erinnerte er sich später.[43]

Slater gehörte zu den ersten Quantentheoretikern, die das neue Instrumentarium nun planmäßig auf die Chemie anwandten. Er befand sich zu dieser Zeit (1929) erneut in Europa, mied jedoch diesmal das Bohrsche Institut mit seinem philosophischen Flair, dem «Kopenhagener Geist», dem so viele seiner Kollegen so großen Respekt zollten. Slater fand die Bohrsche Komplementaritätsphilosophie «unintelligible» und hielt die Beschäftigung damit für «a foolish waste of time».[44] Eine seinen «operationalen» Interessen zuträglichere Atmossphäre fand er in Leipzig und Zürich, wo unter der Anleitung Heisenbergs und Paulis das ganze Spektrum quantenmechanischer Anwendungsmöglichkeiten ausgebeutet wurde.

In Leipzig, wo Slater einige der produktivsten Monate seiner wissenschaftlichen Laufbahn zubrachte, herrschte eine für physikalisch-chemische Fragen besonders aufgeschlossene Atmossphäre. Heisenberg war dabei nur die letzte Autorität in Sachen Quantenmechanik. Für die Details bei der Anwendung auf Molekülprobleme war Friedrich Hund der erste Ansprechpartner; er hielt zum Beispiel im Wintersemester 1929/30 eine Spezialvorlesung über die «Theorie des Molekelbaus» und war auch der Autor eines Handbuchartikels über die «Allgemeine Quantenmechanik des Atom- und Molekelbaues».[45] Wenn es galt, das größere Umfeld physikalisch-chemischer Fragen miteinzubeziehen, fand man in Debye, dem Direktor des Instituts für Experimentalphysik, den experimentell wie theoretisch gleichermaßen versierten Experten. Debye hatte in Leipzig auch die Züricher Tradition alljährlicher Vortragswochen eingeführt und 1928 die erste «Leipziger Woche» den Problemen der «Quantentheorie und Chemie» gewidmet, bei der Fritz London einen zusammenfassenden Bericht über die «quantenmechanische Deutung des homöopolaren Valenzbegriffes» gab.[46] Vor allem gegenüber den aus USA anreisenden, eher pragmatisch eingestellten Interessenten an quantenmechanischen Anwendungen bürgte Debye als Garant dafür, daß sich der Aufenthalt in Leipzig nicht zu einem spekulativ-philosophischen Höhenflug auswuchs: «Heisenberg will certainly distil enough of the general atmossphere of the theory, and you ought to exert a steadying influence so that he will not get too far away from a firm foundation of solid fact», schrieb zum Beispiel Percy W. Bridgman von der Harvard University an Debye in einem Empfehlungsschreiben für einen Studenten, den er nach Leipzig schicken wollte. Debye antwortete, «that for that the atmosphere in Leipzig will be just what it ought to be».[47]

Slater hatte in Leipzig das Konzept der Heitler-Londonschen Austauschwechselwirkung mit den aus der Blochschen Theorie der Metallelektronen stammenden Vorstellungen in einen neuen Zusammenhang gerückt und damit sowohl auf dem Gebiet des Ferromagnetismus als auch für die Erklärung der Kohäsion von Metallen neue Perspektiven eröffnet.[48] In einer 1930 veröffentlichten Arbeit über die Bindungskräfte in Metallen schrieb er: «A crystal of a metal is an enormous molecule, with electronic energy levels depending on the positions of all the nuclei, just as the electronic energy of a diatomic molecule depends on the internuclear distance.» Ob es um die Struktur von Molekülen oder um einen ganzen Kristall ging, vor dem Hintergrund der Quantenmechanik handelte es sich nicht um getrennte Gebiete aus der Chemie einerseits und der Metallphysik andererseits, sondern um die Anwendung ein und desselben Verfahrens – eine Auffassung, die Slater zu der Überzeugung brachte: «Some day we shall be able to explain chemistry in terms of physical principles, and biochemistry, biology, and the rest.»[49]

Extremer hätte der Charakter der Quantenmechanik als Basiswissenschaft für Anwendungen aller Art kaum zum Ausdruck gebracht werden können. Es ist kein Zufall, daß diese Einschätzung in einem Theoretiker aus den USA ihren engagiertesten Verfechter fand, wo der Wert einer Theorie in erster Linie nach ihrer praktischen Anwendbarkeit bemessen wurde. Die Namen amerikanischer Physiker, die um 1930 mit einer quantenchemischen Doktorarbeit ihre Karriere begannen, zeugen ebenso wie die Bezeichnungen vieler Methoden und Rechenverfahren (Mullikens «Orbitale», «Morse-Potential», etc.) davon, daß diese Disziplin von Anfang an in den USA ihre wichtigsten Wurzeln besaß.[50] An vielen amerikanischen Universitäten wurden um 1930 enge Beziehungen zwischen den physikalischen und den chemischen Instituten hergestellt. Slater versuchte zum Beispiel Linus Pauling vom CalTech für die Harvard University abzuwerben, indem er ihm ein «combined research laboratory for physics and chemistry» als Lockmittel vor Augen führte.[51]

Paulings Werdegang ist besonders aufschlußreich, was die Anwendung der Quantenmechanik auf die Chemie und schließlich sogar auf die Molekularbiologie angeht. Wie Slater konnte auch Pauling dem geistigen Klima in Kopenhagen, wo er sich 1927, am Ende eines eineinhalbjährigen Europaaufenthalts einige Wochen aufhielt, nichts abgewinnen.[52] Umso mehr schätzte er die Atmossphäre im Sommerfeldschen Institut in München, das er zum Hauptziel seiner Reise gemacht hatte. Sommerfelds Buch *Atombau und Spektrallinien*, das auch unter physikalisch interessierten Chemikern als «Bibel» gehandelt wurde,[53] hatte Pauling schon während seines Studiums am CalTech durchgearbeitet: «I participated in a seminar, conducted by Tolman, in which the subject of discussion was the material in the third edition of Arnold Sommerfeld's book *Atombau und Spektrallinien*», so beschrieb er später seine erste Bekanntschaft mit der Atomtheorie.[54] Sein Interesse bestand von Anfang an in der Anwendung der neuen Atomtheorie auf das Problem der chemischen Bindung: «The nature of the non-polar chemical bond seems to me to merit theoretical investigation», hatte er schon in seinem ersten Schreiben an Sommerfeld betont und auf Anhieb damit große Resonanz gefunden.[55] Er kam gerade zur rechten Zeit, um die ersten Vorlesungen Sommerfelds über die Schrödingersche Wellenmechanik zu hören, die er sofort daran maß, ob sie «the right answers in relation to the properties of atoms and molecules» gab.[56] Nach einem Jahr in München verbrachte er den Rest seines Europaaufenthalts in Zürich, wo gerade Heitler und London mithilfe der Quantenmechanik die «right answers» auf das Problem der homöopolaren Bindung gegeben hatten. Zurück in USA machte er die quantenmechanische Behandlung der chemischen Bindung zu seinem Hauptarbeitsgebiet. 1928 plante er nochmals eine Reise nach Europa, «perhaps to make a considerable stay in Leipzig», wie er Debye schrieb, doch offenbar wurde er durch seine Pflichten als Professor der theoretischen Chemie, die sich am Caltech rasch zu einer florierenden Disziplin auswuchs, daran gehindert, diesen Plan zu verwirklichen.[57]

Unabhängig von Slater erarbeitete auch Pauling auf der Grundlage der Heitler-Londonschen Austauschwechselwirkung eine umfassende quantenmechanische Theorie der chemischen Bindung. 1931 begann er, die grundlegenden Konzepte – unter den Quantenchemikern heute als HLPS-Methode (Heitler-London-Pauling-Slater)-Methode bekannt – in einer Serie von sieben Artikeln über die «Natur der chemischen Bindung» zusammenzufassen, eine Arbeit, die ihm 1954 den Nobelpreis der Chemie einbringen sollte. Die beiden ersten Aufsätze der Serie erschienen im traditionellen amerikanischen Chemikerorgan, dem *Journal of the American Chemical Society*, die übrigen in dem 1933 gegründeten *Journal of Chemical Physics*, das zu einem Forum der neuen Disziplin wurde. Die Gründung dieser Zeitschrift sei «a natural result of the recent development of the chemical and physical sciences», hieß es im Editorial der ersten Nummer. «Men who must be classified as physicists on the basis of training and of relations to departments or institutes of physics are working on the traditional problems of chemistry; and others who must be regarded as chemists on similar grounds are working on fields which must be regarded as physics (...) The method of investigation used are, to a large extent, not those of classical chemistry and the field is not of primary interest to the main body of physicists. It seems proper that a journal devoted to this borderline field should be available to this group.»[58]

Die «chemische Physik» oder «theoretische Chemie», wie das neue Grenzgebiet meist genannt wurde, allein als Anwendungsfall der Quantenmechanik à la Heitler-London zu werten, würde jedoch der großen Themenfülle zwischen der theoretischen Physik und der Chemie nicht gerecht. Auch die statistische Physik etwa fand in der Chemie ein weites Terrain, das für eine Ausbeutung brachlag. In den 1920er Jahren wurden auch auf diesem Gebiet gerade die ersten Schritte unternommen, um die in der Chemie wesentlichen thermodynamischen Phänomene auf die um die neuen Konzepte der Quantentheorie erweiterte Grundlage der statistischen Physik zu stellen. Paulings Lehrer am CalTech, Richard C. Tolman, hatte sich zum Beispiel in einem 1922 veröffentlichten Artikel bemüht, den Zusammenhang von Thermodynamik und statistischer Mechanik zu erklären, allerdings ohne die quantentheoretischen Aspekte dabei zu betrachten. Dies machte vor allem Karl Herzfeld, der um diese Zeit noch Sommerfelds Privatdozent war, zum Hauptanliegen seiner Arbeiten. Sein 1925 veröffentlichtes Buch *Kinetische Theorie der Wärme*, das 1931 ins Amerikanische übersetzt wurde, und auch sein Artikel über «Größe und Bau der Moleküle» im *Handbuch der Physik* stellten die für chemische Anwendungen wichtigen Aspekte der modernen Physik in einer Sprache dar, die keine Kenntnis der Quantenmechanik voraussetzte und anders als die meisten Übersichtsdarstellungen theoretischer Physiker auch keine Scheu vor der Detailflut chemischer Fakten zeigte. Herzfeld hatte 1926 als dritter Sommerfeldschüler (nach Epstein und Laporte) den Münchner Stil theoretischer Physik nach USA importiert und, zusammen mit dem Chemiker Frank O. Rice, die Johns Hopkins

Universität zu einem Zentrum der physikalischen Chemie in USA gemacht.⁵⁹

Die Namen Debyes, Paulings und Herzfelds, um nur diese drei Sommerfeldschüler stellvertretend für die vielen Theoretiker anzuführen, die die physikalische Chemie zu ihrem bevorzugten Arbeitsgebiet wählten, markieren den Beginn einer neuen Ära in der Chemie. Debye wurde 1936 für seine Arbeiten auf dem Gebiet der polaren Moleküle, der Theorie der elektrischen Molekulareigenschaften und der Theorie der starken Elektrolyte der Nobelpreis für Chemie zuerkannt.⁶⁰ Herzfeld hatte das weite Feld der «kinetischen Theorie» zu seinem Hauptarbeitsgebiet gemacht und damit vor allem auf dem Feld der Reaktionskinetik theoretisch-physikalische Vorstellungen in der Chemie etabliert. Pauling wurde zum Begründer der modernen Strukturchemie, indem er die Anordnung von Atomen zu komplexen Molekülen aus ihrem quantenmechanischen Bindungsbestreben ableitete: «I try to identify myself with the atoms. I ask what I would do if I were a carbon atom or a sodium atom under these circumstances (...) From the picture worked out we develop an X-ray pattern», so erklärte er einmal diese Allianz von Quantenmechanik und Strukturanalyse, die zum Markenzeichen seiner Schule am CalTech werden sollte.⁶¹

Molekularbiologie

Als weiteres Beispiel einer neuen Hybridwissenschaft, die zum Teil von theoretischen Physikern mithilfe der Quantenmechanik mit aus der Taufe gehoben wurde, kann die Molekularbiologie erwähnt werden. Auch bei großen Biomolekülen kam Paulings Devise «to understand chemical substances and their reactions in fundamental terms», zu einem raschen Erfolg. Mit der Aufklärung der Frage, wie der Blutfarbstoff Hämoglobin Sauerstoff an sich binden könne, machte Paulings Arbeitsgruppe am Caltech einen ersten Anfang bei der Erforschung von Proteinen. Auch die Rolle der Wasserstoffbrücken als grundlegendes Bauprinzip von Biomolekülen beim Aufbau langer Kettenmoleküle wurde in Paulings Team erkannt. Ein weiterer Erfolg war die Entdeckung der spiraligen Struktur solcher Ketten. Als Strukturchemiker, der mithilfe der Quantenmechanik Atomabstände, Bindungskräfte und Bindungswinkel errechnete und daraufhin Atom für Atom im Modell an dem errechneten Platz anordnete, verfolgte Pauling dabei ein anderes Vorgehen als die Kristallographen, die zum Beispiel in diesem Fall von einer ganzzahligen Molekülzahl pro Spiralwindung ausgingen. Pauling konnte dagegen an der sogenannten Alpha-Helix zeigen, daß die Zahl von Aminosäure-Komponenten pro Drehung in der Spirale 3,7 beträgt. «He knew his atoms and their various states and binding conditions so well that he was prepared to break with what are after all only conventions», so lobte John Bernal, ein Konkurrent aus dem britischen Kristallographenlager, Paulings Methode.[62]

Ein weiteres molekularbiologisches Operationsgebiet für die Quantenmechanik stellte die Genetik dar. Hier war es vor allem der Bornschüler Max Delbrück, der darin ein Betätigungsfeld für theoretische Physiker erblickte. Delbrück hatte 1928 unter der Anleitung Heitlers, der um diese Zeit Borns Assistent war, als Doktorarbeit das Heitler-Londonsche Verfahren auf komplexe Moleküle angewandt. Das Ergebnis erschien ihm zwar «ziemlich langweilig», wie er sich später erinnerte, aber es machte ihn mit dem quantenmechanischen Handwerkszeug vertraut. Auf der Suche nach interessanteren Anwendungen fand er schließlich zur Molekulargenetik: 1932 hatte er eine Stelle als «Familien-Theoretiker» bei Lise Meitner im Kaiser-Wilhelm-Institut für Chemie in Berlin-Dahlem angenommen – «hauptsächlich wegen der Nachbarschaft zum ausgezeichneten Kaiser-Wilhelm-Institut für Biologie, mit dem ich gute Kontakte unterhalte», so schrieb er kurz darauf an Bohr, der sich seinerseits zunehmend für biologische Fragen zu interessieren begann.[63]

Delbrück fand vor allem in dem russischen Genetiker Nicolai Timofeeff-Ressovsky vom Kaiser-Wilhelm-Institut für Hirnforschung und dessem physikalischen Mitarbeiter Karl Zimmer aufgeschlossene Gesprächspartner. In einer, als «Dreimännerarbeit» bekanntgewordenen Publikation begründeten sie 1935 das molekulare Verständnis genetischer Veränderungen. Delbrücks Beitrag dazu bestand darin, ein «atomphysikalisches Modell der Genmutation» zu entwerfen, das die Stabilität von Genen in den quantenmechanisch begründeten Moleküleigenschaften erkannte. Eine genetische Mutation wurde als Quantensprung gedeutet, der zu einer Umgruppierung des Atomverbandes in eine neue stabile Lage führte. Kerngedanke dabei war die schon im Heitler-London-Modell angelegte energetische Betrachtungsweise von molekularen Anordnungen: Die Vielzahl möglicher räumlicher Lagen der Atome in einem Molekül ließ sich energetisch als ein Gebirge darstellen, bei dem verschiedene Lagen als höher oder tiefer liegende Energiewerte erschienen. Delbrücks Modell erkannte nun in den vielen Tälern, die ein solches Energiegebirge aufweisen konnte, die Vielzahl möglicher stabiler

Zustände eines Genmoleküls; je mehr Energie aufgebracht werden mußte, um von einem zum nächsten Tal zu gelangen, desto unwahrscheinlicher war eine Mutation. Damit konnte erstmals eine quantitative Abschätzung der Genstabilität angegeben werden. «Von nun an mußte die Genetik der Physik (...) für ihre Ideen wesentlichen Tribut zollen», auf diesen Nenner wurde später die Rolle des «Delbrück-Modells» für die Molekulargenetik gebracht.[64]

So verschieden die Anwendungen theoretischer Physik in den neuen Hybridwissenschaften auch waren, sie repräsentierten allesamt ein Verständnis theoretischer Physik, das die Theorie nicht als Selbstzweck, sondern als ein Instrument begriff, das erst in der Anwendung seine volle Bestätigung erfuhr. Dieses «operationale» Wissenschaftsverständnis war ein Charakteristikum der Sommerfeldschule, wo man den philosophischen Implikationen der Quantenmechanik weniger Beachtung schenkte als etwa im Umkreis Bohrs. Gerade in USA fand die Sommerfeldtradition damit starken Anklang. Herzfeld zum Beispiel setzte in Baltimore die Tradition des Münchner Vorlesungs- und Seminarbetriebs fort und lud europäische Koryphäen wie Schrödinger oder Debye zu Gastvorlesungen ein.[65] Ein Student (John A. Wheeler) fand, Herzfelds Seminar mit seinen «topical issues of quantum mechanics provided an example of the Johns Hopkins tradition at its best».[66]

Debye, der der Münchner Pflanzstätte ja schon vor dem Ersten Weltkrieg entwachsen war und längst einen eigenen Schülerkreis um sich geschart hatte, sorgte sich besonders um die Ausbreitung der Sommerfeldtradition. 1928 organisierte er zum Beispiel anläßlich von Sommerfelds sechzigstem Geburtstag eine Festschrift, für die er dreißig Sommerfeldschüler Artikel über ein Thema aus ihrem aktuellen Interessengebiet anfertigen ließ. Die *Probleme der modernen Physik*, wie die Festschrift tituliert wurde, boten einen aufschlußreichen Überblick über die Einsatzgebiete theoretischer Physik: Von dem «Problem der Schmiermittelreibung» (Ludwig Hopf) oder dem «Durchbrennen von Glühkathoden» (Rudolf Seeliger) spannte sich der Bogen über Herzfelds «Thermodynamik von Zweistoffsystemen» und Debyes Theorie über die «zeitlichen Vorgänge in Elektrolytlösungen» bis zu den neuesten quantenmechanischen Arbeiten, die fast alle einem Anwendungsfall gewidmet waren. London und Pauling behandelten die Probleme der chemischen Bindung, Wentzel schrieb über den Photoeffekt an Metallen, und auch Heisenberg glänzte nicht etwa mit einer Arbeit über die Deutung der

Unschärferelation oder über die Grundlagen der Quantenelektrodynamik, sondern mit einer «Quantentheorie des Ferromagnetismus».[67]

Astrophysik

Mit der Festkörperphysik und den chemischen oder molekularbiologischen Anwendungen waren die Einsatzfelder der Quantenmechanik freilich noch nicht erschöpft. Zum Beispiel behandelte Albrecht Unsöld, der als erster Doktorand im Sommerfeldschen Institut mit einer wellenmechanischen Arbeit promoviert hatte, in seinem Festschrift-Beitrag ein astrophysikalisches Problem. In den Spektren des Sternenlichts bot sich den Astronomen der Schlüssel für das Verständnis vom Aufbau und der Zusammensetzung stellarer Materie – aber ein Gebrauch dieses Schlüssels setzte atomtheoretische Kenntnisse voraus, die erst durch die Quantenmechanik bereitgestellt wurden. «It is hardly to be doubted that the quantum theory, when properly applied, will clear up these questions», schrieb der Nestor der amerikanischen Astrophysik, Henry Norris Russel, in einem Artikel über Sternspektren. Die Astrophysik war zu Beginn des zwanzigsten Jahrhunderts in den USA zu einer beachtlichen Blüte gekommen, wie etwa die Namen eines George E. Hale oder Edward C. Pickering sowie die renommierten Sternwarten auf dem Mount Wilson in Kalifornien oder das Harvard College Observatorium verdeutlichen. Angesichts der stürmischen Entwicklung der Atomtheorie sah Russel auf dem Gebiet der Sternspektren die amerikanische Führungsrolle jedoch zunehmend durch die Konkurrenz der Sommerfeldschule gefährdet. Als die Quantenrevolution ihrem Höhepunkt entgegensteuerte, schrieb er resignierend an den Spektroskopiker William Meggers des National Bureau of Standards in Washington: «I am rather inclined to leave the job for the present to Sommerfeld and his students, who are probably already deep into it.»[68]

Russell mag dabei an Laporte gedacht haben, der zu dieser Zeit gerade bei Meggers als «Haustheoretiker» hospitierte, oder an Hönl, der gerade mit Sommerfeld zusammen die «Intensität der Multiplett-Linien» bearbeitete, ein Thema, das in unmittelbarem Zusammenhang mit der Häufigkeit bestimmter chemischer Elemente in Sternatmossphären stand. Waren die Wellenlängen der Spektrallinien bereits eine Art Existenznachweis für die verschiedenen Atomsorten auf einem Stern, so verrieten ihre Intensitäten darüberhinaus, wie viele Atome jeder Sorte davon vorhanden waren.

Die Quantenmechanik erwies sich für diese atomtheoretischen Aspekte der Astrophysik ebenso als neue Basiswissenschaft wie auf dem Gebiet der Chemie oder der Molekularbiologie. Unsöld, der Astronomie im Nebenfach studiert hatte und nach seiner Doktorarbeit als Assistent Sommerfelds eine Reihe von Problemen von der Chemie bis zur Kristallstrukturanalyse im neuen Licht des «quantum mechanical viewpoint» untersuchte, erkannte schließlich in der theoretischen Astrophysik sein Fach. «I thought: would it not be worthwhile just to try to understand how the Fraunhofer lines are produced?», erinnerte er sich an diese Weichenstellung. Dabei hatte er wie viele andere, auf neue Gebiete ausschwärmende Atomtheoretiker gar nicht das Gefühl, seinem ursprünglichen Fach den Rücken zu kehren: «I have always remained a theoretical physicist», antwortete er in einem Interview auf die Frage, wie seine Physikerkollegen auf seinen Wechsel zur Astrophysik reagiert hätten.[69] Sein Beitrag für die Sommerfeldfestschrift von 1928 über den «Einfluß von Stößen auf die Struktur der Fraunhoferschen Linien» wies bereits in die Richtung seiner künftigen Arbeitsschwerpunkte. Die Form einer Spektrallinie, das Linienprofil, erlaubt Rückschlüsse auf die physikalischen Verhältnisse wie zum Beispiel die Stärke von elektrischen und magnetischen Feldern, denen die Atome in einer Sternatmosphäre ausgesetzt sind. Die Quantenmechanik erschloß also über den chemischen Aufbau eines Sterns hinaus auch die physikalischen Erscheinungen der Sternoberfläche. 1938 faßte Unsöld das Wissen über die *Physik der Sternatmosphären*, wie es sich binnen eines Jahrzehnts entwickelt hatte, in einem Lehrbuch zusammen – und ähnlich wie etwa Bethes Handbuchartikel über die Elektronentheorie der Metalle oder Paulings *Natur der chemischen Bindung* wurde auch Unsölds Buch zu einem Klassiker für die theoretische Astrophysik.[70]

Wie in der Chemie verlief auch in der Astronomie das plötzliche Aufkommen einer neuen Subdisziplin, die man sich nur mit quantenmechanischen Kenntnissen aneignen konnte, nicht ohne Spannungen. Unsöld bezeichnete die Astronomie alter Prägung, wie er sie während seines Studiums aus dem Munde des Münchner Astronomieprofessors Alexander Wilkens noch gehört hatte, als «extremely dull».[71] Im Jahr 1930 entsetzte er sich in einem Brief an Sommerfeld über die mangelnde Lernbereitschaft vieler Astronomen: «Der Haupteinwand, den einem die Astronomen immer wieder machen, kommt darauf hinaus: ‹Solche Dinge haben wir nicht gelernt›. Die Aufgabe, hierin Wandel zu schaffen, fällt in erster Linie den für die Besetzung astronomischer Stellen verantwortlichen Fakultäten und Kommittees zu. Da ein großer Teil der deutschen Astronomie unter der Herrschaft einer kleinen Gruppe von Leuten steht, die vom Alten nur soweit abgeht, als sie eben muß, so kann m. E. eine Änderung nur eintreten, wenn die maßgebenden Physiker und Naturwissenschaftler sich kräftig dafür einsetzen».[72]

Es würde zu weit führen, den Rivalitäten zwischen den Vertretern der klassischen Astronomie und den aus der theoretischen Physik übergewechselten Astrophysikern nachzugehen. Das Entstehen neuer Hybridwissenschaften wie der theoretischen Astrophysik oder der Quantenchemie ist noch zu wenig erforscht, um über die Geburtswehen der jeweiligen Disziplinbildung umfassend Auskunft zu geben. Sicher scheint jedenfalls soviel, daß die Theoretiker mit ihrem quantenmechanischem Know-how und ihren Forderungen nach Erneuerung nicht nur als willkommene Helfer, sondern häufig auch als unerwünschte Eindringlinge empfunden wurden. Die neuen quantenmechanischen Kolonien (wie man die jeweiligen Operationsgebiete treffend nennen könnte, die ab den 1930er Jahren dieser neuen Schlüsselwissenschaft ihren Tribut zollten) veränderten die Landkarte der Disziplinen und Subdisziplinen innerhalb und außerhalb der Physik grundlegend.

Die als «intellectual migration»[73] bezeichnete Übertragung von Kenntnissen zwischen verschiedenen Fachgebieten ist ein markantes Phänomen beim Auftauchen neuer Disziplinen. Sie kennzeichnete jedoch nur einen Aspekt des Wandels, der in den 1930er Jahren die Physik und die daran angrenzenden Gebiete erfaßte. Nicht weniger einschneidend war die unfreiwillige Physikerwanderung, die durch die «Machtübernahme» der Nationalsozialisten in Deutschland 1933 ausgelöst wurde. Dies bringt uns nach dem Ausflug in die verschiedenen quantenmechanischen Operationsgebiete zurück zu den gesellschaftlichen Faktoren, die der Entwicklung der theoretischen Physik ihren Stempel aufdrückten.

7

Happy Thirties? Physiker im Exil

Als sich 1977 in USA ein erlesener Kreis von Kernphysikern zu einer Konferenz zusammenfand, um auf die Anfänge ihrer Disziplin in den 1930er Jahren zurückzublicken, prägte Hans Bethe in seinem Eröffnungsvortrag unter der Überschrift «The Happy Thirties» das Motto für die Retrospektive seiner «community». Zwar räumte er ein, daß in politischer Hinsicht diese Zeit «anything but happy» gewesen sei: «Many of us in this room», so begann er seine Rede, «emigrated from Germany and Italy because of the dictatorships prevailing in these countries». Doch dann folgte ein großes «However» und ein Loblied auf «a very happy period» wissenschaftlicher Entwicklungen.[1] Von der Kernphysik, auf die diese Sätze gemünzt waren, wird noch die Rede sein, ebenso von der Festkörperphysik: Diese beiden Fachgebiete erlebten seit den 1930er Jahren einen Boom ohnegleichen.[2] Es gehört zu den Merkwürdigkeiten der Physikgeschichte, daß diese wissenschaftlich so erfolgreiche Ära für viele Physiker gleichzeitig eine Zeit der existentiellen Bedrohung oder zumindest extremer beruflicher Unsicherheit war. Selbst für die Erfolgreichsten unter den Emigranten bedeutete das Exil zuallererst einen Schritt ins Ungewiße.

Über das ganze Ausmaß der Wissenschaftsemigration gibt es keine einheitlichen Zahlenangaben. Einer Statistik zufolge waren von den «Säuberungen» an den Universitäten im Einflußbereich des NS-Regimes zwischen 1933 und 1939 insgesamt 1684 Hochschulangestellte betroffen, eine andere kommt schon bis 1936, also vor der Emigrationswelle aus Österreich und der Tschechoslowakei, auf 1617 vertriebene Hochschullehrer, davon 124 Physiker.[3] Auch das *International Biographical Dictionary of Central European Emigres 1933-1945*, die bislang umfangreichste Zusammenstellung von Daten über den «exodus of the intellect», enthält keine eindeutigen Zahlenangaben: Aufgrund der 4650 aufgenommenen Kurzbiographien lassen sich etwa zwei- bis dreihundert Emigranten als Physiker klassifizieren.[4] Schon diese Auswahl ist jedoch mit vielen Unsicherheiten belastet: Zu welcher Disziplin sind physikalische Chemiker, Mathematiker mit physikalischen Arbeitsschwerpunkten und Astrophysiker zu rechnen? Welcher Gruppe sind Wissenschaftler zuzurechnen, die im Exil ihr Forschungsgebiet gewechselt haben? Es ist auch fraglich, ob die Theoretiker unter den Physikern tatsächlich soviel stärker als die Experimentalphysiker von der Vertreibung betroffen waren, wie dies meist stillschweigend angenommen wird. Besonders auffallende Beispiele wie etwa die Vertreibung der theoretischen Physiker aus Göttingen scheinen diese Annahme zu belegen,[5] doch es liegt auf der Hand, daß die Verhältnisse an einer einzelnen Universität nicht ohne weiteres zu verallgemeinern sind. Ebensowenig gewinnt man ein repräsentatives Bild, wenn man nur die Bekanntesten unter den vertriebenen Wissenschaftlern aufzählt; mit so renommierten Theoretiker-Emigranten wie Einstein, Born, Schrödinger, Bethe, Peierls, Teller und anderen, von denen so mancher später als Teilnehmer am amerikanischen Atombombenprogramm in die Geschichte einging,[6] erscheint die theoretische Physik stärker betroffen als andere Gebiete – aber Bekanntheit allein ist ein fragwürdiges Kriterium für den Anteil einer Disziplin oder Subdisziplin am Exodus der Wissenschaften. Welchen Schaden die Emigration der Physiker in Deutschland hinterließ und welchen Nutzen die jeweiligen Aufnahmeländer daraus zogen, läßt sich durch Aufzählen von Namen jedenfalls kaum beantworten. Auch statistische Verfahren sind dafür ungeeignet: Ob der «Emigrationsverlust» für Deutschland rund 30%, wie es ältere Studien ermittelt haben, oder nur 11% beträgt, unterliegt der Willkür fast beliebiger Korrelations- und Interpretationskünste.[7]

Wenn es schon keinen Beleg für das Übergewicht der Theoretiker unter den Wissenschaftsemigranten gibt, so erst recht nicht für die These, daß dies eine Folge des hohen jüdischen Anteils in der theoretischen Physik sei. In den 1930er Jahren war die theoretische Physik nicht mehr wie um die Jahrhundertwende ein Sammelbecken für jüdische Privatdozenten, denen in der Experimentalphysik eine Karriere versagt blieb. Wer 1933 als theoretischer Physiker an einem Universitätsinstitut arbeitete, der war in der Regel keine «proletaroide Existenz» ohne Karrierechancen unter dem Regiment eines allmächtigen Experimentalphysikers. Die Theoretiker der nachquantenmechanischen Ära fühlten sich vielmehr als Sendboten der Moderne in der Physik. Antisemitische Vorurteile beeinträchtigten zwar nach wie vor die Karriere jüdischer Akademiker, doch nachdem nun auch die Theorie zum anerkannten Karriereweg zählte, verlor sie den Charakter einer Nische für die Ausgegrenzten des Hochschulbetriebs. Die theoretische Physik der 1930er Jahre war jedenfalls weder «jüdisch» im rassistischen Sinn, wonach der Hang zu Abstraktheit als typisch für Juden gewertet wurde, noch in gesellschaftlicher Hinsicht, wie man der Besetzung vieler Direktorenposten theoretisch-physikalischer Institute mit nichtjüdischen Ordinarien ansieht.[8]

Die Auswirkungen der Wissenschaftsemigration für die theoretische Physik lassen sich also nicht in einer pauschalen Bilanz zusammenfassen. Selbst unter den Emigranten des Sommerfeldkreises, deren gemeinsame Tradition noch am ehesten die Annahme charakteristischer Gemeinsamkeiten nahelegen würde, dominieren die Unterschiede. Mit jeder einzelnen Emigration werden andere Personenkreise, andere Durchgangsstationen und andere berufliche Weichenstellungen sichtbar.

Die Vertreibung theoretischer Physiker aus München

Dem ersten Anschein nach scheint die Physik an der Universität München von den «Säuberungen» nach 1933 kaum betroffen. Bis auf den Fall eines Astrophysikers von der Technischen Hochschule München (Robert Emden) wurden offenbar keine Entlassungen von Physikern in der «Hauptstadt der Bewegung» aktenkundig.[9] Auch in einer vergleichenden Statistik zwischen den verschiedenen deutschen Hochschulen erscheint die Physik an der Münchner Universität mit Null Prozent Entlassungen als völlig unberührt von den Ereignissen des Jahres 1933.[10] Wie irreführend dieses Bild jedoch ist, wird deutlich, wenn man die Perspektive wechselt und sich anhand der Korrespondenz Sommerfelds Einblick in die Situation der Münchner Physik um 1933 verschafft.

Der formale Grund für die Vertreibung vieler Wissenschaftler aus Deutschland war das am 7. April 1933 in Kraft getretene «Gesetz zur Wiederherstellung des Berufsbeamtentums». Wer als Regimegegner oder als «nicht arisch» eingestuft wurde, war von einer Hochschullaufbahn ausgeschlossen. Um als «nicht arisch» klassifiziert zu werden, genügte es schon, «wenn ein Elternteil oder ein Großelternteil nicht arisch ist», worüber alle Hochschulangehörigen in einem Fragebogen Auskunft zu geben hatten, die dann von einer weiteren Behörde überprüft wurde. Im Fall Sommerfelds, dessen Name an eine jüdische Herkunft denken ließ, lautete das Resultat der Überprüfung im Amtsdeutsch des Universitätsrektors: «Der Sachverständige für Rasseforschung beim Reichsministerium des Innern hat in einem Schreiben vom 21. 9. 1933 F 434 mitgeteilt, daß die Abstammung des Geheimen Hofrats Professor Dr. Sommerfeld bis zu seinen Urgroßeltern nachgeprüft wurde; hierbei wurde festgestellt, daß die Ahnen des Prof. Sommerfeld arischer Abkunft sind.»[11]

Exil in der Sowjetunion: Werner Romberg und Herbert Fröhlich

Schon im Vorfeld juristischer Kraftakte traf die Ausgrenzung auch Studenten, Doktoranden und Privatdozenten, denen aufgrund jüdischer Vorfahren oder Verbindungen zu regimefeindlichen Organisationen eine Bewerbung für eine Hochschulstelle erst gar nicht möglich gemacht wurde. Viele aus dieser Personengruppe wurden so doppelt ausgegrenzt, denn gewöhnlich gelangten ihre Namen dann auch nicht in die Statistiken der Wissenschaftsemigration. Daß es sich dabei dennoch um namhafte Wissenschaftler handeln konnte, zeigt der Fall des Sommerfeldschülers Werner Romberg, dessen Name zwar mit dem «Romberg-Verfahren» zur numerischen Integration in der Angewandten Mathematik zum Begriff geworden ist, der aber in den Übersichten von Wissenschaftsemigranten fehlt.

Wie viele andere war Romberg zu Sommerfeld gekommen, weil er durch *Atombau und Spektrallinien* Geschmack an moderner Physik gefunden hatte.[12] Auch sein Eintritt in den engeren Sommerfeldkreis vollzog sich wie bei den meisten anderen Sommerfeldschülern: mit einem guten Seminarvortrag und der bravourösen Bewältigung von Übungsaufgaben, die ihn zunächst Sommerfelds Assistenten (Karl Bechert) und dann dem Geheimrat selbst bekannt machte, der auch in den 1930er Jahren noch oft selbst zu den Übungsstunden kam und dabei nach neuen Talenten Ausschau hielt. 1932 stellte Romberg seine mathematisch-physikalische Begabung überdies bei einer Preisaufgabe unter Beweis: Es ging um eine Theorie zur «Polarisation des Kanalstrahllichts» und war mit einer kniffligen «Rechnerei» verbunden; Romberg löste das Problem als einziger unter den Mitbewerbern – doch der Preis wurde ihm nicht zuerkannt, «weil ihm die notwendige Reife fehlt». Hinter dieser Formulierung wurde der eigentliche Ablehnungsgrund verschleiert, der in Rombergs Zugehörigkeit zu einer linken Studentengruppe und in seiner Verwandschaft mit Kurt Eisner bestand, dem 1919 ermordeten bayerischen Ministerpräsidenten, der den Nationalsozialisten als Anführer der Revolution in Bayern besonders verhaßt war. (Eisner hatte in zweiter Ehe eine Schwester von Rombergs Mutter geheiratet.) «Herr Geheimrat Sommerfeld wollte Ihnen seinerzeit den Preis zuteilen lassen, konnte aber in

Ihrem Interesse Ihren Namen nicht publizieren und somit die Arbeit nicht prämieren lassen», mit dieser Erklärung erhielt Romberg 1948 den Preis «nun nachträglich», um so «dieses Unrecht wieder gut zu machen».[13]

Sommerfeld hatte 1933 wenigstens in anderer Weise versucht, seinem Schüler Gerechtigkeit widerfahren zu lassen, und seine Preisarbeit als Doktorarbeit angenommen; dazu legte er ihm ans Herz, möglichst schnell das Examen zu absolvieren, denn er wisse nicht, wie lange er ihn noch am Institut halten könne. Romberg beherzigte diesen Rat und machte im Juli 1933 das Doktorexamen. Damit endete sein Aufenthalt in München. Angesichts seiner politischen Gesinnung, seines «Namens» und einer «jüdischen Großmutter» war klar, daß er in Deutschland keine Stellung finden würde. Nach einem weiteren Jahr, das er arbeitslos in seiner Heimatstadt verbrachte, emigrierte er mit seiner Familie in die Sowjetunion. Auch dafür hatte ihm Sommerfeld noch einen Dienst erwiesen; in einem Empfehlungsschreiben lobte er ihn als «sehr gründlich» und «besonders nach der theoretischen Seite und in wellenmechanischen Rechnungen geübt». Zu dieser fachlichen Wertschätzung setzte er angesichts der politischen Einstellung seines Schützlings hinzu: «Außerdem hat er das größte Interesse daran, nach Rußland zu gehen; er würde sich gut in die dortigen Verhältnisse einfügen (...) Darf ich Sie dabei bitten, in Ihrer etwaigen Korrespondenz mit Romberg einige Vorsicht walten zu lassen, damit er nicht von den hiesigen Behörden irgendwie gefährdet wird.»[14]

Das russische Exil wurde für Romberg jedoch nur der Auftakt zu einer bewegten Emigrantenkarriere. Nach einem dreijährigen Aufenthalt in Dnjepropetrowsk, wo er im Physikalisch-Technischen Institut unter der Leitung des Physikochemikers Boris Nikolaevic Finkel'stejn an der Auswertung von Röntgenstrukturanalysen metallischer Festkörper arbeitete, entging er den Stalinschen «Säuberungen» durch eine Ausreise nach Prag. Dort verbrachte er ein Jahr, in dem er sich als Nachhilfelehrer durchschlug und einem anderen Emigranten, dem Astrophysiker Erwin Finlay-Freundlich, gelegentlich bei numerischen Berechnungen zuhilfe kam. Die nächste Station war die Universität Oslo, wo ein Verehrer Sommerfelds, Egil Andersen Hylleraas, gerade Direktor des Instituts für theoretische Physik geworden war. Hier galt das wissenschaftliche Interesse dem Gebiet der Meeresschwingungen, auf das Romberg Methoden der Variationsrechnung erfolgreich anwenden konnte. Als Norwegen von den Hitlertruppen überfallen wurde, floh er weiter nach Schweden.

Nach dem Krieg kehrte er nach Oslo zurück und wurde norwegischer Staatsbürger. Erst in den 1960er Jahren führte ihn sein Weg zurück nach Deutschland, nachdem man ihm an der Universität Heidelberg eine Professur für angewandte Mathematik angeboten hatte.

Romberg war nicht der einzige Physiker, um dessen Zukunft sich Sommerfeld in den Jahren nach 1933 Sorgen machte. Am 10. Mai 1933 erhielt er einen Brief seines ehemaligen Schülers Max von Laue mit der Bitte, ihm «die Namen und Adressen aller wissenschaftlich tätigen Physiker bis zu älteren Studenten hinunter» mitzuteilen, die vom neuen Beamtengesetz betroffen würden, worauf Sommerfeld seinen Privatdozenten Hans Bethe sowie seine frischpromovierten Schüler Herbert Fröhlich und Walter Henneberg anführte. Bethe war zu dieser Zeit als Gastprofessor in Tübingen; Fröhlich habilitierte sich gerade in Freiburg; Hennebergs Status war der eines Stipendiaten der Notgemeinschaft. Obwohl keiner von ihnen eine Stelle im Sommerfeldschen Institut bekleidete, waren sie alle drei der Münchner «Pflanzstätte» eng verbunden. Ihr gemeinsamer «Makel» lautete: «nicht arisch» im Sinn des Beamtengesetzes. «Bethe ist Sohn des Frankfurter Physiologen; seine Mutter ist jüdischen Ursprungs (...) Fröhlich ist Jude (...) Henneberg hat eine jüdische Großmutter», schrieb Sommerfeld an Laue.[15] In Hennebergs Fall scheiterte der Versuch, ihn als Assistenten Madelungs an die Universität Frankfurt zu vermitteln, da das preußische Kultusministerium keinen Grund für eine Ausnahme darin erkannte, daß Hennebergs Vater an den Folgen einer Verletzung aus dem Ersten Weltkrieg gestorben war.[16] Henneberg verzichtete danach auf eine akademische Karriere und ging in die Industrie. Im Zweiten Weltkrieg wurde er von seiner Arbeitsstelle weg an die Ostfront geschickt und fiel bereits am fünften Tag seines Einsatzes.[17]

Fröhlich, dem als Juden auch die Industrie keine dauerhafte Zuflucht geboten hätte, entschied sich zur Emigration. Wie Romberg wählte auch er die Sowjetunion als Exilland. Sommerfeld stellte ihm eine Empfehlung aus, die ihn als einen zupackenden, praktisch-orientierten Theoretiker auswies: Seine Doktorarbeit sei eine «schöne Leistung» gewesen, «die auch in Russland (von Tamm) anerkannt worden ist», er sei «in der Theorie der Metalleitung auf wellenmechanischer Grundlage vollkommen zu Hause», verfüge über eine große Arbeitsenergie und würde sich auch bei der Anwendung der Quantenmechanik auf die Chemie schnell zurechtfinden.[18] Im März 1934 teilte Fröhlich seinem Lehrer in München mit, daß er nun aus Leningrad «ein ziemlich gutes Angebot» erhalten habe.[19] Auch für Fröhlich war der Aufenthalt in der Sowjetunion jedoch nicht von langer Dauer. Schon ein Jahr später bekam Sommerfeld die Nachricht: «Meine Tätigkeit in Rußland ist leider plötzlich beendet worden, weil ich, wie sehr viele Ausländer in der letzten Zeit, keine Aufenthaltsgenehmigung mehr bekam, obwohl sich Frenkel und Ioffe sehr darum bemüht haben».[20] Anders als Romberg blieb Fröhlich jedoch der Physik treu. Die Elektronentheorie der Metalle, sein bevorzugtes Arbeitsgebiet, bildete sowohl im Leningrader Physikalisch-Technischen Institut wie auch im englischen Bristol, seinem nächsten Zufluchtsort, einen Forschungsschwerpunkt, so daß er auch im Exil die Kontinuität seiner wissenschaftlichen Arbeit wahren konnte.

Empfehlungen für Hans Bethe

Am stärksten sorgte sich Sommerfeld um Bethe. In einem acht Seiten langen Brief hatte Bethe schon am 11. April 1933, vier Tage nach dem Inkrafttreten des neuen Beamtengesetzes, Sommerfeld seine Situation geschildert. Verwundert darüber, wie in Tübingen sein «Geburtsfehler» bekannt geworden sei, machte er sich keinerlei Illusionen über seine Lage: Hans Geiger, der Direktor des Tübinger physikalischen Instituts, habe ihm die neue Situation in einem Brief mitgeteilt, «dessen Kürze ich eigentlich als fast beleidigend empfinde, und nach dessen Wortlaut ich nicht mehr glaube, daß ich in Tübingen noch viele Worte zu reden habe (...) Es scheint außerdem, als ob man in der ‹Säuberung› sehr weit gehen will (...) Das Wesentliche scheint mir, daß unter dem heutigen Kurs meine Aussichten, jemals in Deutschland eine Professur zu bekommen, sehr klein geworden sind. Denn es ist wohl nicht anzunehmen, daß der Antisemitismus sich in absehbarer Zeit abschwächen wird, und auch nicht, daß man die Definition des Ariers abändern wird. Ich muß also wohl oder übel die Konsequenzen ziehen und versuchen, irgendwo im Ausland unterzukommen. Daß mir das nicht leicht fällt, werden Sie verstehen – ich weiß genau, daß ich mich nirgends im Ausland zu Hause fühlen werde und nirgends so wohl wie in Deutschland. Aber soweit man das übersehen kann, bleibt mir ja nur die Wahl, in Deutschland als Privatgelehrter zu verhungern oder fortzugehen. Und lieber gleich die Konsequenzen ziehen als warten, bis die letzten Reserven aufgebraucht sind!»

Dann kam Bethe auf mögliche Auslandsstellen zu sprechen. Er habe von einer zeitlich befristeten Stelle bei Bragg in Manchester gehört, fürchte jedoch, «daß man in England zwar verhältnismäßig leicht eine

Assistentenstelle, aber nur sehr schwer etwas Besseres bekommen wird, sofern man Ausländer ist». Außer möglicherweise in Italien bei Fermi schien ihm Europa ansonsten wenig Perspektiven zu bieten: «Bohr wird zuerst (wenn er überhaupt dazu imstande ist) für die Leute seiner näheren Bekanntschaft sorgen, wie Bloch usw. Wie weit in Schweden Möglichkeiten bestehen, d.h. ob man Siegbahn suggerieren könnte, daß er einen Theoretiker braucht, weiß ich nicht. Frankreich hätte natürlich theoretische Physik sehr nötig, ist mir aber selbstverständlich aus politischen Gründen weniger sympathisch. Wenn sich etwas bieten würde, würde ich es natürlich nicht ausschlagen. Bleibt schließlich Amerika. Wäre dort die Wirtschaftslage etwas besser als sie ist, so wäre es ja zweifellos leicht, dort was Passendes zu finden. Unter den heutigen Umständen ist das alles erschwert – aber andererseits glaube ich, daß eine große Sympathie für die deutschen Juden besteht (und für die, die nach dem deutschen Gesetz dazugerechnet werden, wie ich). Diesbezüglich habe ich nun die größte Bitte an Sie: Sie haben doch zu Amerika immer besonders gute und freundschaftliche Beziehungen; könnten Sie wohl an einige der in Frage kommenden Leute schreiben? Denn im Gegensatz zu England oder Italien kenne ich ja in USA niemand näher. Es scheint mir trotz der wirtschaftlichen Depression USA immer noch die größte Chance zu sein».[21]

Auch wenn es sich dabei um eine sehr subjektive Beurteilung der Situation um 1933 handelt, so wirft dieser Brief doch ein Schlaglicht auf den internationalen Arbeitsmarkt für Theoretiker – und auf die strategische Position Sommerfelds, der mit seinen Empfehlungen die Chancen eines Kandidaten in der Konkurrenz um die begehrten Stellen je nach Wertschätzung höher oder niedriger veranschlagen konnte. In Bethes Fall griff Sommerfeld zu Superlativen. Bei seiner Empfehlung für die Stelle in Manchester hob er zum Beispiel Bethes Arbeit an dem Handbuchartikel über die Theorie der Metallelektronen hervor; «in der Tat ist er auf diesem Gebiet ebenso wie in der Wellenmechanik überhaupt (vgl. einen Handbuch-Artikel über Wasserstoff- und Helium-Probleme) einer der erfolgreichsten Forscher».[22] Er kam auch Bethes Wunsch nach einer Empfehlung für USA nach. Im Sommer 1934 schrieb er an den Chairman des Physikdepartments der Cornell University in Ithaca: «Bethe ist einer meiner begabtesten Schüler und rangiert unmittelbar hinter Debye, Pauli, Heisenberg. Wie hoch ich ihn schätze, können Sie schon daraus sehen, daß ich den Handbuch-Artikel über Elektronentheorie der Metalle, der unter der Firma Sommerfeld-Bethe erschienen ist, zum größten

Teil ihm übertragen habe».[23] In beiden Fällen waren die Empfehlungen erfolgreich. Nach einem rund zweijährigen Aufenthalt in England (in Manchester und Bristol) fand Bethe in Ithaca eine dauerhafte neue Wirkungsstätte. Hier wurde er bald selbst zum Mittelpunkt einer erfolgreichen Theoretikerschule – «und zu wenige meiner Studenten wissen, daß sie eigentlich Ihnen dafür dankbar sein sollten», schrieb er viele Jahre später an Sommerfeld.[24]

Für den 65jährigen Geheimrat bedeuteten die Ereignisse des Jahres 1933 eine große seelische Belastung. Einerseits fühlte er sich als konservativ-nationaler Repräsentant seiner Disziplin herausgefordert, das Ansehen deutscher Wissenschaft dem Ausland gegenüber aufrecht zu erhalten, andererseits wollte er dem Unrecht gegen seine Schützlinge nicht tatenlos zusehen. So sagte er im Mai 1933 eine USA-Reise zur Weltausstellung in Chicago mit anschließendem Wissenschaftskongreß ab, um «bei den zu erwartenden organisatorischen Änderungen an unserer Universität meinerseits mitzuwirken und mich den betreffenden Fakultäts-Beratungen nicht zu entziehen». Diesen Grund nannte er freilich nur seinen Fakultätskollegen; den amerikanischen Kongreßveranstaltern gegenüber begründete er sein Fernbleiben mit «persönlichen Gründen».[25] Wenige Wochen zuvor noch hatte er beim Bayerischen Kultusministerium eigens Urlaub für diese Reise beantragt, da ihn die Deutsche Physikalische Gesellschaft «zu ihrem Vertreter bei den gleichzeitig stattfindenden Besprechungen über Organisationsfragen ernannt» habe und er es «für culturpolitisch zweckmäßig» erachtete, dabei «die Stimmung in Gelehrtenkreisen gegen Deutschland günstig zu beeinflussen».[26] Wie aus einem Brief an Einstein im darauffolgenden Jahr zu ersehen ist, wurde Sommerfeld in seiner nationalen Haltung zutiefst erschüttert. «Leider kann ich meine Landsleute nicht entschuldigen angesichts all des Unrechts, das Ihnen und vielen anderen angetan worden ist; auch nicht meine Kollegen von der Berliner und Münchner Akademie.» Diese hatten Einsteins Vertreibung ohne Bedauern zur Kenntnis genommen. Im Briefentwurf hatte Sommerfeld noch den folgenden Satz hinzugefügt: «Ich hätte jetzt nichts mehr dagegen, wenn Deutschland als Macht zugrunde ginge und in einem befriedeten Europa aufginge.»[27] Ein solcher Gedanke wäre ihm vor 1933 kaum in den Sinn gekommen, und auch jetzt mochte er sich und Einstein diesen Umschwung in seiner politischen Haltung nicht eingestehen, denn er hatte den Satz im Briefkonzept wieder durchgestrichen. Um so deutlicher verrät er den inneren Zwiespalt, in den ihn die Vertreibung so vieler Schüler und Kollegen stürzte – den Zwiespalt zwischen seiner Rolle als nationaler Wissenschaftsrepräsentant einerseits und als Schirmherr eines Kreises moderner theoretischer Physiker andererseits, der in seiner Münchner Pflanzstätte sowie in den Filialen seiner Schüler herangewachsen war.

Protektion für eine Elite

Die doppelte Identifikation führender deutscher Physiker mit ihrer Nation auf der einen und ihrer wissenschaftlichen Gemeinschaft auf der anderen Seite sorgte dafür, daß die Hilfsmaßnahmen für die Emigranten nicht lediglich den Charakter bloßer menschlicher Fürsorge besaßen. Besonders deutlich tritt dies bei Plancks Bemühungen für seine vertriebenen Kollegen zutage, die gleichzeitig der Versuch einer Schadensbegrenzung für die deutsche Wissenschaft waren.[28] Auch Heisenberg, der sich nach anfänglichen Rücktrittsgedanken zur Planckschen Parole des «Durchhaltens und Weiterarbeitens» bekannte, sprach unbewußt diese doppelte Identität des nationalen «Wir» und des «Wir-Gefühls» der Physiker an, wenn er sich mit Bohr um «unsere jungen Physiker» sorgte, «deren Wohl uns allen am Herzen liegt», und gleichzeitig «ein schlechtes Gewissen» verspürte «für alles das, was jetzt in diesem Lande geschieht».[29]

Das Anliegen Sommerfelds und seiner Kollegen reichte also weit über den Horizont der jeweils eigenen Institute hinaus. Wie Heisenberg an Bohr schrieb, hatte er zum Beispiel auch gemeinsam mit Planck und Laue mehrere Versuche unternommen, die Emigration von Franck und Born aus Göttingen abzuwenden.[30] Beide zählten als «nicht arisch» zu den Betroffenen des neuen Beamtengesetzes, doch aufgrund ihrer Teilnahme am Ersten Weltkrieg war auf sie auch der darin enthaltene Ausnahmestatus für die Weltkriegskämpfer anwendbar. Franck lehnte dies von sich aus ab und trat unter öffentlichem Protest zurück. Born wurde zunächst «beurlaubt», er entschied sich jedoch ebenfalls für die Emigration.[31] An Sommerfeld schrieb er: «Daß Sie über die Zustände sehr traurig sind, begreife ich nur zu gut! Auch ich hatte recht verzweifelte Zeiten. Aber eigentlich haben wir, die wir einem unausweichlichen Schicksal folgen müssen, es besser als Sie, die sich doch irgendwie mit dem System solidarisch fühlen müssen, ohne es zu wollen (...) Der alte Planck ist sehr bedrückt, seine Stimmung ist wohl dieselbe wie die Ihre. Er hätte gern gesehen, daß ich mich auf ein paar Jahre beurlauben ließe, um dann wiederzukehren. Aber das schien mir unwürdig. Man kann einem Staate nicht dienen, der einen als Bürger zweiter Klasse behandelt und die Kinder gar noch schlimmer. Darum habe ich um meine Entlassung gebeten.»[32] Ganz ähnlich hatte Franck schon im Mai 1933 Sommerfelds «freundliche Kritik zu meinem Rücktritt» beantwortet: «Planck und auch hiesige Kollegen hoffen offenbar, daß sich in ein paar Monaten die Verhältnisse bei uns so geändert haben würden, daß ich auf meinem Rücktrittsgesuch nicht bestehen müßte. Ich persönlich habe diese Hoffnung nicht und stehe auf dem Standpunkt, daß ich nicht in einem Staat Beamter sein kann, der die deutschen Juden als unerwünschte Elemente und höchstens als Bürger zweiter Klasse einschätzt».[33]

Auch aus Stuttgart erreichten Sommerfeld deprimierende Nachrichten: Ewald, der zu seinen ersten Schülern und persönlichen Freunden zählte, war mit einer jüdischen Frau verheiratet und trat von seinem Amt als Rektor zurück, da er sich außerstande sah, «in der Rassenfrage den Standpunkt der nationalen Regierung zu teilen», wie er es in seinem Rücktrittsschreiben formulierte.[34] Zwar behielt er noch für einige Jahre seine Professur, doch ließ er Sommerfeld schon 1933 vorsorglich wissen, er würde sich «die Annahme einer Auslandsstelle jetzt überlegen». Allerdings lege er Wert darauf, nicht auf eine zeitlich befristete «philantropic professorship» berufen zu werden, sondern auf eine Stelle, die er «auch im normalen Verfahren» bekleiden konnte.[35] Die eigene Emigration stand Ewald schon zum Zeitpunkt seines Rücktritts klar vor Augen: «Jedenfalls aber haben meine Kinder nicht die geringsten Aussichten in Deutschland, und wenn es irgend geht, muß ich hinaus», so schrieb er am 21. April 1933 nach München. Er habe auch den Eindruck, daß «der Kampf um die Entjudung» erst an seinem Anfang stehe. Wie Sommerfeld und Heisenberg fühlte sich auch er über das persönliche Schicksal hinaus im Zwiespalt des doppelten Wir-Gefühls: «Was fangen wir eigentlich mit all den Leuten an, denen das Leben in Deutschland unmöglich gemacht wird», so kommentierte er die Nachricht, daß Bethes Lehrauftrag in Tübingen «zurückgenommen» worden sei. Ob sich nicht vielleicht am neuen Institute for Advanced Study in Princeton eine Art «Sammelzelle für Physiker und Mathematiker einrichten ließe?», gab er zu bedenken. «Vielleicht ist dieser Plan verdreht – aber sicher ist, daß in irgendeiner Weise vor allem den jungen Leuten geholfen werden muß, die hier aus der ‹Volksgemeinschaft› ohne Frist ausgestoßen wurden».[36]

Stellensuche für «unsere jungen Physiker»

Die Vertreibung einer so großen Anzahl deutscher Wissenschaftler löste auch im Ausland Betroffenheit aus. Es wurden Hilfsorganisationen gegründet und hier und da neue, meist befristete Stellen geschaffen, doch angesichts der allgemeinen Depression jener Jahre, antisemitischer Ressentiments und Fremdenfeindlichkeit (besonders dort, wo die Stellen schon für die «eigenen» Akademiker knapp waren) konnte von einer reibungslosen Integration der Emigranten in den Wissenschaftsbetrieb des jeweiligen Aufnahmelandes im allgemeinen keine Rede sein.[37] Ob die Jahre im Exil für einen Emigranten zu einer «glücklichen» Zeit wurden, hing primär von seinem besonderen Marktwert ab, mit dem er sich vor den übrigen Stellenbewerbern auszeichnete. Die «jungen Physiker, deren Wohl uns allen am Herzen liegt», entstammten meist den Instituten Sommerfelds, Bohrs, Paulis, Borns oder Heisenbergs, wo sie sich um 1930 mit ersten quantenmechanischen Doktor- und Habilitationsarbeiten qualifiziert hatten. Bethe, Bloch, Peierls, Nordheim, Teller und einige andere, auf die sich dieses Augenmerk richtete, repräsentierten keinen Durchschnitt der Physikeremigration sondern einer erlesene Minderheit. Der «typische» Emigrant aus dieser Gruppe war männlich, noch keine dreißig Jahre alt, und mit den besten Empfehlungen seines Lehrers zwischen den Instituten in Zürich, München, Leipzig, Göttingen oder Kopenhagen herumgereicht worden, so daß zumindest in diesen Zentren sein Name wohlbekannt war. Gewöhnlich verbrachte er die erste Phase seiner Emigration auf einer befristeten Stelle in dem dünngeknüpften Netzwerk europäischer Theoretikerzentren außerhalb Deutschlands, zum Beispiel bei Brillouin in Paris oder bei Mott in Bristol, bevor er in USA eine dauerhafte Bleibe fand. Vor allem das Kopenhagener Institut, wo fast alljährlich die internationale Theoretikerelite zu formellen und informellen Konferenzen zusammentraf, wurde zu einem der wichtigsten Verteilungszentren des Stellenmarkts der modernen theoretischen Physik in den dreißiger Jahre.

Natürlich ist diese Typisierung selbst für den Elitezirkel unter den Theoretiker-Emigranten nur eine grobe Stilisierung. Ein Beispiel, das diesem groben Bild schärfere Konturen gibt, bietet die Emigration Lothar Nordheims. Mit 34 Jahren war er zum Zeitpunkt der nationalsozialistischen Machtergreifung etwas älter als die meisten anderen aus dieser Gruppe, doch ansonsten spiegelt sein Werdegang die Gemeinsamkeiten gut wider. Er hatte Anfang der 1920er Jahre bei Sommerfeld studiert, sich im Seminar dessen Aufmerksamkeit erworben, und war von ihm als Hilberts «Hauslehrer» nach Göttingen weiterempfohlen worden. Als die Entwicklung der Quantenmechanik dort ihren Höhepunkt erreichte, wechselte er aus dem Hilbertschen Institut zu Born, um bei ihm zu promovieren und sich – nach einem Aufenthalt als Rockefeller-Stipendiat in Cambridge und Kopenhagen – dort auch zu habilitieren. Als Privatdozent und Assistent Borns gehörte er mehrere Jahre lang zum Stamm des Bornschen Instituts. Während dieser Zeit folgte er Einladungen zu kürzeren Forschungsaufenthalten nach USA und in die Sowjetunion, ohne jedoch eine feste Stelle zu erhalten. «To go to the United States», so erinnerte er sich später, «everyone liked the idea. In some respects, I had hoped maybe that there would be a career for me over here. In Europe the physicists were very abundant, compared to the number of places available to them».[38]

Als Nordheim 1933 in Göttingen als «Halbjude» entlassen wurde, hatte er sich bereits mit einigen Veröffentlichungen einen Namen gemacht, insbesondere was die Anwendung der Quantenmechanik auf die Elektronentheorie der Metalle anging. «In a way, I was lucky», so verglich er seine eigene Situation mit der vieler anderer Emigranten, «because I was young and had just made my name and was promising, but not so old that it would take very much money to get me. Also, as a former Rockefeller fellow, the Rockefeller Foundation always helped out.»[39] Seine erste Station im Exil war Paris, wo er für ein Jahr von Brillouin, der wie er gerade an der quantenmechanischen Metalltheorie arbeitete, an das Institut Henri Poincaré eingeladen worden war. Finanziert wurde dieser Aufenthalt im wesentlichen durch die Rockefeller-Stiftung, doch auch um diese Unterstützung zu erhalten, bedurfte es der Protektion. «Es würde nun sicher meiner Sache sehr helfen, wenn Sie noch eine kleine Empfehlung an die Rockefeller Foundation senden könnten», hatte er im Oktober 1933 an Bohr geschrieben, der ihm bei seinem letzten Kopenhagen-Aufenthalt seine Unterstützung «bei etwaigen Verhandlungen betreffs meiner Zukunft» zugesagt hatte.[40] Von Paris aus versuchte Nordheim weiter, eine dauerhaftere Position zu finden. Als zum Beispiel eine Stelle bei Raman in Bangalore ausgeschrieben wurde, wandte er sich erneut nach Kopenhagen mit der Bitte um eine Empfehlung. Bohr antwortete, daß er in dieser Angelegenheit schon von Peierls um eine Empfehlung gebeten worden sei, und versprach, Raman gegenüber «meine besten Empfehlungen für Sie beide auszudrücken».[41] Am Ende wurde weder Peierls noch Nordheim nach Indien berufen, sondern

Born, der jedoch nach wenigen Monaten wieder nach Europa zurückkehrte, als man ihm in Edinburgh eine dauerhafte Professur anbot. Die kurze Hoffnung auf diese Stelle in Indien, die auch in der Sommerfeld-Korrespondenz wie ein Strohfeuer aufflackerte und zu einigen Empfehlungsschreiben führte,[42] bevor sie wieder erlosch, zeigt sehr anschaulich die angespannte Sellensituation, bei der selbst die renommiertesten Emigranten nicht sehr wählerisch sein konnten.

Für Nordheim kam das ersehnte dauerhafte Stellenangebot schließlich aus USA. Auch dabei war die Protektion Sommerfelds ein wichtiger Faktor. «We are greatly in need of a first rate theoretical physicist», hatte der Leiter des Physikdepartments der Duke University im amerikanischen Durham im November 1933 an Sommerfeld geschrieben und versichert, «that a young man who distinctly makes good would have an exceptional chance for a permanent appointment here».[43] Sommerfeld empfahl an erster Stelle Ewald, der am besten dazu imstande sei, «eine Schule für theoretische Physik zu organisieren (...) Da er bisher nicht abgesetzt, in Stuttgart sehr angesehen ist und 4 Kinder hat, würde er nur dann ins Ausland gehen, wenn ihm eine gute und sichere Stelle angeboten wird. Er ist etwa 40 Jahre alt, mit einer Jüdin verheiratet. Machen Sie ihm eine Offerte.» An zweiter Stelle empfahl Sommerfeld den jüngeren Nordheim. Auch ihn schätzte er als «sehr gut» ein, außerdem habe er sich «besonders verdient um die Elektronentheorie der Metalle» gemacht.[44] Für Nordheim war diese Empfehlung «besonders wertvoll», wie er sich bei Sommerfeld bedankte, «denn eine Professur in Amerika ist ja ungefähr das Beste, was man in einer Lage, wie der meinigen, erhoffen kann».[45] Als Nordheim die Stelle tatsächlich angeboten wurde, befand er sich bereits in USA als Gast der Purdue-University, wo er freilich weniger erfreuliche Erfahrungen machte: «There was the hope that this could develop into a permanent appointment, but there was hostility on the part of the faculty – the non-physics faculty. Also the climate of opinion in the town, apparently, was against foreigners».[46] Um so glücklicher war er über das Angebot aus Durham, das er sofort annahm.

Die Emigration von Edward Teller, einem engen Mitarbeiter Nordheims während der Jahre vor 1933 in Göttingen, kann als ein weiteres Beispiel dienen.[47] Auch Teller entdeckte seine Neigung zur theoretischen Physik als Student bei Sommerfeld. Ein Unfall, bei dem er einen Fuß verlor und für mehrere Monate aus seinem Studium herausgerissen wurde, und Sommerfelds Weltreise 1928/29 unterbrachen jedoch eine mögliche Karriere als Sommerfeldschüler. Er vertauschte seinen Münchner Studienort mit Leipzig, wo er im Seminar sehr schnell Heisenbergs Aufmerksamkeit auf sich zog. Im Frühjahr 1930 beendete er, gerade 22 Jahre alt, sein Studium mit einer quantenmechanischen Doktorarbeit über das Wasserstoffmolekülion. Während der Osterferien nahm ihn Heisenberg zu einem zweiwöchigen Aufenthalt mit nach Kopenhagen, um ihn in den Bohrschen Kreis einzuführen. Die nächste Station war eine Assistentenstelle in Göttingen, wo er vor allem mit Franck, Heitler und Nordheim zusammenarbeitete. Während dieser Zeit, der «molecular»- oder «chemical physics»-Periode seiner Karriere,[48] machte er sich unter seinesgleichen einen Namen als Spezialist für die Anwendung der Quantenmechanik auf Fragen der Molekülphysik. Wie die meisten Doktoranden und Assistenten aus dem Kreis um Heisenberg, Bohr oder Sommerfeld nutzte er seine Assistentenjahre zu auswärtigen Forschungsaufenthalten: So verbrachte er am Fermischen Institut in Rom Anfang 1932 einen mehrwöchigen Aufenthalt, der ihn mit Bethe (den er bereits aus den gemeinsamen Tagen bei Sommerfeld kannte), Peierls (der fast gleichzeitig mit ihm bei Heisenberg promoviert hatte), Georg Placzek sowie Fermi und seinen engsten Mitarbeitern, Emilio Segre und Franko Rasetti, in eine nähere Bekanntschaft brachte. Die meisten von ihnen trafen später im amerikanischen Atombombenprojekt unter ganz anderen Bedingungen wieder zusammen. 1932 jedoch galt ihr Interesse in erster Linie den verschiedenen quantenmechanischen Anwendungsfeldern, von denen die Kernphysik nur eines unter vielen darstellte.

1933 war es Teller als ungarischem Juden klar, daß er seine weitere berufliche Zukunft außerhalb Deutschlands suchen mußte. Franck organisierte für ihn eine Einladung an die London University zu dem Biochemiker George Frederick Donnan, was zwar nicht zu einer Professur führte, aber wenigstens die Voraussetzung schuf, daß Teller mit einem Rockefeller-Stipendium bei Bohr in Kopenhagen einen längeren Aufenthalt verbringen konnte – denn ein solches Stipendium wurde nur an Kandidaten vergeben, die für die Zeit nach Ablauf des Stipendiums eine Stelle nachweisen konnten. Wie Donnan an Bohr schrieb, hatte er gegenüber der Rockefeller-Stiftung für Teller eine «guarantee of a post for three years» ausgestellt und Bohr gebeten, den Antrag an die Rockerfeller-Stiftung ebenfalls zu unterstützen, denn «Dr. Teller is extremely anxious to have as long a period as possible with you».[49] Teller seinerseits hatte um diese Zeit an Bohr geschrieben, daß er gerne «für ein Jahr» zu ihm kommen wolle, sobald «die formale Bedingung erfüllt» sei.[50] Die Angelegenheit wurde schließlich auch noch durch die Heiratspläne Tellers verkompliziert: «We do not award Rockefeller Fellowships to send Hungarians off on honeymoons», so reagierte man laut Tellers Erinnerung im Pariser Büro der Stiftung, als er dort persönlich vorsprach, um alle Hindernisse an Ort und Stelle aus dem Weg zu räumen.[51]

Mit der Protektion von zwei Physiknobelpreisträgern (Franck und Bohr) sowie dem in der Chemie wohlbekannten Donnan («Donnan-Gleichgewicht») gelang es schließlich, den ersehnten Kopenhagen-Aufenthalt durchzusetzen. Im Bohrschen Institut wurden nun die weiteren Weichen für Tellers Exilkarriere gestellt. Er freundete sich mit George Gamow an, einem russischen Emigranten, der wie so viele andere Theoretiker auf seiner Wanderschaft Kopenhagen des öfteren einen Besuch abstattete. Gamow erhielt kurz darauf eine Professur an der Washington University, wo man ähnlich wie an der Duke University zu dieser Zeit daranging, das Physikdepartment auszubauen. Als kurz darauf noch ein zweiter Theoretiker eingestellt werden sollte und auf Gamows Empfehlung Teller in die engere Wahl der Kandidaten aufrückte, zeigte sich einmal mehr, welche Hindernisse die Emigranten zu überwinden hatten: «I do not doubt that Teller is very good but we have a very good crop of young theoreticians in this country too and I think they should be provided first», so argumentierte der amerikanische Theoretiker Gregory Breit gegen die Einstellung Tellers.[52] In diesem Fall entschied man sich trotzdem für Teller, der das Angebot sofort annahm und im Herbst 1935 auf Dauer in die USA übersiedelte.[53]

Auf ganz ähnliche Weise wie Nordheim und Teller war Mitte der 1930er Jahre ein erlesener Kreis von jungen Theoretikern in USA zu einer dauerhaften Stellung gekommen: Bethe an der Cornell University, Eugen Wigner in Princeton, Bloch an der Stanford University, Victor Weisskopf an der University of Rochester, um einige der bekanntesten zu nennen.[54] Kaum einem der jungen Theoretiker gelang es, dem Beispiel ihrer renommierten Lehrer Born (in Edinburgh) oder Schrödinger (in Oxford und Dublin) zu folgen und in Europa eine dauerhafte Bleibe zu finden, wenngleich auch in dieser Hinsicht Ausnahmen die Regel bestätigen: Schrödinger verschaffte dem Sommerfeldschüler Heitler, der bereits in Zürich und Berlin in seinem Institut gearbeitet und schließlich Borns Privatdozent in Göttingen geworden war, eine «junior professorship» am Institute for Advanced Study in Dublin.[55] Zuvor war Heitler als «research fellow» an der Universität Bristol untergekommen, wo Mott in den 30er Jahren mit Hilfe einiger Theoretiker-Emigranten ein Zentrum der modernen Festkörperphysik aufbaute.

Zuflucht in Provinzuniversitäten

Auch Peierls gelang es, zunächst in Birmingham und später in Oxford eine dauerhafte Professur zu erhalten. Am Beispiel seiner Exilkarriere treten noch weitere Eigenheiten zutage, die für die Wanderung dieser Theoretikerelite maßgeblich waren. Wie Bethe, Nordheim und Teller hatte auch Peierls bei Sommerfeld Geschmack an der theoretischen Physik gefunden, und wie Teller war er 1928 wegen Sommerfelds Weltreise in die Leipziger Filiale der Sommerfeldschule umgezogen. Die nächste Station war das Paulische Institut an der ETH Zürich, dann wieder Leipzig, und schließlich nochmals Zürich. Als Schüler Sommerfelds, Doktorand Heisenbergs und Assistent Paulis verfügte er über eine wissenschaftliche Abstammung, wie sie für einen modernen Theoretiker nicht erlesener hätte sein können. 1932 machte auch er sich auf die einjährige Rockefeller-Wanderschaft, zuerst zum Fermischen Institut nach Rom, dann nach Cambridge (zu Fowler). Die formale Bedingung, daß er nach Beendigung seines Rockefeller-Stipendiums auf eine feste akademische Stelle zurückkehren könne, hatte ihm Pauli erfüllt, doch dabei seinem Assistenten das gentleman-agreement abverlangt, daß er davon keinen Gebrauch machen und die Assistentenstelle 1933 einem Nachfolger freimachen würde. Nach Ablauf seines Stipendiums blieb er in England, zunächst im Rahmen einer «assistent lectureship» bei Bragg in Manchester, dann mit einem «research fellowship» der Royal Society am Mond Laboratory in Cambridge. Erst nach einem vierjährigen Aufenthalt in England gelang ihm der Sprung auf eine feste Stelle, einen «provincial chair» an der Universität Birmingham.[56]

Auch Peierls hatte sich 1933 unter den Virtuosen der modernen Atomtheorie bereits einen Namen gemacht und konnte auf einige vielzitierte Publikationen verweisen, die seine Beherrschung der Quantenmechanik unter Beweis stellten. Dabei war er mit 26 Jahren noch jung genug und nicht zuweit in seiner akademischen Laufbahn fortgeschritten, so daß er für eine Provinzuniversität billig zu haben war – ähnlich wie seine Alters- und Fachgenossen, die in USA auf neugeschaffene Lehrstühle an irgendein, meist im Aufbau begriffenes Physikdepartment berufen wurden. Einen Theoretiker wie Peierls anzustellen, bot eine vergleichsweise billige Gelegenheit, dem eigenen Physikinstitut eine ganz neue Qualität zu geben. Darin erkannte zum Beispiel der englische Atomtheoretiker Douglas Rayner Hartree die Gelegenheit, seinem Fachgebiet an seiner Universität endlich die gebührende Aufmerksamkeit zu verschaffen, wie er an Bohr schrieb: «Theoretical physics will be stronger at Manchester next year, as Bethe and Peierls are coming under Bragg (...) We will be enough for a Theoretical Physics Colloquium, which I have wanted to start before, but for which there have not really been enough people».[57]

Wenn den jungen Quantentheoretikern unter den vertriebenen Physikern mehr als anderen die Jahre des Exils zu einer «glücklichen» Zeit wurden, so lag auch dies an dem «operationalen» Charakter, den die theoretische Physik mit der Quantenmechanik erhalten hatte. Mit einem Aufenthalt Bethes oder Peierls' verbanden sich meist hochgesteckte Erwartungen, was die quantenmechanischen Anwendungsmöglichkeiten betraf. Dies wird noch deutlich werden, wenn von der Festkörperphysik und der Theorie der Atomkerne als den beiden Hauptanwendungsgebieten der Quantenmechanik die Rede sein wird. Das große Interesse, mit dem diese Elite der jungen Quantentheoretiker in einigen Institutionen bedacht wurde, konnte das Gros der Physikeremigranten jedenfalls nicht auf sich ziehen.

«Hinausgestoßen ... in den leeren Raum»

Zieht man den Kreis um Sommerfeld weiter und fragt auch nach dem Schicksal seiner älteren Schüler sowie einiger Freunde, Kollegen und Studenten unter seinen Briefpartnern, die nach 1933 in die Emigration gezwungen wurden, so verdüstert sich das Bild beinahe schlagartig: Fritz Noether, der 1909 bei Sommerfeld promoviert hatte und 1922 eine ordentliche Professur für Mathematik an der Technischen Hochschule in Breslau erhalten hatte, emigrierte 1934 nach Tomsk in der Sowjetunion, wo man ihm eine Professur für Mathematik und Mechanik angeboten hatte. Seine Spur verliert sich 1938. Vermutlich wurde er ein Opfer der Stalinschen «Säuberungen».[58] Otto Blumenthal, ein Kollege Sommerfelds aus der Göttinger und Aachener Zeit, blieb nach seiner Entlassung 1933 in Deutschland und emigrierte erst 1939 nach Holland. Von dort wurde er nach dem Einmarsch der deutschen Wehrmacht im Zweiten Weltkrieg nach Theresienstadt deportiert, wo er kurz darauf ums Leben kam.[59]

Die Emigrantengeneration der Fünfzigjährigen

Ein tragisches Los war auch Ludwig Hopf beschieden, der wie Noether 1909 bei Sommerfeld promoviert hatte. Anschließend wurde Hopf Assistent Einsteins in Zürich und Prag, dann Professor für theoretische Mechanik in Aachen, wo er – gerade fünfzig Jahre alt – 1933 entlassen wurde. Auch er blieb als «Privatgelehrter» in Deutschland und emigrierte erst 1939 nach England und Irland, wo er nach wenigen Monaten starb. Seine Leidenszeit nach 1933 zeigt besonders deutlich, was für die Emigrantengeneration der Fünfzigjährigen «dies Hinausgestoßen werden aus der einzigen Gemeinschaft, in die man hineingehört, in den leeren Raum hinaus» bedeutete. Hopfs Briefe an seinen alten Lehrer sind ein beredtes Zeugnis für eine, gerade unter älteren Emigranten in Deutschland sehr verbreitete Mentalität – eine Gefühl, «daß man fest in der alten Gemeinschaft wurzelt», und das zumindest noch im Mai 1933 die Hoffnung nährte, «daß vielleicht doch ein Zurückwachsen möglich ist (...), der Mensch ist eben kein Einzelgänger, und die letzten Zeiten haben mich richtig gelehrt, was Heimat, Vaterland, Volk (beileibe nicht im Sinn der Nationalisten) bedeuten. Ins Ausland gehen, hieße für mich doch ‹Verbannung›, und ich würde dies nur gezwungen tun, damit die Kinder wieder eine Heimat finden». Auch als Wissenschaftler hielt er sich einige Verdienste um sein «Vaterland» zugute: Er hatte von 1916 bis 1918 im Rahmen eines Kriegsauftrages aerodynamische Forschungen angestellt, deren Ergebnisse er nach dem Krieg in einem *Handbuch der Flugzeugkunde* zu einer Monographie unter dem Titel *Aerodynamik* zusammenfaßte. In einem Widmungsexemplar für Sommerfeld hatte er in Versform jenem «forschende(n) Geist» gehuldigt, der sich darin in «machtvoller Tat» als «Werkzeug und Wehr» entfaltet habe.[60] Da er zudem «an der Front die Schlacht an der Somme mitgemacht» hatte, rechnete er sich selbst zu denen, für die das neue Beamtengesetz eine Ausnahmeregelung bereithielt. Überhaupt hoffte er, «daß in 3 Monaten das meiste wieder zurückgenommen werden wird. Ein Volk, das sich seit 14 Jahren über das Ausnahmegesetz gegen sich beschwert, kann doch nicht seinerseits Ausnahmegesetze verhängen; und ein Volk, das stets energisch für die Rechte der Minderheiten eingetreten ist, kann doch nicht seinerseits Minderheiten derartig behandeln».[61] In Anlehnung an Schopenhauer bezeichnete er seine Stimmung als «ruchlosen Optimismus» und bekundete «mehr Vertrauen auf die Zukunft als vernunftmäßig berechtigt ist». Falls er emigrieren müsse, setze er große Hoffnung auf seine Beziehungen nach England, wo gerade ein «großzügiges Hilfsunternehmen speziell für die ausgetriebenen deutschen Gelehrten organisiert» werde; «vielleicht fällt da auch etwas für mich ab. Für August hat mich Kollege Goldstein (genialer junger Hydrodynamiker) nach Cambridge zu sich eingeladen; vielleicht läßt sich da etwas ausspinnen. Außerdem hat mir Einstein versprochen, daß er mir genügend Einladungen zu populären Vorträgen verschafft – Erfolg meines Relativitätsbüchleins –, um mich einige Zeit über Wasser zu halten. Bei einer solchen Tournee finde ich dann schon auch etwas Dauerndes».[62]

All diese Hoffnungen wurden enttäuscht. Dabei konnte Hopf durchaus wissenschaftliche Verdienste vorweisen, die ihn als einen hervorragenden Theoretiker auswiesen. Zusammen mit Einstein hatte er grundlegende Arbeiten zur Relativitätstheorie publiziert; er war Autor eines Lehrbuchs der Mechanik und hatte mit Sommerfeld eine Veröffentlichung über spezielle Funktionen der mathematischen Physik verfaßt. Auf seinem eigentlichen Spezialgebiet, der Aero- und Hydrodynamik, war er eine bekannte Koryphäe. Seine Expertisen betrafen nicht nur die gerade hochaktuelle Flugtechnik; so war er zum Beispiel auch als Berater der Münchner Wasserwerke tätig bei Fragen wie nach der «Wasserführung von Kanälen» oder der «Grundwasserströmung in einem abfallenden Gelände mit Auffanggraben».[63] An Hopfs Qualitäten als Theoretiker gab es nichts auszusetzen. Sein Pech war sein Alter und die Tatsache, daß sein Name 1933 nicht mit «moderner Physik» in Verbindung gebracht wurde, sondern mit «alten» Theoretikerthemen wie der Relativitätstheorie und der klassischen Kontinuumsmechanik, die zwar nicht weniger als die Quantenmechanik zu den Themen der theoretischen Physik zählten, aber eben nicht den Stempel der Modernität trugen. Selbst die Protektion Einsteins und Sommerfelds brachte dem entlassenen Mechanik-Professor nicht die ersehnte Dauerstellung im Ausland. Sommerfeld empfahl Hopf nach USA an die Ohio State University in Columbus und nach Indien an das Institut Ramans in Bangalore, beidemal ohne Erfolg. «Columbus-Ohio scheint weggeschwommen zu sein; wenigstens hat A(lbert) E(instein) auf seinen Brief die Antwort erhalten, es sei kein Geld mehr da. Dann ist wohl auch der schöne Empfehlungsbrief von Zeppelin ins Leere gegangen», schrieb Hopf Anfang 1934 an Sommerfeld, ohne jedoch ganz aufzugeben: «Jedenfalls habe ich jetzt mehrere Instanzen im Ausland mobil gemacht und hoffe, daß irgendwo in absehbarer Zeit etwas herauskommt».[64] Ursprünglich hatte man offenbar Sommerfeld selbst in Columbus anzuwerben versucht.

Hopf argwöhnte wohl nicht zu unrecht, daß es sich dabei um eine Stellung handelte, «die ganz persönlich für Sie geschaffen» worden war.[65] Vermutlich verzichtete man dann, da Sommerfeld selbst nicht zu haben war, lieber ganz auf diese Stelle als sie mit einem noch so warm empfohlenen Theoretiker zu besetzen, der nicht als Garant für die «moderne Physik» angesehen wurde. Auch was die indische Stellung betraf, so hegte Hopf Zweifel, ob man «einen Mann meiner Vorbildung und Arbeitsrichtung will».[66] Dennoch hätte er es «reizvoll» gefunden, «wenn diese Sache was würde» und er «mit Sack und Pack fort könnte und für die Kinder eine rechte Heimat schaffen» könne.[67]

Zur Sorge um eine Auslandsstelle kam die um die Zukunft der Kinder. Hopfs ältester Sohn hatte bis 1932 an der Münchner Universität studiert, war jedoch aufgrund einer Unterschrift in einer «antifaschistischen Studentenliste» im November 1932 von der Universität verwiesen worden. Als mehr als ein Jahr später dieser Fall wieder aufgerollt wurde, wandte sich Hopf an Sommerfeld mit der Bitte, bei den zuständigen Universitätsinstanzen für seinen Sohn herauszufinden, «ob etwa mit der Disziplinaruntersuchung noch irgendwelche anderen Folgen verbunden sein könnten», denn «man kann ja nicht wissen, was einem alles noch angehängt wird».[68] Einige Tage später ließ er Sommerfeld wissen, daß er seinen Sohn auf jeden Fall zum Studium nach England schicken wolle, da er ihn aufgrund seiner politischen Einstellung in Deutschland gefährdet sah. «Führen Fäden vom Universitätsgericht zur Polizei? Hetzt man die Polizei hinter den Relegierten her oder ruhen die Aktenstücke in den Archiven?», wollte er durch Sommerfeld ausfindig machen lassen und vereinbarte sogar einen Code, um möglichst unverfänglich und rasch darüber Klarheit zu erhalten: Falls seinem Sohn eine polizeiliche Verfolgung drohe, solle Sommerfeld «Glückliche Reise» nach Aachen telegrafieren; in diesem Fall wollte er seinen Sohn unverzüglich nach England schicken. Wenn die telegrafische Botschaft jedoch «Fröhliche Weihnachten» lautete, würde man dies als Bescheid auffassen, daß die Bedrohung nicht so groß sei und man die Weihnachtsfeiertage noch zusammen verbringen könne.[69]

Die Angelegenheit verlief glimpflich, aber sie verdeutlicht die Beklemmung, die sich auf die ganze Familie legte. Auch unabhängig von einer akuten Bedrohung war jedenfalls klar, daß den Kindern in Deutschland keine angemessene Ausbildung vermittelt werden konnte. Die beiden ältesten Söhne wurden 1934 nach England zum Studium geschickt. Der Vater blieb in Aachen und fand sich mit dem aufgezwungenen Dasein eines Privatgelehrten ab: «Meine hiesigen Kollegen haben manchmal Neid auf mich – nur nicht auf mein Berufseinkommen», schrieb er 1935 dem gerade emeritierten Sommerfeld.[70] Im Sommer 1938 machte er nochmals einen Versuch zur Emigration in die USA, doch man verweigerte ihm das Einreisevisum.[71] Im Dezember desselben Jahres, als er seinem alten Lehrer in München zum 70. Geburtstag gratulierte, sprach er von dem Schicksal, «das ja mit uns allen merkwürdige Sprünge gemacht» habe; es sei «nicht nötig, daß ich viel ausspreche». (Siehe Kapitel 9). Immerhin deutete er an, er «habe Hoffnung (allerdings noch nicht mehr!), bald einen neuen Wirkungskreis zu finden». Einige Tage später schrieb er von neuem Leid, da gemeinsame Freunde den «schmerzlosen Freitod gewählt haben, da sie der Not, die auf sie zu kam, nicht länger gewachsen waren», und von einer neuen Hoffnung «auf ein Provisorium in Dänemark oder England (beides sehr unsicher, aber lieb gedacht). Es wäre schön».[72]

Das «Provisorium» bestand aus einem «research-grant in Cambridge mit Existenzminimum einstweilen für 4 Monate», wie er im Februar 1939 von Aachen aus in seinem letzten Brief an Sommerfeld schrieb. Binnen sechs Jahren war aus dem wohlbestallten und wohlhabenden Aachener Professor ein verarmter Bittsteller geworden, der selbst nach dem Strohhalm eines dürftigen Stipendiums griff, um einen neuen Anfang im Exil zu versuchen. «Na, ich bin gespannt auf das neue Leben», gab er sich zuversichtlich, «Hans und Peter in London, wo sie sich jetzt vorübergehend eine kleine Wohnung einrichten, und wir in Cambridge, und alle ohne Geld und im Zweifel, ob sie sich einen Besuch beieinander leisten können». Selbst diese Aussicht schien ihm noch als «das große Los», wenn er es mit dem seiner väterlichen Verwandtschaft in Nürnberg verglich, die dort einen alteingesessenen Hopfenhandel besessen hatte und nach den antijüdischen Pogromen nun offenbar völlig ruiniert war. «Ich war jetzt einen Tag in Nürnberg, da habe ich genug an Elend gesehen!»[73]

Über Hopfs weiteres Schicksal im Exil gibt es nicht mehr viel zu berichten. Nach Ablauf seines Stipendiums in Cambridge nahm er eine Stelle als «lecturer» für höhere Mathematik am Trinity College in Dublin an, «konnte aber seine Tätigkeit daselbst nur wenige Monate wahrnehmen, da er von einer Blutkrankheit befallen und durch ein Versagen der Schilddrüse schnell hinweggerafft wurde». Es ist bezeichnend, daß der Nachruf, dem diese lapidaren Zeilen entnommen sind, nicht etwa unmittelbar nach Hopfs Tod erschien; erst 1953 wurde er wie ein später

Versuch einer Vergangenheitsbewältigung im Jahrbuch der Aachener Hochschule veröffentlicht, eingeleitet von einigen posthum veröffentlichten Erinnerungen Sommerfelds an Hopfs Karriere vor dem Ersten Weltkrieg, und fortgeführt von einem Kenner der Aachener Verhältnisse, der jedoch über die Entlassung Hopfs mit erstaunlicher Kürze hinwegging und nichts von dem «Hinausgestoßen sein» zu berichten wußte, das Hopfs Lebensgefühl in diesen Jahren so nachhaltig bestimmt hatte.[74]

Ganz anders verlief die Emigration von zwei weiteren Sommerfeldschülern aus Hopfs Generation, Ewald und Debye, wenngleich auch hier das Adjektiv «glücklich» besser durch «glimpflich» ersetzt werden sollte. Beide waren viel stärker als Hopf in das internationale Netzwerk der modernen Physik eingebunden. Debyes Emigration nimmt dabei eine Sonderstellung ein: Als Nobelpreisträger galt er als weltweit anerkannter Wissenschaftler, und auch in Deutschland schätzte man ihn als experimentell wie theoretisch versierten Repräsentanten der Physik, was auch durch seine Position als Direktor des Kaiser-Wilhelm-Instituts für Physik in Berlin zum Ausdruck kam. Debyes Emigration hatte weder rassische noch politische Gründe. Als an seinem Institut geheime Kriegsprojekte durchgeführt werden sollten, stellte man ihn als Holländer vor die Alternative, die deutsche Staatsangehörigkeit anzunehmen oder sich von dem Direktorenposten beurlauben zu lassen. Debye akzeptierte daraufhin eine Gastprofessur in USA, von der er nicht mehr nach Deutschland zurückkehrte.[75]

Bei Ewald lagen die Verhältnisse anders. Bereits sein Rücktritt als Rektor der TH Stuttgart im Jahr 1933 hatte ihn als Regimegegner ausgewiesen. Er selbst war als «Arier» nicht von dem nationalsozialistischen Beamtengesetz betroffen, doch für seine jüdische Frau und seine vier Kinder wurde eine Zukunft in Deutschland immer unerträglicher. Bereits 1933 hatte er an Emigration gedacht, und je mehr sich die nationalsozialistische Herrschaft als Dauerzustand erwies, desto unausweichlicher wurde diese Konsequenz. Ewald galt als international anerkannte Autorität auf dem Gebiet der Strukturanalyse, so daß er keinen Mangel an Einladungen ins Ausland hatte. Dennoch fand auch er nicht auf Anhieb ein angemessenes Exil. 1935 war er nahe daran, in Spanien eine Stelle zu erhalten, doch der Bürgerkrieg verhinderte diese Möglichkeit; auch bei einem Aufenthalt in USA im Sommer 1936 gelang es ihm nicht, eine Professur zu erhalten, die für seine sechsköpfige Familie eine ausreichende Existenzgrundlage geboten hätte. 1937 nahm er die Möglichkeit eines Stipendiums einer englischen Hilfsorganisation wahr und emigrierte zunächst allein nach Cambridge; als er für das darauffolgende Jahr erneut nach USA zu einem Sommerschulaufenthalt eingeladen wurde, ließ er seine Familie nachkommen und unternahm weitere Versuche, dort eine feste Stelle zu finden – wieder erfolglos Zurück in Cambridge, wo er bis 1939 bleiben konnte, erhielt er schließlich aus Nordirland das Angebot einer «lectureship» in Belfast, das schließlich zu seinem Exil für die Dauer des Krieges wurde. Erst 1949 übersiedelte er nach USA an das Polytechnic Institute of Brooklyn, wo er als Leiter des Physikdepartments ein Zentrum der Kristallographie und Festkörperphysik begründete.[76]

Emigration ins Außenseiter-Dasein

Das Schicksal des Ewaldschülers Herbert Jehle zeigt wieder andere Facetten der Wissenschaftsemigration auf. Jehle emigrierte aus ethisch-religiösen Motiven.[77] Er war weder als «nicht arisch» noch als Angehöriger einer kommunistischen Organisation von den Folgen des Beamtengesetzes betroffen. Nach seinem Studium zum Diplomingenieur an der TH Stuttgart und der Promotion zum «Dr. ing.» an der TH Berlin war er zunächst als Stipendiat nach Cambridge gegangen, dann nach Berlin zurückgekehrt, um als Mitarbeiter an einem mathematischen Sammelwerk seinen verschiedenen, überwiegend theoretisch-orientierten wissenschaftlichen Interessen nachzugehen, ohne sich um eine berufliche Perspektive zu sorgen. Max Delbrück erinnerte sich an ihn als jenen Teilnehmer seines privaten Diskussionszirkels, «von dem wir alle damals viel über die Grundlagen der Wahrscheinlichkeitsrechnung lernten. Ein ganz unglaublich selbstaufopfernder Mensch, besonders damals und in den folgenden Jahren der Emigration».[78] Jehle schloß sich dem Widerstandskreis um den Theologen Dietrich Bonhoefer an (der später nach dem gescheiterten Attentat gegen Hitler vom 20. Juli 1944 hingerichtet wurde) und engagierte sich aktiv für verfolgte Gegner des Regimes, was ihn schließlich selbst in Gefahr brachte und zur Emigration zwang. Die ersten Stationen seines Exils waren Stellen als wissenschaftlicher Mitarbeiter am Southampton University College (1937/38) und an der Universität Brüssel (1938/40). Seine wissenschaftlichen Interessen galten in diesen Jahren hauptsächlich der theoretischen Astrophysik, die ihm vermutlich bei seinem ersten Englandbesuch in Cambridge 1934 vom Nestor der englischen Astrophysik, Arthur Eddington, nahegebracht worden war. Mit Eddington verband ihn auch dasselbe religiöse Empfinden und das soziale und pazifistische Engagement der Quäker, denen sich beide zugehörig fühlten. «I have known Mr. H. Jehle for upwards of 6 years», schrieb Eddington 1940 in einem Empfehlungsschreiben. «Besides having an interest in his scientific researches, I have had more personal contact with him, since his pacifist convictions have brought him into association with the Society of Friends, of which I am a member, and for some time we attended the same meeting».[79]

Beim Einmarsch der deutschen Truppen in Belgien wurde er wie die meisten Ausländer nach Frankreich evakuiert und in einem Lager in den Pyrenäen (Gurs) interniert. Pazifistische Freunde erreichten 1941 seine Freilassung und ermöglichten ihm die Auswanderung nach USA. Mit den Empfehlungen seiner wissenschaftlichen Lehrer, Ewald und Eddington, gelang es ihm 1942, an der Harvard Universität eine Anstellung als Tutor zu erhalten. Unter gewöhnlichen Umständen wäre dem Emigranten selbst für diese untergeordnete akademische Stelle eine so renommierte Universität wie Harvard wohl verschlossen geblieben, doch nun war Krieg, und das Physikdepartment war «short-handed because nearly all members of the department teaching staff were absent on leave for work in one of the national war research projects (...) The department was in urgent need of a man with his scientific qualifications», wie sich Edwin C. Kemble, der damalige Direktor des Physikdepartments an der Harvard University, erinnerte.[80]

Als nach Kriegsende die Harvardprofessoren wieder an ihre Universität zurückkehrten, ging Jehles Exilkarriere mit einer unsteten akademischen Wanderschaft weiter. Erst 1959 konnte er an der Washington University auf Dauer Fuß fassen. Ebenso unstet war seine wissenschaftliche Produktion. Er «trug zu vielen, weit auseinanderliegenden Fragen der theoretischen Physik und ihrer Anwendungen originelle Gedanken bei», hieß es in einem Nachruf. Selbst aus dieser Würdigung geht hervor, daß Jehles wissenschaftliches Leben das eines akademischen Außenseiters blieb. Er habe beispielsweise «eine höchst eigenwillige Betrachtungsweise der Elementarteilchen» gehegt, und «die Mehrheit der Physiker (sei) diesem Gedanken gegenwärtig nicht» aufgeschlossen.[81]

Es fällt schwer, aus diesen Beispielen etwas Allgemeines über die Theoretikerwanderungen nach 1933 herauszudestillieren. Nicht das Einheitliche, sondern die Unterschiede überwiegen. Vielleicht ist die wichtigste Schlußfolgerung daraus die Zerstörung des Klischees vom typischen Theoretiker als einem jüdischem Physiker, der mit seiner Emigration die theoretische Physik wie ein Geschenkpaket ins Ausland gebracht habe, wo man ihm dafür ein glückliches und unbeschwertes wissenschaftliches Leben ermöglicht habe. Als Paradebeispiel dafür gilt Einstein und sein paradiesisches Refugium in Princeton. Letztlich ist dieses Klischee nur ein Ausfluß jenes, von Peter Gay so überzeugend bloßgestellten Mythos vom «unverhältnismäßig hohen Anteil» und «dramatischen Einfluß der Juden auf den kulturellen Wandel» insgesamt, ein «bei selbstbewußten Juden wie bei nervösen Antisemiten» gleichermaßen beliebtes Bild, «in dem der Jude als der große Erneuerer – oder große Umstürzler – gezeichnet» und als «Urtyp des Modernen im gesellschaftlichen Leben begriffen» wird. Es sei «reines antisemitisches Tendenzdenken oder philosemitische Engstirnigkeit, das große Phänomen der Moderne vom Standpunkt der jüdischen Frage aus zu erörtern».[82] Dasselbe gilt für die Physik. Viele Theoretiker waren wie Planck, Schrödinger, Sommerfeld oder Heisenberg keine Juden und trotzdem Vertreter der Moderne in der Physik. Auch unter den Theoretiker-Emigranten waren viele, die (wie Romberg oder Jehle) nicht aufgrund ihrer Rasse das Land verließen, und wieder andere emigrierten, weil nicht sie selbst, sondern (wie bei Ewald) die jüdische Ehegattin und die Kinder bedroht waren. Auch für die meisten «nicht arischen» Emigranten unter den theoretischen Physikern war bis 1933 ihr rassischer «Makel» kein Gegenstand von besonderer Beachtung. Sie fühlten sich primär als Deutsche und nicht als eine jüdische Avantgarde der Moderne in der Physik. Besonders die Älteren (wie Hopf) empfanden ihre Vertreibung als eine Entwurzelung, ein «Hinausgestoßensein».

Sowenig das Klischee der Selbsteinschätzung der Wissenschaftsemigranten entspricht, sowenig wird es durch ihre Aufnahme an den verschiedenen Stationen ihres Exils gerechtfertigt. Nur wo ein aktives Interesse angetroffen wurde (etwa zur kostengünstigen Expansion eines Physikdepartments wie bei Teller, Nordheim und anderen aus der quantenmechanischen Elite, oder zur Deckung der Personallücke im Krieg wie bei Jehle) nahm man das «Geschenk» entgegen, das die Emigranten verkörperten. Selbst die Elite unter den Theoretikeremigranten konnte nicht mühelos integriert werden und verdankte die «glücklichen» Exiljahre der besonderen Protektion, die sie von ihren international renommierten Lehrern wie Sommerfeld oder Bohr erhielt. Andererseits zeigt der Fall Hopfs, daß selbst die beste Protektion nichts half, wenn das eigene Arbeitsgebiet nicht mit dem vorherrschenden Interesse an «moderner Physik» im Einklang war.

8
Die Verlagerung der Schwerpunkte theoretischer Physik in den dreißiger Jahren

Seit den dreißiger Jahren produzieren die amerikanischen Physiker, wie es ein Historiker des American Institute of Physics formulierte, «more important theories, experiments and instruments than all the rest of the world put together. This dominance of a field of science by one country is without precedent in modern history.»[1] Die Vormachtstellung der USA, die selbst in der europäisch geprägten theoretischen Physik nun augenfällig wurde, scheint die Rolle der «illustren Einwanderer» als «Missionare» zu bestätigen,[2] doch damit würde die Schwerpunktverlagerung von der Alten zur Neuen Welt nur unzureichend erfaßt. «As we know, these refugees did not initiate the theoretical physics tradition in the United States: they resonated with it», korrigierte ein anderer Physikhistoriker dieses Klischee.[3] Im Kern handelte es sich dabei nicht um einen bloßen Know-how-Transfer in die USA, sondern um eine Synthese europäischer und amerikanischer Traditionen, die auch inhaltlich und methodisch zu einer Verlagerung der Schwerpunkte führte.

Neue Zentren der Festkörpertheorie

Das Physikdepartment des MIT unter der Leitung Slaters gehört zu den herausragenden Beispielen einer erfolgreichen Synthese europäischer Traditionen mit den amerikanischen Vorstellungen von operationaler Wissenschaft. Slater wollte schon 1929, nachdem er von einer längeren Europareise an die Harvard University zurückgekehrt war, mit einem «very definite program of cooperation between theory and experiment» die Erforschung von Festkörpereigenschaften im großen Stil betreiben. Die Gelegenheit dazu bot sich ihm, als er 1930 mit der Leitung des Physikdepartments am Massachusetts Institute of Technology (MIT) betraut wurde. Das MIT stand damals gerade am Anfang einer beispiellosen Expansion. Der als Manager wie als Physiker gleichermaßen ausgewiesene Karl Compton, ein Bruder des Nobelpreisträgers Arthur Holly Compton, war 1929 vom Kuratorium des MIT zum Präsidenten dieser Hochschule ernannt worden in der Erwartung, daß unter seiner Initiative ähnlich wie an dem von Millikan reformierten CalTech eine gründliche Modernisierung in Gang käme.[4] Wie bei der kalifornischen Konkurrenzinstitution versprach man sich von den unternehmerischen Physikern die nötigen Impulse, um der eigenen Hochschule über ihre Aufgabe als technische Ausbildungsstätte hinaus das Prestige einer modernen Eliteuniversität zu verschaffen. Modernisierung und Konkurrenz bestimmten daher die Atmosphäre, in der Slater sein Programm zu realisieren begann.

Massachusetts Institute of Technology (MIT)

Obwohl dem Physikdepartment des MIT bereits vier Theoretiker angehörten, darunter mit Nathaniel Frank und William Allis zwei Kenner der Quantenmechanik, die beide im Sommerfeldinstitut 1929/30 längere Forschungsaufenthalte zugebracht hatten, bemühten sich Compton und Slater um eine zusätzliche theoretische Verstärkung. Zunächst stellten sie 1931 Philip Morse ein, der wie Frank und Allis gerade einen längeren Aufenthalt bei Sommerfeld in München beendet hatte. Wie in der Münchner «Pflanzstätte» begann man auch am MIT mit einer stärkeren Einbeziehung fortgeschrittener Studenten in den Forschungsbetrieb. In einem «journal club», einem Fortgeschrittenen-Seminar, wurden regelmäßig die neuesten Publikationen diskutiert, und binnen weniger Jahre herrschte unter den MIT-Theoretikern eine Art «family spirit», der sich auch den Studenten und Gaststipendiaten mitteilte. «Helping to cement the group socially and intellectually were the postdoctoral fellows», erinnerte sich Morse an diese Aufbaujahre.[5] Aus der rasch anwachsenden Schule wurde schließlich noch Herman Feshbach nach Abschluß seines Studiums in das Stammpersonal der Institutstheoretiker aufgenommen.

Parallel zur Theorie wurde auch die Experimentalphysik planmäßig ausgebaut: Neben den bereits vorhandenen Arbeitsgruppen zur Untersuchung von Kristallstrukturen wurden Spektroskopiker, Experten für Elektronik und auch ein Spezialist für magnetische Phänomene (Francis Bitter) eingestellt; zusätzlich trug man auch dem kernphysikalischen Boom Rechnung und gruppierte um den Beschleuniger-Konstrukteur Robert Van de Graaff in einer zum Institut gehörigen Außenstelle eine eigene Mannschaft von Experimentatoren und Elektroingenieuren. Eine weitere Forschungsmöglichkeit, die gemeinsam mit den Chemikern des

MIT genutzt wurde, bestand in einem neuerrichteten Laboratorium, das aus einer Spende des Industriellen Georg Eastman hervorgegangen war.[6] Daneben entstanden auch im Electrical Engineering Department neue Möglichkeiten für Festkörperuntersuchungen. Der Experimentalphysiker Arthur von Hippel, ein Emigrant aus Göttingen, erhielt hier eine Professur und ein eigenes Labor für sein Spezialgebiet, die Erforschung von Isolatormaterialien. «The time was ripe to introduce modern materials concepts into the field of electrical engineering», so erinnerte er sich an diese Aufbruchstimmung unter den MIT-Ingenieuren.[7]

Keine andere amerikanische Universität verfügte über so viele Professoren, deren Karriere im Sommerfeldschen Institut begonnen hatte. «Ihre vielen Freunde hier, Herr Präsident Compton, die Herren Professoren Frank, Guillemin, Morse, Allis u.a. lassen Sie grüßen», schrieb zum Beispiel der MIT-Student Jacob Millman 1933 an Sommerfeld,[8] nachdem er selbst gerade von einem einjährigen München-Aufenthalt an das MIT zurückgekehrt war. Den Rat dazu hatte ihm Frank nach seinem eigenen Aufenthalt bei Sommerfeld gegeben: «Ich habe ihm erzählt, es wäre eine gute Erfahrung, ein Jahr in Deutschland zu verbringen», so hatte er Sommerfeld auf Millman vorbereitet.[9] Auch Morse und Allis hatten als Rockefeller-Stipendiaten einen längeren Aufenthalt in München zugebracht. Auf Morse machte Sommerfelds Vorlesungsbetrieb einen so großen Eindruck, daß er noch viele Jahrzehnte später in seinen Memoiren davon schwärmte: «I sat in on as many lectures as I could (...) Sommerfeld was a master of the application of mathematical analysis to the classical theory of fields. It was what I needed; I drank it in.»[10]

Daß der München-Aufenthalt für diese MIT-Physiker mehr als eine nostalgische Erinnerung war, dafür sorgte nicht zuletzt das gemeinsame Interesse an der Theorie der Metallelektronen. «I had been interested in the quantum properties of metals, and Sommerfeld, at Munich had been pioneering in this field, so we were to go there», so begründete Morse, warum er und Allis dem Sommerfeldinstitut den Vorzug vor anderen europäischen Zentren gegeben hatte. Als zweites Zentrum hatten sie Cambridge gewählt: «Neville Mott was there, and he had been doing work on the theory of metals.» Daß die Europareise tatsächlich zu einem schwerpunktmäßigen Studienaufenthalt und nicht zu einer bunten Tour durch allzu viele Universitäten genutzt wurde, dafür sorgte auch die Rockefeller-Stiftung, die ihren Stipendiaten «a full year's stay at one place» oder «a half year each at two centres» nahelegte.[11] So wurden Morse und Allis mit zwei europäischen Traditionen theoretischer Physik

«I drank it in», schwärmte Philip Morse über die Sommerfeld-Vorlesungen

konfrontiert, die für das Programm einer umfassenden quantenmechanischen Durchdringung der Festkörperphysik am MIT eine optimale Vorbereitung boten. Beide blieben auch nach ihrer Rückkehr aus Europa diesem Thema treu. «Morse und ich haben eine längere Rechnung unterwegs über Elektronen-Wechselwirkung in Metallen», berichtete Frank nach München.[12] Frank selbst veröffentlichte zusammen mit Sommerfeld einen Übersichtsartikel über thermoelektrische und thermomagnetische Metallphänomene, an den sich der greise Sommerfeld 1949 noch gerne erinnerte, weil er «in one of the first numbers of the *Reviews of Modern Physics*» erschien,[13] einem amerikanischen Sammelwerk, das binnen kurzer Zeit zu ähnlichem Ruhm gelangte wie zuvor die beiden deutschen Sammelwerke, die *Enzyklopädie der mathematischen Wissenschaften* und das *Handbuch der Physik*.

Auch Millman blieb dem in München begonnenen Thema treu. Mit einer 1935 veröffentlichten Berechnungsmethode für die elektronischen Energiezustände von Metallen eröffnete er einen ganzen Reigen sogenannter «Bandstrukturrechnungen» am MIT; sie eigneten sich hervorragend als Themen von Doktorarbeiten, da sie je nach Kristallstruktur zu anderen Ergebnissen führten, von der Methode her jedoch viele Gemeinsamkeiten aufwiesen.[14] Mit solchen Theorien konnte auch der expansive Trend immer weiter fortgeführt werden, der schon 1933 ein beträchtliches Ausmaß angenommen hatte: «Währenddem ich vom MIT weg war», schrieb Millman an Sommerfeld, «hat sich das physikalische Institut viel entwickelt und wir haben jetzt ein neues Gebäude, The Eastman Research Laboratories. Es ist (be)merkenswert und sehr befriedigend zu merken, daß nicht weniger als zehn National Research Fellows in Physics heuer bei uns arbeiten».[15]

Nicht nur durch seine Größe unterschied sich das MIT bald von den für eine deutsche Universität üblichen Maßstäben. Theoretiker und Experimentatoren arbeiteten in ein und demselben Gebäude, und trotz der Vielfalt von Forschungsrichtungen gab es eine vorrangige Orientierung, die Untersuchung von Festkörperproblemen. Slater gründete ein eigenes «Joint Committee on the Properties of Matter», das die Zusammenarbeit der verschiedenen Gruppen und einen möglichst intensiven Kontakt zwischen Theoretikern und Experimentatoren gewährleisten sollte. Die Barrieren zwischen den verschiedenen Departments des MIT waren deutlich niedriger als etwa zwischen den verschiedenen Instituten einer deutschen Universität. Vannevar Bush, der als Elektroingenieur an einer deutschen Hochschule wohl kaum mit den theoretischen Physikern in Kontakt gekommen wäre, bot zum Beispiel Morse ohne Umschweife die Benutzung seiner gerade konstruierten Rechenmaschine an: «His office was just down the hall from mine that first year, and I found it easy to drop by», erinnerte sich Morse. «At that time he was busy improving his differential analyzer, the first operable machine capable of solving differential equations (...) I wondered aloud if it could be used to improve the calculations that Allis and I had so laboriously carried out on the scattering of slow electrons from atoms (...) Bush said, ‹Go ahead›.»[16] Auf diese Weise integrierten die MIT-Theoretiker auch die neuesten Produkte ihrer Ingenieurskollegen in die eigene Forschungsarbeit. Das Instrumentarium der theoretischen Physik wurde hier früher als andernorts um den Computer bereichert, was insbesondere auf dem Gebiet der Festkörpertheorie die Folge nach sich zog, daß nun nicht nur qualitative Anwendungen der Quantenmechanik auf idealisierte Fälle, sondern auch quantitative Näherungen über die Eigenschaften realer Materialien möglich wurden.

Auch zur Industrie unterhielt man intensive Beziehungen. Eine besonders enge Fühlungnahme bestand zu den Bell Laboratories. Einer der ersten Absolventen aus der Slaterschule, der dort Karriere machte, war William Shockley. Seine quantenmechanische Doktorarbeit über die Bandstruktur von Metallen wies ihn als einen jener «research physics oriented people» aus, denen die Bell Laboratories ihr besonderes Interesse zuwandten. Um solche Physiker anzuwerben, sorgte das Bell-Management für ein möglichst offenes, einem Universitätsinstitut ähnliches Forschungsmilieu. «We were told, you do whatever you please», erinnerte sich der Metallurge Foster Nix an die dreißiger Jahre. Nach dem Vorbild des «journal club» am MIT organisierten Shockley und Nix sogleich für sich und die übrigen neueingestellten Physikerkollegen ein regelmäßiges Seminar, um die neuesten Fortschritte der Festkörperphysik zu diskutieren. Hier fand sich der «brain trust» zusammen, dem die Bell Laboratories ihr Image als einer Art Mekka der Industrieforschung verdanken.[17] Shockley und zwei seiner Kollegen wurden später für die Erfindung des Transistors, ein Produkt dieser industriellen Festkörperforschung, mit dem Nobelpreis ausgezeichnet – eine Ehre, die gewöhnlich akademischen Wissenschaftlern vorbehalten bleibt.

Princeton

Auch in Princeton waren um 1930 energische Initiativen zum Ausbau der mathematischen und physikalischen Institute unternommen worden.[18] Mit John von Neumann, Howard P. Robertson, Edward Condon und Eugene Wigner verfügte diese Universität über Theoretiker, die ein breites Spektrum von der reinen bis hin zur anwendungsorientierten theoretischen Physik repräsentierten. Condon hatte die quantenmechanische Revolution als Gastforscher bei Born in Göttingen und bei Sommerfeld in München zugebracht. Wigner, wie von Neumann und Teller von Geburt Ungar, verkörperte als ehemaliger Assistent Hilberts auch die mathematische Tradition Göttingens. Er hatte den quantenmechanischen Formalismus um die Gruppentheorie bereichert. Von 1930 bis 1933 verbrachte er die eine Hälfte seiner Zeit in Princeton, wo er sich mit von Neumann eine Professur teilte, die andere an der Technischen Hochschule in Berlin. 1933 emigrierte er auf Dauer nach Amerika; da von Neumann eine Stelle am neugegründeten Institute for Advanced Study antrat, konnte er die bislang geteilte Professur nun allein in Anspruch nehmen.

Die Synthese amerikanischer und europäischer Traditionen, wie sie am MIT zu beobachten war, läßt sich auch am Beispiel Princetons illustrieren. Condon verfügte wie Slater, der ihn gerne für das MIT abgeworben hätte, über eine solide quantenmechanische «working knowledge», wie es sein Schüler Frederick Seitz bezeichnenderweise nannte.[19] «Working knowledge» – theoretisches Wissen, mit dem sich etwas anfangen ließ – ist ein treffender Ausdruck für den operationalen Geist, der sich um Slater, Condon und ihre Schüler ausbreitete. Condons bevorzugtes Interesse galt optischen Phänomenen. Daran ließ sich der Nutzen quantenmechanischer Methoden hervorragend demonstrieren, und darum ging es auch 1932 in einem Seminar über Kristalloptik, in dem Seitz die Anregung für seine weitere Beschäftigung mit der Festkörperphysik erhielt: «I became deeply absorbed both in this and in acquiring a working knowledge of group theory which I put to use on every conceivable occasion». Condon, der gerade an einem Lehrbuch über Atomspektren schrieb, überantwortete Seitz seinem Kollegen Wigner als dem bestmöglichen Ansprechpartner bei der Anwendung der Gruppentheorie auf Festkörperprobleme. Daraus ging die Methode der sog. «Wigner-Seitz-Zelle» hervor, die erste Bandstrukturberechnung, die der Struktur eines realen Kristalls Rechnung trug.[20]

Ein anderer Doktorand Wigners war John Bardeen. Nach einem Studium an der Universität von Wisconsin und einer dreijährigen Arbeit als Geophysiker bei den Gulf Research Laboratories in Pittsburg war Bardeen 1933 nach Princeton gekommen, um dort seine mathematisch-physikalischen Interessen weiterzubilden. Wigner stellte ihm als Doktorthema die Aufgabe, die Austrittsarbeit realer Metalle mithilfe der Quantenmechanik zu berechnen. Dies war Bardeens erste Berührung mit dem Problembereich, der ihn später als Miterfinder des Transistors bei den Bell Laboratories beschäftigen sollte.[21] (Der Dritte im Bunde der künftigen Transistor-Erfinder, Walter Brattain, war bereits Ende der zwanziger Jahre in die Bell Laboratories eingetreten; er gehörte 1931 zu den Teilnehmern der Sommerschule an der University of Michigan, bei der Sommerfeld über die Elektronentheorie der Metalle vorgetragen hatte; Brattain hielt nach seiner Rückkehr in den Bell Laboratories seinerseits darüber Vorträge.[22])

Das gemeinsame Interesse an den quantenmechanischen Anwendungen auf die Eigenschaften fester Körper sorgte für rege Kontakte zwischen dem MIT und der Princeton University. Es gab einen ständigen Austausch von Studenten, und man lud sich wechselseitig zu Kolloquiumsvorträgen ein; Bardeen wechselte zum Beispiel nach seinem zweijährigen Princeton-Aufenthalt als Stipendiat an die Harvard-University und gehörte damit gleichzeitig auch zum Theoretikerkreis des benachbarten MIT. Slater selbst verbrachte 1937 ein Gastsemester am Princeton Institute for Advanced Study; als er wieder nach Cambridge zurückkehrte, brachte er aus Princeton Conyers Herring als Stipendiaten mit, einen weiteren Doktoranden Wigners mit Erfahrungen in Bandstrukturrechnungen. Auf dieselbe Weise verbreitete sich die Festkörpertheorie in den USA in weitere Physikdepartments und industrielle Forschungsstätten. Seitz beispielsweise erhielt nach dem Ende seiner Doktorarbeit eine Stelle an der Rochester University, wo er seinerseits weitere Studenten in die Methoden zur Bandstrukturberechnung einführte, bevor er seine Karriere im General Electric Research Laboratory fortsetzte; hier verfaßte er zusammen mit Ralph Johnson, der vom MIT zu General Electric gekommen war, für das *Journal of Applied Physics* eine Reihe von Übersichtsartikeln zur «Modern Theory of Solids». Kurz darauf begann er mit der Arbeit an dem, 1940 unter demselben Titel veröffentlichten Lehrbuch, das zu einem Standardwerk der Festkörperphysik wurde.[23]

Es würde zuweit führen, alle Namen, Universitäten und Industrielaboratorien aufzuzählen, die mit der Verbreitung der Festkörpertheorie während der dreißiger Jahre in den USA verknüpft waren. Mancherorts flakkerte die Festkörperphysik wie ein Strohfeuer auf, um kurz darauf wieder zu verlöschen und einer anderen Mode Platz zu machen. An der Columbia University zum Beispiel mühte sich Isidor Rabi etwa zwei Jahre lang mit der Theorie fester Körper ab; die Anregung dazu hatte er als travelling fellow in München und Leipzig in den Instituten Sommerfelds und Heisenbergs erhalten, doch zurück in USA fand er an diesem Gebiet nicht mehr den rechten Gefallen. «I had some ideas – good ideas actually – about solid state properties, but they bored the hell out of me (...) I didn't realize then the tremendous strides that were to be made in solid state; but still, I didn't think solid state brought me very much nearer to God». Stattdessen verfolgte er eine andere Forschungsrichtung weiter, die er ebenfalls in Europa kennengelernt hatte, die Molekularstrahlmethode. Auch bei diesem, von Otto Stern in Hamburg entwickelten Verfahren ging es um «moderne» Physik: Aus der Ablenkung von Molekülstrahlen in Magnetfeldern konnten atomare Eigenschaften (wie die Wechselwirkung des Elektronenspins mit dem Kernspin) erforscht werden. Eine solide quantenmechanische «working knowledge», wie sie Rabi erworben hatte, war dabei durchaus von Nutzen; die eigentliche Herausforderung jedoch lag auf experimentellem Gebiet, oder genauer: auf der richtigen Kombination von theoretischem Verständnis und experimentellem Geschick – und darin erkannte Rabi seine wahre Begabung. Auch dies war letztlich das Resultat einer Symbiose europäischer und amerikanischer Traditionen.[24]

Bristol

Das Beispiel Rabis zeigt, daß die Beschäftigung mit der Festkörpertheorie nicht in jedem amerikanischen Physikdepartment Gefallen fand, wo sich «working knowledge of quantum mechanics» und «empiricist temper» verbanden. Eine Reihe von Festkörperpionieren kehrten diesem Fach den Rücken, als die Kernphysik eine interessantere Alternative abzugeben begann. Umgekehrt war die Herausbildung erster Zentren der Festkörperforschung nicht allein auf die USA beschränkt. Ein Beispiel dafür liefert die «Bristol school», die der englische Theoretiker Neville Mott um sich scharte. Auch hier kam es zu einer äußerst erfolgreichen Synthese verschiedener Traditionen. Mehr als irgendwo sonst wurden hier eine Reihe von Emigranten aus den deutschen Zentren der Quantenrevolution in ein Forschungsprogramm integriert, das auf praktische Resultate über Festkörpereigenschaften ausgerichtet war.

Auch an der Universität von Bristol war die Herausbildung der Festkörpertheorie als neuer Forschungsschwerpunkt verknüpft mit einem Modernisierungs- und Expansionsprogramm des Physikdepartments. Der Ausbau der Physik in Großbritannien während der dreißiger Jahre war im Vergleich zu den USA eher bescheiden, doch wo es die besonderen lokalen Umstände zuließen, zollte man auch hier dem Trend zur Modernisierung seinen Tribut.[25] In Bristol lagen besonders günstige Umstände vor, denn Arthur Tyndall, der Direktor des dortigen Physikdepartments, verfügte über gute Beziehungen zu einem der Universität sehr verbundenen Industriellen (Harry Wills). Der Ausbau des Physikdepartments sei «a pressing necessity if the University is to take its full part in the development of science and its application to industry after the war», so hatte Tyndall 1916 an den Industriellen geschrieben, und daraufhin, wenn auch nicht prompt, sondern im Lauf von etwa zehn Jahren, soviel an Spenden erhalten, daß er ein neues Laboratorium aufbauen konnte. 1925 wurde John E. Lennard-Jones als «Reader in Mathematical Physics» eingestellt, und ab 1927, gleichzeitig mit der Eröffnung des neuerrichteten «Henry Herbert Wills Physics Laboratory», wurde in Gestalt eines «Henry Herbert Wills Research Fellowship»-Programms dafür gesorgt, daß das Institut durch einen ständigen Zustrom auswärtiger Gäste Anschluß an die internationale Physikerwelt fand.[26]

Auch die Rockefeller Foundation förderte den Ausbau der Physik in Bristol: «Their plan is surely a wise one to bring together for cooperative work research groups of young investigators, who are working in Bristol on Experimental Physics and on Theoretical Physics, and to have them so intimately associated in their work that there is constant interplay between the two groups», so würdigte man von dieser Seite Tyndalls Projekt.[27] Weitere Unterstützung kam vom Department for Scientific and Industrial Research (DSIR), einer staatlichen Forschungsförderorganisation, die im Ersten Weltkrieg gegründet worden war. Im DSIR beklagte man insbesondere den Mangel an theoretischen Arbeiten über Festkörpereigenschaften; Anträge auf Fördermittel in diesem Gebiet würden besonders begrüßt, «as this subject, which is of so much importance to technical problems, is at present almost entirely in the hands of people without that training in theoretical physics which is essential to its successful investigation». Lennard-Jones ließ sich daraufhin eine Assistentenstelle bewilligen. Dennoch ließ der Aufschwung auf sich warten. Die Universität wollte zunächst die Professur für Theoretische Physik nicht als zweite reguläre Professorenstelle des Physikdepartments anerkennen, und mit dem dadurch bedingten Sonderstatus erschien auch ihre Finanzierung nicht auf Dauer gesichert. Lennard-Jones fand überdies an der Festkörpertheorie nicht soviel Gefallen wie an der physikalischen Chemie, seinem ursprünglichen Arbeitsgebiet. Als er 1932 einen Ruf auf einen Lehrstuhl für Theoretische Chemie in Cambridge erhielt, nutzte er diese Gelegenheit, um Bristol und der Festkörperphysik den Rücken zu kehren. Auch bei seinem Assistenten (Harry Jones) verstärkte sich der Eindruck «as though another job somewhere is indicated».[28]

Die Wende kam erst mit Lennard-Jones' Nachfolger Neville Mott, der zuvor am renommierten Cavendish Laboratory in Cambridge als einer der wenigen, ganz auf die Theorie fixierten Physiker Englands seine akademische Karriere begonnen hatte. Abgesehen von Ralph Fowler, dem Haustheoretiker des Cavendish Laboratory, «in the UK there were practically only myself and Alan Wilson, with Dirac and Douglas Hartree a few years older», so faßte Mott den Personalbestand an theoretischen Physikern zu Beginn der dreißiger Jahre in Großbritannien zusammen, die sich nun die neuen Professuren für theoretischen Physik, die hier und da eingerichtet wurden, aussuchen konnten. «There were certainly more jobs in physics theory than people», so beschrieb er die Situation. «The

Cavendish seemed now to give a much greater role to theorists (...) German physicists of my generation, such as Hans Bethe and Rudolf Peierls, were in and out. Paul Dirac seemed much more approachable. But – apart from Fowler – we theoreticians had no official position there, nor anywhere except the library in which to work». Soweit es neue Stellen betraf, boten Oxford und Cambridge also keine Perspektive; dasselbe traf auf die neue Festkörpertheorie zu. Am Cavendish Laboratory galt das erste Interesse in diesen Jahren der Kernphysik, und auch Mott hatte dort diesem Lokaltrend gehuldigt; unter anderem hatte er sich als Autor eines Artikels «Wellenmechanik und Kernphysik» für das *Handbuch der Physik* einen Namen gemacht. Doch auch für andere wellenmechanische Anwendungen war er bestens vorbereitet; als Stipendiat in Kopenhagen und Göttingen (1928-1929) hatte er die Quantenmechanik aus erster Hand gelernt, und nach einem Forschungsaufenthalt bei Bragg in Manchester (1929-1930) gehörte auch die Kristallstrukturanalyse, die für reale Festkörpertheorien erst die nötigen Strukturdaten lieferte, zu seinem wissenschaftlichen Rüstzeug.[29]

Als Mott im Herbst 1933 Lennard-Jones' Nachfolge antrat, war er voller Optimismus. Er wollte nicht weniger als «the strongest school of theoretical physics in England» aufzubauen.[30] Die Aussicht, von den Theoretiker-Emigranten aus Deutschland den einen oder anderen wenigstens zeitweise nach Bristol zu holen, trug nicht unerheblich zu dieser Zuversicht bei. Noch von Cambridge aus informierte er Tyndall, daß Heitler, Bloch, Bethe und Peierls auf Stellensuche seien – jeder von ihnen ein Pionier für die Anwendung der Quantenmechanik auf Festkörperprobleme. Tatsächlich wurde Bristol für mehrere Emigranten zu einer Durchgangsstation ihrer Exilkarriere: Bethe, der zuerst in Manchester eine befristete Stelle bei Bragg angenommen hatte, überbrückte hier den Herbst 1934, bevor er in die USA übersiedelte; Heitler kam ebenfalls und blieb bis 1941; Klaus Fuchs, der später als «Atomspion» in die Geschichte einging, kam als fortgeschrittenen Student und blieb drei Jahre; 1935 fand auch Fröhlich hier eine Aufnahme, nachdem er aus der Sowjetunion ausgewiesen worden war. (Die übrigen Emigranten waren Kurt Hoselitz, Heinz London, Philipp Gross und Robert Arno Sack). Die meisten von ihnen waren nur vorübergehend Gäste des Instituts, und nur selten waren mehr als drei Emigranten zur selben Zeit anwesend, so daß daraus nicht der Schluß gezogen werden darf, die Physikergruppe in Bristol habe überwiegend aus Emigranten bestanden.[31]

Was Mott und seine Mannschaft von anderen Theoretikern in Großbritannien unterschied, war weniger ihre Größe als vielmehr ihre Einbindung in einen neuartigen Kontext: Obwohl sie sich als «theory group» innerhalb des Physikdepartments eine eigene Identität bewahrten, bestanden gegenüber den Experimentalphysikern keine institutionellen Barrieren. Überdies fühlten sie sich einem gemeinsamen Forschungsprogramm verbunden, das die Theorie nicht als Selbstzweck betrachtete, sondern als integralen Bestandteil eines Projekts, das in letzter Konsequenz auf industrielle Verwertung abzielte. Sie wußten sich mit ihrem Programm darüberhinaus einem neuen Trend britischer Forschungspolitik verpflichtet, denn ihre Forschung galt als «research in the national interest».[32]

In der Orientierung auf reale Materialien unterschied sich die Festkörpertheorie in Bristol auch wesentlich von den deutschen Theoretikerschulen, wo der Festkörper eher als Demonstrationsobjekt für die neue Quantenmechanik und nicht als Werkstoff des industriellen Alltags von Interesse war. In Bristol ging es um reale Festkörper, vor allem um Leichtmetalle und Legierungen, und nicht um ideale Kristalle. «It was a revelation to me that quantum mechanics could penetrate into the business of the metals industry», so reagierte Mott, als er bei seiner Ankunft in Bristol bereits ein erstes Beispiel für diese neue Qualität theoretischphysikalischer Arbeit vorfand: Harry Jones' jüngste Rechnungen eröffneten den Weg zu einem quantenmechanischen Verständnis von Legierungen, über die bislang nur empirische «Regeln» bekannt waren; Hume-Rothery hatte einige Jahre zuvor bemerkt, daß verschiedene Kupferlegierungen dieselbe Kristallstruktur annehmen, wenn bei bestimmten Verhältnissen der Legierungsbestandteile (Kupfer und Zink bzw. Kupfer und Blei) ganz bestimmte mittlere Elektronenzahlen der äußeren Atomhüllen erreicht wurden. Als Chemiker war Hume-Rothery in einer Denkweise geübt, die den Zusammenhalt einer Legierung aus der Zahl verfügbarer Bindungselektronen zu erklären suchte, doch damit kam man einer Erklärung des Zusammenhangs von Elektronenzahl und Kristallstruktur nicht näher. Jones dagegen betrachtete die Hüllenelektronen der jeweiligen Legierungsbestandteile nach dem Muster der quantenmechanischen Metalltheorie als ein freies Elektronengas und konnte damit zeigen, daß sich die «Hume-Rothery-Regeln» aus den Gesetzen der Quantenmechanik und der Geometrie der Kristallstruktur gleichsam in einem freien Spiel der Kräfte wie von selbst ergaben.[33]

Zur Begeisterung über diesen theoretischen Anfangserfolg kamen auch von seiten der Experimentalphysiker in Bristol entscheidende Impulse: Herbert Skinner, ein Spektroskopiker, der gerade von einem Forschungsaufenthalt am MIT zurückgekehrt war, lieferte mit Messungen über die Röntgenemission bei Leichtmetallen Daten über die Bandstruktur, die mit theoretischen Rechnungen direkt in Beziehung gesetzt werden konnten. Auf dieser Grundlage konnte zum Beispiel entschieden werden, in welchen Fällen die gegenseitige elektrostatische Abstoßung der Leitungselektronen untereinander tatsächlich vernachlässigt werden konnte, wie dies in allen «Ein-Teilchen»-Theorien stillschweigend angenommen wurde. Wichtiger noch als dieses Einzelergebnis war die dabei gemachte Erfahrung, daß Theoretiker und Experimentatoren nicht nur zu einer engen Zusammenarbeit fähig waren, sondern daß sich daraus für beide Seiten ein äußerst dynamisches Wechselspiel ergab: «I could suggest what experiments they should do and try to see what their results meant in terms of quantum mechanics», schwärmte Mott.[34] Diese Arbeitsweise prägte den besonderen Stil der «Bristol school»: Unkomplizierten Modellen, die auch Experimentatoren rasch einsichtig gemacht werden konnten und ohne großen Aufwand neuen experimentellen Befunden angepaßt werden konnten, wurde der Vorzug vor umfangreichen und bis ins Letzte verfeinerten Theoriengebäuden gegeben. Das sei so manchem Theoretiker «not gründlich enough» gewesen, wie sich ein, in der deutschen Tradition erzogener Physikeremigrant erinnerte, der im Jahr 1934 an einer Metallkonferenz in Bristol teilgenommen hatte. Motts Vorgehen, «to use, more or less, ad hoc models and theories and check experimentally their validity», habe einen Gegenpol zu dem Stil der deutschen Theoretiker markiert, die ein Problem lieber mit einem «all-embracing Ansatz» angingen und nach einer «monolithic self-consistent theory» strebten.[35] Gerade in diesem Gegensatz wird noch einmal deutlich, daß es sich auch in Bristol nicht einfach um die Übernahme und Ausarbeitung von Theorien deutscher Emigranten handelte, wie etwa die von Bethe in seinem Handbuchartikel formulierte Elektronentheorie (so wichtig gerade dieser «monumental and comprehensive report» als Starthilfe auch war), sondern um die Synthese verschiedener Traditionen zu einem neuen und für die künftige Festkörperphysik sehr erfolgversprechenden Stil theoretischer Physik.[36]

Das Aufkommen der Kernphysik

Bei den Vorgängen in der Atomhülle, die für die Festkörperphysik die wesentliche Rolle spielten, besaßen die Theoretiker genügend Kenntnisse, um darauf Modelle und weitergehende Spezialtheorien zu gründen; bei den Prozessen im Innern der Atomkerne «all was unknown, until the big machines and the most talented theorists began to unravel it», wie Mott fand. Er wollte den sicheren Boden unter seinen Theorien nicht verlieren, den ihm die aufblühende Festkörperphysik in Bristol bescherte. «I chose to work in areas where I knew quantum mechanics would work and where there was even more work to be done. Also, I was attracted by the possible interaction with the world of industry».[37] Mit dieser Auffassung sprach Mott zwar vielen Festkörpertheoretikern aus der Seele, doch wo es nicht wie in Bristol oder am MIT zu einer so ausgeprägten Betonung der Festkörperphysik kam, oder wo ein Theoretiker dem Reiz neuer grundlegender Entdeckungen eher erlag als der Aussicht auf industrielle Anwendungen, dort verlagerte sich ein immer größeres Interesse auf die Kernphysik als neuer Hauptattraktion der dreißiger Jahre.

Wie die chemische Bindung oder die Elektrizitätsleitung in Metallen, so waren auch kernphysikalische Phänomene seit den späten zwanziger Jahren als mögliche Anwendungsfälle der neuen Quantenmechanik erkundet worden. Man findet kaum einen unter den Pionieren der Quantenmechanik, der in diesen Jahren nicht versucht hätte, auch das Gebiet der Kernphysik mit dem neuen Instrumentarium zu kolonisieren. Vor der Entdeckung des Neutrons dachte man sich den Atomkern aus Protonen und Elektronen aufgebaut, eine Vorstellung, die einen unmittelbaren Zusammenhang mit den offenen Grundlagenfragen der Quantenmechanik selbst herstellte: Wenn das Elektron auf einen so eng begrenzten Raum wie das Innere des Atomkerns begrenzt war, mußte es aufgrund der Unschärferelation mit annähernd Lichtgeschwindigkeit darin umherschwirren – und folglich nach den Gesetzen einer relativistischen Quantenmechanik behandelt werden. Das Elektron im Atomkern und damit zusammenhängende Phänomene wie der Betazerfall boten die Testfälle, an denen sich die Vervollkommnung der Quantenmechanik zu bewähren hatte. Bohr, der selbst den Energiesatz in Zweifel zog, um die dabei auftretenden Widersprüche zu beseitigen, verband damit eine Suche nach einer völlig neuen Physik des Mikrokosmos, von der auch die bislang so bewährte Quantenmechanik nur einen Sonderfall darstelle.[38]

Doch neben den ungelösten Rätseln gab es auch erste bemerkenswerte Erfolge bei der Anwendung der Quantenmechanik auf Atomkerne. 1928/29 wurde beispielsweise von George Gamow in Kopenhagen und von Condon und Ronald W. Gurney in Princeton der Alphazerfall der Atomkerne als quantenmechanisches Phänomen erkannt: Die Schrödingersche Wellenfunktion eines Teilchens in einem «Potentialtopf» fällt im Außenraum mit zunehmendem Abstand vom Topfrand nicht abrupt sondern allmählich gegen Null ab – mit anderen Worten: das Alphateilchen besitzt auch außerhalb des Atomkerns eine gewisse Aufenthaltswahrscheinlichkeit, es kann durch den Potentialwall des Kerns «hindurchtunneln», obwohl ihm seine Bindungsenergie an den Atomkern nach der klassischen Vorstellung ein Überwinden der Potentialbarriere unmöglich macht. Um dieselbe Zeit berechnete Mott in Cambridge auf Anregung Fowlers mithilfe der Quantenmechanik die Streuung von Alphateilchen in einem Heliumgas, um damit gewissen Abweichungen von der klassischen (Rutherfordschen) Streuformel zu erklären. Auch in diesem Fall erwies sich die Quantenmechanik als der richtige Schlüssel zum Verständnis nuklearer Prozesse.[39]

Dennoch waren es nicht die quantenmechanischen Erfolge, sondern neue Experimente, die die Kernphysik zum neuen Trend werden ließen – und dies nicht nur am Cavendish Laboratory in Cambridge, wo man auf eine lange Tradition experimenteller Kernphysik zurückblicken konnte. In Italien zum Beispiel hatte 1929 Orso Mario Corbino, Physiker, Senator in Mussolinis Regierung und spezieller Förderer Fermis, bei einer programmatischen Rede über «The New Goals of Experimental Physics» ausgeführt, «that while great progress in experimental physics in its ordinary domain is unlikely, many possibilities are open in attacking the atomic nucleus. This is the most attractive field for future physicists». Dies war gleichzeitig das Signal für Fermi, der in Rom den Lehrstuhl für theoretische Physik bekleidete und der bis dahin seinen Ruf mit theoretischen Arbeiten begründet hatte, künftig der experimentellen Kernphysik ein besonderes Augenmerk zu widmen. Im Oktober 1931 veranstaltete er die erste internationale Konferenz, die ausschließlich der Kernphysik gewidmet war und gleichzeitig die neue Forschungspriorität seines Instituts weltweit publik machte. Es kam eine beeindruckende internationale Prominenz an Theoretikern (Bohr, Ehrenfest, Fermi, Goudsmit, Heisenberg, Pauli, Sommerfeld u.a.) und Experimentalphysikern (Blackett,

Bothe, Madame Curie, Geiger, Lise Meitner u.a.) zusammen, die schon durch ihre bloße Zusammensetzung den hohen Stellenwert der Kernphysik als einem neuen Schwerpunkt in der Physik der dreißiger Jahre zum Ausdruck brachte.[40]

Doch angesichts der kernphysikalischen Neuheiten des folgenden Jahres verblaßten selbst die imposantesten Beiträge der Romkonferenz. Es begann im Januar 1932 mit einer Nachricht aus USA: Harold Urey hatte ein Wasserstoffisotop entdeckt, das doppelt so schwer wie der gewöhnliche Wasserstoff war und das Urey «Deuterium» nannte. Im Februar 1932 kam aus dem Cavendish Laboratory von James Chadwick, einem Mitarbeiter Rutherfords, die Sensationsmeldung von der Entdeckung des Neutrons, dem ersten neuen Elementarteilchen seit der Entdeckung des Elektrons und Protons. Im April gaben zwei andere Forscher vom Cavendish Laboratory (John Cockcroft und E. T. S. Walton) bekannt, daß sie mit einer neuen Hochspannungs-Beschleunigungsanlage Atomkerne durch Beschuß mit Protonen in ihre Bestandteile zerlegt hatten. Im August kam aus Pasadena die Nachricht, daß in der kosmischen Strahlung ein neues Teilchen entdeckt worden sei, das sich wie ein Elektron verhielt, nur mit einer positiven Ladung, und deshalb «Positron» genannt wurde. Und noch im selben Sommer berichteten Ernest Lawrence, Stanley Livingston und Milton White, daß sie mit einem neuartigen Beschleuniger, dem Zyklotron, ebenfalls Atomkerne beschießen und in ihre Bestandteile zerlegen konnten. «Physicists, who remember the excitement of those days sometimes sound as if they were relishing an excellent wine when they smile and comment: ‹It was a great year›». Diesen Eindruck hinterließ das «annus mirabilis» der Kernphysik selbst noch ein halbes Jahrhundert danach bei einem amerikanischen Historiker, der viele Zeitzeugen dazu befragt hat.[41]

Goldgräbermentalität in der Kernphysik

Theoretiker wie Experimentatoren stürzten sich nach den Entdeckungen des Jahres 1932 wie in einem Goldrausch auf die Kernphysik: Heisenberg entwarf das Proton-Neutron-Modell des Atomkerns, dessen Grundidee darin bestand, «alle prinzipiellen Schwierigkeiten auf das Neutron abzuschieben und im Kern Quantenmechanik zu treiben», wie er in einem Brief an Bohr im Juni 1932 erläuterte. Fermi formulierte 1933 eine Theorie des Betazerfalls, in der er das Neutron-Proton-Wechselspiel im Atomkern, wie es von Heisenberg postuliert worden war, zur Quelle eines Erzeugungsprozesses neuer Teilchen erweiterte – was der Paulischen Neutrinohypothese aus dem Jahr 1930 zusätzliches Gewicht gab.[42] Die Entdeckung der künstlichen Radioaktivität 1934 durch Irène Curie und Frédéric Joliot in Paris, die Aluminium durch Beschuß mit Alphastrahlen in radioaktiven Phosphor verwandelten, deutete auf eine weitere Goldader. Fermis unmittelbar daran anschließende Entdeckung, daß mit abgebremsten Neutronen künstliche radioaktive Elemente viel leichter erzeugt werden konnten, wurde von seiner Gruppe zu einer systematischen Untersuchungsmethode von Neutronenreaktionen mit Atomkernen ausgebaut.[43] Bohr steuerte 1935 mit seinem «compound-nucleus»-Modell eine theoretische Erklärung für die experimentellen Befunde aus dem Fermischen Institut bei: Ein langsames Neutron stößt nicht mit einem einzelnen Teilchen im Kern zusammen, sondern teilt seine Stoßenergie allen Kernteilchen mit, wie eine Murmel, die in eine Mulde fällt und dort ihre Stoßenergie auf alle Murmeln überträgt; es bildet sich für kurze Zeit ein Zwischenkern, der um ein Neutron reicher ist als der ursprüngliche, und dieser Zwischenkern sucht sich dann (zum Beispiel durch Abgabe eines Gammaquants) einen neuen stabilen Endzustand.[44]

Wie ein tatsächlicher Goldrausch so hatte auch der wissenschaftliche Goldrausch der Kernphysiker seine bevorzugten Zentren. Außer am Cavendish Laboratory in Cambridge wurden die großen Funde in Rom, Paris, Leipzig, Kopenhagen und Berkeley gemacht. Vor allem das von Lawrence geleitete Laboratorium in Berkeley entwickelte sich zu einem regelrechten Klondike der Kernphysik.[45] Bis auf Heisenbergs Institut handelte es sich dabei vorwiegend um experimentell ausgerichtete Forschungsstätten. Selbst Bohr verdankte den Aufschwung seines Instituts zu einem kernphysikalischen Zentrum vor allem den experimentellen Einrichtungen, mit denen insbesondere biologische und medizinische Anwendungen («Tracer»-Technik; Bestrahlung von Tumoren) erforscht wurden, und die deshalb eine besondere Förderung durch die Rockefeller Foundation erfuhren.[46] Diesen Zentren galt auch das besondere Interesse der Rockefeller-Stipendiaten. Bethe und Peierls zum Beispiel verbrachten jeweils die Hälfte ihrer Reisestipendien in Rom und in Cambridge. Beide machten hier ihre ersten Erfahrungen mit der Kernphysik, obwohl sie zu dieser Zeit (1932/33) noch hauptsächlich mit der Festkörpertheorie beschäftigt waren.[47]

Kein anderes physikalisches Fachgebiet war von Anfang an so international geprägt wie die Kernphysik. Der Rom-Konferenz von 1931 folgten 1933 ein ganz der Kernphysik gewidmeter Solvay-Kongreß in Brüssel und 1934 eine weitere internationale Kernphysik-Tagung in London und Cambridge.[48] Dennoch lag das Schwergewicht der kernphysikalischen Produktivität von Anfang an in den USA. Hier war der Kernphysik-Boom wie nirgendwo sonst in einem solchen Ausmaß auch mit dem Aufkommen eines neuen Arbeitsstils verknüpft, der Teamforschung. Vielerorts wurden Zyklotrons gebaut, um die sich oft vielköpfige Arbeitsgruppen scharten. Die Anregung dafür holte man sich meist aus dem Lawrenceschen Radiation Laboratory in Berkeley, dessen Mannschaft das Know-how für den Zyklotronbau im Lauf der dreißiger Jahre an mehr als zehn andere amerikanische Universitäten und auch nach Übersee (Kopenhagen, Cambridge, Liverpool, Paris, Stockholm und Tokio) exportierte. Ein Zyklotronkonstrukteur aus dem Berkeley-Team (Don Cooksey) nannte 1938 das Netzwerk, das von seinem Laboratorium aus praktisch alle amerikanischen und internationalen Zyklotronlaboratorien miteinander verband, die «Cyclotron Union of the World».[49]

Die Entstehung der «Bethe-Bibel»

Von Europa aus war die Dominanz der amerikanischen Kernphysik zunächst noch nicht so wahrgenommen worden, wie es etwa aus einer Statistik der Publikationen in den verschiedenen Physikzeitschriften schon hätte auffallen können. Allein im amerikanischen *Physical Review*, das sich in den dreißiger Jahren zum führenden Organ der internationalen Physikerschaft entwickelte, stieg die Zahl kernphysikalischer Publikationen binnen zwei Jahren nach den Entdeckungen von 1932 auf ein Fünftel aller Aufsätze.[50] Um so erstaunter waren Physikeremigranten wie Bethe über den kernphysikalischen Boom in den USA, als sie damit nach ihrer Ankunft direkt konfrontiert wurden. Er sei «mit sehr gemischten Gefühlen nach Amerika gekommen», schrieb Bethe 1936 an Sommerfeld, und sich vorgekommen «wie ein Missionar, der in die schwärzesten Teile Afrikas geht, um dort den wahren Glauben zu verbreiten»; doch schon kurz nach seiner Ankunft habe er diese Meinung radikal geändert, «und heute würde ich kaum mehr nach Europa zurückgehen, selbst wenn man mir ebensoviele Dollars anbieten würde wie in Cornell. Amerika hat wirklich viele Vorzüge. Persönlich: daß man sehr leicht ‹hereinkommt› (...) Wissenschaftlich ist Amerika noch erfreulicher als persönlich. Das Charakteristische der amerikanischen Physik ist team work (...) ‹Was einen gerade interessiert›, ist natürlich Kernphysik. Mit dem Resultat, daß 90% aller Arbeiten auf diesem Gebiet in Amerika gemacht sind (...) Was ich selbst getan habe, sehen Sie im wesentlichen in der *Physical Review* und *Reviews of Modern Physics*. Es ist alles über Kerne».[51]

Bethe hatte schon in England seinen bisherigen Arbeitsschwerpunkt, die Theorie fester Körper, nicht mehr mit derselben Energie weiterverfolgt wie vor seiner Emigration. In einem Interview äußerte er (wie auch Peierls) die Ansicht, daß er wohl in jedem Fall, ob mit oder ohne Emigration, sich über kurz oder lang der Kernphysik zugewandt hätte. «But it came earlier because I got into contact with people who were doing nuclear physics. England was full of nuclear physicists when I came there in '33».[52] Als er kurz darauf in Amerika ankam, wo die Kernphysik in noch viel stärkerem Ausmaß das Thema des Tages war, wurde daraus vollends der neue Arbeitsschwerpunkt. Das Physikdepartment der Cornell University war gerade dabei, ein Zyklotron aufzubauen – das erste außerhalb Berkeleys – und hatte dazu Lawrence' Mitarbeiter Stanley Livingston als Konstrukteur eingestellt. «I talked a lot with Livingston about his experiments on the then new Cornell cyclotron», erzählte Bethe später seinem Biographen: «It cost eight hundred dollars and was the second-smallest working cyclotron ever built. We wanted to build a bigger one, and one of the things I did in those days was to design a cyclotron that would use the minimum amount of iron. Iron was expensive. That was the first purely engineering calculation I did in my life».[53] Wie er Sommerfeld schrieb, sei ihm in der Person von Livingston «ein vorzüglicher Experimentator» begegnet, mit dem er gerne zusammenarbeite. «Von Theorie versteht er nichts, aber er weiß das selbst und hört gern auf Vorschläge (...) In Cornell gibt es eine Anzahl guter junger Leute. Am besten über Physik unterhalten kann man sich mit (Robert F.) Bacher, der früher mit Goudsmit arbeitete (...) Seit einem Vierteljahr habe ich einen research assistant, bezahlt von der Philosophical Society, der sehr gut und beliebig fleißig ist. Er war Uhlenbecks Schüler und heißt Rose. Nächstes Jahr kriege ich noch einen Schüler von Uhlenbeck, Konopinski, der mit U. zusammen die derzeit richtige Modifikation der Fermischen Beta-Theorie gemacht und daraufhin eine der drei National Research Fellowships gekriegt hat».[54] In diesem Milieu fühlte Bethe sich «perfectley at home», wie er immer wieder betonte. «I found my colleagues at Cornell terribly eager to learn, but not very knowledgeable (...) Livingston, who had done a lot of nuclear physics before, had a big card file of all the papers that had been written on nuclear physics (...) But he didn't really understand many of the basic ideas. So I explained them to him, and then I explained them to Lloyd Smith, and then I was invited around the country and explained some more nuclear physics here and there. Finally, I decided that it would really be much easier if I wrote it all down. That was the basis of my articles on nuclear physics in *Reviews of Modern Physics*».[55]

In diesen Übersichtsartikeln trug Bethe praktisch das gesamte kernphysikalische Wissen zusammen, wie es sich 1936 darbot, die experimentellen Befunde ebenso wie die theoretischen, angereichert mit eigenen Originalbeiträgen, wo er damit Lücken schließen konnte. Die bald als «Bethe-Bibel» bezeichnete «Trilogie» bestand aus einem ersten, mit Bacher verfaßten Artikel über «Stationary states of nuclei» und zwei Artikeln über «Nuclear dynamics, theoretical» (von Bethe allein) und «Nuclear dynamics, experimental» (zusammen mit Livingston). «In the half century following its publication, the Bethe Bible has been read by one generation after the other of nuclear physicists and their graduate students, not to mention historians of nuclear physics and their graduate students», mit diesem Geleitwort wurde 1986 die Bethe-Trilogie nochmals herausgegeben, diesmal als Buch, das alle drei Einzelaufsätze zu einem fast 500 Seiten dicken Gesamtwerk zusammenfaßte.[56]

«A multifacetted symbiosis»

Bethes Integration in das Physikerteam der Cornell University gibt einen Eindruck von der Resonanz eines Theoretikeremigranten mit den amerikanischen Verhältnissen. Doch selbst diese erfolgreiche Synthese war nicht ganz frei von unerfreulichen Begleiterscheinungen. Am Physikdepartment der Cornell University gab es zum Beispiel Reibereien zwischen dem Institutsdirektor (Gibbs) und einem Physiker (Richtmyer), der dem neuen Forschungsschwerpunkt, der Kernphysik, nichts abgewinnen konnte, und Bethe nicht mochte, «(a) weil ich Ausländer bin (b) weil ich Gibbs schätze und (c) weil ich zuviel Physik weiß».[57] Von Ausländerfeindlichkeit an amerikanischen Universitäten berichteten auch andere Emigranten. Nordheim zum Beispiel schrieb von der Purdue University an Sommerfeld, es sei ihm und seiner Frau, einer Physikerin, die sich an seinen Forschungen beteiligte, «soweit in Amerika recht gut gegangen, nur sind wir wieder einmal auf der Stellensuche, da mein Vertrag wegen der Fremdenfeindlichkeit der Administration der hiesigen Universität nicht über das laufende akademische Jahr verlängert werden kann». Auch Nordheim hatte bis dahin vor allem auf dem Gebiet der Festkörpertheorie gearbeitet. In USA jedoch habe er sich «mehr mit Höhenstrahlen und Kernphysik als mit Metallen beschäftigt».[58]

Daß Nordheim Höhenstrahlen und Kernphysik in einem Atemzug nannte, ist kein Zufall. Die Erzeugung und Verwandlung von Teilchen, wie sie bei der Kernphysik im Beta-Zerfall beobachtet wurde, war bei der Höhenstrahlung besonders spektakulär: Aus einem primären kosmischen Strahlungsquant konnten ganze «Schauer» von Teilchen entstehen, wie man durch sogenannte Koinzidenzmessungen nachwies. Beide Forschungsrichtungen, Kernphysik und Höhenstrahlenphysik, stellten bei der Suche nach einer umfassenden Quantentheorie, die der Wechselwirkung von Teilchen und Feldern gerecht werden konnte, Anwendungsfälle dar. Beide Gebiete überlappten dort, wo neue Teilchen wie zum Beispiel das Meson postuliert wurden, mit dem der japanische Physiker Hideki Yukawa die Wechselwirkungskraft von Proton und Neutron im Atomkern erklärte und von dem er annahm, es könnte «also have some bearing on the shower produced by cosmic rays».[59]

Quantenelektrodynamik, Quantenfeldtheorie, Kernphysik und Höhenstrahlungsphysik besaßen soviele Berührungspunkte, daß Durchbrüche auf dem einen Gebiet fast automatisch Fortschritte auf den anderen mit sich brachten. Dieser Zusammenhang sorgte auch dafür, daß Theoretiker wie Bethe oder Nordheim, die in Europa mit den Grundlagen der Quantenmechanik aufgewachsen und in den verschiedenen Zentren auch die Weiterbildung der Quantenmechanik zur Quantenelektrodynamik aus erster Hand kennengelernt hatten, nun in der Lage waren, in der Höhenstrahlenphysik und in der Kernphysik eine Synthese der verschiedenen theoretischen Ansätze herbeizuführen. Nordheim erhielt nach dem fehlgeschlagenen Auftakt an der Purdue University ein Stellenangebot von der Duke University, wo man sich besonders für die Höhenstrahlenphysik interessierte. Wie Bethe, Heitler und andere Emigranten hatte er schon in Europa die theoretischen Grundlagen für ein Verständnis der Höhenstrahlung im Rahmen der Quantenelektrodynamik kennengelernt. Nun bekam er die Gelegenheit, in einem neuen Umfeld sein altes Interesse weiterzuverfolgen: «There was a cosmic ray group mostly under Walter Nielsen, Chairman of the department, who brought me there, and I helped interpret their results.»[60] Wenn Nordheims Integration in das amerikanische Wissenschaftsmilieu am Ende also doch erfolgreich war, so war dies ähnlich wie bei Bethe das Ergebnis einer optimalen Anpassung seiner eigenen wissenschaftlichen Orientierung an die spezifischen Erwartungen des Physikdepartments der Duke University.[61]

Nicht überall ließ sich das Interesse eines Immigranten mit dem seiner neuen Arbeitgeber so gut vereinen. Selbst eine ausgesprochene kernphysikalische Qualifikation war nicht in jedem Fall von Vorteil. Walter Elsasser, der vor seiner Emigration in Europa grundlegende theoretische Arbeiten über Atomkerne publiziert hatte und sich 1936 an Millikan mit der Bitte um eine Anstellung am CalTech wandte, erhielt zur Antwort: «If you want to do geophysics we can use you. If you want a place in nuclear physics or astrophysics I can do nothing for you». So wurde Elsasser zum Geophysiker.[62]

Der starke Konkurrenz- und Anpassungsdruck, dem ein Immigrant in den USA ausgesetzt war, zeigte sich zum Beispiel auch im Vorfeld der Berufung Tellers an die George Washington University, wo mit Gamow gerade ein ausländischer Theoretiker eingestellt worden war. Als Teller seine Professur in Washington antrat, tat er alles, um sich an die dortigen Gepflogenheiten anzupassen. «It soon got about in the local community», so erinnerte sich ein Kollege vom Washingtoner Physikdepartment, «that Teller was interested in the whole gamut of chemical and physical problems, that he was happy to talk about your problems». Zusätzlich zu seinem traditionellen Arbeitsgebiet ließ er sich auch zunehmend auf die Kernphysik ein, die sowohl im Physikdepartment der George Washington University als auch im benachbarten Department of Terrestrial Magnetism der Carnegie Institution unter der Leitung Merle Tuves das Thema des Tages war. Anfängliche Animositäten gegen die beiden Ausländer scheinen daraufhin relativ rasch überwunden worden zu sein, da Teller sich auch bereit erklärte, einen Großteil seiner Zeit der Betreuung der Studenten zu widmen, und da Gamow und Teller die besondere Wertschätzung des Universitätspräsidenten genossen, der mit diesen beiden europäischen Stars die theoretische Physik zu einer Hauptattraktion seiner Universität machen wollte.[63]

Das europäische Theoretikergespann bemühte sich nach Kräften, um diese Erwartung nicht zu enttäuschen. Zusammen mit Tuve veranstalteten sie 1935 die erste «Washington Conference on Theoretical Physics», die den Auftakt zu einer alljährlich abgehaltenen amerikanischen Theoretiker-Zusammenkunft bildete und dem erklärten Zweck diente, «to evolve in the United States something similar to the Copenhagen Conferences, in which a small number of theoretical physicists working on related problems assemble to discuss in an informal way difficulties met in their researches».[64] Dem aktuellen Trend der Washingtoner Physik folgend, war die erste Konferenz der Kernphysik gewidmet. Im zweiten

Jahr wurde Tellers altes Gebiet, die Molekularphysik, als Konferenzthema gewählt, dann wieder die dem nuklearen Trend näherliegenden Gebiete: 1937 über Elementarteilchen, 1938 über die Energieerzeugung in den Sternen. Vor allem diesem letzteren Thema galt ein immer grösseres Interesse. 1937 hatten Gamow und Teller gemeinsam eine Theorie über den Prozeß der thermonuklearen Fusion publiziert; Teller hatte dieses Thema einem seiner Studenten (Charles L. Critchfield) zur weiteren Bearbeitung ans Herz gelegt, und der nutzte die Washingtoner Konferenz von 1938 dazu, um sich von Bethe bei einigen Schwierigkeiten weiterhelfen zu lassen. Bethe selbst nahm dies als Anregung zu einer umfassenden Theorie der stellaren Energieerzeugung, die ihm knapp dreißig Jahre später den Nobelpreis einbringen sollte.[65]

«A multifaceted symbiosis, in a word, developed between the emigré and non-emigré nuclear physicists», so läßt sich das Bild vom Zusammenwirken der amerikanischen Physik mit den eingewanderten Theoretikern auf dem Gebiet der Kernphysik abrunden.[66] Felix Blochs Anpassung an das Milieu im kalifornischen Stanford oder Viktor Weisskopfs Integration in Rochester sind weitere Beispiele für solche erfolgreichen Synthesen, und 1938 bekam die amerikanische Kernphysik durch die Einwanderung Fermis und einer Reihe seiner Schüler weitere Verstärkung. Als Bohr Anfang 1939 die Nachricht von der Entdeckung der Kernspaltung in die Neue Welt brachte, war man in keinem Land der Welt besser darauf vorbereitet, die Konsequenzen daraus zu ziehen – doch dies gehört bereits zu einem neuen Kapitel, den Anwendungen der Kernphysik im Zweiten Weltkrieg. In den wissenschaftlichen Kriegsprojekten der USA fand die in den dreißiger Jahren vollzogene Verlagerung der Schwerpunkte und die am Ende dieses Jahrzehnts erreichte Operationalität der theoretischen Physik ihren konsequentesten Ausdruck. Bevor davon die Rede ist, sollen noch einmal die deutschen Verhältnisse in den Blick genommen werden. Auch hier fanden die neuen Schwerpunkte, die Kernphysik und die Festkörperphysik, das Interesse der Physiker. Dennoch hielt ihre Produktivität in diesen Gebieten einem Vergleich mit den anglo-amerikanischen Arbeiten schon in den dreißiger Jahren nicht mehr stand, ganz zu schweigen von den nachfolgenden Kriegsprojekten. Erst in diesem Kontrast wird deutlich, in welchem Ausmaß die theoretische Physik unter dem Imperativ der Operationalität – denn darin läßt sich das wesentliche Unterscheidungsmerkmal erkennen – eine neue Kursbestimmung erfahren hat.

9

Die Physik im «Dritten Reich»

Als mit dem Ende des Zweiten Weltkriegs die Folgen der NS-Herrschaft in Deutschland offenkundig wurden, erregten auch die «Leistungen» deutscher Physiker die kritische Aufmerksamkeit ihrer Kollegen aus den alliierten Siegerstaaten. Samuel Goudsmit, der wissenschaftliche Leiter einer amerikanischen Sondereinheit zur Aufklärung der deutschen Atombombenforschung, nannte drei Hauptgründe für den Niedergang der deutschen Wissenschaft im Nationalsozialismus: «complacency, deterioration of interest in pure science, and regimentation in the administrative control of science». Die selbstgefällige Überheblichkeit der deutschen Atomphysiker, genährt durch die lange Vormachtstellung früherer Jahre, habe sie in der falschen Sicherheit gewiegt, daß ihnen auf wissenschaftlichem Gebiet keine Gefahr drohen könne, solange sie selbst nicht zu verwertbaren Resultaten gelangt seien; der zweite Fehler, die Vernachlässigung der Grundlagenforschung, sei eine unmittelbare Folge der NS-Ideologie gewesen: abstrakte Theorien wie die Quantenmechanik und die Relativitätstheorie galten als «Jüdische Physik», der man eine als «Deutsche Physik» bezeichnete Irrlehre entgegensetzte; der dritte Fehler, das Mismanagement der deutschen Forschung, sei durch schlichte Ignoranz auf seiten der verantwortlichen politischen Stellen und durch mangelnde Abstimmung mit den Wissenschaftlern zu erklären – und dies, wie Goudsmit ironisch hinzusetzte, trotz der sprichwörtlichen «German reputation for organization».[1]

Goudsmit löste damit eine heftige Kontroverse aus. Heisenberg und sein Kreis widersprachen der Einschätzung ihrer wissenschaftlichen Arbeit als Versagen. Vielmehr habe man sich dem NS-Regime verweigert – eine Darstellung, die von manchen Journalisten und Historikern begeistert aufgenommen, von einigen in abgeschwächter Form bestätigt und von anderen energisch bestritten wurde.[2] Inzwischen erlebte diese Kontroverse neue Nahrung durch die Freigabe der sogenannten «Farm-Hall-Protokolle», einer Abhör-Mitschrift über die erste Reaktion

Die beiden Theoretiker des deutschen Atomprojekts Werner Heisenberg (links) und Carl Friedrich von Weizsäcker (rechts) zur Zeit ihrer Internierung in Farm Hall

der im britischen Farm Hall internierten deutschen Atomforscher auf die Nachricht des Atombombenabwurfs auf Hiroshima am 6. August 1945. Zumindest der von Goudsmit erhobene Vorwurf der Überheblichkeit wird darin bestätigt: «Ich glaube kein Wort», so reagierte zum Beispiel Heisenberg auf die Meldung. Er konnte sich nicht vorstellen, daß den amerikanischen Physikern gelungen sein sollte, was er und seine Kollegen nur als eine unrealistische Möglichkeit für die ferne Zukunft eingeschätzt hatten. Wie er bei dieser Gelegenheit verriet, war ihm schon 1944 von einem Beamten des Auswärtigen Amtes die Frage gestellt worden, ob mit dem Einsatz einer Atombombe gegen Deutschland gerechnet werden müsse. «Damals wurde ich gefragt, ob das möglich ist, und mit völliger Überzeugung sagte ich: Nein.»[3]

Goudsmits weitergehende Schlußfolgerungen über den Niedergang der Physik im «Dritten Reich» halten jedoch einer gründlichen Überprüfung nicht stand. Vor allem was die «Deutsche Physik» betrifft, so war diese Bewegung bei weitem nicht so mächtig und weit verbreitet, daß dadurch der «normalen» Physik der Boden entzogen worden wäre. Die «Deutsche

Physik» machte vor allem bei der Sommerfeldnachfolge von sich reden: Mit der Berufung eines ihrer Gefolgsleute gelang es ihr nach einem jahrelangem Tauziehen, den Sommerfeldschen Lehrstuhl zu erobern; doch damit beschleunigten die «Deutschen Physiker» nur den Niedergang ihrer Bewegung. Mit der Fixierung auf die «Deutsche Physik» verstellt man den Blick für eine differenziertere Analyse der Physik im Nationalsozialismus. «Die Vorstellung, hier habe ein unumschränkbar totalitärer Herrschaftswille alle gesellschaftlichen Kräfte ganz und gar aufgesogen und sich zu Diensten gemacht, kennzeichnet eine Tendenz, nicht aber die ganze Wirklichkeit», so kritisierte Martin Broszat die landläufige Vorstellung von der Funktionsweise des NS-Systems.[4] Auch die Physik wurde nicht im Handstreich gleichgeschaltet und durch eine «Deutsche Physik» ersetzt. Die Anpassung der Physiker an das NS-System war in den wenigsten Fällen verbunden mit einer Parteinahme für die «Deutsche Physik», die von den meisten als eine sektiererische Minderheit eingeschätzt wurde.

Praxis contra Ideologie: Die Überschätzung der «Deutschen Physik»

Wenn die deutsche theoretische Physik in den dreißiger Jahren vor allem im Vergleich mit den USA verblaßte, so muß dies in erster Linie vor dem Hintergrund der allgemeinen Wissenschaftsentwicklung in beiden Ländern betrachtet werden: Das gesamte deutsche Hochschulwesen erlebte in den dreißiger Jahren einen Rückgang, sowohl was die Studentenzahlen als auch die Zahl der Hochschullehrer betrifft: So wurde 1938 in USA ein Anteil von 104 Studierenden pro 10000 Einwohner registriert, während in Deutschland diese Quote nach einem Maximum von 20 Studierenden pro 10000 Einwohner im Studienjahr 1929/30 schon bis 1933/34 auf 15 und schließlich auf nur 8 im Jahr 1937/38 sank. Die Ursachen für den drastischen Rückgang der Studentenzahlen in Deutschland dürften neben der Wirtschaftskrise nach 1929 vor allem in der Einführung der Arbeitsdienstpflicht 1934 und der allgemeinen Wehrpflicht 1935 zu suchen sein, die für viele im Fall eines anschließenden Studiums die Zeit bis zum Eintritt in das Erwerbsleben als zu lang erscheinen ließ. Der Rückgangstrend in Deutschland betraf dabei im großen und ganzen alle Fächer in gleicher Weise.[5] Was die Physik angeht, so hatte zum Beispiel der Vorsitzende der Deutschen Gesellschaft für technische Physik 1930 an Sommerfeld geschrieben, daß «für die nächsten Jahre nicht mit der Aufnahmefähigkeit der Industrie für junge Physiker zu rechnen ist wie bisher, und daß man daher die Zahl der auszubildenden Physiker vorerst etwas verlangsamen sollte».[6] Auch bei der Zahl der Hochschullehrer war dieser Trend zu verzeichnen. Die Zahl der Physiker an den deutschen Universitäten sank zwischen 1931 und 1938 von 175 auf 157 Personen; an den Technischen Hochschulen stieg sie dagegen geringfügig von 139 auf 151.[7] Insgesamt folgte also dem Boom früherer Jahrzehnte im Deutschland der dreißiger Jahre eine Phase der Stagnation, während in USA die Expansion über die Große Depression hinweg andauerte.[8]

Zu dieser quantitaiven Diskrepanz kommen die historisch gewachsenen strukturellen Unterschiede zwischen dem amerikanischen und dem deutschen Physikbetrieb. Unter dem gemeinsamen Dach eines amerikanischen Physikdepartments waren Wechselbeziehungen zwischen Theoretikern und Experimentatoren sowie Teamwork nichts Ungewöhnliches, während in Deutschland die theoretische Physik und die Experimentalphysik in voneinander getrennten Instituten betrieben wurde, innerhalb derer sich eine völlig eigenständige Dynamik entfaltete. Mit dem Boom der theoretischen Physik in den zwanziger Jahren waren diese institutionellen Barrieren eher weiter gefestigt als abgebaut worden, und nichts deutete auf eine Trendwende hin.

Diese quantitativen und qualitativen Unterschiede zwischen der amerikanischen und der deutschen Physik sorgten allein schon für ein zunehmendes Auseinanderklaffen beider Systeme, an dem die «Deutsche Physik» keinen Anteil hat. Dennoch verdient der Streit zwischen dieser Richtung und der mehrheitlich vertretenen «normalen» Physik im Nationalsozialismus eine besondere Beachtung, wie am Beispiel der Auseinandersetzungen um die Sommerfeldnachfolge deutlich wird.

Der Kampf der «Deutschen Physik» gegen die Sommerfeldschule
Über die wohl spektakulärste Aktion der «Deutschen Physik», ihre Attacke gegen Heisenberg als Nachfolger Sommerfelds in der Münchner «Pflanzstätte theoretischer Physik», gibt es bereits sehr detaillierte Darstellungen.[9] Hier genügt es, die wichtigsten Etappen kurz zu rekapitulieren.

Die «Deutsche Physik» war zum großen Teil das Werk der beiden Nobelpreisträger Johannes Stark und Philipp Lenard, die nach ihrer eigenen Erfolgsperiode Anfang des Jahrhunderts mit der Entwicklung der Atomtheorie in den 20er Jahren nichts mehr anzufangen wußten und im aufkommenden Nationalsozialismus eine Gelegenheit erkannten, ihre Abscheu vor der «modernen» Theorie und ihren Antisemitismus zum Kern einer neuen «arischen» Physik zu machen. Stark hatte zudem ein persönliches Motiv für seine Feindschaft gegen Sommerfeld: 1929 hatte Sommerfeld verhindert, daß Stark als Nachfolger Willy Wiens sein Experimentalphysik-Kollege wurde; an seiner Stelle wurde Walther Gerlach nach München berufen. 1930 hatte Stark bereits in einigen Schriften den «Vorstellungen und Lehren der modernen Theorie, wie sie vor allem von Hrn. Sommerfeld formuliert, vertreten und verbreitet wird», den Kampf angesagt. In demselben Jahr war Stark der NS-Partei beigetreten. 1933 ernannte ihn der Reichsinnenminister Wilhelm Frick zum Präsidenten der Physikalisch-Technischen Reichsanstalt; ein Jahr darauf wurde ihm außerdem die Leitung der Notgemeinschaft der Deutschen Wissenschaft, der späteren Deutschen Forschungsgemeinschaft (DFG), überantwortet.

Ende 1933 besaß Stark bereits soviel Einfluß, daß er seiner Bewegung auch öffentlich Gehör verschaffen konnte. Damit lebte insbesondere der alte Kampf gegen Sommerfeld und die moderne Physik in neuer Schärfe wieder auf: In der theoretischen Physik sei eine «Konzernwirtschaft» entstanden. «Um ihre Theorien zur allgemeinen Geltung zu bringen, zogen judengeistige Wissenschaftler nur solche jüngere Kräfte heran, welche in ihrem Sinne wissenschaftlich arbeiteten», so polemisierte er nun gegen Einstein, Sommerfeld, Heisenberg und ihren «Theoretiker-Konzern», der «von Deutschland aus große dogmatische Theorien auf den Weltmarkt gebracht» habe.[10] Als 1935 Sommerfelds Emeritierung unmittelbar bevorstand, erreichte die Kampagne einen neuen Höhepunkt. Den Auftakt dazu markierte eine Vortragsreihe anläßlich der Umbenennung des Heidelberger physikalischen Instituts in «Philipp-Lenard-Institut», womit dem zweiten Protagonisten der «Deutschen Physik» ein Denkmal gesetzt werden sollte. Nach den Heidelberger Angriffen fand der Feldzug gegen die moderne Physik in einer Reihe von Presseartikeln eine Fortsetzung. Nun wurde Heisenberg, Sommerfelds Wunschkandidat für seine Nachfolge, zur Zielscheibe der Angriffe: «Und der theoretische Formalist Heisenberg, Geist vom Geiste Einsteins, soll sogar durch eine Berufung ausgezeichnet werden», schrieb Stark etwa im Februar 1936 in den *Nationalsozialistischen Monatsheften*. Ein Jahr später bezeichnete er

Heisenberg in der SS-Zeitschrift *Das Schwarze Korps* als einen jener «Statthalter des Judentums im Deutschen Geistesleben, die ebenso verschwinden müssen wie die Juden selbst».[11]

Zum 1. Dezember 1939 schließlich wurde anstelle von Heisenberg mit Wilhelm Müller ein «Deutscher Physiker» auf den Sommerfeldschen Lehrstuhl berufen. Doch was auf den ersten Blick wie ein Beispiel für die Allmacht Starks und seiner Gesinnungsgenossen aussieht, entpuppt sich bei näherer Betrachtung eher als ein grotesker Machtkampf rivalisierender NS-Fraktionen, den die «Deutsche Physik» nur dank einer vorübergehenden, für sie günstigen Koalition mit der SS für sich entscheiden konnte. Schon die über dreijährige Dauer bis zur Entscheidung der Sommerfeldnachfolge weist darauf hin, daß von einer Allmacht der «Deutschen Physik» keine Rede sein kann. Stark selbst war bereits 1936 nach einem Streit mit dem Reichserziehungsministerium als Präsident der Deutschen Forschungsgemeinschaft wieder abgelöst worden. Auch war es Heisenberg im Herbst 1936 gelungen, für ein gemeinsam mit dem technischen Physiker Max Wien und dem Experimentalphysiker Hans Geiger verfaßtes Memorandum gegen die «Deutsche Physik» 75 Unterschriften zu gewinnen, darunter die von praktisch alle angesehenen Physikern Deutschlands. Im Frühjahr 1937 schrieb Heisenberg voller Zuversicht an Bohr: «Es scheint nun auch sicher, daß ich im Laufe dieses Jahres nach München übersiedeln soll. Das ist schön, weil ich nun das Gefühl haben kann, etwas Endgültiges aufzubauen». Kurz darauf erhielt er auch die amtliche Mitteilung, daß der Ruf als Sommerfeldnachfolger nun an ihn ergangen sei. Doch zum selben Zeitpunkt gelang es den «Deutschen Physikern», in der SS und ihrem «Sicherheitsdienst» (SD) einen Verbündeten für ihre Sache zu gewinnen; Starks Polemik in der SS-Zeitung war ein Ausfluß dieser neuen Allianz, gegen die sich das Reichserziehungsministerium nicht zu stellen wagte. Dennoch erreichte Heisenberg dank familiärer Beziehungen zu dem SS-Führer Heinrich Himmler seine Rehabilitation – doch nur mit dem Ergebnis, daß man ihm bei anderer Gelegenheit Gerechtigkeit widerfahren lassen werde; in der Sache selbst, der Sommerfeldnachfolge, wollte man nicht erneut eine Kehrtwendung vollziehen, so daß in diesem Fall die «Deutsche Physik» den Sieg davontrug.[12]

Doch der Erfolg in München wurde für die «Deutsche Physik» zu einem Pyrrhus-Sieg. Je mehr die Physik nach dem Beginn des Zweiten Weltkrieges an ihrer praktischen Tauglichkeit für die Rüstung anstatt an ihrer ideologischen Übereinstimmung mit nationalsozialistischen Positionen gemessen wurde, desto stärker gerieten die «Deutschen Physiker» nun in die Defensive. «Es dreht sich kurz gesagt darum, daß eine Gruppe von Physikern, die leider das Ohr des Führers besitzt, gegen die theoretische Physik wütet und die verdientesten theoretischen Physiker verunglimpft», so wandte sich etwa im April 1941 der Aerodynamiker Ludwig Prandtl an die mächtigste Autorität des NS-Regimes in Rüstungsfragen, den «Reichsmarschall» und «Beauftragten des Vierjahresplanes» Hermann Göring, dem er auch als persönlicher Berater in Fragen der Luftfahrtforschung diente. Mit dem Argument, «daß die moderne theoretische Physik eine jüdische Mache wäre, die man nicht schnell genug auszutilgen und durch eine ‹deutsche Physik› zu ersetzen haben würde», sei es dieser Gruppe gelungen, einen Herrn «mit Namen Wilhelm Müller» als Sommerfeldnachfolger durchzusetzen, der zwar einige Verdienste in der technischen Mechanik aufzuweisen habe, doch für die theoretische Physik ansonsten «nichts, rein nichts» mitbringe. Dieser Zustand sei um so schwerwiegender, als «die theoretische Physik ein gerade für die Ausbildung des Führernachwuchses in der Physik unentbehrliches Fach ist». Ganz ähnlich hieß es ein halbes Jahr später in einer offiziellen «Eingabe der Deutschen Physikalischen Gesellschaft» an das Reichserziehungsministerium, die auch führenden Persönlichkeiten der Industrie und des Militärs unterbreitet wurde: «Für die Ausbildung des technischen Physikernachwuchses ist die Kenntnis von den Arbeiten der theoretischen Physiker schlechthin unentbehrlich. Es sollte also nichts unversucht bleiben, an den Hochschulen dieses entscheidende Grundfach durch eine sachgemäße Personenauswahl zu fördern. Statt dessen geschieht leider das Gegenteil. Eine gewisse Gruppe von Physikern wütet gegen die theoretische Physik, verunglimpft ihre verdientesten Vertreter und setzt ganz untragbare Besetzungen der Hochschullehrstühle durch und zwar mit der Begründung, die theoretische Physik sei eine jüdische Mache. Der schlimmste Fall ist ohne Zweifel die Berufung eines Herrn W. Müller als Nachfolger des weltberühmten theoretischen Physikers an der Universität München, A. Sommerfeld».[13]

Die Initiative verfehlte nicht ihre Wirkung. Mit der Protektion Görings und seines Luftfahrtministeriums konnten die «modernen» Physiker ihr Anliegen auch anderen Führungsinstanzen im NS-Staat nahebringen, vor allem dem neuernannten Rüstungsminister Albert Speer. Während die «Deutsche Physik» keine weiteren Berufungen mehr in ihrem Sinn durchsetzen konnte, wurde Heisenbergs mit dem Direktorenposten am Kaiser-Wilhelm-Institut für Physik für die entgangene Sommerfeldnachfolge entschädigt. Sein Schüler Carl Friedrich von Weizsäcker wurde an die Universität Straßburg berufen, die nach dem «Feldzug» gegen Frankreich zur deutschen «Reichsuniversität» umfunktioniert worden war. Die Besetzung solch exponierter Stellen mit erklärten Gegnern der «Deutschen Physik» signalisierte weithin das Ende dieser Bewegung. Gleichzeitig unterstrichen damit die «modernen» Physiker ihre Bereitschaft zur Kollaboration mit dem NS-Staat. Ihren Widerstand gegen die «Deutsche Physik» mit einer oppositionellen Haltung gegen das gesamte NS-Regime gleichzusetzen, wie dies nach dem Krieg gerne getan wurde, ist nur ein fadenscheiniger Versuch, sich von ihren vielfältigen Verstrickungen im «Dritten Reich» weißzuwaschen.[14]

Industriephysiker als Anwälte der modernen Physik

Es ist kein Zufall, daß die Wortführer im Kampf gegen die «Deutsche Physik» in besonders enger Beziehung zu Industrie und Militär standen: Neben Prandtl, dessen Aerodynamische Versuchsanstalt (AVA) im «Dritten Reich» mit der Aufrüstung im Luftfahrtsektor «zu einem der größten deutschen Forschungsinstitute»[15] (wie schon 1935 festgestellt wurde) heranwuchs, waren dies vor allem Carl Ramsauer, der Direktor des AEG-Forschungslaboratoriums und Vorsitzende der Deutschen Physikalischen Gesellschaft, und dessen Stellvertreter Wolfgang Finkelnburg, ein Experimentalphysiker von der Technischen Hochschule Darmstadt (später Direktor im Siemens-Schuckert-Forschungslaboratorium). Ein weiterer Industriephysiker, der bei der Initiative gegen die «Deutsche Physik» mitwirkte, war Georg Joos, seit 1941 Chefphysiker der Zeiss-Werke in Jena. Joos hatte 1920 das Sommerfeldsche Seminar besucht und war seither ein anhänglicher Verehrer des Münchner Geheimrats. Prandtl und Sommerfeld waren alte Bekannte und repräsentierten beide – wenn auch in verschiedenen Gebieten – die Göttinger Tradition des «großen Felix» und seiner Bestrebungen für eine Annäherung der Wissenschaft an die Praxis.

Gerade angesichts dieser Tradition erschien der Vorwurf der «Deutschen Physik» absurd, die von Sommerfeld propagierte moderne theoretische Physik sei praxisfern. «Lesen Sie doch spaßeshalber den Artikel von Wilh. Müller in dem Schandblatt *ZS f. d. gesamte Naturwiss.* letztes Heft», schrieb Sommerfeld im März 1941 an Prandtl, «Wir kommen beide drin vor, Sie als sein Kronzeuge (!), ich als ein der Technik und Wirklichkeit gänzlich abgewandter Mathematiker (!). Sie wissen vielleicht noch nicht, daß Müller mich aus meinem Institut herausgeschmissen hat.»[16] Dies war der unmittelbare Anstoß für Prandtl, «irgendetwas in der Sache zu unternehmen»[17] und jenen Brief an Göring zu schreiben, mit dem die Offensive gegen die «Deutsche Physik» ihren Höhepunkt erreichte. In diesem «kriegs- und wirtschaftswichtigen Fach» sei nun Görings «persönliches Eingreifen» erforderlich, so drängte Prandtl den Luftfahrtminister, und er verwies auf Ramsauer und Joos, «zwei bekannte in der Industrie stehende Physiker», die «die Notwendigkeit der theoretischen Physik» für die Praxis bestätigen konnten.[18] Er sandte beiden Industriephysikern eine Abschrift seines Schreibens an Göring, verbunden mit der Anregung, daß «Sie an Beispielen darlegten, wie wichtig ein gründliches Verstehen der theoretischen Physik für die Belange der industriellen Entwicklung ist».[19]

Die «Eingabe der Deutschen Physikalischen Gesellschaft», in der die Aktion gegen die «Deutsche Physik» schließlich gipfelte, verband denn auch die Verurteilung dieser «zahlenmäßig kleinen Gruppe extrem eingestellter Physiker, Astronomen und Philosophen» mit einem Plädoyer für die Förderung der modernen theoretischen Physik als einem nationalen Erfordernis höchster Dringlichkeit. Gerade angesichts der Expansion der angelsächsischen Physik sei eine verstärkte Förderung der Physik in Deutschland dringend geboten. Auf dem Gebiet der Kernphysik etwa habe sich die Zahl deutscher Publikationen von 1927 bis 1939 nur um das 3,5fache vermehrt (von 47 auf 166), während die Zahl der englischen und amerikanischen Arbeiten in demselben Zeitraum auf das 13,5fache gesteigert worden sei (von 35 auf 471). Insbesondere sei es den USA gelungen, «eine zahlenmäßig starke, sorgenfrei und freudig arbeitende junge Forschergeneration heranzuziehen», während hierzulande die Angriffe gegen die Sommerfeldschule «die Schaffensfreudigkeit unserer Theoretiker gelähmt und den Nachwuchs von der Pflege der theoretischen Forschung abgeschreckt» habe. Die «entscheidende Bedeutung der theoretischen, insbesondere der modernen theoretischen Physik» wurde vor allem auf dem Gebiet der Kernphysik herausgestellt, denn dies sei «das einzige Gebiet, von dem wir uns für das Energie- und Sprengstoffproblem wesentliche Fortschritte erhoffen können. In diesem Gebiet wird dasjenige Volk die größten, für die Zukunft vielleicht entscheidenden Erfolge haben, welches die fruchtbarste Theorie zu entwickeln und die harmonischste Verbindung zwischen Theorie und Experiment zu schaffen vermag.» Dann folgte die «Widerlegung der Vorwürfe gegen die moderne theoretische Physik als ein angebliches Erzeugnis jüdischen

Praxis contra Ideologie: Ludwig Prandtl (links) und Carl Ramsauer (rechts) als Fürsprecher der theoretischen Physik gegen die «Deutsche Physik»

Geistes». Zwar sei auch der Unterzeichnete (Ramsauer) «weit davon entfernt, ein Anhänger Einsteins zu sein», doch seien «die ganz allgemein erhobenen Vorwürfe gegen die Vertreter der modernen theoretischen Physik als Vorkämpfer jüdischen Geistes ebenso unbewiesen, wie unberechtigt». Abschließend wurde nochmal hervorgehoben, daß jede Beeinträchtigung der deutschen theoretischen Physik auch «eine nicht zu verantwortende Schädigung der deutschen Wirtschaft und der deutschen Wehrtechnik» nach sich ziehe.[20]

Industriephysiker wie Ramsauer und Joos als Anwälte für die moderne theoretische Physik zu mobilisieren, war mehr als nur ein Schachzug, um die Aufmerksamkeit Görings und anderer Machthaber mitten im Krieg auf die skandalösen Zustände in München zu lenken. Ramsauer, der als Lenardschüler selbst dem Sommerfeldkreis eher fernstand, erklärte sich «gern bereit, grundsätzlich und im Interesse der Industrie Einspruch gegen die Gefährdung der theoretischen Physik zu erheben» – obwohl dadurch die Beziehungen zu seinem alten Lehrer «wohl ganz zu Bruch gehen» würden, wie er an Prandtl schrieb.[21] Als Industriephysiker war ihm die Frage eines qualifizierten Physikernachwuchses ein besonderes Anliegen, und als Vorsitzender der Standesorganisation der deutschen Physik lag ihm auch die Autonomie seiner Berufsgruppe besonders am Herzen. Hinzu kam eine starke Identifikation mit der Physik als einem deutschen Aktivposten, dessen internationale Reputation durch die aberwitzigen Angriffe der «Deutschen Physik» gefährdet würde. Diese Identifikation machte den Kampf gegen die «Deutsche Physik» geradezu zu einer moralischen Pflicht: «Kepler hat auch für seine Mutter zehn Jahre lang einen Hexenprozeß geführt, so müssen wir eben auch für die Mutter Physik einen langwierigen Prozeß gegen Bosheit und Aberglauben führen», so hatte Joos gegenüber Prandtl seine Bereitschaft bekundet, an der Initiative mitzuwirken.[22]

Die Deutsche Physikalische Gesellschaft entstieg diesem Prozeß mit einem gestärkten Selbstbewußtsein. Ihr im August 1943 beschlossenes Reformprogramm war ganz darauf ausgerichtet, das eigene Fach von allen politischen und ideologischen Beeinflussungen freizuhalten und die eigene Autonomie wiederherzustellen. Man gründete – mit der Unterstützung des Propaganda- und des Rüstungsministeriums – eine neue Zeitschrift und ein eigenes Informationsbüro, und man bediente sich militärischer Verträge, um mit dem Attribut «kriegswichtig» die akademische Forschung zu fördern. «Und wenn jemand die Akten aus den letzten Kriegsjahren konsequent durchforschen wollte, würde er bemerken, daß überhaupt alles, was damals in der Wissenschaft gemacht wurde, ‹kriegsentscheidend› war. Sonst hätten nämlich die staatlichen und die Partei-Instanzen weder Mittel noch Mitarbeiter dafür freigegeben», so erklärte zum Beispiel Laue nach Kriegsende die Doppeldeutigkeit dieses Attributs, hinter dem sich von tatsächlicher Kriegsforschung bis hin zu einer listigen Täuschung militärischer Geldgeber zum Nutzen «reiner» Forschung ein breites Spektrum physikalischpolitischer Wechselbeziehungen verbergen konnte.[23]

Zwischen Grundlagenforschung und Kriegsaufträgen

Wie beeinflußte die «Deutsche Physik» nun die Praxis der Forschung selbst? Beim «Uranverein», dem bekanntesten Beispiel physikalischer Kriegsforschung in Deutschland,[24] spielten diese Auseinandersetzungen nur noch eine indirekte Rolle. Es war offensichtlich, daß die von Stark, Lenard und ihrer Gefolgschaft gegeißelten Konzepte der modernen theoretischen Physik, die Relativitätstheorie und die Quantenmechanik, den Schlüssel zur Interpretation nuklearer Prozesse darstellten, und es waren entschiedene Gegner der «Deutschen Physik» wie Georg Joos und sein Assistent Wilhelm Hanle, die kurz nach der Entdeckung der Kernspaltung das Reichserziehungsministerium auf die sich daraus ergebenden Anwendungen aufmerksam machten. Hanle hatte zuvor über die technischen Konsequenzen der Kernspaltung einen Kolloquiumsvortrag gehalten. Joos' Motivation, die Regierung auf das Potential der Kernforschung aufmerksam zu machen, war nach Hanles Erinnerung eher defensiv, da er nach dem Kolloquiumsvortrag befürchtete, das Publikmachen der neuen Möglichkeiten ohne gleichzeitige Benachrichtung der zuständigen Instanzen des Staates könne als Sabotage ausgelegt werden; Hanle selbst erkannte darin eine besondere nationale Pflicht, die ihm auch zu einer persönlichen Genugtuung wurde. Während seines Studiums war er als Anhänger der Relativitätstheorie bei Lenard in Ungnade gefallen; nun konnte er für dieselbe Theorie eine praktische Anwendung ins Feld führen, die sich sogar zu einer Angelegenheit von nationaler Tragweite auswachsen konnte.[25]

Die Kernphysik als «Mammut-Physik»

Hanle und Joos waren nicht die einzigen, die sich um die technischen Anwendungen der Kernspaltung Gedanken machten. Im In- und Ausland setzte sofort eine hektische Aktivität ein, um die Möglichkeiten der Kernspaltung auszuloten und die Regierungen auf die Folgen für Wirtschaft und Militär aufmerksam zu machen. In Deutschland bot beispielsweise der Industriephysiker Nikolaus Riehl, der bei der Auer-Gesellschaft die Forschungsabteilung leitete, sogleich der Wehrmacht die Dienste seiner Firma für die Produktion von Uran an, und aus Hamburg erreichte das Heereswaffenamt ein Brief zweier physikalischer Chemiker, in dem die Herstellung von Kernsprengstoff als militärisch wie politisch höchst dringliches Vorhaben dargestellt wurde. Auf politischer Ebene fanden diese Anregungen sowohl beim Reichserziehungsministerium und dem ihm angegliederten Reichsforschungsrat wie auch auf seiten der Wehrmacht reges Interesse. Das Heereswaffenamt übernahm schließlich die Federführung. Man beschlagnahmte kurzerhand das Kaiser-Wilhelm-Institut für Physik und stellte seinen Direktor Debye vor die Alternative, entweder die deutsche Staatsbürgerschaft anzunehmen und sich an der Kriegsforschung seines Instituts zu beteiligen oder sich beurlauben zu lassen. Debye gab der Beurlaubung den Vorzug und emigrierte in die USA, wo man ihm an der Cornell University eine Gastprofessur angeboten hatte. Kurt Diebner, ein Kernphysiker und Sprengstoffexperte des Heereswaffenamtes, wurde Verwaltungsdirektor des Kaiser-Wilhelm-Instituts. Unter seiner Leitung sollten Heisenberg und Hahn die wissenschaftliche Erforschung der militärischen und wirtschaftlichen Anwendungen der Kernspaltung überwachen.[26]

Schon in dieser, binnen eines Jahres nach Kriegsbeginn durchgeführten Reorganisation zeigte sich, daß der «Deutschen Physik» bei praktischen forschungspolitischen Entscheidungen keine Bedeutung mehr zukam. Daß das Heereswaffenamt und nicht der Reichsforschungsrat des Reichserziehungsministeriums, das bis dahin dem Druck der «Deutschen Physik» noch am weitesten nachgegeben hatte, nun den Ton angab, war ein deutlicher Ausdruck der hierarchischen Struktur zwischen den verschiedenen Instanzen im «Dritten Reich» nach Beginn des Krieges: Militär und Industrie bildeten wesentlich stärkere Machtzentren als das für die akademische Wissenschaft zuständige Reichserziehungsministerium. Auf diese Machtstruktur setzten auch Prandtl, Joos und Ramsauer, deren Aktion gegen die «Deutsche Physik» das ihre dazu beitrug, daß dem Wissenschaftsminister die Kompetenz für die Kernforschung weitgehend entzogen wurde. Auch als das Heereswaffenamt in der Kernforschung keine unmittelbare kriegsentscheidende Bedeutung mehr erkannte und die Verantwortung dafür wieder an den Reichsforschungsrat abtrat, war es nicht das Erziehungs- sondern das Luftfahrtministerium, das nun die Verantwortung übernahm.[27]

Es ist bezeichnend, daß in Kreisen der Luftfahrtrüstung, wo man zunächst keinen unmittelbaren Bezug zur Kernphysik vermuten würde, diesem Fach größtes Interesse entgegengebracht wurde. Schon 1941 hatte man zum Beispiel bei den Henschel-Flugzeugwerken in einem Bericht «Kernphysik – Technischer Stand und Anwendungsmöglichkeiten» angeregt, ein «mit größten Mitteln ausgestattetes staatliches Zentralinstitut für Kernphysik und Kernchemie» zu gründen. In diesem Zusammenhang wurde auch eine Aufwertung der theoretischen Physik und eine Überwindung der traditionellen Barrieren zwischen Theorie und Experiment angemahnt, um die «theoretischen neuen Erkenntnisse und deren Zusammenhänge mit der Praxis richtig zu verwerten». Nur durch «organische Zusammenarbeit» werde verhindert, «daß sich die Theoretiker zu sehr in ferne Gebiete verlieren», und nur so könne man erreichen, «daß sie mit dem technischen Ziel der ganzen Forschung ständig in Fühlung bleiben.»[28] Das Interesse der Luftfahrtrüstung an der Wissenschaft reichte weit über direkte Fragen des Luftkrieges hinaus. «Im Hinblick auf die außerordentliche Bedeutung der physikalischen Erkenntnisse für den Fortschritt der gesamten Luftfahrt, insbesondere der Luftrüstung, muß die Luftfahrttechnik allen Vorgängen bei der Entwicklung der wissenschaftlichen Arbeitstätigkeit auf diesem Gebiet im Reich große Aufmerksamkeit zuwenden», so begründete die «Deutsche Akademie der Luftfahrtforschung», ein loser Zusammenschluß von industriellen, militärischen und universitären Forschungsinstituten unter der direkten Verantwortung von Görings Luftfahrtministerium, ihre besondere Zuständigkeit für die Wissenschaft. Anlaß dafür war der Auftrag des Ministeriums zur Begutachtung von Ramsauers «Eingabe». Da andere Wehrmachtsteile, denen diese Schrift ebenfalls zugestellt worden war, keine «wissenschaftliche Instanz von genügender Autorität» besaßen, nahm sich die Luftfahrtakademie ihrer Prüfung an. Im Gesamtergebnis schlossen sich die Gutachter allen Anregungen Ramsauers «in vollem Umfange an».[29]

Es ist daher auch nicht verwunderlich, daß die Luftfahrtakademie nun für weitergehende physikalische Modernisierungsbestrebungen zu einem Forum wurde. 1943 gab Ramsauer der Luftfahrtakademie einen Überblick über «Leistung und Organisation der angelsächsischen Physik mit Ausblicken auf die deutsche Physik». Nun fand er es nicht einmal mehr der Erwähnung wert, welchen schädlichen Einfluß die «Deutsche Physik» ausgeübt hatte. Obwohl er ansonsten reichlich von den bereits in der «Eingabe» vorgetragenen Argumenten Gebrauch machte, galt sein Hauptanliegen jetzt der allgemeinen Stärkung der physikalischen Forschung. Zwar müsse man «nicht so weit gehen wie die Angelsachsen und die Physiker grundsätzlich vom Frontdienst ausnehmen», doch «3000 Soldaten weniger» sollte die Wehrmacht verkraften können, denn «3000 Physiker mehr» könnten «vielleicht den Krieg entscheiden». Außerdem müßten die bestehenden physikalischen Institute «instrumentell und maschinell völlig modernisiert werden», und man sollte auch erreichen, daß Experimentatoren und Theoretiker «am selben Orte in dauernder wissenschaftlicher Wechselwirkung stehen» könnten. Am Beispiel des Zyklotrons erläuterte er die wachsende Kluft zwischen der Physik in Deutschland und der in Großbritannien und USA: Dieses «wichtigste experimentelle Hilfsmittel der Kernphysik», von dem es in den USA 37, in England 4 und in Deutschland nur ein einziges gebe, sei mit dem Einsatz großer technischer und finanzieller Mittel verbunden.

In Deutschland sei man geneigt, solche «Mammut-Physik» als eine Sache anzusehen, «bei der es mehr auf Geld als auf Geist ankommt», doch dies sei «ein ganz falscher Standpunkt; denn erstens steckt in dieser amerikanischen Mammut-Physik eine Menge Geist, und zweitens verlangen die hier verfolgten Ziele, wenn sie erreicht werden sollen, grundsätzlich einen derartigen Aufwand». Dennoch leitete Ramsauer daraus nicht die Forderung nach einer Trendwende zur zentral organisierten Großforschung ab, obwohl er diesen Gedanken durchaus in den Raum stellte: «Man könnte z.B. daran denken, die vorhandenen großen Forschungsstätten, wie die Physikalisch-Technische Reichsanstalt, die Kaiser-Wilhelm-Gesellschaft und die großen Forschungsinstitute der Industrie, wesentlich zu erweitern oder ein deutsches Zentral-Forschungsinstitut für Physik zu begründen. Tatsächlich liegt die optimale Lösung aber an einer ganz anderen Stelle. Wir haben ein großes Aktivum, das wir nur als solches erkennen und weiter ausbauen müssen. Das sind die physikalischen Institute unserer Universitäten und Technischen Hochschulen, welche unseren früheren Vorrang in der Physik begründet haben und welche ihrer ganzen Eigenart nach aus dem Geist unserer Rasse entstanden sind.»[30]

Der Vergleich des Zyklotronbaus in den USA und in Deutschland berührte einen neuralgischen Punkt. Obwohl schon bei Kriegsbeginn in Deutschland mehrere Zyklotronprojekte in Gang gekommen waren, verhinderte die gegenseitige Konkurrenz der verschiedenen Forschergruppen eine zügige Realisierung. «So wird das Durcheinander immer größer», stellte der Präsident der Kaiser-Wilhelm-Gesellschaft im Jahr 1941 fest, und erst im Herbst 1943 ging das erste und als einziges fertiggestellte Zyklotron in Betrieb.[31] Auch die fehlende Kooperation zwischen Theoretikern und Experimentatoren war dabei unübersehbar. Anders als in den USA, wo das Zyklotron geradezu als Katalysator für Teamwork und eine enge Kooperation von Theoretikern, Experimentatoren und Technikern gewirkt hatte, war das Zyklotron in Deutschland von ausschließlich experimentellem Interesse. Der Experimentalphysiker Walter Bothe, in dessen Laboratorium im Kaiser-Wilhelm-Institut für medizinische Forschung in Heidelberg das deutsche Zyklotron gebaut wurde, war «ein Einzelgänger», wie sich einer seiner Mitarbeiter erinnerte; zwar machte er «originelle Physik und war ein genialer Experimentator», aber «unserem Institut fehlte ein Theoretiker. Das sollte sich später auch auswirken».[32]

Der fehlende Kontakt von Theorie und Experiment ist um so bemerkenswerter, als Bothes Institut organisatorisch dem «Uranverein» angehörte, wo es nach Heisenbergs eigenem Bekunden «zu viele Theoretiker und zu wenige Experimentalphysiker» gab.[33] Daß selbst zwischen den Physikern innerhalb des «Uranvereins» die Barrieren zwischen Theoretikern und Experimentatoren nicht abgebaut wurden, ist ein deutlicher Ausdruck der traditionellen Autonomie beider Fraktionen. Der «Uranverein» war freilich auch keine zentrale Großforschungsorganisation wie Oppenheimers Mannschaft in Los Alamos, sondern nur eine lose organisatorische Zusammenfassung von Physikern aus ganz verschiedenen Instituten, deren eigentliche Forschungsarbeit in weitverstreuten Universitätsinstituten, Industrielaboratorien und verschiedenen Instituten der Kaiser-Wilhelm-Gesellschaft stattfand.[34] Auf dieser Ebene dominierte der Geist institutioneller Selbständigkeit und nicht das für die «Mammut-Physik» typische Teamwork. Für einen direkten Vergleich zwischen dem amerikanischen und deutschen Atomprojekt fehlt schon aus diesem Grund die gemeinsame Ausgangsbasis, auch wenn die renommierten Theoretiker um Oppenheimer bzw. Heisenberg darin auf den ersten Blick ähnliche Rollen zu spielen schienen. Für die meisten Mitglieder des «Uranvereins» war ihr einschlägiges Forschungsthema auch nicht Gegenstand ausschließlicher Beschäftigung. In Heisenbergs Institut beschäftigte man sich zum Beispiel nicht nur mit der Theorie und Technik eines «Uranbrenners», sondern auch mit der Physik der kosmischen Strahlen und der Elementarteilchen, und auch Bothe behielt sich einen Teil seiner Institutskapazität für die kernphysikalische Grundlagenforschung vor, die mit seiner Aufgabenstellung im «Uranverein» nichts zu tun hatte.[35] So wird auch der paradox anmutende Befund plausibel, daß den Beteiligten des «Uranvereins» ihre eigene Leistung während des Krieges als durchaus respektabel erschien – denn für sie war das eigene Institut der Bezugsrahmen für Erfolg oder Mißerfolg – während dieselbe Forschung aus amerikanischer Sicht als Versagen gewertet wurde.

Als Sommerfeld nach dem Krieg eine Zusammenfassung über die «Beiträge deutscher Forscher zur theoretischen Physik während der Jahre 1939-1945» gab, war darin von einer «deterioration of interest in pure science» nichts zu bemerken, wie sie Goudsmit als Folge der «Nazi ideology» auszumachen glaubte – ganz im Gegenteil: Sommerfeld konnte zum Beispiel auf wichtige Beiträge Heisenbergs und seiner Schüler Carl Friedrich von Weizsäcker und Siegfried Flügge zur Mesonentheorie und auf Heisenbergs S-Matrix-Theorie verweisen, mit der mitten im Krieg «eine neue Phase der Quantentheorie eingeleitet» worden sei.[36] Ähnlich fühlte sich auch Max von Laue «mitten im brausenden Strome der Forschung», als er die im Krieg hervorgebrachten wissenschaftlichen Arbeiten seiner Kollegen im «Uranverein» kommentierte: «Neueste experimentelle Methoden, kühnste theoretische Ideen ringen hier um die eng verkoppelten Probleme der Atomkerne, der Höhenstrahlung und der Elementarteilchen».[37] Laue benutzte den hohen Anteil an Grundlagenforschung sogar als Argument, um die deutschen Physiker vor dem Vorwurf in Schutz zu nehmen, sie hätten «für die Sache Himmlers und für Auschwitz» gearbeitet.[38]

Deutsche Traditionen in der Festkörperphysik

Es ist müßig, darüber zu spekulieren, welche Zukunft dem Sommerfeldschen Institut beschieden gewesen wäre, wenn es nicht in die Hände der «Deutschen Physik» gefallen wäre. Vermutlich hätte Heisenberg als Nachfolger Sommerfelds hier einen erfolgreichen Kreis von Theoretikern um sich geschart – wie er dies in seinem Leipziger Institut die ganzen dreißiger Jahre hindurch getan hatte. Vielleicht hätte einer von seinen Assistenten oder ein «Extraordinarius», um den das Institut im günstigsten Fall bereichert worden wäre, die Münchner Tradition in Sachen Festkörperphysik fortgeführt, ähnlich wie dies in Leipzig durch Heisenbergs Kollegen Hund geschah. Doch es gibt keinerlei Anzeichen dafür, daß München damit zu einem Zentrum moderner Festkörpertheorie aufgestiegen wäre, das mit Slaters oder Motts Schule vergleichbar gewesen wäre. Obwohl es in der Person des Münchner Experimentalphysikers Walter Gerlach einen Experten auf dem Gebiet der Metalle und des Magnetismus gab, bestand zwischen den benachbarten Instituten keine wissenschaftliche Zusammenarbeit – und daran hätte sich vermutlich auch unter Heisenberg als Sommerfeldnachfolger nichts geändert, der ja auch in Leipzig nicht die institutionellen Barrieren zwischen Theorie und Experiment abgebaut hatte, obwohl dort die Konstellation für eine intensive Zusammenarbeit mit dem Sommerfeldschüler Debye als einem auch theoretisch versierten Experimentalphysiker nicht günstiger hätte sein können. Weder in München noch in Leipzig noch an einer anderen deutschen Universität gab es erkennbare Anzeichen für jenes operationelle Milieu moderner Festkörperphysik, wie es am MIT oder an der Bristol University in den dreißiger Jahren zu beobachten war.

Auch in der Festkörperphysik mußten einem Beobachter von einem amerikanischen Physikdepartment die deutschen Verhältnisse in den dreißiger Jahren als Niedergang erscheinen, während dieselben Verhältnisse aus deutscher Perspektive nur einer lange bewährten Tradition entsprachen. Als zum Beispiel Goudsmit 1936, zehn Jahre nach seiner Anstellung an der University of Michigan, an Gerlach schrieb, ihm scheine eine Stagnation in der deutschen Physik eingetreten zu sein, da widersprach Gerlach; daß der Boom der theoretischen Physik in den vergangenen Jahrzehnten nicht unbegrenzt fortgesetzt werden könne, sei völlig normal; nun müsse die Experimentalphysik wieder zum Zug kommen.[39]

Nimmt man die hausgemachten Traditionen in Deutschland vor 1933 als Maßstab, so erschien die Entwicklung bis auf die Exzesse der «Deutschen Physik» weitgehend normal. Sommerfeld und seine Schule wurden von der Mehrheit der Physikerschaft auch weiter als maßgebliche Instanz der theoretischen Physik in Deutschland anerkannt, besonders was die Festkörpertheorie betraf. Auch die internationalen Kontakte erwiesen sich trotz aller politischen Veränderungen erstaunlich dauerhaft. Im Oktober 1934 fand zum Beispiel in Genf unter Sommerfelds Schirmherrschaft eine Konferenz über Metallphysik statt, die nochmal die zentrale Position der Münchner Schule für die theoretische Festkörperphysik unterstrich; Bethe, der bereits emigriert war, sorgte dafür, daß auch Festkörpertheoretiker aus England wie Mott und Fowler anreisten, so daß die Genfer Zusammenkunft auch zu einem international vielbeachteten Ereignis wurde.[40] Ein Jahr darauf war die Festkörperphysik auch das zentrale Thema der Jahrestagung der Deutschen Physikalischen Gesellschaft in Stuttgart.[41] Obwohl dies keine internationale Konferenz war, nahm daran zum Beispiel der holländische Theoretiker Ralph de Laer Kronig teil. Er präsentierte neueste experimentelle Ergebnisse über die Röntgenabsorption von Kristallen und bestätigte damit die quantenmechanische Bändertheorie. Hund gab in Stuttgart einen allgemeinen Überblick über das Bändermodell und zeigte, wie in Anlehnung an die neuesten Theorien aus England damit die elektrischen Eigenschaften von Metallen, Isolatoren und Halbleitern im Rahmen eines einheitlichen Konzepts verständlich wurden. Walter Schottky, der sich als Theoretiker und Industriephysiker bei Siemens und Halske vor allem mit technisch interessanten Halbleitern beschäftigte, gab einen weiteren, mehr phänomenologischen Überblick über die elektronischen Vorgänge in Festkörpern. Auch er machte ganz selbstverständlich vom Bändermodell Gebrauch. Obwohl er sich von der quantenmechanischen Festkörpertheorie

Robert Wiechard Pohl (links) und Arnold Sommerfeld, ein «kanonisches Ensemble», wie auf der Rückseite dieses Photos vermerkt wurde. Dennoch gab es zwischen ihnen und ihren Schulen keine wissenschaftliche Zusammenarbeit.

nur «die anschaulichsten Vorstellungen» zueigen machte, zeigt seine Korrespondenz mit Hund wie auch mit den Sommerfeldschülern Nordheim und Peierls, daß er deren Fortschritte aufmerksam verfolgte; vor allem mit Peierls unterhielt er einen lebhaften Austausch, der auch nach dessen Emigration fortgesetzt wurde und erst 1939 zum Erliegen kam.[42]

Wenn auf seiten der Theoretiker also zumindest ein anhaltendes Interesse an der Festkörperphysik festgestellt werden kann, so gab es im Bereich der experimentellen Festkörperforschung um den Göttinger Ordinarius Robert W. Pohl sogar eine florierende Schule, die auch von den neuen ausländischen Zentren mit größtem Respekt bedacht wurde. Das Spezialgebiet der Pohlschule war die Farbzentrenforschung, ein Gebiet «of passing interest until Pohl and his co-workers subjected (it) to an extensive series of experiments over a tenyear period», wie Seitz nach dem Krieg anerkennend feststellte.[43] Zwischen den Schulen Pohls und Sommerfelds gab es freilich keinerlei Wechselbeziehungen, weder vor 1933 noch danach. Auch dies entsprach primär der Autonomietradition deutscher Universitätsinstitute und nicht etwa einem nachlassenden

Interesse Sommerfelds an der Festkörperphysik. Auch im Sommerfeldschen Institut blieb die Festkörpertheorie nämlich ein aktuelles Forschungsgebiet. Sommerfeld selbst referierte zum Beispiel im Januar 1937 bei einer Tagung anläßlich des fünfzigjährigen Bestehens der Physikalischen Gesellschaft in Zürich über die jüngsten Fortschritte der Elektronentheorie der Metalle. Darüber hatte er auch mit Nordheim korrespondiert, dessen letzte Arbeiten er bei dieser Gelegenheit vorstellte.[44]

Wie groß das Interesse Sommerfelds an der Festkörpertheorie um diese Zeit war, zeigt auch die Habilitationsarbeit seines Assistenten Heinrich Welker zur Theorie der Supraleitung. Seit den ersten Anwendungen der Quantenmechanik auf die Metallelektronen gehörte dieses Phänomen zu den hartnäckigen Rätseln der Elektronentheorie. «This was the main reason why Sommerfeld, in 1938, suggested to me to pursue this problem», erinnerte sich Welker.[45] Als er das Problem aufgriff, waren die erfolglosen Versuche von Bohr, Bloch, Kronig und anderen namhaften Theoretikern bereits längst ad acta gelegt worden.[46] «Das Modell ist jetzt nicht mehr wie in den vorangegangenen Arbeiten das eines Gases freier Elektronen, sondern das einer quasikristallinen Flüssigkeit, in der sich die Elektronen durch gegenseitige magnetische Beeinflussung in einem dauernd fluktuierenden Gitter anordnen», so beschrieb Sommerfeld die Theorie seines Schülers in seinem Habilitationsgutachten der Fakultät. Die neue Theorie erregte 1938 bei der Jahrestagung der Deutschen Physikalischen Gesellschaft das Aufsehen von Kronig, Schottky und Hund. Auch Heisenberg, der zehn Jahre früher mit ganz ähnlichen Vorstellungen eine Theorie des Ferromagnetismus aufgestellt hatte (in beiden Fällen beruhte der zugrundegelegte Mechanismus auf der Austauschwechselwirkung zwischen Elektronenspins), zeigte sich sehr beeindruckt. Nun sei er «hinsichtlich der Supraleitung viel optimistischer», schrieb er an Sommerfeld aus Leipzig, nachdem Hund dort im Seminar die Welkersche Theorie vorgestellt hatte.[47]

Bemerkenswert daran sind nicht so sehr die physikalischen Einzelheiten der Welkerschen Theorie – nach anfänglicher Euphorie stellte sich bald heraus, daß auch diesem Ansatz kein Erfolg vergönnt war – sondern das Umfeld, in dem Welkers Arbeit entstanden war. Als die Fakultät über Welkers Habilitation zu befinden hatte, war der Kampf um die Sommerfeldnachfolge auf seinem Höhepunkt. Sommerfeld selbst war bereits emeritiert, doch er übte sein Amt vertretungsweise auch weiter aus, solange der Nachfolger noch nicht feststand. Welker war als Sommerfeldassistent den tonangebenden Kreisen im NS-Dozentenbund ebenso mißliebig wie sein Professor. Da er sich überdies weigerte, an den Dozentenlagern teilzunehmen, bei denen angehenden Hochschullehrern die nationalsozialistische Ideologie nahegebracht wurde, waren seine Chancen für eine Universitätskarriere gleich Null. Dennoch konnte er seine Habilitation fortsetzen. «Ich habe mit der Arbeit den Grad eines Dr. habil. erworben. Das hat man im Dritten Reich erfunden, um den Leuten, die man nicht als Dozenten haben wollte, auch irgendeine Möglichkeit zu geben, einen Grad oder einen Titel zu erwerben. Das war durchaus in gewissem Sinn kulant, man wollte die auch nicht ganz fallen lassen. Man wollte diese Leute aber eben nicht an der Universität haben».[48] Diese «kulante» Art zog die Konsequenz nach sich, daß Welker als Assistent seine reguläre Stelle am Institut behalten konnte, obwohl ihm der Weg zum Hochschullehrer verwehrt war. Im August 1939, kurz bevor Müller die Sommerfeldnachfolge antrat, wurde seine Assistentenstelle sogar noch einmal verlängert.[49] Welker selbst wich dem Streit mit dem Sommerfeldnachfolger aus, indem er sich beurlauben und zu militärischen Forschungen an die «drahtlostelegraphische und luftelektrische Versuchsstation» in Gräfelfing bei München dienstverpflichten ließ. Entsprechend verärgert war der neue Lehrstuhlinhaber, der diese Stelle nun nicht mit einem Assistenten seiner Wahl besetzen konnte: «Ich will mit Sommerfeldschülern nichts zu tun haben und muß verlangen, daß auch äußerlich der Absage jeder Verbindung mit dieser Schule Rechnung getragen wird», beschwerte er sich beim Rektor der Universität.[50] Müller mußte sich zudem mit Sommerfelds Institutsmechaniker abfinden, der seinem alten Chef treu ergeben war und dem Nachfolger das Leben so schwer wie nur irgend möglich machte: «Die Ereignisse der letzten Zeit haben mich so mitgenommen, daß ich einen völligen Nervenzusammenbruch fürchten muß», beklagte sich Müller beim Rektor, und der Institutsmechaniker, der Sommerfeld einen Durchschlag dieses Briefes zukommen ließ, vermerkte dazu am Rand: «Durch mein Vorgehen veranlaßt!»[51]

Wenngleich die letzten Jahre im Sommerfeld-Institut mit dem florierenden Betrieb früherer Jahre nichts mehr gemein hatten, so zeigt das Beispiel Welkers doch, daß selbst inmitten des Nachfolgekampfes das wissenschaftliche Leben im Institut nicht völlig zum Erliegen kam. Immerhin war die Autonomie des Instituts in der Zeit des Interregnums stark genug, daß Welker in seiner Forschung selbst nicht von den Anfeindungen des NS-Dozentenbundes und der «Deutschen Physik» berührt wurde.

Die Kriegsforschung eines Festkörpertheoretikers: Halbleiterdetektoren für «Funkmeß» (Radar)

Welkers Dienstverpflichtung zur Gräfelfinger Versuchsstation war nicht Teil einer großangelegten Wissenschaftler-Rekrutierung für die Kriegsforschung, sondern der individuelle Ausweg eines Forschers, dem die Hochschulkarriere verwehrt wurde, in eine eher praxisorientierte und von ideologischen Zwängen freie Nische. Ganz ähnlich hatte auch Joos 1941 reagiert, als er den parteipolitischen Angriffen an der Universität Göttingen, die ihm sein Eintreten für die moderne theoretische Physik einbrachte, auswich und bei Zeiss in Jena Chefphysiker wurde. «Er hat seine ordentliche Professur in Göttingen aufgegeben und gegen die Stellung des Chef-Physikers der Zeisswerke vertauscht, weil ihm die Bevormundung der Göttinger Universität durch die Nazi-Regierung unerträglich war».[52]

Auch bei der kleinen drahtlostelegrafischen Versuchsanstalt, die im Juni 1941 an den Staat verkauft und als eine Außenstelle des «Flugfunk-Forschungsinstituts Oberpfaffenhofen» geführt wurde,[53] einer von vielen Forschungseinrichtungen des Luftfahrtministeriums, blieb Welkers Arbeitsgebiet die Festkörperphysik. Nun galt sein Interesse freilich nicht mehr den Problemen der Supraleitungstheorie (obwohl er diesem Thema auch weiter seine Aufmerksamkeit zukommen ließ, wenn sich dazu Gelegenheit bot)[54], sondern Fragen aus dem Bereich des «Funkmeß», wie man in Deutschland das Radarverfahren nannte.[55] Insbesondere wollte man von dem Sommerfeldschüler wissen, «ob mir nicht zum Thema des Empfangs von Zentimeterwellen etwas einfällt, denn damit war's ja beliebig schlecht bestellt».[56] Das Problem bestand darin, daß bei den zum Empfang elektromagnetischer Wellen benutzten Elektronenröhren die Elektrodenabstände nicht klein genug gemacht werden konnten, um bei den hohen Frequenzen der Radarwellen «Laufzeiteffekte» auszuschließen. Welker erinnerte sich an die Randschichttheorie Schottkys, die für Elektronen in Halbleiter-Metall-Kontakten eine Raumladungszone von höchstens einigen Zehntausendstel Millimeter Dicke ergab – tausendmal dünner als die technisch erreichbaren Elektrodenabstände in Elektronenröhren. «Spitzendetektoren», bei denen eine Metallspitze in engen Kontakt mit einem geeigneten Halbleiter gebracht wurde, sollten daher einen geeigneten Ersatz für die untauglichen Elektronenröhren darstellen. Solche Detektoren waren bereits in der Frühzeit des Radios benutzt worden, doch von Elektronenröhren verdrängt worden, die sich als zuverlässiger erwiesen und bei den längeren Radiowellen gute Dienste leisteten.

Als Welker nun – vor dem Hintergrund theoretischer Abschätzungen – dem Spitzendetektor zu einer Renaissance verhelfen wollte, begegnete er dem Mißtrauen der Ingenieure. «Wir beschäftigen uns mit Detektoren nur solange, bis wir die entsprechenden leistungsfähigen Röhren für den Zentimeterwellen-Empfang gefunden haben», so war die vorherrschende Einstellung in der Gräfelfinger Versuchsstation. Welker war «frustriert» angesichts solcher Borniertheit, «das war primitiv, es war ohne tiefergehendes Verständnis. Die meisten Leute da draußen waren einfach eine Etage niedriger.» Außerdem war die Gräfelfinger Nische keineswegs ideologiefrei: «Und vor allen Dingen war das ein Heil-Hitler-Geschrei da draußen, das war nicht mehr feierlich.»[57] Er versuchte daher, anderswo eine Stelle zu finden. Im Sommer 1941 wandte er sich unter anderen an Heisenberg, der jedoch keine bessere Möglichkeit wußte und ihn warnte, daß «in der nächsten Zeit alle jüngeren Leute rücksichtslos eingezogen» würden; «ob neue U.K. Stellungen durchgeführt werden können, ist also etwas zweifelhaft».[58] Schließlich gelang es Welker jedoch, «bei Clusius unterzuschlupfen», dem Direktor des physikalisch-chemischen Instituts an der Universität München, der «ein konsequenter Nazigegner» und «ein großer Schauspieler» gewesen sei und es verstanden habe, sich bei den militärischen Behörden großes Ansehen zu verschaffen. Welker konnte seinem Gräfelfinger Dienstherren klarmachen, daß er seine Detektorforschung nicht «in seiner Holzbude draußen» betreiben könne sondern nur an einem «ordentlichen» physikalisch-chemischen Institut. Offiziell blieb er jedoch Mitarbeiter der Gräfelfinger Forschungsanstalt, so daß auch seine Dienstverpflichtung fortbestand und ihm die Einberufung zum Militärdienst erspart blieb.[59]

Bei Clusius gewann Welker rasch Einblick in die physikalisch-chemischen Zusammenhänge, die für die Entwicklung eines leistungsfähigen Spitzendetektors eine Rolle spielten. Traditionell hatte man bisher Pyrit als Detektormaterial benutzt, doch Welker fand heraus, daß es infolge der starken Erwärmung in der unmittelbaren Umgebung der Spitze zu chemischen Zersetzungserscheinungen kam, welche die Stabilität dieses Halbleiters beeinträchtigten. Mit einem möglichst reinen Elementhalbleiter sollte sich diese Instabilität vermeiden lassen. Von den beiden in Frage kommenden Materialien Germanium und Silicium konnte man Germanium in größerer Reinheit herstellen, und schon 1942 meldeten Welker, Clusius und ein weiterer Mitarbeiter ein Patent an («Elektrische

Gleichrichteranordnung mit Germanium als Halbleiter und Verfahren zur Herstellung von Germanium für eine solche Gleichrichteranordnung»), das für die Entwicklung von Radardetektoren im Zentimeterwellenbereich eine solide Grundlage bot.[60] Im Mai 1943 schrieb Welker an Schottky, «daß jetzt unsere Arbeiten über Detektoren im Physikalisch-Chemischen Institut eine praktische Bedeutung bekommen haben. Unsere Detektoren sind jetzt der Firma Siemens, Funk-Röhrenlabor, Dr. Jacobi zur Fertigung übergeben worden.»[61] Damit war jedoch das Thema für Welker nicht erledigt. Wie er in einem Bericht ausführte, bedurfte es noch genauer «Leitfähigkeits- und Halleffektsmessungen», um die «präparative Beeinflußbarkeit des Germaniums zu studieren».[62] Bei diesen Messungen wurden mithilfe gezielter Verunreinigungen von Germanium mit Kupfer («Dotieren») extrem hohe Elektronenbeweglichkeiten festgestellt, für die Welker aufgrund der quantenmechanischen Bändertheorie auch eine theoretische Erklärung geben konnte.[63] Auf diese Weise machte Welker mit einigen Mitarbeitern im Clusiusschen Physikalisch-chemischen Institut in Deutschland den Anfang mit der systematischen Erforschung von Germanium, einer Substanz, die nach dem Krieg zu einer Art «Drosophila» der Festkörperphysiker wurde.

Die nach dem Welkerschen Rezept entwickelten Radardetektoren wurden von Siemens in einem nach Wien ausgelagerten Zweigwerk ab April 1944 serienmäßig produziert. Im praktischen Einsatz kam diesen Detektoren nur eine marginale Rolle zu, da ihre Gleichrichterwirkung unterhalb einer Wellenlänge von 9 cm versagte. Eine militärisch wichtigere Rolle spielten Detektoren mit Silicium als Halbleitermaterial, die man aus abgeschossenen englischen und amerikanischen Bombern geborgen und bei Telefunken nachgebaut hatte. Auch die so begonnene Halbleiterforschung an Silicium hatte, wenn auch weniger direkt als bei Welker, einen Bezug zur Sommerfeldtradition: Die wissenschaftliche Laufbahn von Karl Seiler, dem die Analyse der Siliciumdetektoren bei Telefunken oblag, hatte bei den Sommerfeldschülern Ewald und Hönl in Stuttgart begonnen und war 1940 in Breslau bei Erwin Fues, einem weiteren Sommerfeldschüler, mit einer Habilitation über Tieftemperaturphysik fortgesetzt worden, bevor sie durch die Einberufung zum Kriegsdienst unterbrochen wurde. 1942 war er im Rahmen einer «Rückhol»-Aktion von der Front in Rußland in das Telefunken-Forschungslaboratorium beordert worden, als sich auf seiten der Industrie der Mangel an Fachkräften immer stärker bemerkbar machte. Bei Kriegsende zählte

Seiler neben Schottky und Welker zu den Pionieren der Halbleiterphysik in Deutschland.[64]

Die neue Allianz theoretischer Physiker mit Militär und Industrie

An ihrem militärischen «Erfolg» gemessen, erwiesen sich das deutsche Atomprojekt und die deutsche Radarentwicklung (besonders auf dem Gebiet der Zentimeterwellen) gegenüber den alliierten Großprojekten, von denen im folgenden die Rede sein wird, als weit unterlegen. Dennoch sorgten auch in Deutschland die Erfahrungen der Wissenschaftler im Zweiten Weltkrieg für eine neue Orientierung bei ihren Beziehungen zu Politik und Industrie. Gerade auf dem Gebiet der Festkörperphysik war die im Krieg hergestellte Allianz von akademischer Wissenschaft und Industrie der Auftakt zu einer sehr dauerhaften Wechselwirkung. Welker wurde nach einer Industrietätigkeit in Frankreich während der ersten Nachkriegsjahre (1945-50) Leiter einer neugegründeten Abteilung «Festkörperphysik» im Siemens-Schuckert-Forschungslaboratorium.[65] Seiler setzte seine bei Telefunken begonnene Karriere als Halbleiterphysiker beim elektronischen Bauelementewerk der Süddeutschen Apparate Fabrik (SAF) fort.[66] Da nach dem Krieg durch alliierte Verbote direkte militärische Forschungen in Deutschland unterbunden wurden, machte sich das Kriegserbe weniger auffällig bemerkbar als zum Beispiel in den USA, doch gerade die Radarforschung zeigt, daß es vielfältige Wege gab, um an die im Krieg gewonnenen Erfahrungen anzuknüpfen. Als 1956 Leo Brandt, der bei Kriegsende die gesamte deutsche Radarforschung koordiniert hatte und nun als Staatssekretär die Forschungs- und Technologiepolitik in Nordrhein-Westfalen gestaltete, für eine neuerrichtete deutsche Forschungsstation für Radioastronomie in der Eiffel einen Festbeitrag verfaßte, sprach er dies unumwunden an: «Um den Anschluß nicht völlig zu verlieren, mußten die Verantwortlichen Wege finden, um im Rahmen des Erlaubten Fachpersonal heranzuziehen und allgemeine Aufgaben von grundlegender Bedeutung für die kommende Entwicklung in Angriff zu nehmen. Von diesen Überlegungen ausgehend, schlug ich der Regierung des Landes Nordrhein-Westfalen vor etwa vier Jahren vor, eine Versuchstation für Radio-Astronomie zu errichten, die später zu einer allgemeinen Forschungsstelle für Radarprobleme ausgebaut werden könnte. Auf diese Weise wurden fast alle Spezialisten wieder zusammengeführt, die während des Krieges an der Entwicklung des großen Radar-Geräts ‹Würzburg-Riese› gearbeitet hatten».[67]

Gerade mit Blick auf die anglo-amerikanischen Verhältnisse ist es jedoch wichtig, sich der unterschiedlichen Traditionen bewußt zu werden, die hier wie dort das Verhältnis von Wissenschaft und Gesellschaft prägten. Die Allianz zwischen Industrie, Militär und theoretischer Physik war im NS-Staat von ganz anderen Interessen bestimmt als in den USA, und dementsprechend folgte die Einbindung der theoretischen Physik in den «militärisch-industriellen Komplex» einer anderen Logik. Insbesondere sollte die Protektion, die Militär und Industrie der deutschen theoretischen Physik gewährten, nicht vorschnell als ein selbstverständliches Ineinandergreifen von Theorie und Praxis interpretiert werden, geboren aus der wechselseitigen Einsicht in die Erfordernisse einer möglichst operationalen Wissenschaft. Das Streben nach Rehabilitation und Autonomie brachte die theoretische Physik in Deutschland nicht auf einen Modernisierungskurs im Stil der anglo-amerikanischen Verhältnisse, sondern führte im Gegenteil zu einem Erstarken alter Ideale und Traditionen. Die Wissenschaft sollte im Kern ein apolitisches Unterfangen sein – diesem Selbstverständnis fühlten sich gerade die Theoretiker nach den Erfahrungen mit der «Deutschen Physik» mehr denn je verpflichtet. Nicht eine möglichst weitgehende Anpassung an gesellschaftliche Belange, sondern die größtmögliche Unabhängigkeit davon galt ihnen als erstrebenswert. Industrie und Militär schätzten sie mehr als Verbündete im Kampf um die eigene Autonomie denn als das Terrain, auf dem ihre akademischen Erkenntnisse ihre letzte gesellschaftliche Zweckerfüllung fanden. Das heißt nicht, daß deutsche Theoretiker nur an «reiner» Wissenschaft interessiert waren: Um überhaupt in den Genuß militärischer und industrieller Protektion zu gelangen, bedurfte es einer Forschung, die mögliche Anwendungen erkennen ließ. Vor allem im Bereich der Festkörperphysik war der Praxisbezug unmittelbar erkennbar. Hier wird besonders deutlich, worin sich die deutsche Forschung von der in USA und Großbritannien unterschied, wo um dieselbe Zeit in den Schulen Slaters oder Motts die Festkörpertheorie zum Paradefall operationaler Wissenschaft aufstieg.

Die theoretische Physik im «Dritten Reich», so läßt sich resumieren, war also keineswegs der ideologischen Perversion der «Deutschen Physik» anheimgefallen. Die quantitative und qualitative Überlegenheit der anglo-amerikanischen Kriegsphysik war primär Ausdruck einer strukturellen Verschiedenheit gegenüber dem deutschen Wissenschaftsbetrieb, der sich seit dem Ende der 1920er Jahre in einer Stagnation befand. Die Barrieren zwischen Theorie und Experiment, die eine effektive Kriegsphysik erschwerten, entsprangen nicht dem Widerstand der Physiker gegen das NS-Regime, sondern der Tradition institutioneller Autonomie. Mit den Anfeindungen der «Deutschen Physik» wurde das Autonomiestreben noch verstärkt, doch gleichzeitig provozierte diese Bewegung auch eine Annäherung zwischen der akademischen Physik und den militärischen und industriellen Machtzentren des «Dritten Reiches», in deren Verlauf schließlich auch die Forderung nach einer Modernisierung der Physik und einer stärkeren Annäherung von Theorie und Praxis erhoben wurde.

Angesichts dieser komplexen Wechselbeziehung erscheint die in Goudsmits Darstellung nahegelegte Interpretation, ein diktatorisches Regime wie das der Nationalsozialisten sei zu einem wirkungsvollen Einsatz seines wissenschaftlichen Potentials nicht fähig, als eine gefährliche Illusion. Die Annäherung von Wissenschaft und Militär, wie sie unter dem Dach der Luftfahrtakademie zustandekam, verriet eine durchaus konsequente, von moralischen Skrupeln der Wissenschaftler jedenfalls ungetrübte Dynamik im Sinn einer «modernen» Kriegsforschung. Gemessen an den eigenen Maßstäben war auch die Entwicklung von Silicium- und Germaniumdetektoren in Deutschland in den letzten Kriegsjahren keineswegs unbedeutend. Nur der Vergleich mit den anglo-amerikanischen Kriegsprojekten läßt solche «Errungenschaften» verblassen – und ob ausgerechnet darin die Überlegenheit freier demokratischer Forschungsorganisation zutage tritt, darf bezweifelt werden. Wenn sich in den USA die Physik zu einer mächtigeren Kriegswissenschaft als in Deutschland entwickelte, so muß auch dort als Maßstab zuerst die eigene Tradition und Struktur des Physikbetriebs zugrundegelegt werden.

10

Der Krieg der Physiker

Im Unterschied zur Chemie, die schon im Ersten Weltkrieg für todbringende Waffen gesorgt hatte, besaß die Physik für das Militär lange Zeit nur eine untergeordnete Bedeutung. Im Zweiten Weltkrieg veränderte sich der Stellenwert der Physik als Kriegswissenschaft jedoch grundlegend. Von der Akustik bis hin zur Elektrodynamik gab es kaum eine physikalische Teildisziplin, die nicht für eine Waffe oder Abwehrmethode zu gebrauchen war: Die lokalen Veränderungen des Erdmagnetfeldes durch die Metallmasse von Schiffsrümpfen verwendete man zum Beispiel, um Schiffe mit Magnetminen zu versenken. Als Gegenmaßnahme wurden Schiffe so ummagnetisiert, daß sie für Magnetminen unsichtbar wurden. Physikalischer Einfallsreichtum sorgte auch für raffinierte Methoden, um Torpedos ihre Ziele finden zu lassen oder im Gegenzug herannahende Torpedos zu täuschen und in die Irre zu leiten. Beispiele für solche Kriegsarbeiten finden sich in zahlreichen Physikerbiographien.[1] Selbst wenn man vom Radar und der Atombombe absieht, hätte sich die Physik im Zweiten Weltkrieg bei den Militärs der kriegführenden Nationen ihren Ruf als Kriegswissenschaft verdient – und dies nicht nur bei den Siegermächten. Auch auf deutscher Seite sei die Kriegsforschung «highly remunerative» gewesen, fand der Direktor der «Ballistic Research Laboratories» der US Army in einer Analyse unmittelbar nach dem Ende des Krieges.[2]

Auch wenn die Radar- und Atombombenprojekte nicht typisch für das Gros der physikalischen Kriegsforschung sind, so verdienen sie dennoch ein besonderes Interesse. Der Sieg der Alliierten im «Krieg der Physiker»[3] war nirgends so ausgeprägt wie auf diesen beiden Gebieten. Die daraus abgeleiteten neuen Technologien der Mikroelektronik und der Kerntechnik gehörten in der Nachkriegszeit zu den Grundpfeilern, auf denen die USA ihre Weltmachtpolitik im Kalten Krieg begründeten. Für die theoretische Physik stellten diese Großprojekte noch eine weitere Besonderheit dar. Beide Unternehmungen wurden in einem so großen

Maßstab durchgeführt, daß sie Raum für eigene theoretische Abteilungen und Arbeitsgruppen boten. Die dort erarbeiteten Theorien waren so eng mit der technischen Entwicklung des Radars und der Atombombe verknüpft, daß kaum noch jemand an der Bedeutung der theoretischen Physik für Militär und Industrie zweifeln konnte.

Mikrowellenradar

Radar wurde nicht zu unrecht als die entscheidende Waffe des Zweiten Weltkriegs bezeichnet.[4] Besonders für das von der deutschen Luftwaffe bedrohte England war der Aufbau eines Frühwarnsystems gegen herannahende Bomber eine Frage des nationalen Überlebens. Bereits 1934 wurden beim britischen Luftfahrtministerium Untersuchungen über die Frage angestellt, «wie weit die Fortschritte auf naturwissenschaftlichem und technischem Gebiet zur Stärkung der gegenwärtigen Verteidigungsmethoden bei feindlichen Luftangriffen nutzbar gemacht werden können».[5] Unter der Leitung von Henry Tizard, der vor dem Ersten Weltkrieg bei Walter Nernst in Berlin studiert hatte und nun eine führende Position im Department of Scientific and Industrial Research bekleidete, wurden die einschlägigen Forschungen von einem «Committee for the Scientific Survey of Air Defence» koordiniert; besonderes Interesse fand ein Vorschlag von Robert Watson-Watt aus dem National Physical Laboratory über «radiodetection», dessen Prinzip darin bestand, sehr kurze elektromagnetische Impulse, wie sie in der Ionosphärenphysik verwendet wurden, zur Echoortung von Flugzeugen zu benutzen. Ein Demonstrationsversuch bestätigte, daß nach diesem Verfahren tatsächlich die Entfernung herannahender Flugzeuge grob abgeschätzt werden konnte. Damit waren die Weichen für das britische Radar gestellt. Binnen vier Jahren wurde entlang der Küste eine Kette von 20 Radarstationen («Chain Home») aufgebaut, die mit elektromagnetischen Impulsen von einer Wellenlänge von 10 bis 12 Metern Flugzeuge bis zu einer Entfernung von etwa 150 Kilometern auf wenige Kilometer genau orten konnten.[6]

Bei dieser ersten Phase der britischen Radarentwicklung handelte es sich im wesentlichen um konventionelle Radiotechnik, wie sie auch in anderen Ländern während der dreißiger Jahre für Radarzwecke erprobt und eingesetzt worden war. Die Besonderheit der britischen Entwicklung lag weniger in dem Verfahren selbst als vielmehr in dem Systemgedanken, mit dem hier Radar von Beginn an betrachtet wurde. Wie in keinem anderen Land wurde Radar in Großbritannien als wesentlicher Faktor für die nationale Sicherheit betrachtet und dementsprechend auch von politischer Seite mit größter Aufmerksamkeit verfolgt. Das Frühwarnsystem der «Chain Home» stellte nur das erste Grobraster zur Entdeckung feindlicher Flugzeuge dar. Es wurde ergänzt durch eine «Chain Home Low», die mit einer kürzeren Wellenlänge von 1,5 Metern arbeitete und im Gegensatz zu dem langwelligen Radar der «Chain Home» ein Unterfliegen wesentlich erschwerte. Daneben versuchte man ab 1937, Radar auch in Flugzeuge einzubauen und für die Jagd gegnerischer Flugzeuge und Schiffe zu verwenden. Dazu bedurfte es möglichst kurzer Wellenlängen, um die Antennengröße auf ein Mindestmaß zu beschränken und die Auflösung entsprechend der benötigten Zielgenauigkeit zu vergrößern.

Das Magnetron

Solch kurze Wellenlängen mit der erforderlichen Sendeleistung zu erzeugen, überstieg jedoch die Möglichkeiten der konventionellen Radiotechnik. In Deutschland begnügte man sich deshalb mit dem von der einschlägigen Industrie gerade noch zu bewältigenden Wellenlängenbereich von einigen Dezimetern. In Großbritannien jedoch wurde angesichts des Systemcharakters der Radartechnik und der andersartigen politischen Interessenlage dem Studium aller damit zusammenhängender Fragen die höchste Priorität zugewiesen. Die Suche nach einem kurzwelligen Radar wurde deshalb als eine vordringliche Aufgabe physikalischer Forschung und nicht lediglich als ein Entwicklungsproblem für Elektronikingenieure betrachtet. So wurde zum Beispiel das Mond Laboratory an der Universität Birmingham, das sich im Bereich der experimentellen Kernphysik einen guten Ruf erworben hatte, damit beauftragt, eine Senderöhre für Zentimeterwellen zu entwickeln. Das Resultat war die Entwicklung des Hohlraummagnetrons, dessen Kernstück, ein Metallzylinder mit ausgebohrten Löchern, eher der Trommel eines Revolvers als einer Elektronenröhre ähnelte. Die genaue Wirkungsweise dieses Meisterstücks britischer Experimentierkunst war unklar, aber die damit erreichte Sendeleistung übertraf jede andere bislang erprobte Röhrenart. In Zusammenarbeit mit einem industriellen Forschungslaboratorium, das im Auftrag Tizards das Kurzwellenradar für den Einsatz in Flugzeugen aufbereiten sollten, wurde das Magnetron innerhalb weniger Monate zu einer leistungsfähigen Senderöhre für Radarstrahlen mit einer Wellenlänge von 10 cm weiterentwickelt. Damit war ein Haupthindernis auf dem Weg zu einem einsatzfähigen Radar im Zentimeterbereich (Mikrowellen) aus dem Weg geräumt, wenngleich klar war, daß ein solches Mikrowellenradar eine völlig neue Technologie erfordern würde.[7]

Um diese Zeit, im Sommer 1940, war die britische Radarforschung im internationalen Vergleich am weitesten fortgeschritten. Dennoch war klar, daß Großbritannien in dieser Phase deutscher Blitzkrieg-Siege nicht in der Lage sein würde, die nötigen großangelegten Forschungs- und Entwicklungsprojekte im eigenen Land durchzuführen. Tizard machte deshalb den Vorschlag, die Geheimnisse der britischen Waffentechnik den USA zu offenbaren und im Gegenzug amerikanische Hilfe bei der Erforschung und Produktion neuer Waffensysteme zu erbitten. Der Plan fand die Billigung Churchills und Roosevelts und wurde im August 1940 durch die Entsendung einer Delegation hochrangiger britischer Militärs und Wissenschaftler unter der Leitung Tizards unverzüglich in die Tat umgesetzt. Im Gepäck der «Tizard-Mission», wie das Unternehmen genannt wurde, befand sich auch das Magnetron. Der Radarexperte der Delegation (E. G. Bowen) erinnerte sich später an den Eindruck, den diese Röhre bei einer Demonstration in den Bell Laboratories hinterließ: «Very gingerly, we switched on the anode potential and were immediately rewarded with a glow discharge about an inch long coming from the output terminal (...) As a demonstration it could not have been more successful.»[8]

In den USA gehörte die Radarforschung zum Kompetenzbereich des von Vannevar Bush im Sommer 1940 gegründeten National Defense Research Committee (NDRC) und dessen Nachfolgeorganisation, dem Office of Scientific Research and Development (OSRD), einer direkt dem amerikanischen Präsidenten unterstellten Regierungsbehörde, die als Koordinations- und Auftragsvergabestelle für die gesamte amerikanische Rüstungsforschung fungierte.[9] Das Mikrowellenradar oblag einem Komitee unter der Leitung von Alfred L. Loomis, einem Vetter des Kriegsministers Henry L. Stimson und wohlhabenden Physiker, Rechtsanwalt und Bankier, der diesem Thema auch in einem eigenen Privatlaboratorium nachging. Loomis' «Microwave Committee» gehörten Physiker (E. L. Bowles vom MIT und Ernest O. Lawrence von der University of California) sowie Repräsentanten der wichtigsten Elektronikfirmen an. Das «Microwave Committee» hatte bereits viele Einzelkomponenten eines Mikrowellen-Radarsystems bei einschlägigen Industriefirmen in Auftrag gegeben (Wellenleiter, Klystron etc.), doch das zentrale Problem, wie die benötigte hohe Sendeleistung erzeugt werden könne, war noch ungelöst.[10] Mit dem Magnetron brachte die Tizard-Mission deshalb die geeignete Mitgift in die sich anbahnende britisch-amerikanische Rüstungsehe, die aus dem Radarprojekt nun ein Forschungsunternehmen von bislang ungekanntem Ausmaß werden ließ.

Als wichtigste Maßnahme beschloß man die Einrichtung eines zentralen Radarlaboratoriums, das dem MIT angegliedert und mit dem Tarnnamen «Radiation Laboratory» versehen wurde – in Anlehnung an das Lawrencesche Radiation Laboratory in Berkeley, dessen kernphysikalische Forschung um diese Zeit noch nicht mit militärischen Anwendungen in Verbindung gebracht wurde. Lawrence spielte auch eine entscheidende Rolle für die Rekrutierung eines geeigneten Stamms von Forschern. Den Direktorenposten bot er Lee A. DuBridge an, dem Chairman des Physikdepartments der University of Rochester. Innerhalb weniger Wochen wurden über dreißig Physiker angeworben, darunter auch die Theoretiker Slater, Condon und Rabi. Vier Monate nach seiner Gründung im November 1940 verfügte das MIT Radiation Laboratory bereits über ein Personal von 90 Physikern und Ingenieuren, 45 Technikern und anderem Hilfspersonal sowie 6 kanadischen Gastforschern. Bis zum Kriegsende wuchs das Personal auf 3897 Mitarbeiter an. Die Organisation des Laboratoriums trug diesem Wachstum Rechnung: Aus anfangs sechs Komponenten-Entwicklungsgruppen und einer Theoriegruppe, die zunächst jedoch eher die Form eines Beraterstabes als die einer eigenen Arbeitsgruppe besaß, wurden schließlich 11 Hauptabteilungen mit über hundert zum Teil hochspezialisierten Arbeitsgruppen. Die Theoriegruppe des Radiation Laboratory wurde seit Anfang 1942 unter der gemeinsamen Leitung von Goudsmit und Slater als eigenständige Arbeitsgruppe in der Hauptabteilung «Forschung» (unter der Leitung Rabis) geführt. Zu ihren zeitweiligen Mitarbeitern zählten so versierte Theoretiker wie Bethe und die beiden ehemaligen Gastforscher im Sommerfeldinstitut, Allis und Frank. Hauptaufgabe dieser Gruppe war es «to provide theoretical information which would assist in the design and development of certain types of radar components».[11]

Diese, in der offiziellen Geschichte des Radiation Laboratory nur vage angedeutete Funktion der Theoretiker wird deutlicher, wenn man als Beispiel die Bemühungen um eine Theorie des Magnetrons betrachtet, das als der zündende Funke für das ganze Unternehmen anfangs im Zentrum der Aufmerksamkeit stand. Rabi, der aufgrund seiner Arbeiten über Atomstrahlen in magnetischen Wechselfeldern[12] eine annähernde Vorstellung von der Problematik dieser neuartigen Senderöhre für Mikrowellen besaß, hatte seinen Theoretikerkollegen Condon und Slater das Magnetron als «just a kind of whistle» vorgestellt, doch dies war nur eine andere Formulierung des Problems, denn auch bei einer Pfeife hätte kein Theoretiker für eine gewünschte Tonhöhe und -stärke die dazu passende Form des Schwingungshohlraums berechnen können. «Okay, Rabi», hatte Condon deshalb zurückgefragt, «how does a whistle work?»[13] Auch für Slater war die Wirkungsweise des Magnetrons ein ungelöstes Rätsel, «its operation was an art, not a science (...) I told Rabi I also didn't know, but would try to find out.»[14]

Arbeitsstil und Motivation

Es ist aufschlußreich für den operationalen Arbeitsstil der theoretischen Physiker des Radiation Laboratory, wie Slater und seine Kollegen nun dieses Problem angingen. Slater hatte sich in den dreißiger Jahren wie viele andere an einer Theorie der Supraleitung versucht – und war daran gescheitert. Das dabei entwickelte mathematische Verfahren konnte jedoch auf das Magnetronproblem übertragen werden: Es handelte sich darum, die Bewegung einer Elektronenwolke in einem Hohlraum zu berechnen, wobei die entstehenden elektromagnetischen Felder, die auf jedes Elektron wirken, sowohl Ursache als auch Ergebnis aller anderen Elektronenbewegungen sind. Die geometrische Ausgangskonfiguration erinnerte Slater an seine erfolglosen Rechnungen zum «Meißner-Effekt» bei der Supraleitung, bei dem es um das «Hinausdrängen» des Magnetfeldes aus einem supraleitenden Draht ging: Slater hatte dazu das Verhalten einer Elektronenwolke in einem zylindrischen Behälter analysiert, der von einem parallel zur Zylinderachse angelegten Magnetfeld durchflossen wurde. Die Berechnungsmethode selbst wies eine Verwandschaft mit dem quantenmechanischen Verfahren des «selbstkonsistenten Feldes» auf, mit dem die Zustände in einer Elektronenwolke um einen Atomkern berechnet werden konnte. «This was quite a piece of arithmetical calculation», erinnerte sich Slater, «but I had done similar things for the atomic problems». Zusammen mit einem Kollegen, der früher beim Studium von kosmischen Strahlen im Magnetfeld der Erde ähnliche Rechnungen durchgeführt hatte, erhielt Slater damit ein erstes quantitatives Verständnis von der Wirkungsweise des Magnetrons. Unabhängig davon kam in England Douglas R. Hartree, der Erfinder der Methode des «selbstkonsistenten Feldes», zu denselben Resultaten, die noch im Winter 1940/41 in Geheimberichten zu Papier gebracht wurden und nun erlaubten, das Magnetron auch in technischer Hinsicht zu vervollkommnen. Slater beteiligte sich auch an dieser Entwicklungsphase, voller Ehrgeiz «to test out my theories of the resonant modes of these cavities». Er verlegte seinen Arbeitsplatz zu den Bell Laboratories nach New York, wo man bereits an einem Magnetron für Wellenlängen von nur 3 cm arbeitete. Seine Arbeit dort wurde ein integraler Bestandteil der gesamten Magnetronentwicklung, von der Theorie über den Entwurf auf dem Zeichenbrett bis hin zu den Details der Produktion. Außerdem fungierte er als wissenschaftlicher Koordinator zwischen der amerikanischen und der britischen Radarentwicklung.[15]

Neben der engen Kooperation mit der Industrie und dem anglo-amerikanischen Wissenschaftsaustausch gehörte auch eine enge Wechselwirkung mit den militärischen Anwendern zu den Besonderheiten alliierter Kriegswissenschaft. Diese Annäherung war angesichts der unterschiedlichen Umgangsstile und Traditionen auf beiden Seiten keineswegs selbstverständlich. Rabi schilderte zum Beispiel eine Begegnung mit einem Navy-Offizier, der sich bei ihm nach bestimmten Radargeräten erkundigte, aber über deren taktischen Einsatz nichts verraten wollte: «I asked, ‹What are they for? What is their purpose?› This naval officer looked me in the eye and said, ‹We prefer to talk about that in our swivel chairs in Washington.› I didn't answer, but I didn't do anything either. Then they came back; again they had a problem. This time I said, ‹Now look, you bring your man who understands radar, you bring your man who understands the navy, who understands aircraft, you bring your man who understands tactics, and then we'll talk about your needs.› That was a pretty hard thing for them to swallow, but they did it. We developed a wonderful relationship (...) we came to be friends with great mutual respect.»[16]

Rabi zeigte sich in besonderer Weise zur Kriegsforschung motiviert, ebenso Slater, Condon und viele andere Mitarbeiter des Radarprojekts, die aus eigener Anschauung Deutschland kannten und keinen Zweifel daran hegten, daß die deutsche Wissenschaft in vollem Umfang in den Dienst des Krieges gestellt würde. «Heisenberg wants to stick it out in Germany as far as I could find out», schrieb 1937 Bethe an Rabi nach einem Deutschlandbesuch, und Ewald berichtete im August 1938 an Rabi: «Things are getting worse and worse in Germany.»[17] Die ehemaligen Reisestipendiaten, die einst bei Sommerfeld oder Heisenberg studiert hatten, und die ins Exil vertriebenen Theoretiker der Sommerfeldschule selbst, fühlten sich in besonderer Weise herausgefordert, im Krieg gegen das nationalsozialistische Deutschland aktiv zu werden. Peierls, der bei Kriegsausbruch eine Stelle an der Universität Birmingham bekleidete, wo um dieselbe Zeit das Magnetron entwickelt wurde, wollte am britischen Radarprojekt teilnehmen, doch die Behörden versagten ihm dazu die Erlaubnis. Selbst als er im Frühjahr 1940 die britische Staatsbürgerschaft erhielt, verwehrte man ihm die Mitarbeit, so daß er sein Interesse der militärischen Anwendung der Kernspaltung zuwandte.[18] Auch Bethe blieb anfangs von geheimen Kriegsprojekten ausgeschlossen. «After the fall of France, I was desperate to do something – to make some contribution to the war effort», erinnerte er sich später.[19] Sein erster Kriegsbeitrag war eine Theorie über die Durchdringung von Panzerplatten, die er ohne Auftrag und ohne zu wissen, an welchen Adressaten er sie schicken sollte, aus eigenem Antrieb entwickelt hatte. Als nächstes befaßte er sich mit der Theorie von Schockwellen. Auch in diesem Fall lag die Initiative nicht auf seiten eines staatlichen oder militärischen Auftraggebers: Die Idee dazu entsprang einem Zusammentreffen Bethes mit Teller in Kalifornien, wo Bethe im Sommer 1940 Gastvorlesungen abhielt und Teller gerade einen Ferienaufenthalt verbrachte. Da beide sehr an einer Kriegsarbeit interessiert waren, besuchten sie den Aerodynamiker Theodore von Kármán am CalTech, der ihnen die Schockwellen als geeignetes Forschungsthema vorschlug. «We produced a formal theory of that», erinnerte sich Bethe. «It was much more useful than my paper on armor penetration, because later it became the basis for the use of shock waves to investigate the properties of gases.»[20] Erst als Bethe nach seiner «Naturalisierung» zum amerikanischen Staatsbürger und nach dem offiziellen Eintritt der USA in den Zweiten Weltkrieg im Dezember 1941 die Erlaubnis zu geheimer Kriegsarbeit erhielt, konnte er vom MIT Radiation Laboratory für das Radarprojekt rekrutiert werden, das ihm von Anfang an als «the real thing and more important than explosion waves» erschien.[21]

Bethe bearbeitete für das Radiation Laboratory als erstes ein Thema, das bei der Fortpflanzung von Radarwellen durch Wellenleiter bedeutsam war. Seine «Theory of Diffraction by Small Holes» knüpfte an ein Lieblingsthema der Sommerfeldschule an. «I followed Sommerfeld, who had always been interested before quantum theory in diffraction theory. And so I worked on the transmission of electromagnetic waves, radar waves, through a relatively small hole in a metal sheet (...) I found ways to calculate this. It had been entirely empirical until then. Then Schwinger afterwards improved it further and made it quite a fine art.»[22]

Julian Schwinger hatte in den dreißiger Jahren bei Rabi studiert und war Anfang 1942 zu dem kleinen Kreis von Theoretikern gestoßen, den Bethe an der Cornell University zu den Fragen des Mikrowellenradars organisiert hatte. Als die Gruppe im Mai 1942 an das MIT Radiation Laboratory übersiedelte, um die dort bereits vorhandene Theoriegruppe zu verstärken, wurde die Theorie der Wellenleiter unter Schwingers Obhut zu einem systematischen Arbeitsgebiet ausgebaut und für jede Form technischer Anwendung aufbereitet. Schon im Herbst 1942 wurden in einem *Waveguide Handbook* die Ergebnisse «in useful engineering form» präsentiert.[23] 1944 wurde davon eine wesentlich erweiterte zweite Auflage hergestellt, die nach dem Krieg unter demselben Titel und in nochmals überarbeiteter Form veröffentlicht wurde. Nur noch das Vorwort erinnerte jetzt an die besonderen Umstände, denen dieses Standardwerk der Mikrowellen-Technologie sein Entstehen verdankte.[24]

Radardetektoren – Schrittmacher der Halbleiterelektronik

Bethe selbst arbeitete nicht nur über die Theorie der Wellenleiter. «I was encouraged to go around the lab and listen to people and see what might be interesting», so beschrieb er die Art und Weise, wie er am Radiation Laboratory zu seinen Forschungsthemen gekommen sei. Beispielsweise habe man ihn auch gebeten, über das Problem der Radardetektoren nachzudenken – etwa um dieselbe Zeit, als auch Welker in Deutschland dieses Thema anging. Auch Bethe kam zu dem Ergebnis, daß die unverstandenen Prozesse an der Kontaktstelle zwischen Metall und Halbleiter das Kernproblem bei der Entwicklung von Radardetektoren im Mikrowellenbereich darstellten, und erarbeitete deshalb als erstes eine Theorie dieser Vorgänge. «I tried to understand that theory and got maybe a quarter of the way to a transistor in this connection. I understood pretty well how this junction worked. I unfortunately stopped there», so bedauerte Bethe später, daß er bei dieser Gelegenheit nicht das Transistorprinzip gefunden hatte, dessen Entdeckung einige Jahre später drei Festkörperphysikern von den Bell Laboratories den Nobelpreis einbrachte.[25] Bethes «Theory of the Boundary Layer of Crystal Rectifiers», die als interner «R(adiaton) L(aboratory) Report No. 43-12» im November 1942 verteilt wurde,[26] zählt zusammen mit den von Mott (1939), Schottky (1939-1942) erarbeiteten Vorstellungen zu den Pionierarbeiten der modernen Halbleitertheorie.[27]

Das Radiation Laboratory vergab für die Kristalldetektorforschung auch eine Reihe von Aufträgen an Universitäten und Industriefirmen außerhalb des MIT. Eines der wichtigsten experimentellen Zentren auf diesem Gebiet wurde das Physikdepartment der Purdue University unter der Leitung von Karl Lark-Horovitz, einem Ende der zwanziger Jahre nach USA eingewanderten österreichischen Experimentalphysiker, der mit seiner Arbeitsgruppe für das Radiation Laboratory die Detektorentwicklung mit Germanium als Halbleitermaterial in Angriff nahm.[28] Ein anderes Zentrum entstand an der University of Pennsylvania, wo man sich auf Silicium als Ausgangsmaterial spezialisierte. In beiden Fällen handelte es sich um vorwiegend experimentell ausgerichtete Arbeitsgruppen, die in enger Zusammenarbeit mit einschlägigen Industriefirmen als Produzenten der in hoher Reinheit benötigten Halbleitersubstanzen standen. Doch auch dabei spielten Theoretiker eine wichtige Rolle. Das Programm zur Herstellung von Reinstsilicium ging zum Beispiel auf eine Initiative von Frederick Seitz zurück, der im Juni 1942 die Bedeutung von Germanium und Silicium für das Radarprojekt dargestellt hatte.[29] Zu den als Berater der Purdue-Gruppe hinzugezogenen Theoretikern zählten Herzfeld, Nordheim und Weisskopf, die bereits vor ihrer Einwanderung nach USA in den Instituten Sommerfelds, Borns und Paulis die moderne Festkörpertheorie in ihrer Entstehungsphase miterlebt hatten.

Die Forschungsresultate über Halbleitergleichrichter für Radardetektoren erreichten einen solchen Umfang, daß auch dieses Gebiet nach dem Krieg in einer lehrbuchartigen Zusammenfassung dargestellt werden konnte.[30] Viele Ergebnisse der Kristalldetektorentwicklung gehören heute zum Standard der Halbleiterelektronik.

Die Atombombe

Das auffälligste Ergebnis physikalischer Kriegsforschung war jedoch nicht das Mikrowellenradar sondern die Atombombe.[31] Lange Zeit stand sie im Zentrum der Berichte über die Tätigkeit der Physiker im Zweiten Weltkrieg, obwohl ihre militärische Bedeutung weit hinter dem Radar zurückstand. «The atom bomb ended the war, but radar won the war», so pflegten die Veteranen des MIT Radiation Laboratory diese beiden Projekte zu vergleichen.[32] Der Einsatz des Mikrowellenradars an den verschiedensten Kriegsschauplätzen in Europa und Asien wurde in einer «extensive operational history» dokumentiert.[33] Die Atombombe kam dagegen für den Krieg in Europa zu spät. Der erste Grund für ihre Entwicklung, die mögliche Bedrohung durch eine deutsche Atombombe, wurde mit der deutschen Kapitulation noch vor der ersten Testexplosion hinfällig, und ihr Einsatz gegen Japan wurde selbst von vielen beteiligten Wissenschaftlern als moralisch verwerflich, militärisch sinnlos und politisch gefährlich gewertet.[34]

Auch in wissenschaftlicher Hinsicht war das Atombombenprojekt kein typisches Kriegsprojekt. Anders als beim Radar erschien die praktische Realisierbarkeit einer Atombombe zunächst so ungewiß, daß selbst versierte Kernphysiker davon nichts wissen wollten, die ansonsten höchst motiviert zur Kriegsforschung waren. «I considered the possibility of an atomic bomb so remote that I completely refused to have anything to do with it until three years later,» so charakterisierte Bethe seine Haltung im Jahr 1939, ein Jahr nach der Entdeckung der Kernspaltung.[35] Sofern man angesichts der Verschiedenartigkeit der militärischen Forschungsthemen, die für Heer, Marine, Luftwaffe oder Geheimdienste von Interesse waren, überhaupt von typischen wissenschaftlichen Kriegsprojekten sprechen kann, handelte es sich dabei um anwendungsorientierte Forschung mit dem Ziel, einsatzfähige Waffen oder Verfahren zu entwickeln. Die Atombombenforschung war demgegenüber mit einem so grossen Anteil von Grundlagenforschung verbunden, daß sie zumindest während der ersten beiden Kriegsjahre «nur» in kleinem Maßstab im Rahmen der bestehenden akademischen Forschungsinstitute betrieben wurde.

Von der «reinen» Theorie zum Kriegsprojekt

Es ist bezeichnend, daß im Gegensatz zum Radar die Kernforschung nur sehr zögernd zur Kriegswissenschaft ausgeweitet wurde – im wesentlichen auf das Drängen der Wissenschaftler selbst und nicht aufgrund militärisch-politischer Interessen. In Deutschland hatten zum Beispiel im April 1939 die Hamburger Physiker Paul Harteck und Wilhelm Groth das Heereswaffenamt auf eine mögliche militärische Bedeutung der Kernspaltung aufmerksam gemacht.[36] In den USA drängten im Sommer dieses Jahres die drei ungarischen Physikeremigranten Szilard, Teller und Wigner ihren renommierten Theoretikerkollegen Einstein, einen Brief an Roosevelt zu schreiben, um so «die Regierung in die Sache hineinzuziehen».[37] Hier wie dort lösten diese Initiativen zwar die Bildung einschlägiger «Uran»-Komitees aus, doch die vielen ungelösten

Forschungsfragen rechtfertigten noch nicht die Mobilisierung großangelegter Atombombenprojekte. In Deutschland blieb das Uranprojekt den ganzen Krieg hindurch in diesem Zustand: Das zunächst dafür verantwortliche Heereswaffenamt kam Anfang 1942 zu dem Schluß, daß dieses Projekt für den Krieg keine Bedeutung mehr erlangen würde; es wurde daraufhin der Kaiser-Wilhelm-Gesellschaft und dem Reichsforschungsrat unterstellt, die es bis Kriegsende zwar als «kriegswichtig» weiterlaufen ließen, jedoch zu keinem Zeitpunkt eine besondere Veranlassung sahen, daraus ein umfassenderes Programm zur Entwicklung von Atombomben zu machen.[38]

Auch in den USA reagierten die politischen und militärischen Instanzen eher zurückhaltend auf das Drängen der Physiker. Noch zwei Jahre nach der «ungarischen Verschwörung», wie die von Szilard, Teller und Wigner 1939 entfachte Initiative bezeichnet wurde,[39] war das amerikanische Uranprojekt weit entfernt von einem Atombombenprojekt. Die Wende kam erst im Juli 1941 mit der aus England eingetroffenen Nachricht, daß schon mit einer Menge von etwa fünf Kilogramm des Uranisotops 235 eine Atombombe hergestellt werden könne. Vannevar Bush, dessen OSRD auch für die Uranforschung die Zügel in der Hand hielt, nahm dies zum Anlaß, um vom Präsidenten grünes Licht für eine Intensivierung dieser Forschungsrichtung zu erbitten. Roosevelt folgte Bushs Empfehlung im Oktober 1941, doch auch danach handelte es sich noch nicht um ein Programm zum Bau einer Atombombe. Bush besaß nun jedoch freie Hand, die umfangreichen Forschungen zu veranlassen, mit denen die Machbarkeit einer Bombe demonstriert und der dafür nötige Aufwand festgestellt werden konnte. Erst nach einem weiteren Jahr, am 28. Dezember 1942, traf Roosevelt die definitive Entscheidung, das bislang im Labormaßstab betriebene Projekt zu einem «all-out production effort» zu machen.[40]

Die besondere Rolle der theoretischen Physik bei diesem Unternehmen lag zunächst in der Schwierigkeit begründet, daß man über die Mengen der für eine Bombe nötigen Materialien weitgehend im Ungewissen war: «estimates depend upon the calculations of theoretical physicists, based on difficult measurements on exceedingly small quantities of materials», erklärte Bush dem amerikanischen Präsidenten.[41] Das beste Beispiel dafür waren die Berechnungen über die kritische Masse von Uran-235. Die von Bohr und dem amerikanischen Theoretiker John Archibald Wheeler ausgearbeitete und im Sommer 1939 im *Physical Review* publizierte Theorie über den Mechanismus der Kernspaltung ließ erwarten, daß beim Beschuß mit langsamen Neutronen nur dieses leichte Uranisotop gespalten wurde.[42] Um in Natururan eine Kettenreaktion zu ermöglichen, mußte man daher eine große Menge davon zusammen mit einem «Moderator», der die Spaltneutronen auf die erforderliche langsame Geschwindigkeit abbremste, in einer geeigneten Konfiguration zusammenbringen, damit überhaupt genügend von den leichteren Uranatomen zur Spaltung gebracht werden konnten. Darauf konzentrierten sich die ersten Bemühungen um die technische Ausnutzung der Kernspaltung. Die Arbeit von Bohr und Wheeler ließ aber auch noch einen anderen Schluß zu, der zunächst der allgemeinen Aufmerksamkeit entging: Reines Uran-235 konnte von Neutronen jeder Geschwindigkeit gespalten werden; auch ohne Bremssubstanz würde darin durch schnelle Neutronen eine Kettenreaktion hervorgerufen, wenn die Menge nur groß genug sei, so daß die Spaltneutronen nicht entweichen, bevor sie neue Atomkerne treffen und spalten könnten. Dann würde die Kernspaltungsenergie in einer Explosion schlagartig freigesetzt. Die «kritische Masse» einer kugelförmigen Anordnung aus reinem Uran-235 ergab sich aus dem Verhältnis der durch die Oberfläche entweichenden Neutronen zu den im Kugelinnern eine Spaltung hervorrufenden Neutronen. Das Entweichen ist ein Oberflächeneffekt proportinal zum Quadrat des Kugelradius, das Spalten ein Volumeneffekt proportional zur dritten Potenz des Radius. Ab einem kritischen Radius würde der Volumeneffekt überwiegen, so daß man nur zwei unterkritische Massen zu einer solchen überkritischen Kugel vereinigen mußte, um die Kettenreaktion in Gang zu setzen.

Diese zunächst rein theoretische Möglichkeit zogen als erste Otto Robert Frisch und Rudolf Peierls in Betracht. Die Zufälligkeiten des Emigrantenschicksals hatten 1939 Frisch, den Experimentator, der in diesem Jahr von Dänemark nach England übergesiedelt war, und Peierls, den Theoretiker aus der Sommerfeldschule, an der Universität Birmingham zusammengeführt. Eine Mitarbeit am Radarprojekt, das dort um dieselbe Zeit stattfand, war ihnen als Ausländern versagt, und so wandten sie sich den, von beiden zunächst nicht recht ernst genommenen Möglichkeiten der Kernspaltung zu. Den äußeren Anlaß dazu lieferte ein Bericht über die Kernspaltung, den Frisch für die Chemical Society in England schreiben sollte. Er hatte bereits in Dänemark, wo ihn Lise Meitner (seine Tante) über die Entdeckung der Kernspaltung informiert hatte, dieses Thema mit eigenen, einfachen Experimenten weiterverfolgt. Sein Bericht gab noch der Überzeugung Ausdruck, daß nur ein mikroskopischer Bruchteil der im natürlichen Uran enthaltenen Energie freigesetzt werden könne, so daß eine riesige Masse erforderlich sei, um eine nennenswerte Ausbeute zu erhalten; diese sei für eine Explosion ungeeignet, da sich das Material sofort ausdehnen und damit die weitere Reaktion selbst unterbinden würde. «Als ich den Artikel schrieb, glaubte ich wirklich, daß eine Atombombe unmöglich sei», erklärte er später, doch dann seien ihm Zweifel gekommen, ob man nicht ausreichend Uran-235 aus dem Natururan abtrennen könne, «um eine wirklich explosive Kettenreaktion in Gang zu bringen, die nicht von den langsamen Neutronen abhing (...) Natürlich besprach ich die Sache sofort mit Peierls.»[43]

Peierls war ebenfalls in einer kurz vorher veröffentlichten Arbeit zu dem Schluß gekommen, daß eine explosive Freisetzung der Kernspaltungsenergie in Natururan eine viel zu große Masse erfordern würde, hatte jedoch dabei schon die Annahme gemacht, daß nicht die langsamen sondern die schnellen Neutronen in Betracht gezogen werden müßten. Nun kam Frisch an einem Tag im Februar oder März 1940 zu ihm erneut mit diesem Thema: «Suppose someone gave you a quantity of pure 235 isotope of uranium – what would happen?» Die Rechnung, die bislang nur für Natururan durchgeführt worden war, ergab für reines Uran-235 unter der Annahme, daß vor allem die schnellen Neutronen wesentlich für die Kettenreaktion seien, ein völlig neues Bild: «We were quite staggered by these results: an atomic bomb was possible, after all, at least in principle.»[44] Sie hielten es für ihre Pflicht, die britische Regierung unverzüglich auf diese Möglichkeit aufmerksam zu machen. In einem dreiseitigen Memorandum «On the Construction of a ‹Super-bomb›, based on a Nuclear Chain Reaction in Uranium» führten sie aus, daß schon «a moderate amount of 235U» für den Bau einer Atombombe genügen würde. Die Größenordnung der kritischen Masse liege im Bereich eines Kilogramms; der Explosionsdruck einer solchen Bombe betrage «about 10^13 atmospheres» und die auftretenden Temperaturen seien «of the order of 10^10 degrees». Die freigesetzte Energie betrage bei einer Kugel mit einem Radius von 2,1 cm und einer Masse von 4700 Gramm «$E = 4 \times 10^{22}$ ergs», was sie auch in einer leichter verständlichen Sprache formulierten: «The energy liberated by a 5 kg bomb would be equivalent to that of several thousand tons of dynamite».[45] Da sie selbst keine Erfahrung mit den Zuständigkeiten britischer Kriegsforschung hatten, übergaben sie das Memorandum einem Kollegen, der es an Tizard weiterleitete. Da die britische Kernforschung zu dieser Zeit (März 1940) noch nicht als Kriegsprojekt organisiert worden war, wurde es an eine Reihe von Physikern zur Begutachtung weitergereicht und schließlich einem neugegründeten Unterkomitee unter der Aufsicht des «Ministry of Aircraft Production» zur weiteren Beratung überantwortet. Das «Maud Committee», wie dieses Gremium genannt wurde, veranlaßte daraufhin eine Reihe von Forschungen, insbesondere zur Frage der Isotopentrennung und zur Bestimmung der Neutronen-Wirkungsquerschnitte, deren Zahlenwert für die Größe der kritischen Masse entscheidend war. Gleichzeitig nahm das Komitee Kontakte zu amerikanischen Forschungsinstituten auf, an denen solche Experimente durchgeführt werden konnten. Im März 1941 sah Peierls seine theoretischen Vorhersagen vom Vorjahr erstmals experimentell bestätigt: «This first test of theory», so kommentierte er Messungen von der Carnegie Institution in Washington, «has given a completely positive answer and there is no doubt that the whole scheme is feasable». Wenig später faßte das «Maud Committee» alle bis dahin erhaltenen Forschungsresultate zusammen: «We have now reached the conclusion that it will be possible to make an effective uranium bomb which, containing some 25 lb of active material, would be equivalent as regards destructive effect to 1800 tons of T.N.T.», so lautete die Schlußfolgerung, die das Komitee unter anderem mit der Empfehlung verband, «that this work be continued on the highest priority and on an increasing scale necessary to obtain the weapon in the shortest possible time».[46]

Dieser Bericht war es, der in den USA den «turning point» für eine Intensivierung der Uranforschung markierte. Dort war man sich jedoch über die Frage der kritischen Masse von Uran-235 nicht ganz so sicher wie Peierls und seine britischen Kollegen: Fermi schätzte zum Beispiel als untere Grenze zwanzig Kilogramm; die obere Grenze gab er mit ein bis zwei Tonnen an. Oppenheimer ging zuerst von einigen hundert Kilogramm aus. Er war von Lawrence um theoretische Unterstützung bei der Abschätzung der kritischen Masse gebeten worden; die zugehörigen experimentellen Arbeiten wurden mit einem, zu einem Massenspektrographen umgebauten Zyklotron in Lawrence' Laboratorium in Berkeley durchgeführt. Erst im Frühjahr 1942 konnte damit ausreichend Uran-235 produziert werden (einige millionstel Gramm), um den Wirkungsquerschnitt für die Spaltung durch schnelle Neutronen einigermaßen zuverlässig zu bestimmen. Nun schätzte Oppenheimer eher 2,5 bis 5 Kilogramm als Wert für die kritische Masse.[47]

Die Berechnung der kritischen Masse war jedoch nur eines von vielen Problemen, über das vor einer Entscheidung zu einem «all-out effort» größtmögliche Gewißheit gefordert wurde. Andere Fragen betrafen die Wahl eines geeigneten Verfahrens zur großindustriellen Trennung der

Uranisotope und die Herstellung von Plutonium, einem neuen Element, das in einem Reaktor aus dem natürlichen Uran-238 entstehen würde und nach der Theorie ebenfalls als Kernsprengstoff geeignet schien. Auch diese Möglichkeit war zuerst theoretisch erkannt und dann mithilfe mikroskopischer Plutoniumproben experimentell bestätigt worden, die mithilfe eines Zyklotrons in Lawrence' Laboratorium in Berkeley hergestellt wurden – lange bevor der erste, von Fermis Team an der Universität von Chicago aufgebaute Reaktor kritisch wurde. Die Plutoniumproduktion für eine Atombombe war jedoch mit den Beschleunigeranlagen in Berkeley ebensowenig möglich wie die Herstellung ausreichender Mengen von Uran-235. Erst der Bau von Reaktoren machte diesen Weg zu einer Atombombe zu einer realistischen Alternative, so daß auch die Reaktortheorie für das Atombombenprogramm nun eine strategische Bedeutung erlangte. Zusammen mit Fermi und Samuel Allison machte vor allem Wigner als Theoretiker dies zum Hauptthema seiner Arbeit im «Metallurgical Laboratory», wie das Reaktorprojekt in Chicago bezeichnet wurde.[48]

Auch organisatorisch trug man der besonderen Rolle der theoretischen Physik Rechnung. Im amerikanischen «Uranium Committee» wurde die Koordination der theoretischen Arbeiten zuerst Gregory Breit überantwortet, einem renommierten amerikanischen Kernphysiker und Theoretiker, dessen Karriereweg in den zwanziger Jahren in den europäischen Zentren der Quantenmechanik begonnen hatte. Ab 1942, als die für den Reaktorbau wichtige Physik der langsamen Neutronen im Metallurgical Laboratory in Chicago zentralisiert wurde, konzentrierte sich Breits Verantwortungsbereich auf die für die Bombe maßgebliche Theorie der schnellen Neutronen. Breit erklärte jedoch im Mai 1942 wegen Meinungsverschiedenheiten mit Arthur Compton, der für die Koordination der experimentellen Arbeiten die Verantwortung trug, seinen Rücktritt.[49] Nun übernahm Oppenheimer diesen Zuständigkeitsbereich – auch er ein Europaerfahrener Theoretiker mit zahlreichen Kontakten zu den Koryphäen dieser Disziplin diesseits und jenseits des Atlantiks. Zusammen mit John H. Manley, den er sich als experimentell versierten Assistenten vom Metallurgical Laboratory für seine Koordinationsaufgabe von Compton hatte schicken lassen, mobilisierte Oppenheimer nun alle Kräfte, um die schnellen Neutronen nun in großem Stil zu einem vordringlichen Forschungsthema zu machen.

Manley schilderte später sehr anschaulich, mit welchen Schwierigkeiten er und Oppenheimer zunächst konfrontiert waren: «I had to chase around the country because there were, I think, nine separate contracts with universities that had accelerators which could be used as neutron sources (...) I can't tell you how difficult those experiments really were. The amounts of material to work with were infinitesimal (...) you couldn't even tell how much U 235 or plutonium you'd need in order to make one explosive weapon and all of the production plants had to be designed in connection with some estimate of how much material would be required per weapon. Things were really in very much of an uncertain mess in this period of 1942 (...) Oppenheimer, on the other hand, had a small group in Berkeley which was concentrating on the theoretical problems and calculating with the data which the experimental programs would feed him.»[50] Dazu mobilisierte Oppenheimer auch Physiker aus anderen Kriegsprojekten wie zum Beispiel Bethe und Bacher, die als Autoren der «Bethe-Bibel» für sein Thema die richtige Qualifikation besaßen, aber schon an das Radarprojekt vergeben waren. Zunächst erbat er sich deren Mitwirkung nur «for a critical discussion at not too infrequent intervals», wie er Bacher anläßlich einer solchen Zusammenkunft schrieb.[51]

Große Mühe gab er sich besonders bei Bethe, den er zusammen mit Teller, Bloch und einer Handvoll anderer «luminaries» zu einem Sommerprogramm über die Theorie der Atombombe nach Berkeley einladen wollte. In einem Brief legte er dazu seinem Theoretikerkollegen John van Vleck von der Harvard University ans Herz, «that the essential point is to enlist Bethe's interest, to impress on him the magnitude of the job we have to do.»[52] Van Vlecks Überredungskünste zeigten die gewünschte Wirkung: «My curiosity got the best of me, and so I agreed to go», erinnerte sich Bethe. Auf dem Weg nach Berkeley machte Bethe Halt in Chicago, um die weitere Reise zusammen mit Teller fortzusetzen, für den die Atombombe bereits «a sure thing» war. «In reality, the work had hardly begun,» korrigierte Bethe im Rückblick diese voreilige Einschätzung. Teller hätte den Sommerkurs in Berkeley am liebsten einem neuen Thema gewidmet: «He said that what we really should think about was the possibility of igniting deuterium by a fission weapon – the hydrogen bomb.» Diese, zunächst zwischen Fermi und Teller in Chicago diskutierte Möglichkeit begeisterte Teller, und es gelang ihm tatsächlich, einen Großteil der Diskussionen in Berkeley auf dieses Thema hinzulenken: «About three quarters of our time that summer was occupied with thinking about the possibility of a hydrogen super-weapon. We encountered one difficulty after another, and came up with one solution after another – but the difficulties were clearly in the majority», erinnerte sich Bethe.[53] Im Zusammenhang damit sorgte noch eine andere Vorstellung für Aufregung: Konnte durch eine Atombombe nicht auch der Wasserstoff in der Atmossphäre und damit die ganze Erde zur Explosion gebracht werden? Dieses Weltuntergangsszenario bestimmte für kurze Zeit die Rechnungen der Theoretiker, doch man war sich rasch über die Unwahrscheinlichkeit dieses Ereignisses einig: «It never looked like anything you should expect, but this kind of thing had to be ruled out», erzählte Teller seinen Biographen. «I was concerned, along with some of my colleagues, and we furnished the answer that it couldn't happen.»[54]

Projekt Y

Von diesen Ablenkungen abgesehen verschafften sich die Theoretiker in Berkeley in diesem Sommer einen umfassenden Überblick über die Theorie der Atombombe. Bethe und Van Vleck diskutierten zum Beispiel mithilfe der Schockwellentheorie den Exlosionsverlauf; auch die Arbeiten Peierls', seines Assistenten Klaus Fuchs sowie der übrigen Theoretiker des britischen Atombombenprojekts wurden in die Diskussionen miteinbezogen. Forschungsdefizite wurden benannt und als Aufträge an dafür geeignete Institute weiterdelegiert. Bloch sollte zum Beispiel am Zyklotron seiner Universität in Stanford, das mit der Hilfe des Lawrenceschen Teams von Berkeley kurz vor dem Krieg aufgebaut worden war, die Energieverteilung der Spaltneutronen möglichst genau bestimmen.[55] Am Ende des Theoretikertreffens in Berkeley war vor allem deutlich geworden, welche Hindernisse es auf dem Weg zur Atombombe noch zu überwinden galt. «Although much of the discussion was not along what subsequently became the main line of development, it helped to clarify basic ideas, define basic problems, and indicate that development of the fission bomb would require a major scientific and technical effort.» So wurde das Treffen der Theoretiker in Berkeley in der amtlichen Geschichte des «Project Y» beurteilt, wie das von Oppenheimer kurz darauf in Los Alamos organisierte Atombombenprojekt genannt wurde.[56]

Damit erfuhr die Rolle der Theoretiker eine weitere Aufwertung. Daß Oppenheimer als theoretischer Physiker in diesem Projekt eine entscheidende Funktion bekleiden würde, war nicht verwunderlich: Die Physik der schnellen Neutronen fiel in Oppenheimers Kompetenzbereich, in klarer Unterscheidung zu dem in Chicago unter Comptons Leitung zentralisierten Reaktorprojekt des Metallurgical Laboratory, das für die Physik der langsamen Neutronen zuständig war. Daß dem Theoretiker aus Berkeley in Los Alamos jedoch über die Theorie hinaus die gesamte wissenschaftliche Leitung anvertraut wurde, war alles andere als selbstverständlich, ging es doch vorrangig um die Produktion einsatzfähiger Atombomben. Der gesamte Produktionsbereich war eine Angelegenheit des Militärs und unter der Bezeichnung «Manhattan Engineer District» einem für seine Wertschätzung theoretischer Physik nicht gerade gepriesenen General (Leslie R. Groves) unterstellt – was Oppenheimers Ernennung zum Direktor des Atombombenprojekts von Los Alamos nur noch erstaunlicher erscheinen läßt. Wie Groves später freimütig einräumte, war Oppenheimer auch keineswegs seine erste Wahl für diesen Posten: «My own feeling was that he was well qualified to handle the theoretical aspects of the work, but how he would do on the practical experimentation, or how he would handle the administrative responsibilities, I had no idea.»[57] Der Theoretiker aus Berkeley war vor allem deshalb gewählt worden, weil seine renommierteren Kollegen aus der Experimentalphysik wie Lawrence und Compton bereits anderweitig als unabkömmlich erachtet wurden. Daß er überhaupt in Betracht gezogen wurde, war ebenfalls weniger ein Resultat seiner eigenen theoretischen Arbeiten zur Atombombe als seiner energischen Initiative, mit der er die einschlägigen Forschungen an den zunächst weit verstreuten Instituten koordiniert und schließlich ihre Zentralisierung in einem eigenen, dem Chicagoer «Metallurgical Laboratory» mindestens ebenbürtigen Projekt gefordert hatte. «I did see general Groves when he was here and we discussed the problem of the laboratory rather fully», berichtete er am 12. Oktober 1942 seinem reisenden Assistenten Manley. «I think that he was convinced of the necessity for proceeding immediately with the construction of the laboratory and the reorganization of our work.»[58]

Nachdem ein geeignetes Geländes in New Mexiko für das «Projekt Y» gefunden war, stand als nächstes die Rekrutierung der Wissenschaftler auf der Tagesordnung. Auch dabei entfaltete Oppenheimer eine für einen Theoretiker ungewohnte Initiative. Da es sich vorrangig um ein experimentell ausgerichtetes Unternehmen handeln sollte, mußten die verschiedensten Forschergruppen mitsamt ihren Experimentiervorrichtungen zum Umzug nach Los Alamos bewegt werden. Außerdem war es keineswegs leicht, die Wissenschaftler auf ein Leben in militärisch abgeschirmter Isolation einzustimmen. Oppenheimer warb vor allem vom MIT Radiation Laboratory eine Reihe von Physikern ab – allen voran

Theoretiker in Führungspositionen: links J. Robert Oppenheimer, der wissenschaftliche Leiter des «Project Y», rechts Hans A. Bethe, der Direktor der theoretischen Abteilung

Bethe, dem er die theoretische Abteilung in Los Alamos überantworten wollte. Diesen Posten hatte er zunächst für sich selbst reserviert, doch die Radar-erfahrenen Rabi und Bacher überzeugten ihn davon, daß er sich nicht gleichzeitig der Organisation des Gesamtprojekts und der Leitung der theoretischen Abteilung widmen konnte.[59]

Als im Frühjahr 1943 die ersten Wissenschaftler in Los Alamos eintrafen und die notdürftig aus dem Boden gestampften Unterkünfte und Laboratorien bezogen, übernahmen die Theoretiker auch die Funktion, alle Ankommenden über den gegenwärtigen Kenntnisstand ins Bild zu setzen. Robert Serber, ein Schüler Oppenheimers und Teilnehmer des im Vorjahr abgehaltenen Sommerprogramms in Berkeley, veranstaltete dazu einen Schnellkurs («indoctrination course»),[60] und Edward Condon, den Oppenheimer als Stellvertretenden Direktor nach Los Alamos geholt hatte, übernahm es, den Stoff zu einem Kurzlehrbuch zusammenzufassen. Dieser *Los Alamos Primer* wurde zur gemeinsamen Einführungslektüre aller, die als Physiker, Chemiker, Mathematiker, Ingenieure, Metallurgen oder aufgrund einer anderen Qualifikation zum

Kreis der Geheimnisträger des Technischen Bereichs zählten.[61] Nach dieser Einführung wurde in einer Serie von Konferenzen ein erstes Forschungsprogramm entworfen. Obwohl den experimentellen und technischen Untersuchungen die größte Dringlichkeit beigemessen wurde, rangierte die Theorie nichtsdestoweniger gleichrangig neben den experimentalphysikalischen, chemisch-metallurgischen und waffentechnischen Hauptprogrammen: «As it emerged from the conferences, the theoretical program's main goal was to analyze the explosion, develop associated calculation techniques, and give increasingly reliable and accurate nuclear specifications for the bomb», so lautete die Aufgabe der Theoretiker. Ein enger Kontakt mit den Experimenten wurde ebenfalls programmatisch vorgegeben: «The theoretical program also included various analyses and calculations for the experimental program, ranging from ordinary service calculations to design of a slow chain-reacting unit with 235U-enriched uranium. Finally, it included further investigation of bomb damage, of possible autocatalytic methods of assembly, and of amplifying the effect of fission bombs by using them to initiate thermonuclear reactions.»[62]

Die Durchführung dieses Programms oblag Bethes «Theoretical Division», die wie die «Experimental Physics Division», die «Ordnance Division» und die «Chemistry and Metallurgy Division» als Haubtabteilung organisiert und wie diese ihrerseits in eine Reihe von Unterabteilungen aufgeteilt war: Teller wurde Gruppenleiter für den Bereich «Hydrodynamics of Implosion and Super», Serber für «Diffusion Theory, IBM Calculations, and Experiments», Weisskopf für «Experiments, Efficiency Calculations, and Radiation Hydrodynamics», Richard Feynman, ein frisch promovierter Theoretiker aus Princeton, für «Diffusion Problems», und in einer fünften Theoriegruppe (unter D. A. Flanders) hieß das Arbeitsgebiet lapidar «Computations». Diese Themen zeigen, daß es sich dabei keineswegs um ausschließlich kernphysikalische Fragestellungen handelte. Theoretiker waren darüberhinaus auch in den anderen Abteilungen zu finden, wie zum Beispiel Tellers Schüler Charles L. Critchfield, der in der «Ordnance Division» Gruppenleiter für den Bereich «Projectile, Target, and Source» wurde.[63] Dieses Organisationsschema gab jedoch nur die erste grobe Strukturierung des Los Alamos-Projekts wieder. In der Praxis wurden die Arbeitsgruppen je nach Bedarf auf neue Themen angesetzt und in ihrer personellen Zusammensetzung entsprechend verändert, sobald alte Fragestellungen erledigt oder durch neue Probleme verdrängt wurden.

Die Implosionsmethode

Schon im Sommerprogramm in Berkeley hatten die Theoretiker zwei Methoden voneinander unterschieden, mit denen eine unterkritische Anordnung von Spaltmaterial in extrem kurzer Zeit zu einer kritischen Masse zusammengebracht werden konnte: Bei der sogenannten «Gun»-Methode sollte eine unterkritische Masse am Ende eines Geschützrohres angebracht und eine zweite als Geschoß darauf gefeuert werden; bei der Implosionsmethode sollten konzentrisch in einer Kugel angeordnete unterkritische Massen gleichzeitig in Richtung Kugelmittelpunkt gefeuert werden, wo sie sich zu einer kritischen Anordnung vereinigen würden. Ursprünglich wurde diese kompliziertere Methode nur als eine zusätzliche Möglichkeit miterforscht, da die Geschützmethode als effektiver Mechanismus zum Auslösen einer Kernexplosion geeignet erschien. Entsprechend geringe Priorität besaß die in der «Ordnance Division» angesiedelte Erforschung der Implosion während der ersten Monate, wo sie von einer Handvoll Sprengstoffexperten unter Leitung von Seth Neddermeyer untersucht wurde. Die theoretische Abteilung erkannte darin erst ab Herbst 1943 ein wichtiges Forschungsgebiet, als der Mathematiker John von Neumann, einer der zahlreichen externen Berater des Projekts, den Vorschlag machte, die Implosionsmethode durch Verwendung einer größeren Sprengstoffmenge effektiver zu machen. Damit könne die Geschwindigkeit der Kompression vergrößert werden, was die unmittelbare Folge habe, daß man mit weniger nuklearem Spaltstoff auskäme und keinen so großen Wert auf die Reinheit des Spaltstoffs legen müsse. Während Groves die praktischen Seiten dieses Vorschlags schätzte, wurde für die Physiker die Implosionsmethode nun auch «technically sweet»: Die Theoretiker begriffen das Problem der Implosion jetzt nicht mehr als das Aufeinanderprallen von konzentrisch nach innen beschleunigten festen Bestandteilen, sondern als hydrodynamisches Problem einer zum Kugelmittelpunkt hin konvergierenden Schockwelle, deren Bewegungsverlauf es vorherzusagen galt.[64]

Groves und Oppenheimer gaben diesem Verfahren nun eine größere Priorität. Sie verstärkten Neddermeyers Arbeitsgruppe um George B. Kistiakowski, einen Spezialisten für Explosivstoffe, der im Gegensatz zu den militärischen Sprengstoffexperten darin eher Präzionsinstrumente als gewöhnliche Waffen sah. Kistiakowski begann sofort mit einem umfangreichen Diagnostikprogramm, um die verschiedenen physikalischen Parameter im Verlauf der Implosion zu ermitteln. Parallel dazu nahm

Bethe in der theoretischen Abteilung Änderungen vor: Im März 1944 machte er dies zum Hauptthema von Tellers Arbeitsgruppe, doch Teller verfolgte auch weiterhin sein Lieblingsthema, die Wasserstoffbombe, mit erster Priorität, so daß Bethe ihn schließlich aus seiner Abteilung ausgliederte und die Implosionsgruppe Peierls unterstellte, der zusammen mit einem ganzen Kontingent britischer Physiker kurz vorher nach Los Alamos gekommen war. Peierls hatte zuletzt in England mit dem Hydrodynamiker Geoffrey I. Taylor ein Rechenverfahren für Schockwellen entwickelt, um deren zerstörende Wirkung nach einer Atombombenexplosion quantitativ abzuschätzen; diese Berechnungsmethode konnte nun für die numerische Lösung hydrodynamischer Gleichungen verwendet werden, wie sie bei der Implosion auftraten.[65]

Die praktische Durchführung dieser Rechnungen gelang durch einen ausgeklügelten Großeinsatz von IBM-Bürorechenmaschinen. Doch dann tauchte ein neues Problem auf, das die Theoretiker zu einer noch engeren Zusammenarbeit mit den Experimentatoren führte: «There was a possibility of serious instability in the implosion where light high explosive would be pushing against heavier tamper material»,[66] so wurde im technischen Bericht des «Project Y» diese von Taylor als grundsätzliches Problem der Implosionsmethode erkannte Schwierigkeit beschrieben, die es zweifelhaft machte, ob eine ausreichend symmetrische Schockwelle erzeugt werden konnte. Die Lösung des Problems wurde in einem «lens program» gefunden, einem von Experimentatoren und Theoretikern gemeinsam ausgearbeiteten Verfahren, bei dem langsame und schnelle Explosivstoffe so kombiniert wurden, daß sich die Schockwelle wie Licht beim Durchgang durch Materialien mit unterschiedlichem Brechungsindex verhielt und deshalb wie in einer optischen Linse bündeln ließ. Theoretiker und Experimentatoren entwickelten dazu eine «iterative» Lösungsstrategie: Aufgrund erster theoretischer Abschätzungen über die benötigten Brechungsindizes und geometrischen Konfigurationen entwarfen die Experimentatoren die entsprechenden Sprengstoffmischungen. Die «Diagnostik» der darin ablaufenden Explosionswellen lieferte dann den Theoretikern die Daten, mit denen sie ihre erste Abschätzung korrigieren und in einem zweiten Durchgang den Experimentatoren neue Vorgaben bezüglich Geometrie und Brechungsindex für eine verbesserte Sprengstofflinse machen konnten. Nach ausreichend vielen Wiederholungen hoffte man, so eine optimale Bündelung der Schockwellen zu erhalten.[67]

Ein solches Vorgehen war sehr aufwendig, aber die dazu nötige Priorität wurde erteilt, als sich herausstellte, daß sich Plutonium nicht mit der «Gun»-Methode zünden ließ. Bis zu dieser «Krise» im Sommer 1944 hatte man mit Plutoniumproben experimentiert, die in winzigen Mengen mit dem Zyklotron erzeugt worden waren und nur das gewünschte Isotop mit der Massenzahl 239 enthielten; als die ersten Reaktor-Plutoniumproben verfügbar waren, fand man darin auch das Plutoniumisotop 240, das zu einer verfrühten Auslösung der Detonation und damit zu einem Verpuffen führen konnte, wenn die kritische Anordnung nicht schnell genug zustandekommen würde. Die «Gun»-Methode war dafür zu langsam, so daß nur die Implosionsmethode für die Zündung von Plutoniumbomben in Frage kam. Da zu diesem Zeitpunkt auch absehbar war, daß die Produktion von hochangereichertem Uran höchstens für eine Bombe ausreichen würde, während die Plutoniumerzeugung in den Reaktoren von Hanford für viele Bomben ausreichen würde, galt die Erforschung der Implosion während der folgenden Monate als vordringlichste Aufgabe.[68]

Bis zum Test der Implosionsmethode im «Project Trinity» im Juli 1945 waren die Theoretiker die einzigen, die über den zu erwartenden Verlauf der Implosion sowie über die weiteren Auswirkungen wie zum Beispiel die Bildung eines Feuerballs, die anfallende Radioaktivität und andere «Damage»-Daten quantitative Angaben machen konnten. Weisskopf, Bethes Stellvertreter als Leiter der Theoretischen Abteilung, erwarb sich mit solchen Schätzungen einen Ruf als «Orakel» von Los Alamos: «Ich wurde unentwegt gebeten, Neutroneneffekte vorauszusagen (...) Es war wichtig für uns zu wissen, wie stark die Explosion sein und wie das Bombenmaterial auseinandergerissen würde. Und unsere besondere Sorge galt der Frage, wieviel Strahlung freigesetzt und sich in der Luft ausbreiten würde. Keine dieser Fragen ließ sich durch Experimentieren beantworten, da der einzige Weg, den Vorgang zu simulieren, in der Zündung einer Atombombe bestanden hätte. Wir mußten diese Auswirkungen vorher kennen und unser Wissen zum größten Teil auf theoretische Untersuchungen stützen.»[69] Organisatorisch trug man der besonderen Rolle der theoretischen Physik in dieser Phase dadurch Rechnung, daß die Theoretische Abteilung erheblich aufgestockt wurde. Die Zahl der Arbeitsgruppen wurde von fünf auf acht erhöht, und auch ihre beratende Funktion für die experimentellen Abteilungen wurde intensiviert. «The most varied assistance was given to the Trinity experiment, all phases of which were under Theoretical Division surveillance», heißt es dazu in der Projektgeschichte.[70]

Zwischen Stolz und Irritation: Die Erfahrung von Los Alamos

Mit dem Atomblitz der Trinity-Testexplosion fühlten sich von den Wissenschaftlern in Los Alamos vor allem die Theoretiker in einer neuen und zentralen Rolle bestätigt. Unter den zahlreichen Nachkriegserinnerungen fallen ihre Schilderungen durch besondere Superlative auf: Joseph O. Hirschfelder, Leiter der Arbeitsgruppe «Damage» in der Theoretischen Abteilung, sprach vom «scientific and technological miracle at Los Alamos».[71] Für Weisskopf war dies eine «grandiose Periode» seines Lebens. «Die Faszination unserer Arbeit nahm uns gefangen. Nie zuvor hatten meine Kollegen und ich eine Zeit erlebt, in der wir so viel lernten, so viele neue Erkenntnisse über die Struktur der Materie in allen ihren Erscheinungsformen gewannen.»[72] Bethe nannte es «a very enjoyable time for all of us»,[73] und Feynman fühlte als Reaktion auf die Trinity Explosion «tremendous excitement»; ausgerechnet der für seine Respektlosigkeit gegenüber Autoritäten bekannte Feynman fand darüberhinaus die Begegnung mit den «big shots» dort besonders eindrucksvoll: «These were great men indeed.»[74]

Nicht alle zeigten sich in dieser Weise von ihrem Los Alamos-Erlebnis beeindruckt. Der Sprengstoffexperte Kistiakowski war angesichts der vielen euphorischen Erinnerungen «confused and irritated». Darin erscheine alles «so simple, so easy, and everybody was friends with everybody», kritisierte er in seiner eigenen Rückbesinnung. Zu seinen Los Alamos-Erfahrungen gehörten neben den Querelen, Eifersüchteleien und Rivalitäten zwischen den wissenschaftlichen Primadonnas, die sich gegenseitig in ihrem Ehrgeiz überboten, auch Fehlplanungen wie das von Groves persönlich geförderte Projekt «Jumbo»: Für den Fall, daß die Testexplosion fehlschlug und nur der chemische Teil der Explosion ablief, versuchte sich Groves vor dem US-Senat gegenüber dem Vorwurf, wertvolles Plutonium vergeudet zu haben, abzusichern, indem er den Test in einem riesigen Stahlgefäß untergebracht sehen wollte. Das Stahlmonstrum wurde tatsächlich gebaut, aber nie benutzt, denn falls der Test wie geplant von statten ging, hätte man sich damit um einen Teil der Testdaten über den Ablauf der nuklearen Explosion gebracht. «The U.S. Senate never caught on to the Jumbo extravaganza and its battered remains are still there, half buried near the Trinity site», amüsierte sich Kistiakowsky.[75] Auch bei den Theoretikern gab es nicht nur euphorische Erfahrungsberichte. Condon, der Stellvertreter Oppenheimers und Autor des *Los Alamos Primer*, fand die militärischen Sicherheitsbestimmungen

Die «Jumbo extravaganza»

und die Isolation von der Außenwelt «morbidly depressing» und erklärte nach einmonatigem Aufenthalt in Los Alamos seinen Rücktritt.[76] Auch Bloch kehrte dem Projekt nach einem halben Jahr wieder den Rücken: «I just could not live under this atmosphere. It was a military atmosphere», erzählte er später. «I left Los Alamos and joined then a group at Harvard at the Radio Research Laboratory, which worked on defense against radar.»[77] Und als der im Radarprojekt und in verschiedenen Marine-Kriegsprojekten äußerst aktive Philip Morse nach dem Krieg von seinen Kollegen hörte, unter welchen Arbeitsbedingungen sie im Atombombenprojekt gearbeitet hatten, war er schier entsetzt: «These shocked me (...) The more I heard about it, the more thankful I became that I had never had to work under as cynical an administrator as Maj. Gen. Leslie R. Groves».[78]

Schon anhand solcher Äußerungen – von der moralischen Wertung ganz zu schweigen – wird offenkundig, wie wenig der «Erfolg» von Los Alamos mit der von Goudsmit behaupteten Überlegenheit freiheitlich-demokratischer Wissenschaft zu tun hatte. Die Antwort auf die Frage, «why German science failed where the Americans and the British succeeded», lautete für Goudsmit, «that science under fascism was not, and in all probability could never be, the equal of science in a democracy».[79] Doch Goudsmit hatte die Kriegsjahre nicht in dem von Stacheldraht umzäunten und von Groves autoritär verwalteten Ghetto von Los Alamos zugebracht, sonst hätte er diesem Unternehmen kaum das Etikett «demokratisch» zuerkannt. Die Bewegung der «Atomic Scientists» nach dem Krieg und ihre Forderungen nach einer Teilnahme an den durch ihre Arbeit heraufbeschworenen politischen Weichenstellungen belegt im Gegenteil, daß sich die am Atombombenprojekt beteiligten Wissenschaftler und Ingenieure ihrer demokratischen Rechte beraubt sahen und für die Zukunft eine Fortsetzung dieses Zustands befürchteten.[80]

Das Atombombenprojekt war so beispiellos, daß selbst die Beteiligten anderer amerikanischer Kriegsprojekte die Erfahrungen von Los Alamos kaum nachvollziehen konnten. Noch viel weniger läßt es sich mit den Verhältnissen im «Uranverein» vergleichen. Auch wenn man sich auf eine Personengruppe wie die Sommerfeldschüler beschränkt, deren Herkunft aus der Münchner «Pflanzstätte theoretischer Physik» wenigstens eine gemeinsame Tradition und eine gemeinsame Wurzel erkennen läßt, so zeigen ihre Erfahrungen im «Krieg der Physiker» diesseits und jenseits des Atlantiks kaum Vergleichbares. Heisenbergs Rolle im «Uranverein» war völlig verschieden von der Bethes, obwohl beide in ihren Projekten als führende Theoretiker auftraten. Ihre gemeinsame wissenschaftliche Herkunft macht im Gegenteil die Divergenz der Traditionen theoretischer Physik um so deutlicher.[81] Weder das in den USA so auffällige «empiricist temper» noch der operationale Stil besaßen bei den Theoretikern in Deutschland tiefere Wurzeln, während diese angelsächsischen Traditionen in den alliierten Kriegsprojekten besonders zum Zug kamen. Unter den außergewöhnlichen Bedingungen von Los Alamos wurde die Operationalität theoretischer Physik in einem solch massiven Ausmaß praktiziert, daß dies selbst für amerikanische Verhältnisse eine völlig neue Dimension des Physikbetriebs darstellte.

11

Epilog

Die Physik erlebte nach dem Zweiten Weltkrieg einen Aufschwung wie nie zuvor in ihrer Geschichte. «In this war it has become clear beyond all doubt that scientific research is absolutely essential to national security», schrieb Vannevar Bush noch vor Kriegsende in einem Memorandum an den amerikanischen Präsidenten, das später unter dem bezeichnenden Titel «Science – The Endless Frontier» veröffentlicht wurde. Dabei dachte er keineswegs nur an die unmittelbare Kriegsforschung: «Today, it is truer than ever that basic research is the pacemaker of technological progress.»[1] Der Umfang der staatlichen Wissenschaftsförderung in den USA nach dem Krieg zeigt, daß dies keine leeren Worte blieben: Vor dem Krieg lagen die staatlichen Aufwendungen für Forschung und Entwicklung bei einer Größenordnung von hundert Millionen Dollar pro Jahr, wobei der militärische Anteil weniger als die Hälfte ausmachte; im Krieg wuchsen diese Ausgaben auf einige Milliarden Dollar, mit einem Anteil militärischer Aufwendungen von rund 90% – und dies blieb auch die Größenordnung staatlicher und militärischer Wissenschaftsförderung in der Nachkriegszeit.[2] Die fünfziger Jahren prägten sich den mit Forschungsgeldern verwöhnten Wissenschaftlern als «megabuck era» ein,[3] doch dies war noch längst nicht das Ende des Booms: Die staatlichen Forschungs- und Entwicklungsausgaben kletterten von den fünfziger bis zu den achziger Jahren von weniger als 20 auf über 40 Milliarden Dollar, wobei die Grundlagenforschung ein deutlich stärkeres Wachstum aufwies als die Gesamtausgaben.[4]

Im Interesse der nationalen Sicherheit

Es liegt auf der Hand, daß die Wissenschaft in der «megabuck era» auch wesentlich intensivere Beziehungen zu ihren staatlichen und militärischen Abnehmern unterhielt als in der Zeit vor dem Zweiten Weltkrieg. Gerade die in den achziger Jahren nochmals forcierte Rüstungsforschung wie etwa im Fall der «Strategic Defense Initiative» (SDI) weist dabei manche Ähnlichkeiten mit den fünfziger Jahren auf, als die Großprojekte des Zweiten Weltkriegs noch vielen Beteiligten unmittelbar als beispielhaft vor Augen standen. «World War II was in many ways a watershed for American science and scientists», resumierte 1984 ein MIT-Physiker: «It changed the nature of what it means to do science and radically altered the relationship between science and government (...) the military (...) and industry.»[5]

Eine «strategische Allianz»

Die gegenseitige Annäherung von Wissenschaft und Militär sicherte der amerikanischen Physik im Kalten Krieg einen dauerhaften Platz an der Seite derer, die für die «nationale Sicherheit» zuständig waren.[6] Die Umwandlung der großen Kriegsforschungseinrichtungen von Los Alamos oder Oak Ridge in «National Laboratories» unter der Aufsicht einer staatlichen, zivile und militärische Ziele umfassenden Atomenergiekommission, sowie die Gründung neuer Großforschungsanlagen, die sich an diesen Vorbildern orientierten und derselben Behörde unterstanden, sind nur die auffälligsten Beispiele jener «strategischen Allianz», die die Physikelite mit den Mächtigen im Staat eingegangen war. Die führenden Theoretiker der Kriegsprojekte wie Oppenheimer und Bethe verkörperten die neue Wechselbeziehung ebenfalls auf spektakuläre Weise: Als Mitglieder von hochrangigen Beratergremien (wie dem «General Advisory Committee» der Atomenergiekommission oder dem von Eisenhower einberufenen «Presidential Scientific Advisory Committee») repräsentieren sie und ihre Nachfolger seither die neue Funktion des Wissenschaftsberaters, die bei Entscheidungen über neue Waffensysteme wie der Wasserstoffbombe, dem Streit um eine neuartige Raketenabwehr bis hin zu Fragen der internationalen Politik hervortritt.[7] Ein Beispiel für die neue Umgebung, in der sich die Wissenschaft dabei wiederfand, bieten die Diskussionen um einen Teststop für Atombombenversuche in den fünfziger Jahren, die Bethe als Vorsitzender des Eisenhowerschen Präsidentenberaterstabs koordinierte: «We had members from the Atomic Energy Commission, the Defense Department, the Central Intelligence Agency, the weapon laboratories, and the State Department. The people from the State Department favored a test ban, for political reasons. The Defense Department was against it; the Atomic Energy Commission was sort of neutral; Teller's laboratory at Livermore was

strongly against it; Los Alamos was for it; and then I myself was for it.»
In solchen Situationen kam Bethe und seinem Wissenschaftlerstab eine Art Mittlerrolle zu: «Well, we put all this in a report of sixty pages, which was submitted to the President. I presented it at a National Security Council meeting, and Eisenhower was quite interested.»[8] Nie zuvor hatten Theoretiker einen so engen Kontakt mit der Staatsmacht.

Nicht nur die Nähe zur hohen Politik, wie sie in der Beraterfunktion und in den neuen Großforschungszentren zum Ausdruck kam, wurden für die Nachkriegsphysik kennzeichnend. Auch im Kleinen manifestierte sich das Erbe des Krieges. Teildisziplinen wie die Halbleiterphysik, deren Bedeutung im Radarprojekt bei der Entwicklung von Kristalldetektoren in ersten Umrissen hervorgetreten war, wurden nun zu neuen Schwerpunkten akademischer wie auch industrieller Forschung. Die Erfindung des Transistors bei den Bell Laboratories ist ein Beispiel für diesen Trend,[9] wie auch die nachfolgende, vom Militär geförderte Entwicklung der Mikroelektronik die Praxis der «strategischen Allianz» hinter der wissenschaftlich-technologischen Entwicklung der fünfziger Jahre illustriert.[10] Nicht weniger signifikant für das im Radarprojekt entfesselte und in der Nachkriegszeit systematisch ausgebeutete Potential moderner Physik als Schrittmacher technologischer Innovationen ist das Aufkommen der Quantenelektronik, einer Disziplin, die mit Produkten wie Atomuhren, Maser und Laser für Schlagzeilen sorgte. Auch diese Forschungsrichtung verdankte ihren Boom vorrangig dem im Kalten Krieg weiter verstärkten Interesse der «nationalen Sicherheit».[11] Sowohl in der Halbleiterphysik als auch in der Quantenelektronik entfalteten theoretische Physiker in der Zusammenarbeit mit Experimentatoren und unter der Zielsetzung von industriellen wie auch akademischen Forschungsprogrammen die ganze operationale Qualität ihrer Disziplin – gestützt auf ihre Erfahrungen aus den Kriegsprojekten und die großzügigen Fördermittel, derer sie sich in die «megabuck era» sicher sein konnten.

Ein neuer Forschungsstil

Sogar an einem so akademischen und theoretischen Gebiet wie der Quantenelektrodynamik fallen die kriegsbedingten Unterschiede zum Forschungsstil der 30er Jahre auf. Die Suche nach einer umfassenderen Quantentheorie, mit der auch die Quantennatur des elektromagnetischen Feldes erfaßt wurde, ist so alt wie die Quantentheorie. Schon lange vor dem Zweiten Weltkrieg hatten insbesondere die Phänomene der kosmischen Strahlen der Quantenfeldtheorie eine anhaltende Aktualität beschert.[12] Obwohl alle Ingredienzien für eine erfolgreiche Theorie vorhanden waren, gelang erst 1947 der Durchbruch zur modernen Quantenelektrodynamik. Der Schlüssel dazu war das Konzept der sogenannten «Renormierung». Dabei handelt es sich um eine Technik, die mit Problemen wie der «unendlichen Selbstenergie» des Elektrons und anderer «Unendlichkeiten» umgeht. Das Renormierungsprinzip selbst war bereits in den dreißiger Jahren ansatzweise angewandt worden, doch noch nicht als umfassende Methode für diese Probleme erkannt worden. Dies war das Verdienst von drei Theoretikern, die an den Radar- und Nuklearprojekten des Zweiten Weltkriegs beteiligt waren und nun mit dieser Rechentechnik der «plus-minus cancellation» eine Art ingenieurmäßigen Zugang zur Quantenelektrodynamik eröffneten: Julian Schwinger, ein Schüler Rabis und Mitarbeiter Bethes aus der Zeit des MIT Radiation Laboratory; Richard Feynman, ein Los-Alamos-erfahrener Kollege Bethes von der Cornell University; und Sin-itiro Tomonaga, ein ehemaliger Stipendiat bei Heisenberg in Leipzig und Magnetron-Theoretiker im japanischen Radarprojekt des Zweiten Weltkriegs. 1965 wurde dem Trio dafür der Physik-Nobelpreis verliehen. Obwohl der Forschungsgegenstand selbst, die Quantenelektrodynamik, in den jeweiligen Kriegsprojekten keine Rolle spielte, hatte die Kriegserfahrung doch einen unverkennbaren Anteil an diesem Durchbruch. «I first approached electromagnetic radar problems as a nuclear physicist», so beschrieb Schwinger seinen Zugang zur Quantenelektrodynamik, «soon I began to think of nuclear physics in the language of electrical engineering (...) Then, being conscious of the large microwave power available, I began to think about electron accelerators, which led to the question of radiation by electrons in magnetic fields (...) This would be significant in the intensive developments of quantum electrodynamics, which were soon to follow.»[13]

Die Quantenelektrodynamik verdankte ihren Aufstieg jedoch nicht nur dem an Kriegsproblemen erworbenen ingenieurmäßigen Forschungsstil der Theoretiker sondern auch experimentellen Befunden, die jedoch nicht weniger als die theoretischen Methoden ein unmittelbares Erbe aus den Kriegsprojekten darstellten: Willis Lamb, ein Schüler Oppenheimers, hatte nach dem Krieg mithilfe eines Experimentators am Columbia Radiation Laboratory die dort vorhandene Mikrowellentechnologie dazu benutzt, um die Feinstruktur der Spektrallinien von Wasserstoff im Bereich der Zentimeterwellen zu bestimmen. Das Laboratorium selbst war im Krieg unter Rabis Leitung zu einer Art Miniausgabe des MIT Radiation Laboratory ausgebaut und mit Spezialforschungen im Bereich der extrem kurzen Mikrowellen (unterhalb 3 cm) betraut worden. Hier zeigte sich nun eine Feinstruktur in den Wasserstoff-Spektrallinien («Lamb-shift»), die von einigen Theoretikern sofort als Folge der Wechselwirkung des Wasserstoffelektrons mit seinem eigenen Strahlungsfeld interpretiert wurde.[14] Die Diskussion darüber bestimmte die erste Nachkriegskonferenz theoretischer Physiker in den USA in Shelter Island, die ihrerseits dem Bemühen entsprang, den jüngeren amerikanischen Theoretikern, deren Tatendrang sich bislang nur in den geheimen Kriegsprojekten entfalten durfte, nun ein öffentliches Forum zu geben. Auch diese Konferenz wurde im Rückblick als «watershed» in der Entwicklung der theoretischen Physik bezeichnet. Spätestens damit war offenkundig, daß nun auch an der vordersten Forschungsfront der reinen Theorie die USA den Ton angaben. Rabi verglich die Shelter Island Konferenz mit dem ersten Solvay Kongreß von 1911, als sich die europäische Physikelite in Brüssel versammelt und die Atomtheorie zum herausragenden Thema ihrer Zunft erklärt hatte. Nun hießen die neuen Herausforderungen Quantenelektrodynamik und Elementarteilchenphysik, und die neuen Stars waren in ihrer Mehrzahl junge Amerikaner, deren Karriere im Radar- oder Atombombenprojekt begonnen hatten – wie zum Beispiel Richard Feynman, der sich später an die Shelter Island Konferenz als der weltweit bedeutendsten Theoretikerzusammenkunft aller Zeiten erinnerte.[15]

Der radikale Wandel der Physik durch den Zweiten Weltkrieg gehört zu den säkularen Umwälzungen dieses Jahrhunderts, ebenso ihre im Kalten Krieg erfolgte Neubewertung im Interesse der «nationalen Sicherheit», die wie ein Riesenkrake von der angewandten bis zur grundlagenorientierten Forschung praktisch die gesamte Physik mit ihren gewaltigen Fangarmen umschloß. Das ganze Ausmaß der Umstrukturierung der Physik nach 1945 ist erst in Ansätzen erforscht.[16] Dennoch zeichnen sich einige Konturen deutlich ab. Die gesteigerte Bedeutung der Physik als politisch-militärisch-ökonomischer Machtfaktor und die hochtechnisierte und immer «künstlichere» Natur ihrer Forschungsergebnisse sind unübersehbar. Auch wenn vielen Teilbereichen der Nachkriegsphysik kein direkter militärischer Verwendungszweck anzusehen ist, so zeigen die historischen Zusammenhänge doch meist ein sehr enges Beziehungsgeflecht auf, in das auch noch so «reine» Forschungsinteressen eingebunden sind. Die moderne Elementarteilchenphysik ist in apparativer und organisatorischer Hinsicht ein unmittelbarer Erbe und Nutznießer der Kriegsforschungslaboratorien, in denen Zyklotrons, Meßelektronik, Großforschungsmanagment und andere «Big Science»-Elemente entstanden. Die Theorie kann aus diesem Kontext nicht herausgelöst werden, denn sie erfüllt gerade in der Großforschung eine entscheidende operationale Rolle: Von ihren Aussagen hängt es ab, welche neuen Experimente geplant und wie neue Anlagen konzipiert werden, und von deren Meßergebnissen wiederum wird der Fortgang der Theorien bestimmt.[17] Auch dieses Wechselspiel von Experiment und Theorie war in den Kriegslaboratorien erstmals in großem Stil eingeübt worden, wie zum Beispiel in Los Alamos bei der Entwicklung der Implosionsmethode.

In der Elementarteilchenphysik und anderen Großforschungsgebieten ist dieses Erbe von Los Alamos unverkennbar; doch es läßt sich noch in ganz anderen Bereichen aufspüren: «Because of the novel problems which confronted its scientists during the wartime establishment of Los Alamos, the need arose for research and ideas in domains contiguous to its central purpose. This trend continues unabated to the present.»[18] So erläuterte 1984 der Mathematiker Stanislaw Ulam, ein Los Alamos-Veteran, der bei dem Sommerfeldschüler Rubinowicz während seines Studiums auch zum Liebhaber theoretischer Physik geworden war, den Umbruch, der in der Nachkriegszeit von dort ausging und die Forschungslandschaft in der ganzen Welt veränderte. Am Beispiel neuer Rechenverfahren wie der sogenannten «Monte Carlo»-Methode wird dies deutlich: Zuerst war damit der Durchgang von Neutronen durch verschiedene Atombombenmaterialien simuliert worden; die unterschiedlichen Stoß-, Einfang- und Spaltprozesse blieben dabei wie in einem Glücksspiel dem Zufall überlassen; die Summe über sehr viele solcher Ereignisse, die sich nur durch den Einsatz von elektronischen Großrechnern ermitteln ließ, führte dann zu einem gleichsam Computer-experimentell bestimmten Resultat. In den Nachkriegsjahren wurde dieses Verfahren zu einem Standardwerkzeug der theoretischen Physik ausgebaut und in den vielfältigsten Anwendungsmöglichkeiten erprobt. Mit dem Fortschritt der Computerentwicklung wurden «Monte Carlo type experiments» und andere «extensive but ‹intelligently chosen› brute force approaches» zu routinemäßigen Hilfsmitteln der theoretischen Physik, die darin für ihr Fach eine eigene Art des Experimentierens erkannte und davon in den vielfältigsten Anwendungsgebieten Gebrauch machte, von der Theorie sogenannter kritischer Phänomene (Phasenübergänge) bis zur Quantenfeldtheorie.¹⁹ Auf eine ähnlich subtile Art und Weise strahlte das Erbe von Los Alamos auch auf andere «domains contiguous to its central purpose» aus, wie zum Beispiel auf die theoretische Biologie oder die Zahlentheorie, wo sich Probleme mit einer ähnlichen mathematischen Struktur wie bei den neutronenphysikalischen Fragestellungen der Atombombenphysik fanden.²⁰ Es ist kein Zufall, daß das Los Alamos National Laboratory heute mit seinem Center for Nonlinear Studies auch zu den Vorreitern der modernen Chaosforschung gehört, die solche Trends auf spektakuläre Weise vereinigt und seit einigen Jahren als eine neue wissenschaftliche Revolution von sich reden macht.²¹

Kontinuität und Wandel

Doch bei aller Neuheit bedeutete das Ende des Zweiten Weltkriegs für die Physik keine «Stunde Null». Radikaler Wandel und Fortdauer alter Traditionen gingen oft Hand in Hand. Die Kontinuität in der Entwicklung der theoretischen Physik wurde insbesondere durch traditionsreiche Schulen wie die Sommerfeldschule gewährleistet, deren Absolventen in den dreißiger Jahren vielerorts neue Zentren gegründet hatten. Ähnlich wie nach dem Ersten Weltkrieg war auch nach 1945 bei Lehrern und Studenten ein starkes Bedürfnis spürbar, an die Universitäten zurückzukehren und die akademischen Traditionen wiederzubeleben, die im Krieg hinter den Erfordernissen der militärischen Forschung zurückstehen mußten. Die Lehrer der neuen Physikergeneration, die wie Bethe oder Heisenberg nun von Projektforschern wieder zu Akademikern wurden, verkörperten in ihrer eigenen Person die Kontinuität traditionsreicher Schulen und den radikalen Wandel durch die Erfahrungen ihrer Kriegsarbeit. Überdies galten «Atomphysiker» ihres Kalibers einer gleichermaßen Atombomben-schockierten wie vom Mythos des «friedlichen Atoms» begeisterten Öffentlichkeit als die Hohen Priester eines neuen «Atomzeitalters».

Das Traditionsbewußtsein einer Elite

Bethe und Heisenberg repräsentierten beide die alte Theoretikertradition der Sommerfeldschule. Trotz ihrer unterschiedlichen Karrieren gab es 1946 für beide einen unmittelbaren Anlaß, sich ihrer gemeinsamen Tradition bewußt zu werden: Sommerfeld dachte zuerst an Heisenberg und dann an Bethe als Erben seiner «Pflanzstätte theoretischer Physik», nachdem der «Deutsche Physiker», der während der Kriegszeit sein Institut in Beschlag genommen hatte, unter dem Druck der amerikanischen Besatzungsmacht diese Stelle wieder geräumt hatte. In beiden Fällen ging Sommerfelds Wunsch nicht in Erfüllung, doch der Austausch von Gedanken und Gefühlen, den dieser Anlaß provozierte, vermittelt ein authentisches Bild von der Umbruchphase der theoretischen Physik jener ersten Nachkriegszeit.

Während im Krieg der Briefwechsel zwischen Sommerfeld und Bethe abgebrochen worden war, hatte Heisenberg die ganzen Kriegsjahre hindurch mit seinem alten Lehrer korrespondiert und ihn über sein eigenes Schicksal auf dem laufenden gehalten. Auch über seine Internierung in England und die erste Wiederbegegnung mit alliierten Physikerkollegen berichtete er nach München. «Die englischen Physiker bemühen sich in jeder Weise, für uns vernünftige Arbeitsmöglichkeiten zu schaffen; in die amerikanische Zone soll ich aber nicht kommen, jedenfalls nicht für dauernd», so beurteilte er im Februar 1946 die eigenen Zukunftsmöglichkeiten.[22] Im Sommerfeldschen Institut behalf man sich einstweilen mit dem Provisorium kurzfristiger Lehrstuhlvertretungen. «Ich lese nicht mehr, bei meinen 77 Jahren, bin aber reichlich mit der Herausgabe meiner Vorlesungen beschäftigt und werde kommissarisch von Professor Gans vertreten», berichtete Sommerfeld im Juli 1946 in einem Brief einer alten Bekannten. «Mein damaliger Nachfolger W. Müller ist natürlich abgesetzt. Wir hoffen immer noch auf Heisenberg als Nachfolger, der aber, ebenso wie Otto Hahn, von Laue, von Weizsäcker, Gerlach vorläufig nicht aus der englischen Zone herausgelassen wird.»[23] Im November 1946 schrieb Sommerfeld erstmals nach dem Krieg wieder an Bethe: «Hätten Sie den Mut, nach Deutschland zurückzukommen, wenn Heisenberg für München definitiv nicht zu haben ist?» Und nach dem moralischen Appell, ob nicht «eine Anhänglichkeit an die alte Heimat» die mit einem Umzug nach Deutschland verbundenen Unannehmlichkeiten aufwiegen könnten, folgte der Appell an das wissenschaftliche Traditionsbewußtsein: «Sie können sich denken, wie gern ich Sie als meinen Nachfolger hier hätte. Mein Vertreter Gans macht sich zwar sehr gut, ist aber doch keine analytische Fortsetzung der Sommerfeldschule.»[24]

Heisenberg zeigte sich von der Aussicht auf die Sommerfeldnachfolge, wie er im Februar 1947 von Göttingen aus nach München schrieb, «mehr bewegt, als Sie vielleicht glauben», doch die britische Besatzungspolitik ließ auch jetzt noch keinen Wechsel zu. Hinzu kam Heisenbergs Befürchtung, in der amerikanischen Besatzungszone noch ganz anderen Widrigkeiten ausgesetzt zu sein, denn «offenbar hat die amerikanische Führung keine anderen Wünsche, als deutsche Wissenschaftler für Rüstungsaufgaben in USA einzuspannen. So sagt mir mein Verstand zwar, ich solle einstweilen hier bleiben, bis sich der Unsinn ausgetobt hat. Aber mein Herz sagt etwas ganz anderes und zaubert vor mein geistiges Auge den blauen Himmel über den bayerischen Vorbergen, die Erinnerung an meine Studienzeit bei Ihnen und an den ganzen Glanz des früheren München.»[25] Tatsächlich war die von Heisenberg geäußerte Befürchtung einer Art militärisch-wissenschaftlicher Reparationsforderung durch die amerikanische Besatzungsherrschaft nicht völlig abwegig, wie etwa das Projekt «Paperclip» zeigte, bei dem zahlreiche Wissenschaftler und Techniker (mehr oder weniger freiwillig) zur Rüstungsforschung nach USA verfrachtet wurden.[26] Am Ende verhinderten also auch diesmal die politischen Verhältnisse, die nun freilich weniger ideologisch motiviert als vom Kalkül der Besatzungsmächte im Kalten Krieg bestimmt waren, daß Heisenberg in München die wissenschaftliche Tradition der Sommerfeldschule fortsetzen konnte.

Bethe reagierte nicht weniger bewegt auf das Angebot der Sommerfeldnachfolge. Sommerfelds Brief hatte ihn auf Umwegen über die amerikanische Besatzungsbehörde erreicht, und auf demselben Weg ließ er seinem alten Lehrer auch antworten, daß er sich zwar geehrt fühlte, aber nichtsdestoweniger dem Ruf nach München nicht folgen würde, da er sich an der Cornell University sehr wohl fühle.[27] Dieser lapidaren Auskunft sandte er einige Wochen später einen ausführlichen Brief hinterher, mit dem er Sommerfeld über seine Gefühle und Gedanken ins Bild setzte: «Es wäre schön, zurückzukehren an den Ort, wo ich von Ihnen Physik lernte, und lernte, Probleme sorgfältig zu lösen. Und wo ich nachher, als Ihr Assistent und als Privatdozent, vielleicht die fruchtbarste Periode meines wissenschaftlichen Lebens hatte. Es wäre schön, zu versuchen, Ihr Werk fortzusetzen und die Münchener Studenten in demselben Sinne zu unterrichten wie Sie es immer getan haben.» Dann folgte jedoch ein großes Aber. «Für uns, die wir in Deutschland von unseren Stellungen vertrieben wurden, ist es nicht möglich, zu vergessen. Die Studenten von 1933 wollten nicht theoretische Physik von mir hören (und es war eine starke Gruppe der Studenten, vielleicht sogar die Majorität), und selbst wenn die Studenten von 1947 anders denken, ich kann Ihnen nicht trauen. Und was ich höre über die wieder erwachende nationalistische Einstellung der Studenten an vielen Universitäten, und vieler anderer Deutschen auch, ist nicht ermutigend. Vielleicht noch wichtiger als meine negativen Erinnerungen in Deutschland ist meine positive Einstellung zu Amerika. Es kommt mir vor (schon seit vielen Jahren), daß ich in Amerika viel mehr zu Hause bin als ich es je in Deutschland war (...) Dazu kommt, daß mich Amerika sehr gut behandelt hat. Ich kam hierher unter Umständen, die mir nicht gestatteten, sehr wählerisch zu sein. In sehr kurzer Zeit hatte ich eine ordentliche Professur, wahrscheinlich schneller als ich sie in Deutschland bekommen hätte, wenn Hitler nicht gekommen wäre. Es wurde mir, einem ziemlich neu Eingewanderten, gestattet, in den Kriegslaboratorien mitzuarbeiten, und an prominenter Stelle. Jetzt, nach dem Krieg, hat Cornell ein großes neues Kernphysiklaboratorium im wesentlichen ‹um mich herum› aufgebaut. Und 2 oder 3 der besten amerikanischen Universitäten haben mir verlockende Angebote gemacht.»[28]

Auch von den Sommerfeldschülern Karl Bechert und Gregor Wentzel, denen der greise Geheimrat seine Nachfolge in Aussicht gestellt hatte, kamen Absagen. Bechert, der in Mainz eine zufriedenstellende Professur bekleidete, wollte nicht den Neid eventueller Konkurrenten auf sich ziehen, denn «Ihre Nachfolge gebührte ja eigentlich andern», wie er seinem Lehrer nach München schrieb.[29] Auch dem in Zürich wohletablierten Wentzel war die ihm zugedachte Ehrung eher eine Bürde, die ihm ein zu «reichliches Maß Idealismus» abverlangen würde; hinzu kam, daß er seine «verwöhnte Familie nicht in die heutigen Münchner Lebensbedingungen versetzen» wollte.[30] Auch Carl Friedrich von Weizsäcker, Heisenbergs engster Schüler und Mitarbeiter, der zum engeren Kandidatenkreis für die Sommerfeldnachfolge zählte, aber wie Heisenberg die «formalen Schwierigkeiten» der britischen Besatzungsbehörde gegen sich hatte, deutete schon im Vorfeld einer eventuellen Berufung an, daß er einem Ruf nach München wohl kaum folgen würde; wie er dem Dekan der naturwissenschaftlichen Fakultät in München schrieb, war auch auch für ihn eine so traditionsreiche eher eine Belastung, ganz zu schweigen von den «äußeren Schwierigkeiten der Existenz in einer zerstörten Stadt», von denen er in Göttingen verschont sei.[31]

Die Sommerfeldnachfolge ging schließlich an Fritz Bopp, einen Schüler des Sommerfeldschülers Erwin Fues und Mitarbeiter Heisenbergs, der in die französische Besatzungszone entlassen worden war und dort das Erbe des nach Hechingen ausgelagerten Teils des ehemaligen Kaiser-Wilhelm-Instituts für Physik verwaltete. «An Hechingen fühle ich mich nach der erzwungenen Spaltung des Heisenbergschen Institutes nicht gebunden», so gab er seine Bereitschaft für einen Umzug nach München zu erkennen, doch «scheint es mir angemessen, ehe ich endgültig zusage, mit Heisenberg über ihr Angebot zu sprechen.»[32] Heisenberg hatte gegen die Berufung seines Mitarbeiters nichts einzuwenden, und so blieb der Münchner Lehrstuhl letztendlich doch in der längst zur Großfamilie ausgewachsenen Familie der Sommerfeldschüler und -enkel.

So groß und vielfältig der Physikbetrieb als Ganzes auch geworden war, die wissenschaftliche Abstammung eines Theoretikers aus der Sommerfeldschule oder aus einem ihrer renommierten Ableger blieb von den ersten Anfängen seiner akademischen Karriere bis zu den Nachrufen nach seinem Ableben ein Attribut, das den so Ausgewiesenen gleichsam in den Adelsstand der theoretischen Physik erhob. Das Traditionsbewußtsein der Sommerfeldschule überdauerte alle Umwälzungen der Kriegs- und Nachkriegsjahre, und es teilte sich über den eigentlichen Kreis der Sommerfeldschüler hinaus auch all jenen Theoretikern mit, die sich «nur» als Schülersschüler oder als eifrige Studenten der Sommerfeldschen Lehrbücher mit dem legendären Lehrer aus München verbunden wußten. Die theoretischen Physiker seien «ja alle in irgend einer Form Ihre Schüler», so gratulierte zum Beispiel Friedrich Hund 1943 Sommerfeld zu seinem fünfundsiebzigsten Geburtstag.[33] Aus Zürich kam dazu ein von einem Dutzend Physikern unterzeichnetes Glückwunschschreiben, in dem es hieß: «Wir dürfen uns ja alle als Ihre Schüler oder Schülersschüler betrachten; jedenfalls ist keiner unter uns, zu dem Sie nicht wenigstens durch *Atombau und Spektrallinien* gesprochen hätten, oder letzthin durch Ihre *Vorlesungen*, deren glückliche Vollendung trotz der Ungunst der Zeit wir Ihnen herzlich wünschen.»[34]

Die *Vorlesungen über theoretische Physik* hielten die Sommerfeldtradition auch im praktischen Physikunterricht einer ganzen Nachkriegsgenerationen von Physikern lebendig. Sommerfeld hatte mitten im Krieg damit begonnen, die von seinen Assistenten über viele Jahre hinweg angefertigten Mitschriften seiner Vorlesungen zu überarbeiten und in Buchform herauszugeben – und schon der erste Band, die *Mechanik*, fand eine respektvolle Aufnahme: «Mit größter Bewunderung und Dankbarkeit gedenken die Physiker in der ganzen Welt Ihrer großen und fruchtbaren wissenschaftlichen und pädagogischen Tätigkeit», bedankte sich Bohr im April 1943 für die Übersendung eines Exemplars.[35] Nach dem Ende des Krieges förderte die amerikanische Besatzungsbehörde die bruchlose Fortsetzung der Vorlesungspublikation: «Because of the great value of your books to the scientific development of the past decades, including in particular the development in America, this Office is prepared to further the publication of your book in any way within its authority», bescheinigte man Sommerfeld von seiten der «Field Intelligence Agency Technical» (FIAT), einer Behörde, die über die wissenschaftlich-technischen Belange in der amerikanischen Besatzungszone zu befinden hatte.[36] Daß diese Resonanz mehr als nur eine freundliche Geste für einen international angesehenen Professor war, zeigte sich auch in der prompten Übersetzung der *Vorlesungen* ins Englische und ins Russische. Sie wurden zu einer Art Manifest für die gesamte Disziplin der theoretischen Physik, auf das man über alle im Krieg zerstörten Beziehungen hinweg wie auf ein Zeichen der Hoffnung für kommende Generationen verweisen konnte. «Sein Werk wird auf lange Zeit es den jungen Physikern erleichtern», so bedankte sich Einstein nach dem Tod Sommerfelds bei der Witwe für die Übersendung des letzten Bandes, «sich die Denkmethoden anzueignen», die von «Klarheit und Eleganz» geprägt seien «wie alles, was dieser ungewöhnliche Geist hervorgebracht hat mit seiner mühelosen Beherrschung des ganzen Gebietes».[37]

Die Mystifizierung des «Atomphysikers»

Auch wenn solche Äußerungen angesichts einer undurchschaubar gewordenen, in zahllose Subdisziplinen aufgefächerten Nachkriegsphysik nur ein verlorenes Ideal von universaler Gelehrsamkeit beschwören, so bekunden sie doch ein ausgeprägtes Bewußtsein um Tradition und Kontinuität, das den mehr auf die Zukunft als auf die Vergangenheit gerichteten Praktiken der Wissenschaftler im Alltag nicht anzusehen ist. In dem daraus abgeleiteten «Wir-Gefühl» fanden die Vertreter der theoretischen Physik auch nach dem Krieg die gemeinsame Identität, mit der sie sich über alle Länder- und Fachgrenzen hinweg als Angehörige einer einzigen Wissenschaft begreifen konnten. Für dieses «Wir-Gefühl» wurde der Name Sommerfelds zum Symbol, dessen sich die Gemeinschaft der theoretischen Physiker umso eifriger bediente, desto schnellebiger ihre Disziplin voranschritt. Gedächtnissymposien wie die 1962 abgehaltene Konferenz «50 Jahre Röntgenstrahl-Interferenzen» oder die Konferenz «Physics of the One- and Two-Electron Atoms» zur Feier des hundertsten Geburtstags Sommerfelds im Jahr 1969 wurden zu internationalen Ritualen, bei denen sich die Gemeinschaft der Sommerfeldschüler mitsamt ihrer weiteren, auf so unterschiedliche Gebiete wie die Kristallographie oder die Teilchenphysik verstreuten Gefolgschaft ihrer gemeinsamen Ursprünge vergewisserte.[38] Rituale solcher Art sind weit

1948 veranstalteten Sommerfeldschüler eine Ausstellung zum achzigsten Geburtstag ihres Lehrers. Zur Erinnerung an Sommerfelds Leistung für die Atomtheorie zeigten sie diesen «Beweis, daß der Kreis eine Entartung der Ellipse ist»

mehr als bloße Erinnerungsveranstaltungen: Von ihnen geht nicht selten jene Mystifizierung wissenschaftlicher Entwicklungen aus, die sie aus dem Kontext ihrer jeweiligen historischen Situation heraushebt und ihnen die von der Fachgemeinschaft gewünschten, identitäts- und sinnstiftenden Merkmale anheftet.[39]

So kristallisierte sich an der Person Sommerfelds auch noch nach seinem Tod das Traditions- und Identitätsbewußtsein einer ganzen Disziplin. Dies stand keineswegs im Widerspruch zu der Aufbruchstimmung, die die Nachkriegsentwicklung der theoretischen Physik charakterisierte. Kontinuität und Wandel, Berufung auf Altbewährtes und Aufbruch in ein neues Zeitalter, mit diesem janusköpfigen Gesicht präsentierte sich die theoretische Physik als neue und alte Jahrhundertwissenschaft. Wie in den 1920er Jahren war das «Atom» das beinahe kulthaft beschworene Symbol ihrer Modernität, und die neuen und alten Pioniere der «Atomphysik» wurden zu Kultfiguren eines neuen «Atomzeitalters» gekürt. «Es war der Sog der großen Geschehnisse im Felde der Atomforschung, welcher die bedeutendsten Geister der jungen Generation an sich zog. In Arnold Sommerfelds Buch *Atombau und Spektrallinien* haben diese Geschehnisse ihre hinreißende, begeisternde Dokumentation gefunden», erklärte der Atomtheoretiker Pascual Jordan in seinem populären Büchlein *Physik im Vordringen* 1949 seinen Lesern. In den «Lehrern und Führern Bohr, Born, Sommerfeld» sollte eine atombegeisterte Nachkriegsgeneration von Physikstudenten ihre Idole erkennen, auf daß die «alten ruhmreichen Traditionen physikalischen Denkens» fortlebten.[40] Sommerfeld bezeichnete sich 1950 selbst als «Urgroßvater der Feinstruktur», als er dem Entdecker der «Lamb shift» zu dem Durchbruch gratulierte, den dieser Befund für die moderne Quantenelektrodynamik bedeutete und mit dem die Atomphysik ähnlich wie nach dem Ersten Weltkrieg nun in eine neue Phase trat.[41]

Meist wurde der Begriff des «Atoms» jedoch benutzt, um damit die Kern- und Elementarteilchenphysik öffentlichkeitswirksam ins Gespräch zu bringen. Hinter dem ehrfurchtsvoll gebrauchten Attribut «Atomphysiker» oder «Atomwissenschaftler» standen die Bilder der apokalyptischen Urgewalt von Atombomben und die Verheißungen unerschöpflicher Energie aus Atomkraftwerken. Atomeuphorie und Atomangst prägten die öffentliche Stimmung der 1950er Jahre.[42] In den USA organisierten sich nach dem Kriegsende die am Manhattan Projekt beteiligten Wissenschaftler zu einer «Federation of the Atomic Scientists», deren Anliegen in einer neuen Zeitschrift, dem *Bulletin of the Atomic Scientists*, publik gemacht wurden. Für die breite Öffentlichkeit publizierten sie auch gelegentlich in Illustrierten wie *Life*, während sie bei Kongreßabgeordneten mit eigens zusammengestellten Schriften wie *The Atomic Bomb* aufwarteten, um so auf politischer Ebene ihren Sachverstand zur Geltung zu bringen.[43] Während es den amerikanischen «Atomic Scientists» damit schon um konkrete Belange ihrer eigenen Berufsausübung ging, machten sich deutsche Atomphysiker, denen zunächst keine nuklearen Forschungsarbeiten erlaubt waren, daran, in populären Darstellungen erst einmal für eine entsprechende öffentliche Aufmerksamkeit zu sorgen: «Die Schaffung der Atombombe», so erläuterte Jordan 1949 den deutschen Lesern, «war ein weltgeschichtlicher Vorgang, in welchem sich erstmals völlig neue Methoden und Beziehungen wissenschaftlicher Forschung entfalteten».[44] Die theoretische Physik, die dabei eine Schlüsselrolle gespielt hatte, wurde in den Augen vieler zu einer Art Geheimwissenschaft – beinahe vom Rang einer neuen Religion, deren Hohe Priester um das Bescheid wußten, was die Welt im Innersten zusammenhält. Symptomatisch dafür war etwa die öffentliche

Reaktion auf Heisenbergs «Weltformel», ein abstraktes, als «Vorschlag für die Materie-Gleichung» verkündetes mathematisches Konstrukt, aus dem «die gesamte Physik abzuleiten» sein sollte, wie die Deutsche Presseagentur verkündete. «Hoffentlich übt es dann nicht grimmige Gewalt, wie es immer zu geschehen pflegt, wenn es in unreine Hände fällt», kommentierte *Die Welt* diese Nachricht aus dem Tempel der Atomphysik.[45]

Die Wissenschaftspublizistik nahm sich dieser öffentlichen Gefühlslage eifrig an. Die verklärende Historisierung wurde selbst Teil der Geschichte der theoretischen Physik. Das schon immer populäre Zerrbild vom Theoretiker als einem tragischen, der Welt entrückten Denker erfreute sich unter solchen Vorzeichen neuer Beliebtheit. Die Arbeit des Theoretikers sollte primär Zeugnis «von dem ewigen Ringen des schöpferischen Menschengeistes» ablegen, wie es im Vorwort eines Büchleins über *Die Evolution der Physik – Von Newton bis zur Quantentheorie* hieß.[46] Wenn bis heute der unvoreingenommene Blick auf die Geschichte und die Rolle theoretischer Physiker in der modernen Gesellschaft durch solche Zerrbilder verstellt wird, so zeigt sich darin nur einmal mehr, wie nachhaltig diese Berufsgruppe ihre Disziplin zu einem Kultfach des zwanzigsten Jahrhunderts gemacht hat.

Anhang

Quellenverzeichnis

AHQP = Archive for History of Quantum Physics, Mikrofilmsammlung, Deutsches Museum, München; AIP, New York.
AIP = American Institute of Physics, Niels Bohr Library, New York.
BSC = Bohr Scientific Correspondence, in AHQP.
Debye-Nachlaß, Archiv der Max-Planck-Gesellschaft, Berlin.
HSSP = Sources for History of Solid State Physics, Deutsches Museum, München; Übersicht in: J. Warnow-Blewett, J. Teichmann: Guide to Sources for History of Solid State Physics. New York 1992.
Klein-Nachlaß, Universitätsbibliothek Göttingen.
Prandtl-Nachlaß, Archiv des Max-Planck-Instituts für Strömungsforschung, Göttingen.
Schottky-Nachlaß, Deutsches Museum, München.
Schwarzschild-Nachlaß, Universitätsbibliothek Göttingen.
SHMA = Sources for History of Modern Astrophysics, Mikrofilmsammlung, Deutsches Museum, München; AIP, New York.
SN = Sommerfeld-Nachlaß, Deutsches Museum, München.
Welker-Nachlaß, Deutsches Museum, München.
Wieland-Nachlaß, Deutsches Museum, München.
Wien-Nachlaß, Deutsches Museum, München.

Literaturverzeichnis

Abkürzungen:

AHES = Archive for History of the Exact Sciences.
Am. J. Phys. = American Journal of Physics.
Ann. Physik = Annalen der Physik.
GS = Arnold Sommerfeld. Gesammelte Schriften. (4 Bände). Braunschweig 1969.
HSPS = Historical Studies in the Physical and Biological Sciences.
Phys. Bl. = Physikalische Blätter.
Phys. Z. = Physikalische Zeitschrift.
Proc. R. Soc. Lond. = Proceedings of the Royal Society, London.
Rev. Mod. Phys. = Reviews of Modern Physics.
Z. Phys. = Zeitschrift für Physik.

Aaserud, F.: *Redirecting Science. Niels Bohr, Philanthropy, and the Rise of Nuclear Physics.* Cambridge 1990.
Ammon, U.: Deutsch als Wissenschaftssprache. *Spektrum der Wissenschaft*, Januar 1992, 117-124.
Baracca, A. u. a.: Il decollo della fisica nucleare negli USA (1930-36). Konferenzbeitrag zur internationalen Tagung *La Ristrutturazione delle Scienze tra le due Guerre Mondiali*, Florenz/Rom, 1980.
Bardeen, J.: Reminiscences of early days in solid state physics. *Proc. R. Soc. Lond., A 371*, 1980, 77-83.
Beisel, D.: Bombenstimmung. *Kultur und Technik*, Heft 4, 1990, 11-14.

Benz, U.-W.: *Arnold Sommerfeld. Eine wissenschaftliche Biographie.* Dissertation, Universität Stuttgart, 1974.
– : *Arnold Sommerfeld* (Reihe: Große Naturforscher, Band 38). Stuttgart 1975. (Gekürzte Fassung der Dissertation).
Bernstein, J.: *Prophet of Energy: Hans Bethe.* New York 1980.
– : The Farm Hall Transcripts: The German Scientists and the Bomb. *The New York Review,* 13. August 1992, 47-53.
Bethe, H.: The Happy Thirties. In: R. H. Stuewer (Hrsg.): *Nuclear Physics in Retrospect. Proceedings of a Symposium on the 1930s.* Minneapolis 1977, 11-31.
Bethe, H., R. F. Bacher, M. Livingston: *Basic Bethe. Seminal Articles on Nuclear Physics, 1936-37.* New York 1986.
Beyerchen, A.: *Wissenschaftler unter Hitler. Physiker im Dritten Reich.* Berlin 1982.
– : What We Now Know About Nazism and Science. *Social Research, 59,* 1992, 615-641.
Blumberg, A., G. Owens: *Energy and Conflict. The Life and Times of Edward Teller.* New York 1976.
Boehm, L., J. Spörl (Hrsg.): *Die Ludwig Maximilians-Universität in ihren Fakultäten.* Berlin 1980.
Bohr, N.. Das Bohrsche Atommodell. *Dokumente der Naturwissenschaft, Abteilung Physik, 5,* 1964.
Bopp, F., H. Kleinpoppen (Hrsg.): *Physics of the One- and Two-Electron Atoms. Proceedings of the Arnold Sommerfeld Centennial Memorial Meeting in München, 10.-14. September 1968.* Amsterdam 1969.
Born, M.: Sommerfeld als Begründer einer Schule. *Die Naturwissenschaften, 16,* 1928, 1035-1036.
– (Hrsg.): *Albert Einstein/Hedwig und Max Born: Briefwechsel 1916-1955.* Reinbek 1969.
– : *Mein Leben. Die Erinnerungen des Nobelpreisträgers.* München 1975.
Bothe, W., Flügge (Hrsg.): Kernphysik und kosmische Strahlung. *Naturforschung und Medizin in Deutschland 1939-1946 (FIAT-Bericht), Band 13,* 1947.
Bowen, E. G.: *Radar Days.* Bristol 1987.
Brandt, L.: Der Stand der deutschen Zentimeterwellen-Technik am Ende des Zweiten Weltkrieges. In: L. Brandt: *Forschen und Gestalten.* Köln 1962, 80-112.
– : Die deutsche Station für Radio-Astronomie und Radar-Grundlagenforschung in der Eiffel. In: L. Brandt: *Forschen und Gestalten.* Köln 1962, 113-124.
Braun, E.: Selected Topics from the History of Semiconductor Physics and Its Applications. In: Hoddeson u. a. (1992), Kap. 7.
Brocke, B. vom: Hochschul- und Wissenschaftspolitik in Preußen und im Deutschen Kaiserreich, 1882-1907: Das «System Althoff». In: P. Baumgart (Hrsg.): *Bildungspolitik in Preußen zur Zeit des Kaiserreichs.* Stuttgart 1980, 9-118.
Broelmann, J.: «Die Kultur geht so gänzlich flöten bei der Technik.» Hermann Anschütz-Kaempfe und Albert Einstein. *Kultur und Technik,* Heft 1, 1991, 50-58.
Bromberg, J.: The Impact of the Neutron: Bohr and Heisenberg. *HSPS, 3,* 1971, 307-342.
Broszat, M.: Grundzüge der gesellschaftlichen Verfassung des Dritten Reiches. In: M. Broszat, H. Möller (Hrsg.): *Das Dritte Reich. Herrschaftsstruktur und Geschichte.* München 1986, 38-63.
Brown, L. M.: The idea of the neutrino. In: R. Weart, M. Phillips (Hrsg.): *History of Physics. Readings from Physics Today.* New York 1985, 340-345.
Brown, L. M., L. Hoddeson: The birth of elementary-particle physics. In: R. Weart, M. Phillips (Hrsg.): *History of Physics. Readings from Physics Today.* New York 1985, 346-353.
Brown, L. M., H. Rechenberg: Paul Dirac and Werner Heisenberg - A Partnership in Science. *Bericht des Max-Planck-Instituts für Physik und Astrophysik, Werner-Heisenberg-Institut, MPI-PAE/PTh 27/85, Mai 1985.*
Brown, L. M., H. Rechenberg: The Origin of the Concept of Nuclear Forces I: Nuclear Structure and Beta-Decay (1932-1933). *Bericht des Max-Planck-Instituts für Physik und Astrophysik, Werner-Heisenberg-Institut, MPI-PAE/PTh 44/87, Juli 1987.*
Brown, L. M., H. Rechenberg: Quantum field theories, nuclear forces, and the cosmic rays (1934-1938). *Am. J. Phys., 59,* 1991, 595-605.
Burchardt, L.: *Wissenschaftspolitik im Wilhelminischen Deutschland. Vorgeschichte, Gründung und Aufbau der KWG.* Göttingen 1975.

Busch, A.: *Die Geschichte des Privatdozenten. Eine soziologische Studie zur großbetrieblichen Entwicklung der deutschen Universitäten.* Stuttgart 1959.
Busch, G.: Peter Debye (1884-1966). Werden und Wirken eines großen Naturforschers. *Vierteljahresschrift der Naturforschenden Gesellschaft in Zürich, 130,* 1985, 19-34.
Bush, V.: Science - The Endless Frontier. In: W. R. Nelson (Hrsg.): *The Politics of Science. Readings in Science, Technology, and Government.* New York 1968, 26-55.
Cahan, D.: The institutional revolution in German physics, 1865-1914. *HSPS, 15/2,* 1985, 1-66.
Campbell, D. C.: Nonlinear Science. From Paradigms to Practicalities. In: Cooper (1989), 218-262.
Cassidy, D. C.: Cosmic ray showers, high energy physics, and quantum field theories: Programmatic interactions in the 1930s. *HSPS, 12:1,* 1981, 1-39.
– : Understanding the history of special relativity. Bibliographical essay. *HSPS, 16:1,* 1986, 177-195.
– : *Uncertainty. The Life and Science of Werner Heisenberg.* New York 1991.
– : Werner Heisenberg und das Unbestimmtheitsprinzip. *Spektrum der Wissenschaft,* Juli 1992, 92-99.
Cassidy, D. C., M. Baker: Werner Heisenberg. A bibliography of his writings. *Berkeley Papers in History of Science, 9.* 1984.
Cooper, N. G. (Hrsg.): *From Cardinals to Chaos. Reflections on the Life and Legacy of Stanislaw Ulam. A Los Alamos Profile.* Cambridge 1989.
Crane, D.: *Invisible Colleges. Diffusion of Knowledge in Scientific Communities.* Chicago/London 1972.
Curti, M.: *American Philanthropy Abroad. A History.* New Brunswick 1963.
Davidis, M.: *Wissenschaft und Buchhandel. Der Verlag von Julius Springer und seine Autoren. Briefe und Dokumente aus den Jahren 1880-1946.* München 1985.
De Maria, M. u. a. (Hrsg.): *Proceedings of the International Conference on The Restructuring of Physical Sciences in Europe and the United States 1945-1960.* Singapore 1989.
Debye, P. (Hrsg.): *Probleme der modernen Physik. Arnold Sommerfeld zum 60. Geburtstage gewidmet von seinen Schülern.* Leipzig 1928.
Dessauer, F.: Die Röntgentechnik im Kriege. In: B. Schmid (Hrsg.): *Deutsche Naturwissenschaft, Technik und Erfindung im Weltkriege.* München, Leipzig 1919, 777-799.
DeVorkin, D.: Henry Norris Russel. *Spektrum der Wissenschaft,* Juli 1989, 102-112.
DeVorkin, D., R. Kenat: Quantum Physics and the Stars. *Journal for the History of Astronomy, 14,* 1983, 102-132 und 180-222.
Dickson, D.: *The New Politics of Science.* New York 1984.
Drechsler, W., H. Rechenberg: Herbert Jehle (5. 3. 1907 - 14. 1. 1983). *Phys. Bl., 39,* 1983, 71.
Eckert, M.: Die ‹Deutsche Physik› und das Deutsche Museum. *Phys. Bl., 41,* 1985, 87-92.
– : Das ‹freie Elektronengas› – Vorquantenmechanische Theorien über die elektrischen Eigenschaften der Metalle. *Wissenschaftliches Jahrbuch, Deutschen Museums,* 1989, 57-91.
– : Theoretical Physicists at War. An eco-biographical study from the Sommerfeld school. Konferenzbeitrag zum internationalen Symposium *Science, Technology, and the Military* in Madrid, 17.-19. Oktober 1991.
– : Gelehrte Weltbürger. Der Mythos des wissenschaftlichen Internationalismus. *Kultur und Technik,* 1992, Heft 2, 26-34.
Eckert, M., W. Pricha: Boltzmann, Sommerfeld und die Berufungen auf die Lehrstühle für theoretische Physik in München und Wien, 1890-1914. *Mitteilungen der Österreichischen Gesellschaft für Geschichte der Naturwissenschaften, 4,* 1984, 101-119.
Eckert, M., W. Pricha: Die ersten Briefe Albert Einsteins an Arnold Sommerfeld. *Phys. Bl., 40,* 1984, 29-34.
Eckert, M., W. Pricha, H. Schubert, G. Torkar: *Geheimrat Sommerfeld. Theoretischer Physiker.* München 1984.
Edingshaus, A.-L.: *Heinz Maier-Leibnitz. Ein halbes Jahrhundert experimentelle Physik.* München 1986.
Einstein, A., L. Infeld: *Die Evolution der Physik. Von Newton bis zur Quantentheorie.* Reinbek 1956.
Elsasser, W.: *Memoirs of a physicist in the atomic age.* New York 1978.

Enzyklopädie der Mathematischen Wissenschaften. 6 Bände, Leipzig 1898-1935. (Band 5: Physik, 3 Teilbände, 1903-1926).
Ewald, P. P. (Hrsg.): *Fifty Years of X-Ray Diffraction.* Utrecht 1962.
– : Arnold Sommerfeld als Mensch, Lehrer und Freund. In: Bopp/Kleinpoppen (1969), 8-16.
– : The Myth of Myths.*AHES, 6,* 1969, 72-81.
Ferber, Ch. von: *Die Entwicklung des Lehrkörpers der deutschen Universitäten, 1864-1954.* Göttingen 1956.
Fermi, L.: *Illustrous Immigrants. The Intellectual Migration from Europe, 1930/41.* Chicago 1968.
Feynman, R. P.: Los Alamos from Below. In L. Badash u. a.: *Reminiscences of Los Alamos, 1943-1945,* Dordrecht 1980, 105-132.
Fischer, E.-P.: *Das Atom des Biologen. Max Delbrück und der Ursprung der Molekulargenetik.* München 1985.
Fischer, K.: Der quantitative Beitrag der nach 1933 emigrierten Naturwissenschaftler zur deutschsprachigen physikalischen Forschung. *Berichte zur Wissenschaftsgeschichte, 11,* 1988, 83-104.
– : The Operationalization of Scientific Emigration Loss 1933-1945. A Methodological Study on the Measurement of a Qualitative Phenomenon. *Historical Social Research, 13,* 1988, 99-121.
Fisher, D. E.: *A Race on the Edge of Time. Radar – the Decisive Weapon of World War II.* New York 1988.
Flechtner, H.-J.: *Carl Duisberg. Vom Chemiker zum Wirtschaftsführer.* Düsseldorf 1959.
Forman, P.: *The Environment and Practice of Atomic Physics in Weimar Germany.* Dissertation University of California, Berkeley 1967.
– : The Discovery of the Diffraction of X-Rays by Crystals: A Critique of the Myths. *AHES, 6,* 1969, 38-71.
– : Alfred Landé and the Anomalous Zeeman Effect, 1919-1921. *HSPS, 2,* 1970, 153-261.
– : Weimar Culture, Causality, and Quantum Theory, 1918-1927: Adaptation by German Physicists and Mathematicians to a Hostile Intellectual Environment. *HSPS, 3,* 1971, 1-115.
– : Scientific Internationalism and the Weimar Physicists: The Ideology and Its Manipulation in Germany after World War I. *ISIS, 64,* 1973, 150-180.
– : *The Helmholtz-Gesellschaft. Support of Academic Physical Research by German Industry after the First World War.* Unveröffentlichtes Manuskript. (Ich danke Paul Forman für die Überlassung dieser Arbeit).
– : The Financial Support and Political Alignment of Physicists in Weimar Germany. *Minerva, 12,* 1974, 39-66.
– : Atomichron: The Atomic Clock from Concept to Commercial Product. *Proceedings of the IEEE, 73,* 1985, 1181-1204.
– : Behind quantum electronics: National security as basis for physical research in the United States, 1940-1960. *HSPS, 18:1,* 1987, 149-229.
– : The maser in national security context. Beitrag zur Konferenz *Science, Technology, and the Military,* Madrid, 17.-19. Oktober 1991.
Forman, P., S. R. Weart, J. L. Heilbron: Physics circa 1900. *HSPS, 5,* 1975, 1-185.
Fosdick, R. B.: *Die Geschichte der Rockefeller-Stiftung.* Wien 1955.
Friedrich, W.: Erinnerungen an die Entdeckung der Interferenzerscheinungen bei Kristallen. *Die Naturwissenschaften, 36,* 1949, 354-356.
Frisch, O. R.: *Woran ich mich erinnere. Physik und Physiker meiner Zeit.* Stuttgart 1981.
Galison, P.: *How Experiments End.* Chicago 1987.
Gay, P.: *Freud, Juden und andere Deutsche.* München 1989.
Geballe, T. H.: This golden age of solid-state physics. *Physics Today,* 1981, 132-143.
Gehlhoff, G., H. Rukop, W. Hort: Einführung und Aufruf zur Gründung der Deutschen Gesellschaft für technische Physik. *Zeitschrift für technische Physik, 1,* 1920, 1-6.
Geiger, H., Scheel, K. (Hrsg.): *Handbuch der Physik, 24,* Berlin 1933.
Geison, G. L.: Scientific Change, Emerging Specialties, and Research Schools. *History of Science, 19,* 1981, 20-40.
Gerlach, W., A. Sommerfeld: Hermann Anschütz-Kaempfe. *Die Naturwissenschaften, 19,* 1931, 666-669.
Gimbel, J.: U.S. Policy and German Scientists. *Political Science Quarterly, 101,* 1986, 433-451.

– : *Science, Technology, and Reparations. Exploitation and Plunder in Postwar Germany.* Stanford 1990.
Glasser, O.: *Wilhelm Conrad Röntgen und die Geschichte der Röntgenstrahlen.* Berlin 1931.
Gleick, J.: *Chaos - die Ordnung des Universums: Vorstoß in Grenzbereiche der modernen Physik.* München 1988.
Goldberg, S., Powers, T.: Declassified Files Reopen Nazi Bomb Debate. *The Bulletin of the Atomic Scientists, 48:7*, 1992, 32-40.
Goodstein, J. R.: Atoms, Molecules and Linus Pauling. *Social Research, 51*, 1984, 691-708.
Goudsmit, A.: *ALSOS.* New York 1947. (Neuauflage, Los Angeles 1983).
Gowing, M.: *Britain and Atomic Energy 1939-1945.* London 1964.
Gray, G. W.: *Education on an international scale. A history of the International Education Board 1923-1938.* New York 1941.
Groves, L. R.: *Now it can be told. The Story of the Manhattan Project.* New York 1983 (Reprint der Originalausgabe von 1962).
Guerlac, H. E.: *Radar in World War II.* 2 Bände. New York 1987.
Guntau, M., H. Laitko (Hrsg.): *Der Ursprung der modernen Wissenschaften. Studien zur Entstehung wissenschaftlicher Disziplinen.* Berlin 1987.
Haber, F.: Neue Arbeitsweisen. Wissenschaft und Wirtschaft nach dem Kriege. *Die Naturwissenschaften, 11*, 1923, 753-756.
Hagstrom, W. O.: *The Scientific Community.* New York 1965.
Hawkins, D.: *Project Y: The Los Alamos Story.* New York 1983 (Reprint der 1947 verfaßten und 1961 als *LAMS 2532* veröffentlichten Geschichte des Los Alamos Projekts).
Hawkins, T.: The Berlin School of Mathematics. In: H. Mehrtens u.a. (Hrsg.): *Social History of Nineteenth Century Mathematics.* Boston 1981, 233-245.
Heilbron, J. L.: The Kossel-Sommerfeld Theory of the Ring Atom. *ISIS, 58*, 1967, 451-485.
– : *H. G. J. Moseley. The Life and Letters of an English physicist, 1887-1915.* Berkeley 1974.
– : *Max Planck. Ein Leben für die Wissenschaft 1858-1947.* Heidelberg 1989.
Heilbron, J. L., T. Kuhn: The Genesis of the Bohr atom. *HSPS, 1*, 1969, 211-290.
Heilbron, J. L., R. W. Seidel: *Lawrence and his laboratory: A history of the Lawrence Berkeley Laboratory.* Berkeley 1989.
Heinrich, R., H.-R. Bachmann: *Walther Gerlach. Physiker, Lehrer, Organisator.* München 1989.
Heisenberg, W.: *Der Teil und das Ganze.* München 1973.
Henriksen, P.: Solid State Physics Research at Purdue. *Osiris, 3*, 1991, 237-260.
Hermann, A.: *Große Physiker. Vom Werden des neuen Weltbildes.* Stuttgart [4]1964.
– : Sommerfeld und die Technik. *Technikgeschichte, 34*, 1967, 311-322.
– (Hrsg.): *Albert Einstein/Arnold Sommerfeld. Briefwechsel. Sechzig Briefe aus dem goldenen Zeitalter der modernen Physik.* Basel/Stuttgart 1968.
– : *Werner Heisenberg in Selbstzeugnissen und Bilddokumenten.* Reinbek 1976.
– : Die Atomprotokolle. *Bild der Wissenschaft,* 9/1992, 30-36.
Hermann, A., K. v. Meyenn, V. F. Weisskopf (Hrsg.): *Wolfgang Pauli. Wissenschaftlicher Briefwechsel 1919-1929, Band 1,* Berlin u.a. 1979.
Herring, C.: Recollections. *Proc. R. Soc. Lond., A 371*, 1980, 67-76.
Hewlett, R. G., O. E. Anderson: *The New World, 1939/1946. Volume I: A History of the United States Atomic Energy Commission.* University Park, Pennsylvania 1962.
Hildebrandt, G.: Zum Tode von Paul Peter Ewald. *Phys. Bl., 41*, 1985, Nr. 12, 412-413.
Hippel, A. R. von: *Life in times of turbulent transitions.* Anchorage 1988.
Hirosige, T.: Origins of Lorentz' Theory of Electrons and the Concept of the Electromagnetic Field. *HSPS, 1*, 1969, 151-209.
Hirschfelder, J. O.: The Scientific and Technological Miracle at Los Alamos. In: L. Badash u.a. (Hrsg.): *Reminiscences of Los Alamos 1943-1945,* Dordrecht 1980, 67-88.
Hoch, P. K.: The Reception of Central European Refugee Physicists of the 1930s: USSR, UK, USA. *Annals of Science, 40*, 1983, 217-246.
– : Institutional Versus Intellectual Migrations in the Nucleation of New Scientific Specialties. *Studies in the History and Philosophy of Science, 18*, 1987, 481-500.
– : The Crystallization of a Strategic Alliance: The American Physics Elite and the Military in the 1940s. In: E. Mendelsohn u.a. (Hrsg.): *Science, Technology, and the Military. Sociology of the Sciences, Yearbook XII/1.* Dordrecht 1988, 87-117.

– : The development of the band theory of solids, 1933-1960. In: Hoddeson u.a. (1992), Kap. 3.
Hoch, P. K., E. J. Yoxen: Schrödinger at Oxford: A Hypothetical National Cultural Synthesis which Failed. *Annals of Science, 44*, 1987, 593-616.
Hoddeson, L.: The Entry of the Quantum Theory of Solids into the Bell Telephone Laboratories, 1925-40: A Case-Study of the Industrial Application of Fundamental Science. *Minerva, 18*, 1980, 422-447.
– : The discovery of the point-contact transistor. *HSPS, 12:1*, 1981, 41-76.
– : The Los Alamos Implosion Program in World War II: A model for postwar American research. In: M. De Maria u.a. (1989), 31-41.
Hoddeson, L., G. Baym, M. Eckert: The development of the quantum-mechanical electron theory of metals, 1928-1933. *Rev. Mod. Phys., 59*, 1987, 287-327.
Hoddeson, L., E. Braun, R. Weart, J. Teichmann (Hrsg.): *Out of the Crystal Maze. Chapters from the History of Solid State Physics.* New York 1992.
Hoffmann, D.: Zur Etablierung der 'technischen Physik' in Deutschland. In: M. Guntau, H. Laitko (Hrsg.): *Der Ursprung der modernen Wissenschaften.* Berlin 1987, 140-153.
Hoffmann, D., M. Walker, H. Rechenberg: Farm-Hall-Tonbänder. *Phys. Bl., 48*, 1992, 989-1001.
Höflechner, W., A. Hohenester: *Ludwig Boltzmann 1844-1906. Vollender der klassischen Thermodynamik. Eine Dokumentation.* München 1985.
Holton, G.: Striking Gold in Science: Fermi's Group and the Recapture of Italy's Place in Physics. *Minerva, 12*, 1974, 159-198.
– : Zur Genesis des Komplementaritätsgedankens. In: G. Holton: *Thematische Analyse der Wissenschaft. Die Physik Einsteins und seiner Zeit.* Frankfurt a.M. 1981, 144-202.
– : The Migration of Physicists to the United States. In: J. C. Jackman, C. M. Borden (Hrsg.): *The Muses flee Hitler. Cultural Transfer and Adaptation 1930-1945.* Washington D.C. 1983, 169-188.
Holzmüller, G.: Über die Beziehungen des mathematischen Unterrichts zum Ingenieur-Wesen und zur Ingenieur-Erziehung. *Zeitschrift für mathematischen und naturwissenschaftlichen Unterrichts, 27*, 1896, 468-480.
Hund, F.: Höhepunkte der Göttinger Physik. *Phys. Bl., 25*, 1969, 145-153, 210-215.
– : Born, Göttingen und die Quantenmechanik. In: *Göttinger Universitätsreden.* Göttingen 1982, 29-37.
Hunter Dupree, A.: The Great Instauration of 1940: The Organization of Scientific Research for War. In: G. Holton (Hrsg.): *The Twentieth-Century Sciences. Studies in the Biography of Ideas.* New York 1972, 443-467.
Inhetveen, H.: *Die Reform des gymnasialen Mathematikunterrichts zwischen 1890 und 1914. Eine sozioökonomische Analyse.* Bad Heilbrunn 1978.
Irving, D.: *Der Traum von der deutschen Atombombe.* Gütersloh 1967.
Jarausch, K. H.: Frequenz und Struktur. Zur Sozialgeschichte der Studenten im Kaiserreich. In: P. Baumgart (Hrsg.): *Bildungspolitik in Preußen zur Zeit des Kaiserreichs.* Stuttgart 1980, 119-149.
Jehle, H., H. Rechenberg: Arthur Stanley Eddington zum hundertsten Geburtstag. *Phys. Bl., 39*, 1983, 130-131.
Joffe, A. F.: *Begegnungen mit Physikern.* Basel 1967.
Johnson, K. E.: Bringing Statistical Mechanics into Chemistry: The Early Scientific Work of Karl F. Herzfeld. *Journal of Statistical Physics, 59*, 1990, 1547-1572.
Jones, H.: Notes on work at the University of Bristol, 1930-37. *Proc. R. Soc. Lond., A 371*, 1980, 52-55.
Jordan, P.: *Physik im Vordringen.* Braunschweig 1949.
Jungk, R.: *Heller als tausend Sonnen.* Bern 1956.
Jungnickel, Ch., R. McCormmach: *Intellectual Mastery of Nature. Theoretical Physics from Ohm to Einstein.* 2 Bände. Chicago 1986.
Kant, H.: *Abram Fedorovic Ioffe.* Leipzig 1989.
Kargon, R. H.: Temple to Science: Cooperative Research and the Birth of the California Institute of Technology. *HSPS, 8*, 1977, 3-31.
– : *The Rise of Robert Millikan. Portrait of a Life in American Science.* Ithaca 1982.
Kargon, R., E. Hodes: Karl Compton, Isaiah Bowman, and the Politics of Science in the Great Depression. *ISIS, 76*, 1985, 301-318.

Kay, L. E.: Conceptual Models and Analytical Tools: The Biology of Physicist Max Delbrück. *Journal of the History of Biology, 18*, 1985, 207-246.
Keith, T.: Scientists as Entrepreneurs: Arthur Tyndall and the Rise of Bristol Physics. *Annals of Science, 41*, 1984, 335-357.
Keith, T., P. K. Hoch: Formation of a research school: Theoretical solid state physics at Bristol 1930-54. *British Journal for the History of Science, 19*, 1986, 19-44.
Kern, U.: *Die Entstehung des Radarverfahrens: Zur Geschichte der Radartechnik bis 1945*. Dissertation, Universität Stuttgart 1984.
Kevles, D. J.: The National Science Foundation and the Debate over Postwar Research Policy, 1942-1945. *ISIS, 68*, 1977, 5-26.
– : *The Physicists. The History of a Scientific Community in Modern America*. New York 1979.
Killian, J. R., Jr.: *Sputnik, Scientists, and Eisenhower. A Memoir of the First Special Assistant to the President for Science and Technology*. Cambridge, Mass. 1977.
Kistiakowsky, G. B.: Reminiscences of Wartime Los Alamos. In: L. Badash u.a. (Hrsg.): *Reminiscences of Los Alamos 1943-1945*, Dordrecht 1980, 49-65.
Klein, F.: Universität und technische Hochschule. *Verhandlungen der Gesellschaft Deutscher Naturforscher und Ärzte, 70*, 1898, 25-35.
– : Über die Neueinrichtungen für Elektrotechnik und allgemeine technische Physik an der Universität Göttingen. *Phys. Z., 1*, 1900, 143-145.
Klein, M. J.: The first phase of the Bohr-Einstein dialogue. *HSPS, 2*, 1970, 1-39.
Kleinert, A. (Hrsg.): *J. Stark: Erinnerungen eines deutschen Naturforschers*. Mannheim 1987, 47.
Koch, E.-E.: *Das Konservatorenamt und die Mathematisch-physikalische Sammlung der Bayerischen Akademie der Wissenschaften*. Arbeitsbericht aus dem Institut für Geschichte der Naturwissenschaften der Universität München, 1967.
Kohler, R. E.: Science and Philanthropy: Wickliffe Rose and the International Education Board. *Minerva, 23*, 1985, 75-95.
Kozhevnikov, A. B., V. Ya. Frenkel (Hrsg.): *P. Dirac and I. E. Tamm, Correspondence 1928-1932*. Moskau 1988.
Kramish, A.: *Der Greif. Paul Rosbaud - der Mann, der Hitlers Atompläne scheitern ließ*. München 1987.
Kröner, P.: *Vor fünfzig Jahren. Zur Emigration deutschsprachiger Wissenschaftler 1933-1939*. Münster 1983.
Krüger, F.: Die Stellung und das Studium der physikalisch-mathematischen Wissenschaften an den deutschen Technischen Hochschulen. *Zeitschrift für technische Physik, 2*, 1921, 113-121.
Külp, F.: Die Ballistik im Kriege. In: B. Schmid (Hrsg.): *Deutsche Naturwissenschaft, Technik und Erfindung im Weltkriege*. München, Leipzig 1919, 209-233.
Kytzler, B.: Klassische Philologie. In: T. Buddensieg u.a. (Hrsg.): *Wissenschaften in Berlin - Disziplinen*, Berlin 1987, 103-107.
Lamb, W. E., Jr.: The fine structure of hydrogen. In: L. M. Brown, L. Hoddeson (Hrsg.): *The birth of particle physics*. Cambridge 1983, 311-328.
Lasby, C. G.: *Project Paperclip. German Scientists and the Cold War*. New York 1971.
Laue, M. v.: Glühelektronen. *Jahrbuch der Radioaktivität und Elektronik, 15*, 1918, 205-270.
– : Über die Wirkungsweise der Verstärkerröhren. *Annalen der Physik, 59*, 1919, 257-270.
– : Mein physikalischer Werdegang. In: M. v Laue: *Gesammelte Schriften und Vorträge, 3*, Braunschweig 1961, V-XXXIV.
Lemaine, G. u.a. (Hrsg.): *Perspectives on the Emergence of Scientific Disciplines*. The Hague 1976.
Lemmerich, J.: *Max Born, James Franck, Physiker in unserer Zeit - Der Luxus des Gewissens*. Ausstellungskatalog, Staatsbibliothek Preußischer Kulturbesitz Berlin 1982.
Lundgreen, P.: Zur Konstituierung des Bildungsbürgertums: Berufs- und Bildungsauslese der Akademiker in Preußen. In: W. Conze, J. Kocka (Hrsg.): *Bildungsbürgertum im 19. Jahrhundert. 1: Bildungssystem und Professionalisierung in internationalen Vergleichen*. Stuttgart 1985, 79-108.
Manegold, K.-H.: *Universität, Technische Hochschule und Industrie. Ein Beitrag zur Emanzipation der Technik im 19. Jahrhundert unter besonderer Berücksichtigung der Bestrebungen Felix Kleins*. Berlin 1970.

Manley, J. H.: A New Laboratory is Born. In: L. Badash u.a. (Hrsg.): *Reminiscences of Los Alamos 1943-1945*. Dordrecht 1980.
Marcuvitz, N. (Hrsg.): *Waveguide Handbook. Radiation Laboratory Series, 10*, New York 1951.
Matschoss, C. (Hrsg.): *Das Deutsche Museum. Geschichte, Aufgaben, Ziele*. Berlin 1925.
McCormmach, R.: H. A. Lorentz and the Electromagnetic View of Nature. *ISIS, 61*, 1970a, 459-497.
– : Einstein, Lorentz, and the Electron Theory. *HSPS, 2*, 1970b, 41-87.
– : *Night thoughts of a classical physicist*. Cambridge, Mass. 1982.
Mehra, J., H. Rechenberg: *The Historical Development of Quantum Theory*, 5 Bände, New York 1982-1987.
Mehrtens, H.: Die Naturwissenschaften und die preußische Politik 1806-1871. In: F. Rapp, H.-W. Schütt (Hrsg.): *Philosophie und Wissenschaft in Preußen. Kolloquium an der Technischen Universität Berlin*. Berlin 1982, 225-250.
– : *Moderne, Sprache, Mathematik: eine Geschichte des Streits um die Grundlagen der Disziplin und des Subjekts formaler Systeme*. Frankfurt a.M. 1990.
Meissner, W., G. U. Schubert: Supraleitung. *Naturforschung und Medizin in Deutschland 1939-46 (FIAT-Bericht), 9*, 1948, 143-162.
Metropolis, N.: The Beginnings of the Monte Carlo Method. In: Cooper (1989), 125-130.
Meyenn, K. v.: Pauli, das Neutrino und die Entdeckung des Neutrons vor 50 Jahren. *Die Naturwissenschaften, 69*, 1982, 564-573.
– : Peter Debye und sein Einfluß auf die Entwicklung der Atom- und Molekülphysik. In: W. Treue, G. Hildebrandt (Hrsg.): *Berlinische Lebensbilder I, Naturwissenschaftler*. Berlin 1987, 317-328.
– (Hrsg.): *Quantenphysik und Weimarer Republik*. Wiesbaden (in Vorbereitung).
Meyenn, K. v., A. Hermann, V. Weisskopf (Hrsg.): *Wolfgang Pauli. Wissenschaftlicher Briefwechsel mit Bohr, Einstein, Heisenberg u.a., II: 1930-1939*. Berlin 1985.
Meyenn, K. v., K. Stolzenberg, R. U. Sexl (Hrsg.): *Niels Bohr, 1885-1962. Der Kopenhagener Geist in der Physik*. Braunschweig 1985.
Misa, T. J.: Military Needs, Commercial Realities, and the Development of the Transistor, 1948-58. In: M. R. Smith (Hrsg.): *Military Enterprise and Technological Change. Perspectives on the American Experience*. Cambridge, Mass. 1985, 253-288.
Moore, W.: *Schrödinger. Life and Thought*. Cambridge 1989.
Morse, P. M.: *In at the beginnings. A physicist's life*. Cambridge 1977.
Mott, N.: Memories of early days in solid state physics. *Proc. R. Soc. Lond., A 371*, 1980, 56-66.
– : *A Life in Science*. London 1986.
Mycielski, J.: Learning from Ulam: Measurable Cardinals, Ergodicity, Biomathematics. In: Cooper (1989), 107-113.
Neuerer, K.: *Das höhere Lehramt in Bayern im 19. Jahrhundert*. Berlin 1978.
Nisio, S.: The Formation of the Sommerfeld Quantum Theory of 1916. *Japanese Studies in the History of Science, 12*, 1973, 39-78.
Olby, R.: *The Path to the Double Helix*. Seattle 1974.
Olesko, K. M.: *Physics as a Calling. Discipline and Practice in the Königsberg Seminar for Physics*. Ithaca 1991.
Osietzki, M.: Kernphysikalische Großgeräte zwischen naturwissenschaftlicher Forschung, Industrie und Politik. Zur Entwicklung der ersten deutschen Teilchenbeschleuniger bei Siemens 1935-45. *Technikgeschichte, 55*, 1988, 25-46.
– : Physik, Industrie und Politik in der Frühgeschichte der deutschen Beschleunigerentwicklung. In: M. Eckert, M. Osietzki: *Wissenschaft für Macht und Markt*. München 1989, 37-73.
Pauling, L.: Fifty Years of Progress in Structural Chemistry and Molecular Biology. In: G. Holton (Hrsg.): *The Twentieth-Century Sciences. Studies in the Biography of Ideas*. New York 1972, 281-307.
Pauling, L., E. B. Wilson: *Introduction to Quantum Mechanics*. New York 1935.
Peierls, R.: *Bird of Passage*. Princeton 1986.
Perron, O.: Das Mathematische Seminar. In: K. A. von Müller (Hrsg.): *Die wissenschaftlichen Anstalten der Ludwig-Maximilians-Universität zu München*. München 1926, 206.
Pestre, D.: *Physique et physiciens en France, 1918-1940*. Paris 1984.

– : *Louis Neel, le Magnetisme et Grenoble.* Paris 1990.
Pfetsch, F. R.: *Zur Entwicklung der Wissenschaftspolitik in Deutschland, 1750-1914.* Berlin 1974.
Pickering, A.: *Constructing Quarks. A Sociological History of Particle Physics.* Chicago 1984.
Plessner, H.: *Die verspätete Nation.* Frankfurt a.M. 1974.
Preston, D. L.: *Science, Society, and the German Jews 1870-1933.* Dissertation, University of Illinois, Urbana 1971.
Pursell, C.: Science Agencies in World War II: The OSRD and its Challengers. In: N. Reingold (Hrsg.): *The Sciences in the American Context: New Perspectives.* Washington D.C. 1979, 359-399.
Pyenson, L.: Cultural Imperialism and Exact Sciences: German Expansion Overseas 1900-1930. *History of Science, 20,* 1982, 1-43.
– : *The Young Einstein. The Advent of Relativity.* Bristol 1985.
Pyenson, L., D. Skopp: Educating Physicists in Germany circa 1900. *Social Studies of Science, 7,* 1977, 329-366.
Quetsch, C.: *Die zahlenmäßige Entwicklung des Hochschulbesuches in den letzten fünfzig Jahren.* Berlin 1960.
Raman, V. V., P. Forman: Why was it Schrödinger who developed de Broglie's Ideas? *HSPS, 1,* 1969, 291-314.
Rasche, G., A. Thellung: Nachruf auf Walter H. Heitler. *Phys. Bl., 38,* 1982, 105-106.
Reid, C.: *Hilbert.* Berlin 1970.
Reuter, F.: *Funkmeß. Die Entwicklung und der Einsatz des RADAR-Verfahrens in Deutschland bis zum Ende des Zweiten Weltkrieges.* Opladen 1971.
Rhodes, R.: *Die Atombombe.* Nördlingen 1988. (am. Originalausgabe 1986).
Richter, S.: Forschungsförderung in Deutschland 1920-1936. Dargestellt am Beispiel der Notgemeinschaft der Deutschen Wissenschaft und ihrem Wirken für das Fach Physik. *Technikgeschichte in Einzeldarstellungen, 23,* 1972, 7-69.
– : Die Kämpfe innerhalb der Physik in Deutschland nach dem Ersten Weltkrieg. *Sudhoffs Archiv, 57,* 1973, 195-207.
– : Die «Deutsche Physik». In: H. Mehrtens, S. Richter (Hrsg.): *Naturwissenschaft, Technik und NS-Ideologie.* Frankfurt a.M. 1980, 116-141.
Rigden, J. S.: *Rabi - Scientist and Citizen.* New York 1987.
Ringer, F. K.: *Die Gelehrten. Der Niedergang der deutschen Mandarine 1890-1933.* München 1987. (am. Originalausgabe 1969).
Ringer, W., H. Welker: Leitfähigkeit und Hall-Effekt von Germanium. *Zeitschrift für Naturforschung, 3a,* 1948, 20-29.
Ritter, G. A., J. Kocka (Hrsg.): *Deutsche Sozialgeschichte 1870-1914. Dokumente und Skizzen.* München 1982.
Robertson, P.: *The Early Years. The Niels Bohr Institute 1921-1930.* Kopenhagen 1979.
Röseberg, U.: *Niels Bohr. Leben und Werk eines Atomphysikers.* Heidelberg ^{3}1992.
Rosenfeld, L.: *Niels Bohr. On the Constitution of Atoms and Molecules.* Kopenhagen 1963.
Rosenfeld, L., E. Rüdinger: The Decisive Years 1911-1918. In: Rozental (Hrsg.): *Niels Bohr. His life and work as seen by his friends and colleagues.* Amsterdam 1967, 38-73.
Rosenow, U.: Die Göttinger Physik unter dem Nationalsozialismus. In: H. Becker u.a. (Hrsg.): *Die Universität Göttingen unter dem Nationalsozialismus.* München 1987, 374-409.
Schroeder-Gudehus, B.: *Deutsche Wissenschaft und Internationale Zusammenarbeit 1914-1928.* Genf 1966.
– : The Argument for the Self-Government and Public Support of Science in Weimar Germany. *Minerva, 10,* 1972, 537-570.
Schubert, H.: Walter Schottky und die Halbleiterphysik. *Kultur und Technik,* 1986, Heft 4, 250-258.
– : Industrielaboratorien für Wissenschaftstransfer. Aufbau und Entwicklung der Siemensforschung bis zum Ende des Zweiten Weltkriegs anhand von Beispielen aus der Halbleiterforschung. *Centaurus, 30,* 1987, 245-292.
Schulze, D.: «1917, an einem ruhigen Abschnitt der Front». 75 Jahre Dynamische Theorie der Röntgeninterferenzen. *Phys. Bl., 48,* 1992, 1010-1012.
Schwabe, K.: *Wissenschaft und Kriegsmoral. Die deutschen Hochschullehrer und die politischen Grundfragen des Ersten Weltkriegs.* Göttingen 1969.

Schweber, S.: The empiricist temper regnant - Theoretical physics in the United States 1920-1950. *HSPS, 17:1*, 1986a, 55-98.
– : Shelter Island, Pocono, and Oldstone. The Emergence of American Quantum Electrodynamics after World War II. *OSIRIS*, 2, 1986b, 265-302.
– : The Mutual Embrace of Science and the Military: ONR and the Growth of Physics in the United States after World War II. In: E. Mendelsohn u.a. (Hrsg.): *Science, Technology, and the Military. Sociology of the Sciences, Yearbook XII/1*. Dordrecht 1988, 3-46.
– : The young John Clark Slater and the development of quantum chemistry. *HSPS, 20:2*, 1990, 339-406.
Schwinger, J.: Autobiographische Skizze. In: *Les Prix Nobel en 1965*, Stockholm 1966, 113.
– : Two shakers of physics: memorial lecture for Sin-itiro Tomonaga. In: L. M. Brown, L. Hoddeson (Hrsg.): *The birth of particle physics*. Cambridge 1983, 354-375.
Segré, E.: *Die großen Physiker und ihre Entdeckungen. Von den Röntgenstrahlen zu den Quarks*. München 1981.
Seiler, K.: Detektoren. *Naturforschung und Medizin in Deutschland 1939-1946 (FIAT-Bericht), 15*, 1947, 272-295.
Seitz, F.: Biographical notes. *Proc. R. Soc. Lond., A 371*, 1980, 84-99.
Serafini, A.: *Linus Pauling. A Man and his Science*. New York 1989.
Sherwin, M. J.: *A World Destroyed. The Atomic Bomb and the Grand Alliance*. New York 1977.
Siemens, G.: *Carl Friedrich von Siemens. Ein großer Unternehmer*. Freiburg 1960.
Sigurdsson, S.: *Hermann Weyl, Mathematics and Physics, 1900-1927*. Dissertation, Harvard University. Cambridge, Mass. 1991.
Simon, L. E.: *German Research in World War II. An Analysis of the Conduct of Research*. New York 1945.
Slater, J. C.: *Solid State and Molecular Theory: A Scientific Biography*. New York 1975.
Smith, A. K.: *A Peril and a Hope. The Scientists' Movement in America: 1945-47*. Cambridge, Mass. 1965.
Smith, A. K., Ch. Weiner (Hrsg.): *Robert Oppenheimer. Letters and Recollections*. Cambridge, Mass. 1980.
Smoluchowski, R.: Random comments on the early days of solid state physics. *Proc. R. Soc. Lond., A 371*, 1980, 100-101.
Solvay-Institut (Hrsg.): *Conductibilite electrique des metaux et problemes connexes. Rapports et discussions du quatrieme conseil de physique, tenu a Bruxelles du 24 au 29 avril 1924*. Paris 1927.
Sommerfeld, A.: Theoretisches über die Beugung von Röntgenstrahlen. *Phys. Z., 1*, 1899, 105-111, 2, 1900, 55-60.
– : Zur Elektronentheorie. (3 Teile). *Nachrichten der Kgl. Gesellschaft der Wissenschaften zu Göttingen, math.-naturwiss. Klasse*, Göttingen, 1904, 99-130, 363-439; 1905, 201-235. (GS II, 39-182).
– : Über die Bewegung der Elektronen. *Sitzungsberichte der math.-phys. Klasse der Kgl. Bayerischen Akademie der Wissenschaften zu München*, München 1907, 155-171.
– : Ein Einwand gegen die Relativtheorie der Elektrodynamik und seine Beseitigung. *Phys. Z., 8*, 1907, 841-842. (GS II, 183-184).
– : Über die Verteilung der Intensität bei der Emission der Röntgenstrahlen. *Phys. Z., 10*, 1909, 969-976. (GS IV, 369-376).
– : Das Plancksche Wirkungsquantum und seine allgemeine Bedeutung für die Molekularphysik. *Phys. Z., 12*, 1911, 1057-1069. (GS III, 1-19).
– : Über die Beugung der Röntgenstrahlen. *Annalen der Physik, 38*, 1912, 473-506. (GS IV, 327-360).
– : Der Zeeman-Effekt eines anisotrop gebundenen Elektrons und die Beobachtungen von Paschen-Back. *Annalen der Physik, 40*, 1913, 748-774. (GS III, 20-46.)
– : Unsere gegenwärtigen Anschauungen über Röntgenstrahlung. *Die Naturwissenschaften, 1*, 1913, 705-712.
– : Zur Voigt'schen Theorie des Zeeman-Effektes. *Nachrichten der Kgl. Gesellschaft der Wissenschaften zu Göttingen. Math.-Phys. Klasse*, 1914, 207-229. (GS III, 47-69.)
– : Zur Theorie der Balmerschen Serie. *Sitzungsberichte der Bayerischen Akademie der Wissenschaften, München* 1915, 425-458.

– : Zu Röntgens siebzigsten Geburtstage. *Zeitschrift des Vereins Deutscher Ingenieure, 59, Nr. 15*, 1915, 293-295.
– : Zur Quantentheorie der Spektrallinien. *Annalen der Physik, 51*, 1916, 1-94, 125-167. (GS III, 172-308).
– : Die medizinischen Röntgenbilder im Lichte der Methode der Krystallinterferenzen. *Strahlentherapie, 7*, 1916, 33-40.
– : Der innere Aufbau des chemischen Atoms und seine Erforschung durch Röntgenstrahlen. *Zeitschrift des Vereins Deutscher Ingenieure, 61, Nr. 42*, 1917, 856-859.
– : Die Entwicklung der Physik in Deutschland seit Heinrich Hertz. *Vortrag im Deutschen Frauenverein vom Roten Kreuz für die Kolonien, Landesverband Stuttgart, 13. April 1918*. (GS IV, 520-530).
– : *Atombau und Spektrallinien*. Braunschweig 1919 (1. Auflage).
– : Das Institut für theoretische Physik. In: K. A. von Müller (Hrsg.): *Die wissenschaftlichen Anstalten der Ludwig-Maximilians-Universität zu München*. München 1926, 290-292.
– : Zur Elektronentheorie der Metalle. *Die Naturwissenschaften, 15*, 1927, 825-832; *16*, 1928, 374-381. (GS II, 385-400).
– : Zur Elektronentheorie der Metalle auf Grund der Fermischen Statistik. *Z. Phys., 47*, 1928a, 1-60. (GS II, 426-475).
– : Zur Frage nach der Bedeutung der Atommodelle. *Zeitschrift für Elektrochemie und angewandte physikalische Chemie, 34*, 1928b, 426-427.
– : Indische Reiseeindrücke. *Zeitwende, Nr. 1*, 1929, 101-104. (SN).
– : Zur Elektronentheorie der Metalle nach der wellenmechanischen Statistik. *Zeitschrift des Vereins Deutscher Ingenieure, 74, Nr. 19, 10. Mai 1930*, 585-588.
– : Das Spektrum der Röntgenstrahlung als Beispiel für die Methodik der alten und neuen Mechanik. *Scientia, 51*, 1932, 41-50. (GS IV, 465-474).
– : Über den metallischen Zustand, seine spezifische Wärme und Leitfähigkeit. In: Physikalische Gesellschaft Zürich (Hrsg.): *Der feste Körper*. Zürich 1937, 126-130. (GS II, 580-586).
– : Zwanzig Jahre spektroskopischer Theorie in München. *Scientia*, 1942, 123. (GS IV, 632-639).
– : Wilhelm Lenz zum 60. Geburtstag. *Zeitschrift für Naturforschung, 3a*, 1948, 186.
– : Some Reminiscences of My Teaching Career. *Am. J. Phys., 17*, 1949, 315-316.
– : Zum hundertsten Geburtstag von Felix Klein. *Die Naturwissenschaften, 36*, 1949, 289-291.
Sommerfeld, A., F. Klein: *Theorie des Kreisels*. 4 Bände Leipzig 1897, 1898, 1903, 1910.
Sommerfeld, A., F. Seewald: Ludwig Hopf zum Gedächtnis. *Jahrbuch der RWTH Aachen, 5*, 1952/53, 24-26.
Sopka, K. R.: *Quantum Physics in America 1920-1935*. New York 1980.
Stein, P. R.: Iteration of Maps, Strange Attractors, and Number Theory. In: Cooper (1989), 91-106.
Stichweh, R.: *Zur Entstehung des modernen Systems wissenschaftlicher Disziplinen. Physik in Deutschland 1740-1890*. Frankfurt a.M. 1984.
Strauss, H. A., W. Röder (Hrsg.): *International Biographical Dictionary of Central European Emigres 1933-1945, 2: The Arts, Sciences, and Literature*. München 1983.
Stuewer, R. H.: *The Compton Effect. Turning Point in Physics*. New York 1975.
– (Hrsg.): *Nuclear Physics in Retrospect. Proceedings of a Symposium on the 1930s*. Minneapolis 1979.
– : Nuclear Physicists in a new world. The Emigres of the 1930s in America. *Berichte zur Wissenschaftsgeschichte, 7*, 1984, 23-40.
– : Niels Bohr and Nuclear Physics. In: A. P. French, P. J. Kennedy (Hrsg.): *Niels Bohr. A Centenary Volume*. Cambridge 1985, 197-220.
Sylves, R. T.: *The Nuclear Oracles. A political history of the General Advisory Committee of the Atomic Energy Commission, 1947-1977*. Ames, Iowa 1987.
Szymborski, K.: The physics of imperfect crystals - a social history. *HSPS, 14:2*, 1984, 317-355.
Teichmann, J.: *Zur Geschichte der Festkörperphysik. Farbzentrenforschung bis 1940*. Stuttgart 1988.
Tenorth, H.-E.: Lehrerberuf und Lehrerbildung. In: P. Lundgreen, K.-E. Jeismann (Hrsg.): *Handbuch der deutschen Bildungsgeschichte, III: 1800-1870*, München 1987, 250-270.

Tobies, R.: *Felix Klein*. Leipzig 1981. (Teubner-Biographienreihe, 50).
Tollmien, C.: Das Kaiser-Wilhelm-Institut für Strömungsforschung verbunden mit der Aerodynamischen Versuchsanstalt. In: H. Becker u. a. (Hrsg.): *Die Universität Göttingen unter dem Nationalsozialismus.* München 1987, 464-488.
Töpner, K.: *Gelehrte Politiker und politisierende Gelehrte. Die Revolution von 1918 im Urteil deutscher Hochschullehrer.* Göttingen 1970.
Torkar, G.: Sommerfeld's Meeting With Raman in Calcutta During a World Tour, 1928-29. *Journal of Raman Spectroscopy, 17*, 1986, 13-15.
Torrey, H. C., Ch. A. Whitmer: *Crystal Rectifiers. Radiation Laboratory Series, 15.* New York 1948.
Trendelenburg, F.: Aus der Geschichte der Forschung im Hause Siemens. *Technikgeschichte in Einzeldarstellungen, 31*, 1975.
Trenkle, F.: *Die deutschen Funkmeßverfahren bis 1945.* Heidelberg 1986.
Turner, R. S.: The Growth of Professorial Research in Prussia, 1818-1848. Causes and Context. *HSPS, 3*, 1971, 137-182.
– : Universitäten. In: P. Lundgreen, K. E. Jeismann (Hrsg.): *Handbuch der deutschen Bildungsgeschichte, III, 1800-1870,* München 1987, 221-249.
Ulam, M.: *Adventures of a Mathematician.* New York 1976.
Unsöld, A.: *Physik der Sternatmosphären.* Berlin 1938.
Unsöld, A.: Walther Kossel. *Die Naturwissenschaften, 44,* 1957, 293-294.
Verein Deutscher Ingenieure, VDI (Hrsg.): *Die technisch-wissenschaftlichen Forschungsanstalten, 2,* Berlin 1931.
Volkmann, P.: *Franz Neumann.* Leipzig 1896.
Wagner, H.: *Kernphysik - Technischer Stand und Anwendungsmöglichkeiten.* Hektographierter Bericht, 5. August 1941. (Zugänglich in der Bibliothek des Deutschen Museums).
Walker, M.: National Socialism and German Physics. *Journal of Contemporary History, 24,* 1989, 63-89.
– : *Die Uranmaschine: Mythos und Wirklichkeit der deutschen Atombombe.* Berlin 1990a (am. Originalausgabe 1989).
– : Legenden um die deutsche Atombombe. *Vierteljahreshefte für Zeitgeschichte, 38,* 1990b, 45-74.
– : Heisenberg, Goudsmit and the German Atomic Bomb. *Physics Today,* Januar 1990c, 52-60, sowie die Leserbriefe dazu in *Physics Today,* May 1991, 13-15 u. 90-96.
– : Myths of the German atom bomb. *Nature, 359,* 1992, 473-474.
– : Legenden um die deutsche Atombombe (II): Farm Hall. Zur Veröffentlichung vorgesehen in *Vierteljahreshefte für Zeitgeschichte,* 1993.
Weart, S. R.: The Physics Business in America, 1919-1940. A Statistical Reconnaissance. In: N. Reingold (Hrsg.): *The Sciences in the American Context: New Perspectives.* Washington D.C. 1979, 295-358.
– : The last fifty years - a revolution? *Physics Today,* 1981, 37-49.
– : *Nuclear Fear: A History of Images.* Cambridge, Mass. 1988.
Wehler, H.-U.: *Deutsche Gesellschaftsgeschichte, 1815-1845/49,* München 1989.
Weiner, Ch.: A New Site for the Seminar: The Refugees and American Physics in the Thirties. In: D. Fleming, B. Bailyn (Hrsg.): *The Intellectual Migration. Europe and America, 1930-1960.* Cambridge, Ma. 1969, 190-233.
– (Hrsg.): *Exploring the History of Nuclear Physics.* AIP Conference Proceedings Nr. 7. New York 1972.
– : International Settings for Scientific Change: Episodes from the History of Nuclear Physics. In: A. Thackray, E. Mendelsohn (Hrsg.): *Science and Values. Patterns of Tradition and Change.* New York 1974, 187-212.
– : 1932 - Moving into the new physics. In: R. Weart, M. Phillips (Hrsg.): *History of Physics. Readings from Physics Today.* New York 1985, 332-339.
Weingart, P.: *Wissensproduktion und soziale Struktur.* Frankfurt a.M. 1976.
Weisskopf, V.: *Mein Leben.* Bern 1991.
– : *Die Jahrhundertentdeckung: Quantentheorie.* Frankfurt a. M. 1992.
Welker, H.: Impact of Sommerfeld's work on solid state research and technology. In: Bopp/Kleinpoppen (1969), 32-43.
Wheaton, B.: Impulse X-Rays and Radiant Intensity: The Double Edge of Analogy. *HSPS, 11:2,* 1981, 367-390.

Wheeler, J. A.: Some men and moments in the history of nuclear physics. In: Stuewer (1979), 213-322.
Wien, W.: Das Physikalische Institut und das Physikalische Seminar. In: K. A. von Müller (Hrsg.): *Die wissenschaftlichen Anstalten der Ludwig-Maximilians-Universität zu München*. München 1926, 207-211.
Wiener, N.: Science: The megabuck era. *New republic*, 27. Januar 1958.
Wigner, E. P.: An Appreciation on the 60th Birthday of Edward Teller. In: H. Mark, Fernbach (Hrsg.): *Properties of Matter Under Unusual Conditions. In Honor of Edward Teller's 60th Birthday*. New York 1969, 1-6.
Williamson, R. (Hrsg.): *The Making of Physicists*. Bristol 1987.
Willstätter, R.: *Aus meinem Leben*. Weinheim 1949.
Wilson, A.: Theoretical Physics in Cambridge in the late 1920s and early 1930s. In: J. Hendry (Hrsg.): *Cambridge Physics in the Thirties*. Bristol 1984, 174-175.
Wolff, S.: *Die Rolle von Reibung und Wärmeleitung in der Entwicklung der kinetischen Gastheorie*. Dissertation, Universität München, 1988.
York, H. F.: *The Advisors. Oppenheimer, Teller, and the Superbomb*. San Francisco 1976.
– : *Making Weapons, Talking Peace. A Physicist's Odyssey from Hiroshima to Geneva*. New York 1987.
Zehnder, L. (Hrsg.): *W. C. Röntgen. Briefe an L. Zehnder*. Zürich 1935.
Ziegler, Th.: *Über Universitäten und Universitätsstudium*. Leipzig 1913.
Zierold, K.: *Forschungsförderung in drei Epochen*. Wiesbaden 1968.

Anmerkungen zu den Kapiteln

Anmerkungen zur Einleitung

1 Segre (1981); Hermann (1964). (Zitiert aus dem jeweiligen Klappentext).
2 Pyenson (1985); Cassidy (1991). Cassidy prägte den Begriff «Ökobiographie» mit Blick auf Pyensons Einsteinstudie. Siehe dazu Cassidy (1986), 182.
3 Benz (1975).

Anmerkungen zu Kapitel 1

1 Stichweh (1984); Jungnickel/McCormmach (1986).
2 Mehrtens (1982), 226.
3 Wehler (1989), 10, 491-494.
4 Tenorth (1987).
5 Kytzler (1987), 103-107.
6 Olesko (1991).
7 zitiert nach Volkmann (1896), 52.
8 Olesko (1991), 450.
9 Neuerer (1978)
10 Turner (1987), 232.
11 Turner (1971).
12 Jungnickel/McCormmach I (1986), 230-233, 261. Wolff (1988), 56.
13 zitiert nach Volkmann (1896), 53.
14 Jungnickel/McCormmach I (1986), 154, 288.
15 Volkmann (1896), 60-68.
16 Tobies (1981), 14-26; Hawkins (1981), 243-244; Mehrtens (1990), 206-222.
17 Pyenson/Skopp (1977).
18 Perron (1926); Boehm/Spörl (1980).
19 August Wilhelm Hofmann (Schüler Liebigs und Begründer der Teerfarbenchemie), zitiert nach Busch (1959), 74.
20 Werner Sombart, zitiert nach Ritter/Kocka (1982), 15.
21 Plessner (1974), 93.
22 Ritter/Kocka (1982), 13.15, 34-35, 115-117, 321-324. Lundgreen (1985).
23 Jarausch (1980).
24 Pfetsch (1974), 52, 85-88.
25 Cahan (1985).
26 Jungnickel/McCormmach II (1986), 112-114, 144-148.
27 Sommerfeld: Autobiographische Skizze. In: GS IV, 674.
28 Jungnickel/McCormmach II (1986), 151-152; Wien (1926).
29 Baeyer an den Akademischen Senat der Universität, 24. November 1889, SN, abgedruckt in Eckert/Pricha (1984), 103.
30 Koch (1967).
31 Ferber (1956), 197.
32 Ziegler (1913), 99, zitiert nach Busch (1959), 70.
33 zitiert nach Busch (1959), 71.
34 Jungnickel/McCormmach II (1986), 165, Tab. 2.
35 Preston (1971), 111-124, 193-194.
36 Jungnickel/McCormmach II (1986), 274-281.
37 Brocke (1980).
38 Ebd., 81.
39 Ebd., 46.
40 zitiert nach Manegold (1970), 85-95.
41 Ebd., 88, 125.

42 Klein (1898), 35.
43 Klein (1900), 145.
44 Inhetveen (1978).
45 Klein (1898), 32-33.
46 Zitiert nach Manegold (1970), 201.
47 Vorwort, Enzyklopädie 1, IX.
48 Sommerfeld (1949), 289.
49 Tobies (1981), 64.
50 Klein an Brill, Antwortentwurf auf einen Brief von Brill vom 26. November 1896, zitiert nach Benz (1974), 27.
51 Vorwort in Sommerfeld/Klein I (1897).
52 Sommerfeld an Klein, 15. Dez. 1898, Klein-Nachlaß.
53 Zitiert nach Benz (1974), 34.
54 Sommerfeld an Klein, 10. Juli 1899, Klein-Nachlaß; Klein an Sommerfeld, 4. Oktober 1899, SN; Sommerfeld an Klein, 29. November 1899, Klein-Nachlaß.
55 Krüger (1921).
56 Holzmüller (1896), 472.
57 Klein an Sommerfeld, 25. April 1900, SN.
58 Sommerfeld an Klein, 9. November 1900, Klein-Nachlaß.
59 Sommerfeld an Klein, 13. Juni (ohne Jahr, vermutlich 1900), Klein-Nachlaß.
60 Hermann (1967).
61 Die Klein-Sommerfeldsche Richtung angewandter Mathematik wurde zum Beispiel von dem Göttinger Mathematiker Edmund Landau mit dem Ausruf "Schmieröl" bedacht. Hermann (1967), 319.
62 Sommerfeld: Autobiographische Skizze, GS IV, 677.
63 Forman u.a. (1975), 12, 31.
64 Sommerfeld an Wien, 2. Juni 1898, Wien-Nachlaß.
65 Wien an Sommerfeld, 11. Juni 1898, SN.
66 Sommerfeld: Vorrede zum fünften Band. In: Enzyklopädie 5/1, III.
67 Lorentz an Sommerfeld, 6. Oktober 1900, SN.
68 Sommerfeld an Wien, 6. Juli 1901, Wien-Nachlaß.
69 Sommerfeld an Klein, 16. November 1898, Klein-Nachlaß.
70 Sommerfeld an Wien, 18. Februar 1904, Wien-Nachlaß.
71 Sommerfeld an Wien, 5. Juli 1906, Wien-Nachlaß. Die genauen Details der Berufung Sommerfelds wurden in Eckert/Pricha (1984) publiziert.
72 Enzyklopädie 5/2.
73 Dabei handelte es sich außer Debye um Paul Epstein, Karl Herzfeld, Adolph Kratzer, Max von Laue, Wolfgang Pauli und Rudolf Seeliger.
74 Enzyklopädie 5/2, 151-290. Diese Zahlen müssen mit der Einschränkung bewertet werden, daß nicht alle zitierten Arbeiten theoretischer Natur waren.
75 Enzyklopädie 5/1, 494ff.
76 Ammon (1992).
77 W. von Dyck (Vorsitzender der akademischen Kommission für die Herausgabe der Enzyklopädie), am 30. Juli 1904 in Einleitender Bericht über das Enzyklopädieunternehmen. Ezyklopädie 1, XIV.
78 Sommerfeld: Vorrede, Enzyklopädie 5/1, VI.
79 Hirosige (1969); McCormmach (1970a,b). Eine romanhafte, aber auf zahlreichen Primärquellen beruhende Darstellung zum Weltbild eines klassischen Physikers findet man in McCormmach (1982).
80 Sommerfeld: Vorrede, Enzyklopädie 5/1, VI.
81 Eckert (1989).
82 Vorlesungsmanuskript Sommerfelds: Wärmeleitung, Diffusion und Elektrizitätsleitung nebst ihren molekular- und elektronentheoretischen Zusammenhängen, Sommersemester 1912, SN.
83 Ebd.
84 Solvay-Institut (1927); zu den Arbeiten Bohrs, Plancks, Einsteins und Schrödingers siehe Eckert (1989).

85 Seeliger: Elektronentheorie der Metalle, Enzyklopädie 5/2, 777-878.
86 Einstein an Sommerfeld, 14. Januar 1922, SN, abgedruckt in Hermann (1968), 97-98.

Anmerkungen zu Kapitel 2

1. Born (1928), 1036.
2. Hagstrom (1965); Lemaine u.a. (1976); Guntau/Laitko (1987); Weingart (1976); Crane (1972); Geison (1981).
3. Sommerfeld (1949), 289.
4. Interview mit Debye von D. Kerr, 22. Dezember 1965 bis 16. Juni 1966, AIP.
5. Sommerfeld: Autobiografische Skizze. In: GS IV, S. 677.
6. Ewald (1969), 10.
7. Einstein an Sommerfeld, 14. Januar 1908, SN; abgedruckt Eckert/Pricha (1984).
8. Sommerfeld an Benizelos, 24. März 1911, SN.
9. Glasser (1931).
10. Sommerfeld (1899, 1900). Eine Diskussion der frühen Theorien über die Natur der Röntgenstrahlen gibt Wheaton (1981).
11. Sommerfeld an Wien, 13. Mai 1905. Wien-Nachlaß.
12. Sommerfeld (1904, 1905).
13. Sommerfeld an Wien, 23. November 1906. Wien-Nachlaß.
14. Joffe (1967), 39-40.
15. Sommerfeld (1907).
16. Röntgen an Zehnder, 27. Dezember 1906. In Zehnder (1935), 112.
17. Sommerfeld an Wien, 23. November 1906, Wien-Nachlaß.
18. Sommerfeld (1907).
19. Sommerfeld (1909).
20. Einstein an Sommerfeld, 19. Januar 1909, SN; abgedruckt in Eckert/Pricha (1984), 32.
21. Sommerfeld (1909), 970.
22. Sommerfeld (1911); eine Diskussion des Sommerfeldschen Quantenansatzes findet man in Stuewer (1975), 55-58, und in Benz (1974), 109-119.
23. Sommerfeld (1932), 49.
24. Laue (1961), XX.
25. Sommerfeld (1912).
26. Sommerfeld (1926).
27. Joffe (1967), 40; Ewald (1962, 1969); Forman (1969).
28. Sommerfeld an Wien, 7. Januar 1907, Wien-Nachlaß.
29. Forman (1969), 63.
30. Debye an Sommerfeld, 13. Mai 1912. SN.
31. abgedruckt in Heilbron (1974), 194-195.
32. W. L. Bragg: Personal Reminiscences. In: Ewald (1962), 531-539; ebd. Kap. 5: The Immediate Sequels to Laue's Discovery, S. 57-75.
33. Heilbron (1974), 205.
34. Friedrich (1949).
35. Meyenn (1987); Busch (1985).
36. Ewald (1962); Hildebrandt (1985).
37. Laue (1961).
38. Sommerfeld an Kleiner, 13. Mai 1912. Handschriftensammlung der ETH Zürich.
39. Sommerfeld (1913), 706.
40. Verzeichnis der Publikationen Sommerfelds in GS IV, 683-722, hier 700-703.
41. Sommerfeld (1918).
42. Sommerfeld (1915).
43. Sommerfeld (1916).
44. Sommerfeld (1917).
45. Verzeichnis der Vorträge im Münchner Mittwochskolloquium, AHQP, Mikrofilm P-2/20. Zum Zeitpunkt dieser Kolloquiumsvorträge war Bohrs Arbeit «Über die Konstitution von Atomen und Molekülen» noch nicht bekannt. Sie erschien am 1. Juli 1913 im *Philosophical Magazine*.

46 Sommerfeld (1913), 774.
47 Sommerfeld (1914):
48 Sommerfeld (1942), 123.
49 Sommerfeld an Bohr, 4. September 1913. Abgedruckt in Rosenfeld (1963), LII. Zur Entstehung des Bohrschen Atommodells siehe Heilbron/Kuhn (1969).
50 Münchner Mittwochskolloquium, AHQP.
51 Sommerfeld an Schwarzschild, 31. Oktober 1914. Schwarzschild-Nachlaß, UB Göttingen.
52 Vorlesungsverzeichnis der Universität München, Wintersemester 1914/15; abgedruckt in: *Phys. Z., 15*, 1914.
53 Sommerfeld (1942), 635.
54 Zur physikalischen Entwicklung des Bohr-Sommerfeldschen Atommodells siehe auch Nisio (1973) und Benz (1974), 129-151; zur Theorie der Röntgenspektren siehe Heilbron (1974); zur Geschichte der Quantentheorie aus physikinterner Sicht siehe allgemein Mehra/Rechenberg I (1982).
55 Lenz an Sommerfeld, 16. Januar und 10. April 1915. SN.
56 Sommerfeld an Wien, 22. Februar 1915. Wien-Nachlaß. Mit den «100 000 Russen» spielte Sommerfeld auf die Schlacht in Masuren an, bei der Hindenburg einen Teil der russischen Armee vernichtete. Zitiert nach Benz (1974), 125.
57 Sommerfeld (1916).
58 Sommerfeld (1942), 636.
59 Interview mit Epstein von J. L. Heilbron, 25. Mai 1962, AHQP.
60 Kleinert (1987), 47.
61 Mittwochskolloquium, AHQP. Epstein-Interview, AHQP.
62 Mittwochskolloquium, AHQP.
63 Epstein an Stark, 11. Dezember 1917. Abgedruckt in Bohr (1964), 30.
64 Sommerfeld (1915); Paschen informierte Sommerfeld am 24. November 1915; Sommerfelds Akademiebericht trägt das Datum des 6. Dezember 1915. Siehe auch Benz (1974), 130, 142-143.
65 Epstein-Interview, AHQP.
66 Schwarzschild an Sommerfeld, 21. März 1916, SN.
67 Schwarzschild an Sommerfeld, 26. März 1916, SN.
68 Sommerfeld an Schwarzschild, 28. Dezember 1915, Schwarzschild-Nachlaß.
69 Einstein an Sommerfeld, 28. November 1915, SN; abgedruckt in Hermann (1968), 32.
70 Einstein an Sommerfeld, 9. Dezember 1915, SN; abgedruckt in Hermann (1968), 36.
71 Sommerfeld an Schwarzschild, 28. Dezember 1915, Schwarzschild-Nachlaß.
72 Sommerfeld an Schwarzschild, 19. Februar 1916, Scharzschild-Nachlaß.
73 Lenz an Sommerfeld, 7. März 1916, SN.
74 Sommerfeld (1916), 225.
75 A. Rubinowicz: Zur Geschichte meiner Entdeckung der Auswahl- und Polarisationsregeln. unveröffentlichtes Manuskript. AHQP.
76 Heilbron (1967).
77 Sommerfeld (1942), 635-636.
78 Sommerfeld (1917), 858.
79 Vorwort zu *Atombau und Spektrallinien*, Sommerfeld (1919).
80 Sommerfeld an Weyl, 7. Juli 1918, Handschriftensammlung der ETH Zürich.
81 Eckert u. a. (1984), 39-40.
82 Lorentz an Sommerfeld, 14. Februar 1917, SN.
83 Röntgen an Sommerfeld, 16. Januar 1916, SN.
84 Interview mit Landé von T. S. Kuhn und J. L. Heilbron, 14. Juni 1962, AHQP. Siehe dazu auch Forman (1970).
85 Moore (1989), 135. Sommerfeld an Schrödinger, 3. November 1919, SN.

Anmerkungen zu Kapitel 3

1 Ringer (1987); Schwabe (1969).
2 Eckert u.a. (1984), 129-130.

3 Sommerfeld an Wien, undatiert, Wien-Nachlaß. (Der Brief wurde in den Sommerferien 1918 verfaßt, vermutlich im August, da Sommerfeld darin ankündigte, er werde «erst im September» dazukommen, Wien eine weitere Sendung zu schicken.)
4 Nernst an Sommerfeld, 22. Februar 1917, SN; Rogowski an Sommerfeld, 29. Dezember 1918, SN.
5 Sommerfeld (1918), 523.
6 Ewald an Sommerfeld, 12. Dezember 1916, SN; Dessauer (1919).
7 Külp (1919), 217.
8 Lenz an Sommerfeld, 28. Januar 1916, SN.
9 Born (1975), 239-242; Interview mit Landé, AHQP.
10 Ewald an Sommerfeld, 5. September 1915, SN.
11 Born (1975), 235; Lemmerich (1982), 36-41.
12 Laue III (1961), V-XXXIV, hier XXVI.
13 Laue (1918, 1919).
14 Lenz an Sommerfeld, 18. Mai 1916, SN.
15 Lenz an Sommerfeld, 25. Mai 1916, SN.
16 Born (1975), 252.
17 Ewald an Sommerfeld, 21. Oktober und 3. November 1916. SN.
18 Ewald an Sommerfeld, 14. Februar 1916, SN; Schulze (1992).
19 Burchardt (1975).
20 Sommerfeld an Beck (Generaldirektor der Sunlicht Gesellschaft), 17. Februar 1918, SN.
21 Sommerfeld an AEG, Müller (Hamburg), Reiniger, Gebbert und Schall (Erlangen), Siemens & Halske, Veifa-Werke, 24. Juli 1916, SN.
22 Gerlach/Sommerfeld (1931), 669.
23 Sommerfeld an Wien, 12. November 1918, Wien-Nachlaß.
24 Interview mit Adalbert Rubinowicz von J. L. Heilbron und T. S. Kuhn, 18. Mai 1963, AHQP.
25 Sommerfeld an Wacker, undatierte Briefentwürfe (vermutlich Ende 1917), SN.
26 Beck an Sommerfeld, 9. Februar 1918, SN.
27 Sommerfeld an Beck, Briefdurchschlag, 17. Februar 1918, SN.
28 Schreiben des Bayerischen Kultusministeriums an Sommerfeld, 13. Juli 1917, SN.
29 Sommerfeld an Wien, 30. Juli 1917, Wien-Nachlaß.
30 Sommerfeld an Wien, 24. Oktober 1917, Wien-Nachlaß.
31 Mitgliedsurkunde, datiert mit 15. November 1912, Registratur des Deutsches Museums. Sommerfelds Beziehung zum Deutschen Museum wird beschrieben in Eckert (1984).
32 Matschoss (1925), 16.
33 Willstätter (1949), 350.
34 Gerlach/Sommerfeld (1931), 669.
35 Anschütz-Kaempfe an Sommerfeld, 16. Dezember 1922, SN; Heinrich/Bachmann (1989), 65-66.
36 Arbeitszeugnis für Glitscher, 1. Oktober 1925. (Ich danke J. Broelmann für diese Informationen).
37 Einstein an Sommerfeld, September 1918, SN; abgedruckt in Hermann (1968), 51. Gutachten Sommerfelds vom 27. September und 8. Oktober 1926, SN.
38 Broelmann (1991).
39 Gehlhoff u.a. (1920), 2, 4; Hoffmann (1987).
40 Zitiert nach Zierold (1968), 4-8.
41 Ringer (1987), 186-228; Toepner (1970).
42 Zitiert nach Forman (1973), 37.
43 Zitiert nach Heilbronn (1989), 269.
44 Forman (1967).
45 Zierold (1968), 9.
46 Siemens (1960), 181.
47 Zitiert nach Forman (unveröffentlichtes Manuskript), 42.
48 Ebd., 34.
49 Manegold (1970), 224.
50 Duisberg an Wien, 24. November 1920, Wien-Nachlaß.

51 Duisberg an Wien, 7. Januar 1921, Wien-Nachlaß.
52 Rummel an Sommerfeld, 4. und 9. Juni 1918; Sommerfeld an Rummel, 6. Juni 1918, SN.
53 Vögler an Wien, 28. November 1920 bis 7. September 1922 (14 Briefe), Wien-Nachlaß.
54 Duisberg an Vögler, September 1920, zitiert nach Flechtner (1959), 323.
55 Duisberg an Wien, 24. November 1920, Wien-Nachlaß.
56 Richter (1973), 199; Forman (1974).
57 Forman (unveröffentlichtes Manuskript), 142-166.
58 Sommerfeld an Wien, 27. Dezember 1919, Wien-Nachlaß.
59 Sommerfeld an Wien, 27. März 1919, Wien-Nachlaß.
60 Hermann (1968), 63-74.
61 Schroeder-Gudehus (1966).
62 Haber an Sommerfeld, 1. Juli 1920, SN.
63 Sommerfeld an Einstein, 3. September 1920, SN; abgedruckt in Hermann (1968), 68.
64 Forman (1973); Heilbron (1989), 108-121.
65 Sommerfeld an Wien, 9. August 1919, Wien-Nachlaß. Das Titelphoto, das Sommerfeld und Bohr zusammen zeigt, entstand während dieser Reise; es trägt das Datum 10. 9. 1919. SN.
66 Sommerfeld an Wien, 17. November 1919, Wien-Nachlaß.
67 Debye an Sommerfeld, 9. Februar 1920, SN. (Debye war 1914 von Utrecht nach Göttingen berufen worden und von dem dortigen Herausgeber der *Physikalischen Zeitschrift* überredet worden, die Zeitschrift mit ihm zusammen zu betreuen; nach dessen Tod war Debye alleiniger Herausgeber. Interview mit Debye von D. Kerr.)
68 Personalbogen für Sommerfeld, SN; abgedruckt in Eckert u.a. (1984), 39-40.
69 Keller an Sommerfeld, 4. November 1923, SN.
70 Schroeder-Gudehus (1966), 236-265.
71 Pressekorrespondenz des Deutschen Auslandsinstituts, 31. Oktober 1923, SN. Zitiert nach Benz (1974), 219.
72 Sommerfeld an Staatsministerium für Unterricht und Kultus, 4. Juli 1922, SN.
73 Sommerfeld an Auswärtiges Amt, 31. Juli 1922, SN.
74 Sommerfeld an Birge, 17. Juli 1922, SN.
75 Meggers an Sommerfeld, 12. Mai 1924, SN; Siehe auch Weart (1979), 300-301.
76 Meggers an Sommerfeld, 8. Juli 1926, SN. Interview mit Otto Laporte von T. S. Kuhn, 29. Januar 1964, AHQP.
77 Stuewer (1975), 240-249.
78 Sopka (1980), 2.26-2.31.
79 Schroeder-Gudehus (1972).
80 Planck an Sommerfeld, 8. Juli 1923, SN; Heilbron (1989), 100.
81 Forman (1967), 309-348; Richter (1972).
82 Richter (1972), 35; Forman (1967), 313.
83 Zitiert nach Richter (1972), 37.
84 Zierold (1968), 29-39; Forman (1974), 40.
85 Forman (unveröffentlichtes Manuskript), 211.
86 Förderunterlagen im Wien-Nachlaß.
87 Forman (1974), 42.
88 Forman (1967), 346.
89 Zitiert nach Forman (1971), 24.
90 Meyenn (1993).

Anmerkungen zu Kapitel 4

1 Heisenberg (1973), 88.
2 Weisskopf (1992), 18; Mehra/Rechenberg (1982).
3 Willstätter (1949), 298.
4 Einstein an Sommerfeld, 5. Januar 1919, SN; abgedruckt in Hermann (1968), 55-56.
5 Ferber (1956), Tab. I, 197.

6 VDI II (1931), 62-80. Bei den Universitäten mit eigenem Institut für Theoretische Physik handelte es sich um Berlin, Frankfurt, Gießen, Göttingen, Halle, Hamburg, Heidelberg, Köln, Leipzig und München; bei den Technischen Hochschulen um Aachen, Dresden und Stuttgart.
7 Interview mit P. P. Ewald von Ch. Weiner, 17.-24. Mai 1968, AIP.
8 Unsöld (1957).
9 Sommerfeld (1948).
10 Zitiert nach Kevles (1979), 211-212.
11 Starke an Debye, 18. März 1921; Debye an Starke, 21. März 1921, Debye-Nachlaß, Max-Planck-Archiv, Berlin.
12 Forman (1967), 463-489. Epstein an Landé, 31. Dezember 1922, AHQP 4,14.
13 Born an Klein, 11. Juli 1920, Klein-Nachlaß.
14 Zitiert nach Meyenn (1985), 280.
15 Zitiert nach Robertson (1979), 21.
16 Interview mit P. P. Ewald von T. S. Kuhn, 8. Mai 1962, AHQP; Reid (1970), 153.
17 Born an Sommerfeld, 5. März 1920, SN.
18 Born an Sommerfeld, 13. Mai 1922, SN.
19 Robertson (1979), 18-22; Rosenfeld/Rüdinger (1967), 69; Röseberg (1992).
20 Zitiert nach Robertson (1979), 35.
21 Ebd., 24; Meyenn (1985), 290.
22 Born (1975), 275.
23 Sommerfeld an Einstein, 10. August 1921, SN; abgedruckt in Hermann (1968), 87.
24 Vorlesungsverzeichnisse der Münchner Universität, 1920-1922.
25 Zitiert nach Hermann u.a. (1979), 1.
26 Ebd., 8-10.
27 Heisenberg (1973), 27. Cassidy (1991).
28 Sommerfeld (1942), 638.
29 Cassidy/Baker (1984), 1.
30 Hermann u.a. (1979), 36-58.
31 Hippel (1988), 49.
32 Hund (1969), 212.
33 Hund (1982), 31.
34 Born an Sommerfeld, 5. Januar 1923, SN.
35 Cassidy (1991), 139.
36 Robertson (1979), 50.
37 Heisenberg an Sommerfeld, 18. November 1924, SN.
38 Heisenberg an Pauli, 30. September 1924; in Hermann u.a. (1979), 162.
39 Born an Sommerfeld, 5. Januar 1923, SN.
40 Sommerfeld an Franck und Born, 30. Januar 1924, SN.
41 Zitiert nach Davidis (1985), 68.
42 Born an Sommerfeld, 5. Januar 1923, SN.
43 Sommerfeld an Wieland, 13. Dezember 1928, Wieland-Nachlaß.
44 Pauli an Sommerfeld, November 1924, SN; abgedruckt in Hermann u.a. (1979), 173.
45 Born an Sommerfeld, 5. Januar 1923, SN.
46 Sommerfeld an Born, 8. März 1921; Landé an Sommerfeld, 17. März 1921; Sommerfeld an Landé, 31. März 1921. Zitiert nach Forman (1970), 257-261.
47 Raman/Forman (1969).
48 Cassidy (1992); Moore (1989), 135, 222.
49 Robertson (1979), 156-159.
50 Lichtenstein an Sommerfeld, 19. Januar 1926, SN.
51 Sommerfeld an Lichtenstein, 27. Januar 1926, SN.
52 Pauli an Bohr, 26. Februar 1926, in Hermann u.a. (1979), S. 297.
53 Bohr an Pauli, 3. März 1926, ebd., 301.
54 Pauli an Wentzel, 8. Mai 1926, ebd., 323.
55 Pauli an Wentzel, 11. Juni 1926; Des Coudres an Pauli, 2. Juli 1926, ebd., 331-332.
56 Pauli an Heisenberg, 19. Oktober 1926, ebd., 349.
57 Wiener an Sommerfeld, 28. November 1926, SN.

58 Sommerfeld an Wiener, 3. Dezember 1926, SN.
59 Heisenberg an Pauli, 16. Mai 1927, in Hermann u.a. (1979), 395.
60 Berufungsprotokoll der ETH Zürich, 17. Dezember 1927, Handschriftensammlung der ETH-Zürich.
61 Protokoll, 22./23. Juli 1927, ebd.
62 Protokoll, 17. Dezember 1927, ebd.
63 Wentzel an Sommerfeld, 26. Mai 1927. SN.
64 Pauli an Rohn, 28. Januar 1928; Rohn an Pauli, 31. Januar 1928; Handschriftensammlung der ETH Zürich. Pauli an Kronig, 7. Februar 1928, in Hermann u.a. (1979), 432.
65 Pauli an Bohr, 16. Juni 1928, ebd., 463.
66 Pauli an Sommerfeld, 16. Mai 1929, ebd., 500.
67 Pauli an Heisenberg, 1. August 1929, ebd., 517.
68 Siehe dazu Kap 6.
69 Lenz (Hamburg), Fues (Hannover), Joos (Jena), Kossel (Kiel), Heisenberg (Leipzig), Sommerfeld (München), Kratzer (Münster), Ewald (Stuttgart), Lande (Tübingen), Ott (Würzburg), Pauli (ETH Zürich), Wentzel (U. Zürich).
70 Berlin (TH und Universität), Bern, Bonn, Danzig, Frankfurt, Freiburg i.B., Göttingen, Halle, Wien.
71 Robertson (1979), 156-159.

Anmerkungen zu Kapitel 5

1 Mott (1986), 23.
2 Zitiert nach einer Vorlesungsmitschrift aus dem Jahr 1915 Sopka (1980), 1.56.
3 Zitiert nach Pestre (1984), 107.
4 Wilson (1984), 174.
5 Pestre (1984), 198-201.
6 Schweber (1986), 55.
7 Weart (1979).
8 Pestre (1984), 119-126.
9 Robertson (1979), 156-159.
10 Gray (1941), 3.
11 Curti (1963), 272-275, 619-621.
12 Zitiert nach Gray (1941), 10; siehe auch Kohler (1985).
13 Zitiert nach Kohler (1985), 80.
14 Zitiert nach Gray (1941), 16.
15 Ebd., 20.
16 Heitler an Sommerfeld, 29. August 1926, SN; Rasche/Thellung (1982).
17 Pauling an Sommerfeld, 21. Oktober 1925, SN.
18 Mendenhall an Sommerfeld, 17. Mai 1927; Sommerfeld an Mendenhall, 31. Mai 1927, SN.
19 Kargon (1977, 1982).
20 Sommerfeld an Millikan, 28. November 1927, SN.
21 Rigden (1987), 46.
22 Slater (1975), 3-7.
23 Zitiert nach Höflechner/Hohenester (1985), 130-133.
24 Sopka (1980), A11-A28.
25 Colby an Sommerfeld, 19. Januar (1922); Sommerfeld an Colby, 23. Februar 1922; Colby an Sommerfeld, 13. März 1922, SN.
26 Sopka (1980), 3.16.
27 Ebd., 3.19. Weart (1979), 311. (Die Aufwendungen für Gehälter sind in den Institutsbudgets nicht enthalten).
28 Raymond B. Fosdick, zitiert nach Sopka (1980), 3.22; siehe dazu auch Fosdick (1955), 140-149.
29 Sopka (1980), A17-A28.
30 Weart (1979), 298 und Fig. 1.
31 Born (1969), 97; Sopka (1980), 3.35.
32 Ebd., 3.40-3.43.

33 Ebd., 3.49.
34 Ebd., 3.52.
35 Ebd., 4.5.
36 Zitiert nach Kant (1989), 76.
37 Forman (1973), 165-168.
38 Penner an Sommerfeld, 27. Mai 1931, SN.
39 Tamm an Dirac, 29. Dezember 1930, in Kozhevnikov/Frenkel (1988), 47-48.
40 Dirac an Tamm, 15. April 1929, ebd., 19-20.
41 Eckert (1992).
42 Pyenson (1982).
43 Sommerfeld (1929), 104.
44 Ebd., 101. Sommerfeld an Millikan, 28. November 1927, SN.
45 Sommerfeld an Raman, 28. Februar 1928, SN.
46 Raman an Sommerfeld, 11. Februar 1928, 24. März 1928, 26. April 1928, 14. Mai 1928, 9. August 1928, 26. September 1928; Saha an Sommerfeld, 25. April 1928, SN.
47 Thiel (Deutscher Generalkonsul in Shanghai) an Sommerfeld, 13. November 1928, SN.
48 Nagaoka an Sommerfeld, 16. Mai 1928, SN.
49 Sommerfeld an Notgemeinschaft, 1. Mai 1928, SN.
50 Notgemeinschaft der Deutschen Wissenschaft, Jahresbericht 1927.
51 Reisetagebuch, SN.
52 Jahresbericht der technischen Fakultät der Staatlichen Tung-Chi Universität zu Woosung. Shanghai 1930, 8, SN.
53 Abgedruckt in Tung-Chi Medizinische Monatsschrift, Nr. 3, 1929, 75-87, SN.
54 Reisetagebuch, SN.
55 Reisetagebuch, SN; siehe dazu auch Torkar (1986).
56 Reisetagebuch, SN; Sommerfeld an Wieland, 13. Dezember 1928, Wieland-Nachlaß.
57 Reisetagebuch, SN.
58 Sommerfeld (1929).

Anmerkungen zu Kapitel 6

1 Klein, M. (1970); Holton (1981).
2 Slater anläßlich einer Rede im Jahr 1937, zitiert nach Schweber (1990), 391.
3 Geiger/Scheel (1933).
4 Haber (1923).
5 Hoffmann (1987), 149.
6 Gehlhoff an Sommerfeld, 2. Dezember 1930. SN.
7 Hoddeson (1980), 437.
8 Darrow an Sommerfeld, 28. Januar 1925, SN.
9 Zitiert nach Schweber (1990), 361.
10 Pauli an Wentzel, 5. Dezember 1926; in Hermann u.a. (1979), 361.
11 Eckert (1989).
12 Pauli an Schrödinger, 22. November 1926; in Hermann u.a. (1979), 356.
13 Vorlesungsmitschrift von A. Unsöld, Sommersemester 1927, HSSP.
14 Sommerfeld an Berliner, 6. August 1927, SN.
15 Sommerfeld (1927, 1928), 825, 374.
16 Sommerfeld an Millikan, 28. November 1927, SN.
17 Einstein an Sommerfeld, 9. November 1927, SN; in Hermann (1968), 111-112.
18 K. Compton an Sommerfeld, 6. März 1928, SN.
19 A. H. Compton an Sommerfeld, 4. Mai 1928, SN.
20 Hume-Rothery an W. L. Bragg, 17. Januar 1929, Bragg-Papers, London. (Ich danke Stephen Keith für diese Information).
21 Hoddeson (1980), 437.
22 Sommerfeld (1930), 588.
23 Tamm an Dirac, 29. Dezember 1930; in Kozhevnikov/Frenkel (1988), 47.
24 Sommerfeld (1928), 60.
25 Interview mit F. Bloch von L. Hoddeson, 1981, HSSP.

26 Hoddeson u.a. (1987).
27 H. Bethe, Vorwort in Eckert u.a. (1984), 8.
28 Sommerfelds Votum über Bethes Dissertation «Theorie der Beugung von Elektronen an Kristallen», 24. Juli 1928, Promotionsakten, Universitätsarchiv der Ludwig-Maximilian-Universität München.
29 Promotionsakten, Universitätsarchiv der Ludwig-Maximilian-Universität München.
30 Hoddeson u.a. (1987), 293-295. Peierls (1986), 32-53.
31 Hoddeson u.a. (1987).
32 Enzyklopädie 5/3 (1926), 816-1214.
33 Smekal an Sommerfeld, 17. April 1931, SN.
34 Sommerfeld an Bethe, 18. April 1931, SN.
35 Bethe an Sommerfeld, 25. April 1931, SN.
36 Bethe an Sommerfeld, 20. April 1932, 1. Oktober 1932, 5. Januar 1933, SN; Interview mit H. Bethe von L. Hoddeson, April 1981. HSSP.
37 In: *Zeitschrift für Elektrochemie und angewandte physikalische Chemie*, *34*, 1928, S. 421-426.
38 Sommerfeld an Hund, 29. Februar 1928, SN.
39 Sommerfeld (1928b), 427.
40 Pauling/Wilson (1935), 340.
41 Pauli an Bohr, 16. Juni 1928; in Hermann u.a. (1979), 455. Zu Weyl: Sigurdsson (1991).
42 Slater (1975), 62.
43 Zitiert nach Schweber (1990), 377.
44 Ebd., S. 393.
45 Vorlesungsverzeichnis der Universität Leipzig, WS 1929/30, in *Phys. Z.*, *30*, 1929, S. 662. Geiger/Scheel 1 (1933), 561-694. Interview mit F. Hund von M. Eckert, J. Teichmann, G. Torkar, 18. Mai 1982; F. Hund: Wissenschaftliches Tagebuch. HSSP.
46 London an Debye, 9. Mai 1928. Debye-Nachlaß.
47 Bridgman an Debye, 1. März 1928; Debye an Bridgman, 12. März 1928, Debye-Nachlaß.
48 Hoddeson u.a. (1987), 309.
49 Zitiert nach Schweber (1990), 379 u. 392.
50 Ebd., 398.
51 Ebd., 402.
52 Aaserud (1990), 14.
53 Lewis an Sommerfeld, 16. Oktober 1925, SN.
54 Pauling (1972), 284.
55 Pauling an Sommerfeld, 21. Oktober 1925; Sommerfeld an Pauling, 12. November 1925, SN.
56 Zitiert nach Goodstein (1984).
57 Pauling an Debye, 11. Mai 1928, Debye-Nachlaß; Serafini (1989), 44-51.
58 Zitiert nach Schweber (1990), 405; Sopka (1980), 4.83-4.89.
59 Johnson (1990).
60 Ich danke Elizabeth Crawford für die Übersendung der einschlägigen Kopien aus dem Nobelarchiv in Stockholm.
61 Zitiert nach Goodstein (1984), 706.
62 Olby (1974), 267-295.
63 Zitiert nach Fischer (1985), 45, 55.
64 Ebd., 81; Kay (1985).
65 Herzfeld an Sommerfeld, 3. April (1927), SN.
66 Zitiert nach Johnson (1990), 1565.
67 Debye (1928).
68 Zitiert nach DeVorkin/Kenat (1983), 197; siehe auch DeVorkin (1982).
69 Interview mit A. Unsöld von O. Gingerich, 6. Juni 1978, SHMA.
70 Unsöld (1938).
71 Interview mit Unsöld, SHMA.
72 Unsöld an Sommerfeld, 26. September 1930, SN.
73 So überschreibt Olby das Kapitel über das Eindringen von Physik und Chemie in der Biologie in Olby (1974), 223; siehe dazu allgemein Hoch (1987).

Anmerkungen zu Kapitel 7

1. Bethe (1977), 11.
2. Weart (1981); Geballe (1981).
3. Kröner (1983), 13.
4. Strauss/Röder (1983).
5. Rosenow (1987).
6. Fermi, L. (1968); Weiner (1969); Holton (1983).
7. Siehe dazu Fischer (1988).
8. Dazu zählten zum Beispiel Schrödinger (Berlin), Sommerfeld (München), Ewald (Stuttgart), Lenz (Hamburg), Heisenberg (Leipzig), Madelung (Frankfurt), Scherzer (Darmstadt), Seeliger (Greifswald), Smekal (Halle), Joos (Jena), Unsöld (Kiel), Jordan (Rostock), Ott (Würzburg).
9. Kröner (1983), 70-71.
10. Fischer (1988), 88.
11. Rektor an den Leiter der Dozentenschaft, 18. April 1939, Universitätsarchiv München.
12. Interview von M. Eckert mit Prof. Romberg, 8. Oktober 1985.
13. Maucher an Romberg, 4. Juni 1948. Ich danke Prof. Romberg für eine Kopie dieses Schreibens.
14. Sommerfeld an ?, ohne Datum, SN.
15. Laue an Sommerfeld, 10. Mai 1933; Sommerfeld an Laue, 19. Mai 1933, SN.
16. Sommerfeld an Madelung, 18. Mai 1933, SN.
17. Nachruf von E. Brüche in Physikalische Zeitschrift, Bd. 43, 1942, S. 205-207.
18. Sommerfeld an ?, undatiert, SN. Im Votum zu Fröhlichs Doktorarbeit über den Photoeffekt an Metallen hatte Sommerfeld ausgeführt, daß damit auch «wichtige experimentelle Fragestellungen» aufgeworfen würden. Promotionsakten, Universitätsarchiv München.
19. Fröhlich an Sommerfeld, 7. März 1934, SN.
20. Fröhlich an Sommerfeld, 8. Juli 1935, SN.
21. Bethe an Sommerfeld, 11. April 1933, SN; abgedruckt in Eckert u.a. (1984), 141-144.
22. Sommerfeld an W. L. Bragg, undatiert, SN.
23. Antwortnotiz auf einem Brief von R. C. Gibbs an Sommerfeld, 14. Juni 1934, SN.
24. Bethe an Sommerfeld, 28. November 1948, SN.
25. Sommerfeld an Philosophische Fakultät, II. Sektion, 13. Mai 1933, Personalakte Sommerfeld, Universitätsarchiv München.
26. Sommerfeld an das Staatsministerium für Unterricht und Kultus, 28. März 1933, mit Beiblatt an Ministerialrat Decker. SN.
27. Sommerfeld an Einstein, 27. August 1934, SN; abgedruckt in Hermann (1968), 113-116.
28. Heilbron (1989), 149-165.
29. Heisenberg an Bohr, 30. Juni 1933. BSC 20,2. Cassidy (1991), 299-313.
30. Ebd.
31. Rosenow (1987), 377-382. Beyerchen (1982), 36-45.
32. Born an Sommerfeld, 1. September 1933, SN.
33. Franck an Sommerfeld, 18. Mai 1933, SN.
34. Ewald an Sommerfeld, 20. April 1933, SN.
35. Ewald an Sommerfeld, 14. Dezember 1933, SN.
36. Ewald an Frau Sommerfeld, 21. April 1933, SN.
37. Hoch (1983).
38. Interview mit L. Nordheim von B. Wheaton, 24. Juli 1977, AIP.
39. Ebd.
40. Nordheim an Bohr, 26. Oktober 1933, BSC 24,1.
41. Nordheim an Bohr, 1. Februar 1934; Bohr an Nordheim, 8. Februar 1934, BSC 24,1.
42. Nordheim an Sommerfeld, 1. Februar 1934; Hopf an Sommerfeld, 31. Januar 1934; Peierls an Sommerfeld, 28. Januar 1934, SN.
43. Edwards an Sommerfeld, 24. November 1933, SN.
44. Sommerfeld an Edwards, 22. Januar 1934, SN.
45. Nordheim an Sommerfeld, 23. Januar 1934, SN.

46 Interview mit Nordheim, AIP.
47 Blumberg/Owens (1976).
48 Wigner (1969), 2.
49 Donnan an Bohr, 10. November 1933, BSC 18,4.
50 Teller an Bohr, undatiert, BSC 25,4.
51 Zitiert nach Blumberg/Owens (1976), 56.
52 Zitiert nach Schweber (1986), 80.
53 Ebd., 60-70.
54 Weiner (1968), 217-220.
55 Zu Schrödingers Auftakt in der Emigration siehe Hoch/Yoxen (1987); zu Schrödingers und Heitlers Exil in Dublin siehe Moore (1989), 352-385.
56 Peierls (1985).
57 Hartree an Bohr, 10. September 1933, BSC 20,1.
58 Siehe dazu Meyenn u.a. (1985), 705.
59 Ebd.
60 Sommerfeld/Seewald (1952).
61 Hopf an Sommerfeld, 24. Mai 1933, SN.
62 Hopf an Sommerfeld, 28. Juni 1933, SN.
63 Siehe dazu die Publikationsliste in Sommerfeld/Seewald (1952), 26.
64 Hopf an Sommerfeld, 11. Februar 1934, SN.
65 Hopf an Sommerfeld, 16. Dezember 1933, SN.
66 Hopf an Sommerfeld, 31. Januar 1934, SN.
67 Hopf an Sommerfeld, 11. Februar 1934, SN.
68 Hopf an Sommerfeld, 10. Dezember 1933, SN.
69 Hopf an Sommerfeld, 16. Dezember 1933, SN.
70 Hopf an Sommerfeld, 22. Mai 1935, SN.
71 Hopf an Sommerfeld, 2. August 1938, SN.
72 Hopf an Sommerfeld, 3. und 11. Dezember 1938, SN.
73 Hopf an Sommerfeld, 9. Februar 1939, SN.
74 Sommerfeld/Seewald (1952), 25.
75 Debye an Sommerfeld, 30. Dezember 1939, SN; siehe auch Walker (1990), 32-33.
76 Interview mit P. P. Ewald von Ch. Weiner, 17.-24. Mai 1968. AIP; siehe auch Hildebrandt (1985), 412-413.
77 Interview mit Dietlinde Jehle von M. Eckert, 3. April 1986.
78 Zitiert nach Fischer (1985), 60.
79 Empfehlung Eddingtons für Jehle, 13. Oktober 1940. Ich danke Frau Dietlinde Jehle für diese Information. Siehe auch Jehle/Rechenberg (1983).
80 Kemble an das Landgericht Berlin, 19. September 1974. (Hintergrund dieses Schreibens war ein Wiedergutmachungsverfahren für Jehle). Ich danke Frau Dietlinde Jehle für diese Information.
81 Drechsler/Rechenberg (1983).
82 Gay (1989), 42.

Anmerkungen zu Kapitel 8

1 Weart (1981) 45.
2 Fermi, L. (1968).
3 Schweber (1986), 81.
4 Kargon/Hodes (1985), 305.
5 Morse (1977).
6 Slater (1975), 165.
7 Hippel (1988), 103-110.
8 Millman an Sommerfeld, 21. Oktober 1933, SN.
9 Frank an Sommerfeld, 12. August 1932, SN.
10 Morse (1977), 108.
11 Ebd., 105.
12 Frank an Sommerfeld, 12. August 1932, SN.

13 Sommerfeld (1949).
14 Siehe dazu Hoch (1992).
15 Millman an Sommerfeld, 21. Oktober 1933, SN.
16 Morse (1977), 121.
17 Hoddeson (1980), 442.
18 Sopka (1980), 4.37-4.39.
19 Seitz (1980), 87.
20 Ebd. Siehe auch Hoch (1992).
21 Bardeen (1980).
22 Hoddeson (1980), 439.
23 Hoch (1992); Seitz (1980), 89-90; Herring (1980).
24 Rigden (1987), 73-114.
25 Williamson (1987). (Darin sind die Erinnerungen von 18 führenden Physikern über die Entwicklung der Physik an den britischen Universitäten während der Zwischenkriegszeit zusammengefaßt).
26 Keith (1984).
27 Ebd., 354.
28 Zitiert nach Keith/Hoch (1986), 26; siehe auch Jones (1980).
29 Mott (1986), 24-57, hier vor allem 39.
30 Zitiert nach Keith/Hoch (1986), 33.
31 Mott (1986), 49.
32 Zitiert nach Keith/Hoch (1986), 24.
33 Mott (1986), 48; Jones (1980), 52; Mott (1980).
34 Mott (1986), 49.
35 Smoluchowski (1980).
36 Mott (1980), 57. Neben der Theorie der Metalle und Legierungen bildeten Ionenkristalle und Halbleiter weitere Themenschwerpunkte. Siehe dazu wie auch zur allgemeinen Entwicklung der Festkörperphysik Hoddeson u.a. (1992).
37 Mott (1986), 50.
38 Bromberg (1971); Stuewer (1979, 1985); Brown (1985); Brown/Rechenberg (1985); Meyenn (1982).
39 Stuewer (1985), 198-199; Mott (1986), 30-31.
40 Holton (1974), 168-171.
41 Weiner (1985), 332.
42 Brown/Rechenberg (1987).
43 Holton (1974), 172-177.
44 Stuewer (1985), 204-207. Zur allgemeinen Geschichte der Kernphysik in den dreißiger Jahren siehe Weiner (1972) und Stuewer (1979).
45 Heilbron/Seidel (1989).
46 Aaserud (1990).
47 Bernstein (1980), 41-42; Peierls (1986), 82-98.
48 Weiner (1974).
49 Zitiert nach Weiner (1985), 339.
50 Baracca u.a. (1980).
51 Bethe an Sommerfeld, 1. August 1936, SN.
52 Interview mit H. Bethe von L. Hoddeson, 1981, HSSP.
53 Zitiert nach Bernstein (1980), 45.
54 Bethe an Sommerfeld, 1. August 1936, SN.
55 Zitiert nach Bernstein (1980), 44.
56 Bethe u.a. (1986).
57 Bethe an Sommerfeld, 1. August 1936, SN.
58 Nordheim an Sommerfeld, 24. Oktober 1936, SN.
59 Cassidy (1981), 26; Brown/Hoddeson (1985).
60 Nordheim-Interview (Anm. ***), S. 35-36.
61 Wheeler (1979), 254-270.
62 Elsasser (1978), 210.
63 Blumberg/Owens (1976), 70-78.

64 Zitiert nach Schweber (1986), 81.
65 Bernstein (1980), 45-55.
66 Stuewer (1984).

Anmerkungen zu Kapitel 9

1 Goudsmit (1983), 232-243.
2 Jungk (1956); Irving (1967); Kramish (1987); Walker (1990a, b, c).
3 Zitiert nach Hermann (1992), 33; siehe dazu auch Hoffmann u.a. (1992); Goldberg/Powers (1992); Bernstein (1992); Walker (1992, 1993).
4 Broszat (1986), 39.
5 Quetsch (1960), 4-7, 13, 28, 42.
6 Gehlhoff an Sommerfeld, 3. Dezember 1930, SN.
7 Ferber (1956), 197.
8 Zur Situation in USA siehe Weart (1979).
9 Beyerchen (1982), 207-222; Eckert u.a. (1984), 150-163; Walker (1990a), 79-101; Cassidy (1991), 346-414.
10 zitiert nach Eckert u.a. (1984), 153-154.
11 Ebd., 155; siehe auch Beyerchen (1982), 198, 214-218.
12 Ebd., 213-227; Cassidy (1991), 379-399.
13 zitiert nach Eckert u.a. (1984), 161.
14 Walker (1990a), 86-88, 93, 97-100.
15 Zitiert nach Tollmien (1987), 468.
16 Sommerfeld an Prandtl, 1. März 1941, Prandtl-Nachlaß. (Ich danke W. Pricha für diese Information).
17 Prandtl an Sommerfeld, 22. März 1941, Prandtl-Nachlaß.
18 Prandtl an Göring, 28. April 1941, Prandtl-Nachlaß.
19 Prandtl an Ramsauer und Joos, 28. April 1941, Prandtl-Nachlaß.
20 Der Wortlaut wurde dem Exemplar im Prandtl-Nachlaß entnommen. Eine Zusammenfassung gibt Beyerchen (1982), 248-250.
21 Ramsauer an Prandtl, 4. Juni 1941, Prandtl-Nachlaß.
22 Joos an Prandtl, 6. Juni 1941, Prandtl-Nachlaß.
23 Zitiert nach Beyerchen (1982), 256-257.
24 Die bislang beste Monographie zum deutschen Atomprojekt ist Walker (1990a); eine Gesamtsicht bietet Rhodes (1988).
25 Interview mit Hanle von M. Eckert, 7. Oktober 1985.
26 Walker (1990a), 30-34.
27 Ebd., 63-79, 96-99.
28 Wagner, H. (1941); siehe dazu auch Beisel (1990).
29 Entwurf, Gutachten der Deutschen Akademie der Luftfahrtforschung zur Denkschrift des Vorsitzenden der Deutschen Physikalischen Gesellschaft vom 20. 1. 1942, übersandt an Prandtl am 30. Juni 1942, Prandtl-Nachlaß.
30 Vortrag vor der Akademie der deutschen Luftfahrtforschung, 2. April 1943. Peenemünde-Archiv, Deutsches Museum. (Ich danke Maria Osietzki für diesen Hinweis).
31 Zitiert nach Osietzki (1989), 52; siehe auch Osietzki (1988).
32 Heinz Maier-Leibnitz, zitiert nach Edingshaus (1986), 61.
33 Heisenberg an Welker, 17. Juli 1941, Welker-Nachlaß, Deutsches Museum.
34 Walker (1990a), 70.
35 Ebd., 60-61; zu Bothe siehe Edingshaus (1986), 67.
36 Bericht über theoretische Physik. Unveröffentlichtes und undatiertes Manuskript, vermutlich geplant als Beitrag für die FIAT (=Field Intelligence Agency Technical)-Berichte, SN.
37 Vorwort in Bothe/Flügge (1947).In diesem FIAT-Bericht gaben die Mitglieder des «Uranvereins» im Auftrag der amerikanischen Besatzungsbehörde einen Überblick über ihre wissenschaftlichen Leistungen.
38 Walker (1990a), 253-255.
39 Beyerchen (1982), 229.

40 Bethe an Sommerfeld, 7. Mai und 15. Juni 1934, SN.
41 Vorträge auf der 11. Deutschen Physiker-Tagung in Stuttgart vom 22.-28. September 1935. In: *Phys. Z.*, *36*, 1935, S. 717-772.
42 Schottky-Nachlaß, Deutsches Museum; siehe dazu Schubert (1986).
43 Zitiert nach Teichmann (1988), 130; siehe auch Szymborsky (1984).
44 Sommerfeld (1937); Nordheim an Sommerfeld, 7. Februar 1937, SN.
45 Welker (1969), 34.
46 Siehe dazu Hoddeson u.a. (1987), 311-319.
47 Heisenberg an Sommerfeld, 15. Februar 1939, SN. Heisenberg an Welker, 29. Februar 1940 und 26. März 1940, Welker-Nachlaß. London an Welker, 9. März 1940, Welker-Nachlaß. Eine Zusammenfassung der Welkerschen Supraleitungstheorie geben Meissner/Schubert (1948), 154-157.
48 Interview mit H. Welker von M. Eckert, J. Teichmann, G. Torkar, 4. Dezember 1981, HSSP.
49 Sommerfeld an Welker, 23. August 1939, Welker-Nachlaß.
50 Müller an das Rektorat der Universität München, 12. November 1941, Welker-Nachlaß.
51 Müller an Rektor, 28. Juni 1942, SN.
52 Sommerfeld in einer eidesstattlichen Erklärung («Persilschein») für Joos, 6. Dezember 1946, SN.
53 Auskunft des von der amerikanischen Militärregierung bestellten Treuhänders, 9. April 1946, Welker-Nachlaß.
54 Welker an Sommerfeld, 1. Februar 1943, SN.
55 Reuter (1971); Kern (1984); Brandt (1962); Trenkle (1986).
56 Interview mit Welker, 4. Dezember 1981. HSSP.
57 Ebd.
58 Heisenberg an Welker, 17. Juli 1941, Welker-Nachlaß.
59 Interview mit Welker, 4. Dezember 1981, HSSP.
60 Patentschrift Nr. 966387, ausgegeben am 1. August 1957, Welker-Nachlaß.
61 Welker an Schottky, 27. Mai 1943, Welker-Nachlaß.
62 Germanium als Detektormaterial. Manuskript 1943 (nicht genauer datiert). Welker-Nachlaß.
63 Über diese Arbeiten wurde anläßlich einer Detektorkristallbesprechung am 13./14. September 1944 in Berlin berichtet; siehe dazu Seiler (1947), 281. Sie wurden nach dem Krieg veröffentlicht in Ringer/Welker (1948).
64 A. Gaudlitz: Historischer Rückblick der Richtleiterentwicklung im Hause Siemens. Interner Bericht. Siemens-Archiv, München. Siehe auch Schubert (1987); zu Telefunken siehe Seiler (1947); Interview mit Karl Seiler von E. Braun und J. Teichmann, 2. Juni 1982, HSSP.
65 Trendelenburg (1975), 260-261.
66 Interview mit Seiler, 2. Juni 1982, HSSP.
67 Brandt (1962b), 113.

Anmerkungen zu Kapitel 10

1 Zum Beispiel Morse (1977), Pestre (1990), Heinrich/Bachmann (1989).
2 Simon (1945), 206.
3 So überschrieb der Historiker der amerikanischen Physik das Kapitel über die Kriegszeit in Kevles (1979), 302.
4 Fisher (1988).
5 Zitiert nach Kern (1984), 162.
6 Ebd., 164-178.
7 Bowen (1987), 143-149.
8 Ebd., 166.
9 Hunter Dupree (1972); Pursell (1979).
10 Guerlac (1987), 247-252.
11 Ebd., 259-265, 625, 668.
12 Rigden (1987), 83-123.

13 Zitiert nach Kevles (1979), 304.
14 Slater (1975), 210.
15 Ebd., 211-215.
16 Zitiert nach Rigden (1987), 141.
17 Ebd., 125.
18 Peierls (1985), 146.
19 Zitiert nach Bernstein (1980), 61.
20 Ebd., 64-65.
21 Interview mit H. Bethe-von Ch. Weiner, 17. November 1967, AIP.
22 Ebd. Siehe auch Guerlac (1987), 626-627.
23 Ebd., 628.
24 Marcuvitz (1951).
25 Interview mit Bethe von Weiner, AIP. Zur Entdeckung des Transistors siehe Hoddeson (1981).
26 Torrey/Whitmer (1948), 65.
27 Braun (1992).
28 Henriksen (1991).
29 Torrey/Whitmer (1948), 8; siehe auch Seitz (1980), 88-89.
30 Zitiert nach Marcuvitz (1951), v.
31 Rhodes (1988).
32 Guerlac (1987), xxii.
33 Ebd., Sektion E.
34 Smith (1965); Sherwin (1977).
35 Zitiert nach Bernstein (1980), 70.
36 Walker (1990a), 30-31.
37 Zitiert nach Rhodes (1988), 300.
38 Walker (1990a), 68.
39 zitiert nach Rhodes (1988), 306.
40 Hewlett/Anderson (1962), 41-44.
41 Ebd., 62.
42 Wheeler (1979), 272-278.
43 Frisch (1981), 160-161.
44 Peierls (1986), 153-154.
45 Zitiert nach Gowing (1964), 389-393.
46 Ebd., 45-89, 394-436.
47 Hewlett/Anderson (1962), 46, 57-62.
48 Ebd., 53-56.
49 Ebd., 103.
50 Manley (1980).
51 Oppenheimer an Bacher, 10. Juni 1942, in Smith/Weiner (1980), 225.
52 Oppenheimer an Van Vleck, 10. Juni 1942, ebd., 226.
53 Zitiert nach Bernstein (1980), 73.
54 Zitiert nach Blumberg/Owens (1976), 118. Eine ausführliche Schilderung dieser Episode gibt auch Rhodes (1988), 422-424.
55 Interview mit F. Bloch von Ch. Weiner, 15. August 1968, AIP.
56 Hawkins (1983), 4.
57 Groves (1983), 61-63.
58 Oppenheimer an Manley, 12. Oktober 1942, in Smith/Weiner (1980), 231.
59 Manley (1980), 30.
60 Hawkins (1983), 10.
61 Rhodes (1988), 467-472.
62 Hawkins (1983), 18.
63 Ebd., 76, 90, 111, 134.
64 Ebd., 80-82, 124-130; Kistiakowsky (1980); Hoddeson (1989).
65 Peierls (1986), 187, 200.
66 Hawkins (1983), 82.
67 Hoddeson (1989), 38.

68 Ebd., 37.
69 Weisskopf (1991), 161.
70 Hawkins (1983), 172-176.
71 Hirschfelder (1980).
72 Weisskopf (1991), 161-162.
73 Interview mit Bethe von Weiner, AIP.
74 Feynman (1980), 106.
75 Kistiakowski (1980), 49, 56.
76 Condon an Oppenheimer, April 1943, abgedruckt in Groves (1983), 429-432.
77 Interview mit Bloch von Weiner, AIP.
78 Morse (1977), 217.
79 Goudsmit (1983), xxvii.
80 Smith (1965).
81 Eckert (1991).

Anmerkungen zu Kapitel 11

1 Bush (1968); Kevles (1977).
2 Forman (1987), 153.
3 Wiener (1958), zitiert nach Forman (1987), 152.
4 Dickson (1984), 7.
5 Jed R. Zacharias, zit. n. Forman (1987), S. 152.
6 Schweber (1988); Hoch (1988).
7 Sylves (1987); York (1976, 1987).
8 Zitiert nach Berstein (1982), 107-108; Killian (1977), 150-174.
9 Hoddeson (1981), 41-76.
10 Misa (1985).
11 Forman (1985, 1987, 1991).
12 Cassidy (1981); Brown/Rechenberg (1991).
13 Schwinger (1966, 1983).
14 Lamb (1983).
15 Schweber (1986b).
16 Siehe dazu die Konferenzbeiträge in De Maria u.a. (1989).
17 Galison (1987); Pickering (1984).
18 Zitiert nach Cooper (1989), 123; siehe auch Ulam (1976).
19 Metropolis (1989).
20 Stein (1989); Mycielski (1989).
21 Campell (1989); Gleick (1988), 226-270.
22 Heisenberg an Sommerfeld, 5. Februar 1946, SN.
23 Sommerfeld an Agatidis, 30. Juli 1946, SN.
24 Sommerfeld an Bethe, 1. November 1946, Universitätsarchiv München.
25 Heisenberg an Sommerfeld, 7. Februar 1947, SN.
26 Lasby (1971); Gimbel (1986, 1990).
27 Bethe an Miller (Scientific Branch von FIAT in New York), 18. Februar 1947, SN.
28 Bethe an Sommerfeld, 20. Mai 1947, SN.
29 Bechert an Sommerfeld, 26. März 1947, SN.
30 Wentzel an Sommerfeld, 27. Februar 1947, SN.
31 Weizsäcker an Clusius, 10. April 1947, SN.
32 Bopp an Sommerfeld, 10. Mai 1947, SN.
33 Hund an Sommerfeld, 3. Dezember 1943, SN.
34 Wentzel an Sommerfeld, 22. November 1943, SN.
35 Bohr an Sommerfeld, 15. April 1943, SN.
36 Robertson an Sommerfeld, 12. Dezember 1945, SN.
37 Zitiert nach Eckert u.a. (1984), 104.
38 Ewald (1962); Bopp/Kleinpoppen (1969).
39 Forman (1969); Ewald (1969).
40 Jordan (1949), 7.

41 zitiert nach Bopp/Kleinpoppen (1969), 1.
42 Weart (1988).
43 Smith (1965), 279-300.
44 Jordan (1949), 29.
45 Zitiert nach Hermann (1976), 121.
46 Einstein/Infeld (1956).

Personenregister

Allis, William 115, 174ff., 227
Allison, Samuel 238
Althoff, Friedrich 19-26, 72
Anschütz-Kaempfe, Hermann 66ff.
Arrhenius, Svante 110
Aston, Francis 110

Bacher, Robert F. 191, 239, 242
Back, Ernst 52, 96
Baier, Monika 4
Bardeen, John 179
Bechert, Karl 150, 259
Becker, Carl Heinrich 81
Bernal, John Desmond 142
Bethe, Hans A. 132ff., 145, 147f., 152-158, 161-164, 183, 185, 189-195, 213, 227-233, 239-242, 245-249, 251ff., 256ff.
Bitter, Francis 174
Blackett, Patrick 187
Bloch, Felix 130-133, 138, 154, 158, 162, 183, 195, 215, 239f., 248
Blumenthal, Otto 164
Boeckh, August 7f.
Bohr, Niels 36, 52-55, 58, 61, 76, 84-99, 106f., 109, 112f., 116, 123f., 133, 136f., 142f., 154, 156, 158-162, 164, 172, 186-189, 195, 201, 215, 234f., 260, 263
Boltzmann, Ludwig 15f., 19, 29-32, 46, 110
Bonhoefer, Dietrich 170
Bopp, Fritz 259
Born, Max 37, 64f., 84-100, 113f., 135, 142, 148, 156, 158ff., 162, 178, 232, 263
Bothe, Walther 188, 210f.
Böttinger, Henry Theodore 23
Bowen, Harold G. 226
Bowles, Edward L. 226
Bragg, 153, 163, 164
Bragg, William Henry 47f.

Bragg, William Lawrence., 47f., 153, 183
Brandt, Leo 220
Brattain, Walter H. 179
Breit, Gregory 115, 238
Bridgman, Percy W. 138
Brillouin, Leon 110, 113, 158f.
Broszat, Martin 198
Brück, Heinrich 132
Bryan 32
Bush, Vannevar 177, 226, 234, 250

Chadwick, James 188
Churchill, Winston 226
Clebsch, Alfred 12
Clusius, Klaus 218f.
Cockcroft, John D. 188
Cohn, Emil 19
Colby, Walter F. 110f.
Compton, Arthur Holly 129, 238, 240f.
Compton, Karl 174f.
Condon, Edward U. 115, 178f., 187, 227ff., 242, 247
Cooksey, Don 190
Corbino, Orso Mario 187
Courant, Richard 65, 94
Critchfield, Charles L. 195, 243
Curie, Marie 110, 188
Curie, Irène 189

Darrow, Karl 126
Darwin, Charles G. 47
de Broglie, Louis 101, 105f., 128
De Vries 110
Debye, Peter 31, 38, 47f., 81, 83f., 88, 99, 100ff., 137ff., 141, 143, 154, 169, 207f., 212
Delbrück, Max 142f., 170
Dennison, David M. 112
Des Coudres, Theodor 99
Diebner, Kurt 208
Diegel 25, 27
Dirac, Paul Adrian 105, 110, 113, 117f., 127, 130, 182f.
Donnan, George Frederick 161f.
DuBridge, Lee A. 227

Duisberg, Carl 73, 74, 268

Eckart, Carl 109, 114, 128
Eddington, Arthur Stanley 170f.
Ehrenfest, Paul 113, 187
Einstein, Albert 1, 2, 35f., 39f., 43, 49, 56ff., 61, 70, 73, 75, 77, 82, 87f., 110, 113, 116, 124, 126, 129, 135, 148, 155, 165f., 172, 200, 205, 233, 261
Eisenhower, Dwight D. 251, 252
Eisner, Kurt 150
Elsasser, Walter 194
Emden, 149
Epstein, Paul Sophus 32, 52, 54-57, 83f., 96, 109, 112, 140
Ewald, Peter Paul 38, 48, 52, 62, 64f., 80, 83, 85, 87ff., 132, 157, 160, 169-172, 219, 229

Fajans, Kasimir 67, 135
Fermi, Enrico 105, 113, 127f., 132, 154, 161, 163, 187ff., 191, 195, 237ff.
Feshbach, Herman 174
Feuchtwanger, Lion 68
Feynman, Richard P. 243, 247, 253f.
Finkel'stein, Boris N. 151
Finkelnburg, Wolfgang 203
Finlay-Freundlich, Erwin 151
Fischer 94
Flanders, D. A. 243
Flügge, Siegfried 211
Fourier, Jean Baptist Joseph 5, 8
Fowler, Ralph H. 163, 182f., 187, 213
Franck, James 53, 64, 87, 94f., 113, 156f., 161f.
Frank, Nathaniel 115, 174ff., 227
Frenkel, Jakov I. 113, 153
Frick, Wilhelm 200
Friedrich, Walter 46, 49
Frisch, Otto Robert 235f.
Fröhlich, Herbert 150, 152f., 183
Fuchs, Klaus 183
Fues, Erwin 219, 259
Fugioka 122

Gamow, George 113, 162, 187, 194f.

Gauß, Carl Friedrich 8
Gay, Peter 172
Geiger, Hans 153, 188, 201
Gerlach, Walther 69, 200, 212f., 257
Gibbs 192
Glitscher, Karl 69f.
Goldstein 166
Göring, Hermann 202, 204, 205, 209
Goudsmit, Samuel 112, 187, 191, 196f., 211, 213, 222, 227, 249
Graetz, Leo 19
Gross, Philipp 183
Groth, Wilhelm 233
Groves, Leslie 241, 244, 248f.
Gurney, Ronald W. 187

Haber, Fritz 64, 71-75, 80, 125
Hahn, Otto 208, 257
Hale, George Ellery 144
Hanle, Wilhelm 207
Harteck, Paul 233
Hartree, Douglas R. 163, 182, 228
Hasenöhrl, Friedrich 57
Heisenberg, Werner 1, 60, 82, 89-93, 97-103, 109f., 113, 118, 128, 130f., 133, 136ff., 143, 154, 156ff., 161, 163, 172, 180, 187ff., 196, 199-202, 208, 211f., 215, 218, 229, 249, 253, 256-260, 264
Heitler, Walter 108, 130, 136, 139f., 142, 161f., 183, 193
Hellinger, Ernst 65
Henneberg, Walter 152
Hermann, Gottfried 7
Herring, Conyers 180
Hertz, Heinrich 49
Hertz, Gustav 53
Herzfeld, Karl Ferdinand 32, 87, 98f., 113, 140f., 143, 232
Hilbert, David 15, 85, 91, 159, 178
Hippel, Arthur R. von 175
Hirschfelder, Joseph O. 247
Hitler, Adolf 259
Hondros, Demetrios 40
Hönl, Helmut 144, 219
Hopf, Ludwig 143, 165-169, 172

Höpfner, Ernst 23, 26
Hoselitz, Kurt 183
Hoshi, Hajime 80
Houston, William V. 109, 128
Humboldt, Wilhelm von 6, 11
Hume-Rothery, William 129, 184
Hund, Friedrich 91f., 94, 98, 100, 110, 113, 135f., 212-215, 260
Hylleraas, Egil Andersen 151

Ioffe, Abram Fedorovic 42, 116, 153

Jacobi, Carl Gustav 8
Jacobi, Dr. 219
Jehle, Herbert 170ff.
Johnson, Ralph 180
Joliot, Jean Frédéric 189
Jolly, Philipp Gustav von 9
Jones, Harry 182, 184
Joos, Georg 203-208, 217
Jordan, Pascual 263

Kamerlingh Onnes, Heike 31, 36
Kármán, Theodore von 230
Keesom, Willem Hendrik 31
Kemble, Edwin C. 171
Kepler, Johannes 206
Kirchhoff, Gustav Robert 11, 34, 40
Kistiakowsky, George 244, 247
Klein, Felix 11f., 20-30, 38, 65, 73, 84, 113
Knipping, Paul 49
Knudsen, Martin 86
Konopinski, E. J. 191
Korn, Arthur 19
Kossel, Walther 53, 58f., 83
Kramers, Hendrik Anthony 89, 98, 113, 133
Kratzer, Adolf 85, 87, 99
Kronig, Ralph de Laer 115, 213, 215

Ladenburg, Rudolf 64
Lamb, Willis 253, 263
Landé, Alfred 60, 64f., 83, 85, 88, 90, 96, 98, 110, 113

Laporte, Otto 78, 111, 115, 120, 122, 140, 144
Lark-Horovitz, Karl 232
Laue, Max von 40, 44-50, 58, 64f., 80, 116, 152, 156, 206, 212, 257
Lawrence, Ernest Orlando 188-191, 226f., 237f., 240f.
Lenard, Philipp 200, 205-207
Lennard-Jones, John E. 181ff.
Lenz, Wilhelm 53ff., 57, 62, 64f., 83, 87, 98
Lewis, Gilbert N. 136
Lindemann, Frederick Alexander 89
Livingston, Milton Stanley 188, 191f.
London, 108, 130, 136, 137, 139, 140, 142, 143, 183
Loomis, Alfred L. 226
Lorentz, Hendrik Antoon 29-32, 34f., 41f., 51f., 59, 83, 110, 113
Ludloff, Manfred 94

Madelung, Erwin 65, 152
Manley, John H. 238, 241
Maxwell, James Clerk 32ff., 51
Meggers, William F. 78, 144
Meitner, Lise 142, 188, 235
Mendenhall, Charles E. 108
Meyer, Oskar Emil 10
Millikan, Robert A. 83, 107-109, 119, 128, 174, 194
Millman, Jacob 175ff.
Morse, Philip 115, 138, 174-177, 248
Moseley, Henry 47, 51
Mott, Nevill Francis 105, 158, 162, 175, 181-187, 212f., 221, 231
Müller, Wilhelm 201ff., 216, 257
Mulliken, Robert S. 138

Nabl 32
Nagaoka, Hantaro 120
Neddermeyer, Seth 244
Nernst, Walther 23, 116, 224
Neumann, Franz Ernst 8, 10f., 15
Neumann, John von 178, 244
Newton, Isaac 1f., 34, 264
Nielsen, Walter 193

Nix, Foster 178
Noether, Fritz 164
Nordheim, Lothar 158-163, 172, 192f., 214f., 232

Oppenheimer, Julius Robert 115, 211, 237-242, 244, 247, 251, 253
Ornstein, Leonhard 110
Ostwald, Wilhelm 35

Paschen, Friedrich 52, 55, 96
Pauli, Wolfgang 60, 87-93, 96-103, 113, 127, 133, 136f., 154, 158, 163, 187, 189, 232
Pauling, Linus 108f., 138-143, 145
Peierls, Rudolf 133, 148, 158f., 161, 163f., 183, 189, 191, 214, 230, 235, 236f., 240, 245
Perrin, Jean Baptiste 35
Perron, Oskar 65
Pickering, Edward C. 144
Placzek, George 161
Planck, Max 2, 11, 19, 36, 40, 44, 49, 52, 57f., 61, 64, 71, 75, 79f., 85, 99f., 116, 156f., 172
Plücker, Julius 11f.
Pohl, Robert W. 86, 214
Poisson, Simeon Denis 5
Prandtl, Ludwig 36, 202-206, 208

Rabi, Isidore I. 109, 180f., 227ff., 231, 242, 253f.
Raman, Chandrasekhara Venkata 120, 122, 159
Ramsauer, Carl 203ff., 208ff.
Rasetti, Franco 161
Rice, Frank O. 140
Richtmyer, F. K. 192
Riedler, Alois 22
Riehl, Nikolaus 207
Robertson, Howard P. 178
Romberg, Werner 150-153, 172
Röntgen, Wilhelm Conrad 3, 31, 40ff., 45ff., 50, 55, 59, 60, 62-68, 80, 116
Roosevelt, Franklin D. 226, 234
Rose, Wickliff 107f.

Rose, Morris E. 191
Rubinowicz, Adalbert 58, 67, 85, 98, 255
Runge, Carl 85
Russel, Henry Norris 144
Rutherford, Ernest 47, 188

Sack, Robert Arno 183
Saha 120
Sauerbruch, Ferdinand 69
Scherrer, Paul 48
Schmidt-Ott, Friedrich 72
Schoenflies, Arthur 36
Schottky, Walther 213, 215, 217, 219f., 231
Schrödinger, Erwin 11, 36, 60, 97, 99-102, 108f., 113, 115, 126, 128, 130, 132, 148, 162, 172
Schurz, Karl 77
Schwarzschild, Karl 53, 56f.
Schwinger, Julian 230f., 253
Seeliger, Rudolf 143
Segrè, Emilio 161
Seidel, Philipp 9
Seiler, Karl 219f.
Seitz, Frederick 179f., 214, 232
Serber, Robert 242
Shockley, William B. 178
Siegbahn, Manne 76, 113, 154
Siemens, Carl Friedrich von 73
Skinner, Herbert 185
Slater, John C. 105, 109, 115, 124, 126, 137ff., 173f., 177-180, 212, 221, 227ff.
Smekal, Adolf 98, 133
Smith, Lloyd 192
Smoluchowski, Marian 35
Speer, Albert 202
Springer, Ferdinand 95
Stark, Johannes 53-57, 74, 200f., 206
Stern, Otto 180
Stimson, Henry L. 226
Szilard, Leo 233, 234

Tamm, Igor 117, 130, 152
Taylor, Geoffrey I. 245

299

Teller, Edward 148, 158, 160-163, 172, 178, 194f., 230, 233f., 239f., 243, 245, 251
Thiersch, Friedrich 7, 9
Timofeeff-Ressovsky, Nikolai 142
Tizard, Henry 224-227, 236
Tolman, Richard C. 140
Tomonaga, Sin-Itiro 253
Trowbridge, Augustus 108
Tuve, Merle 194
Tyndall, Arthur 181ff.

Uhlenbeck, George 112, 191
Ulam, Stanislaw 255
Unsöld, Albrecht 132, 144f.
Urey, Harold C. 188

Van de Graaff, Robert J. 174
Van Vleck, John H. 239
Vögler, Albert 73f.
Voigt, Woldemar 14, 52f.
Volta, Alessandro 102

Wacker, Alexander von 67f.
Walton, Ernest 188
Watson-Watt, Robert 224
Weber, Wilhelm 8
Weber, Max 17

Weisskopf, Victor 162, 195, 232, 243, 246f.
Weizsäcker, Carl Friedrich von 203, 211, 257, 259
Welker, Heinrich 215-220, 231
Wentzel, Gregor 88, 92, 98ff., 102f., 143, 259
Wessel 94
Weyl, Hermann 65, 89, 113, 136
Wheeler, John A. 143, 234f.
White, Milton 188
Wien, Willy 29ff., 35f., 41ff., 46, 54, 62, 64, 67f., 73f., 86, 92, 98, 200, 219
Wien, Max 64
Wiener, Otto 99
Wiener, Norbert 115
Wigner, Eugene 136, 162, 178ff., 233f., 234, 238
Wilkens, Alexander 145
Wills, Harry 181
Willstätter, Richard 69
Wilson, Alan 182
Winterstein, Dr. von 68

Yukawa, Hideki 193

Zeeman, Pieter 51
Zenneck, Jonathan 36
Zimmer, Karl 142

Abbildungsnachweis

S. 30, 39, 44, 63, 77, 104, 118, 176, 205, 214, 242, 248, 262: Sondersammlung, Deutsches Museum, München
S. 101: Pauli-Sammlung, Karl von Meyenn;
S. 111, 119, 131: Heisenberg-Nachlaß, Max-Planck-Institut für Physik und Astrophysik, Werner-Heisenberg-Institut, München;
S. 197: National Archives, Washington D. C.

MIX
Papier aus verantwortungsvollen Quellen
Paper from responsible sources
FSC® C105338

If you have any concerns about our products,
you can contact us on
ProductSafety@springernature.com

In case Publisher is established outside the EU,
the EU authorized representative is:
Springer Nature Customer Service Center GmbH
Europaplatz 3, 69115 Heidelberg, Germany

Printed by Libri Plureos GmbH
in Hamburg, Germany